高等学校计算机专业教材精选·图形图像与多媒体技术

多媒体应用技术教程

宗绪锋 韩殿元 董辉 编著

清华大学出版社
北京

内容提要

本教材从应用的角度出发，以实例为主线，在多媒体技术基本理论和基本概念的基础上，系统地讲解了多媒体素材的处理制作以及多媒体作品的设计开发。主要内容包括图形和图像的制作、声音与影视的编辑、计算机动画制作、多媒体作品的设计与制作、网络多媒体技术及应用。运用的主要工具软件有：Illustrator CS5、Photoshop CS5、Audition 3.0、Premiere Pro CS4、Flash CS5、PowerPoint、Dreamweaver CS5。

本教材内容先进，结构合理，实例丰富，图文并茂，配有电子教案、教材实例和习题的原始素材及最终作品等教学资源，供教师和学习者使用。

本教材适合作为高等院校本科生的教材，也可供多媒体制作人员学习参考。

图书在版编目（CIP）数据

多媒体应用技术教程/宗绪锋，韩殿元，董辉编著．—北京：清华大学出版社，2011.8
（高等学校计算机专业教材精选·图形图像与多媒体技术）
ISBN 978-7-302-25688-5

Ⅰ. ①多…　Ⅱ. ①宗…　②韩…　③董…　Ⅲ. ①多媒体技术－高等学校－教材　Ⅳ. ①TP37

中国版本图书馆 CIP 数据核字(2011)第 103137 号

责任编辑：白立军　薛　阳
责任校对：李建庄
责任印制：王秀菊

出版发行：清华大学出版社　　**地　　址**：北京清华大学学研大厦 A 座
http://www.tup.com.cn　　**邮　　编**：100084
社　总　机：010-62770175　　**邮　　购**：010-62786544
投稿与读者服务：010-62795954，jsjjc@tup.tsinghua.edu.cn
质　量　反　馈：010-62772015，zhiliang@tup.tsinghua.edu.cn
印　装　者：北京嘉实印刷有限公司
经　　销：全国新华书店
开　　本：185×260　　**印　　张**：21.75　　**字　　数**：540 千字
版　　次：2011 年 8 月第 1 版　　**印　　次**：2011 年 8 月第 1 次印刷
印　　数：1～3000
定　　价：34.00 元

产品编号：037182-01

出 版 说 明

我国高等学校计算机教育近年来迅猛发展，应用所学计算机知识解决实际问题，已经成为当代大学生的必备能力。

社会的进步与经济的发展对高等学校计算机教育的质量提出了更高、更新的要求。现在，很多高等学校都在积极探索符合自身特点的教学模式，涌现出一大批非常优秀的精品课程。

为了适应社会的需求，满足计算机教育的发展需要，清华大学出版社在进行了大量调查研究的基础上，组织编写了《高等学校计算机专业教材精选》。本套教材从全国各高校的优秀计算机教材中精挑细选了一批很有代表性且特色鲜明的计算机精品教材，把作者们对各自所授计算机课程的独特理解和先进经验推荐给全国师生。

本系列教材特点如下。

(1) 编写目的明确。本套教材主要面向广大高校的计算机专业学生，使学生通过本套教材，学习计算机科学与技术方面的基本理论和基本知识，接受应用计算机解决实际问题的基本训练。

(2) 注重编写理念。本套教材作者群为各高校相应课程的主讲教师，有一定经验积累，且编写思路清晰，有独特的教学思路和指导思想，其教学经验具有推广价值。本套教材中不乏各类精品课配套教材，并力图努力把不同学校的教学特点反映到每本教材中。

(3) 理论知识与实践相结合。本套教材贯彻从实践中来到实践中去的原则，书中的许多必须掌握的理论都将结合实例来讲，同时注重培养学生分析问题、解决问题的能力，满足社会用人要求。

(4) 易教易用，合理适当。本套教材编写时注意结合教学实际的课时数，把握教材的篇幅。同时，对一些知识点按教育部教学指导委员会的最新精神进行合理取舍与难易控制。

(5) 注重教材的立体化配套。大多数教材都将配套教师用课件、习题及其解答，学生上机实验指导、教学网站等辅助教学资源，方便教学。

随着本套教材陆续出版，我们相信它能够得到广大读者的认可和支持，为我国计算机教材建设及计算机教学水平的提高，为计算机教育事业的发展做出应有的贡献。

清华大学出版社

前　言

多媒体技术是基于计算机科学的综合高新技术，具有很强的实用性，发展十分迅猛。多媒体技术的应用覆盖了人们的生活、工作、学习、娱乐等各个领域，使信息展示更加生动，人机交互更加简捷，更加接近人们自然的信息交流方式。多媒体应用技术受到了广大学生和读者的关注和喜爱。

本教材由长期从事多媒体教学和多媒体开发、有着丰富教学实践经验的一线教师编写，其内容按照"基础知识→素材制作→项目开发"的顺序编排。基础知识部分对多媒体技术及硬件设备进行了概括性的介绍，为后面内容的学习进行铺垫；素材制作部分根据媒体类型的相关性，分别介绍了图形和图像的制作、声音与影视的编辑以及计算机动画制作三个模块的内容；项目开发部分先介绍了多媒体作品设计与制作的方法，进而介绍了包括新媒体在内的网络多媒体技术及应用。整个教材在多媒体基本理论的基础上，以风筝为主题，以相关的应用实例为主线，系统介绍了素材制作和项目开发的方法和过程，注重理论知识与实际应用相结合，在保证学科体系完整的基础上，注重设计技能和动手能力的培养。

本教材共分为6章，第1章概括介绍多媒体基本概念及特性、多媒体计算机系统、多媒体计算机关键技术、多媒体的应用及发展前景；第2章介绍有关图形图像的基础知识，以及图形制作软件 Illustrator CS5、图像处理软件 Photoshop CS5、图像管理软件 Bridge CS5 的应用；第3章介绍数字声音和数字影视基础知识、数字声音编辑软件 Audition 3.0 和数字影视编辑软件 Premiere Pro CS4 的应用；第4章介绍动画的基本概念、计算机动画的主要技术与方法、GIF 动画的制作、Flash 动画制作和用 3ds max 9 制作三维动画的基本方法；第5章介绍多媒体作品的制作过程，以及用 PowerPoint 制作演示文稿和用 Flash 设计制作多媒体作品的方法；第6章介绍网络多媒体基础知识、用 Dreamweaver CS5 制作多媒体网站的方法、多媒体网络通信及应用和网络新媒体技术及应用。

本教材力求深入浅出，循序渐进，在多媒体素材制作部分选取的实例，基本是在其后多媒体作品设计制作部分所要用到的素材，有利于读者系统地学习、了解、掌握和运用多媒体应用技术。教材中涉及的多媒体制作及开发工具都是当前的主流产品和最新版本。

本教材总学时建议安排为54学时，其中理论教学28学时，实验26学时，在学习过程中可以根据专业背景和需要进行适当取舍。

教材配有电子教案、教材实例和习题的原始素材及最终作品等丰富的教学资源，供教师和学习者使用。

本教材由宗绪锋、韩殿元、董辉主编，参加编写的还有潘明寒、王磊、张峰庆、冯伟昌、王鑫、艾浩等，全书由宗绪锋负责统稿。许多同仁在本书的编写过程中给予了很多帮助，并提出了宝贵意见，在此表示由衷地感谢。

由于编者水平有限，书中难免存在一些疏漏和不足，恳请广大读者批评指正。

编　者

2011年6月

目　　录

第1章　多媒体技术基础知识

本章学习目标

- 理解多媒体的相关概念、类型及基本特性。
- 了解多媒体计算机系统的组成、MPC的配置及接口标准。
- 熟悉常用的多媒体计算机辅助设备。
- 了解多媒体光盘存储系统、光盘的分类及其各种原理。
- 熟悉常用的多媒体移动存储器。
- 了解多媒体的关键技术。
- 了解多媒体的应用及发展前景。

1.1　多媒体基本概念及特性

1.1.1　什么是多媒体

在信息社会中，信息的表现形式是多种多样的，人们把这些表现形式称为媒体。在计算机技术领域中，媒体(Medium)是指信息传递和存储的最基本的技术和手段，它包括两个方面的含义：一方面是指存储信息的实体，如磁盘、光盘、磁带等，中文常称之为媒质；另一方面是指传递信息的载体，如文字、图像、声音、影视等，中文常称之为媒介。

按照ITU(国际电信联盟)标准的定义，媒体可分为下列5种。

1. 感觉媒体(Perception Medium)

感觉媒体是指能直接作用于人的感官，使人产生感觉的一类媒体，如人们所看到的文字、图像，听到的声音等。

2. 表示媒体(Representation Medium)

表示媒体是指为了有效地加工、处理和传输感觉媒体而人为研究和构造出来的一种媒体，例如文本编码、语言编码、静态和活动图像编码等，都是表示媒体。

3. 显示媒体(Presentation Medium)

显示媒体是指感觉媒体与用于通信的电信号之间相互转换而使用的一类媒体，即获取信息或显示信息的物理设备，可分为输入显示媒体和输出显示媒体。键盘、鼠标、麦克风、摄像机、扫描仪等属于输入显示媒体；显示器、打印机、音箱、投影仪等属于输出显示媒体。

4. 存储媒体(Storage Medium)

存储媒体是指用于存放数字化的表示媒体的存储介质，如磁盘、光盘、磁带等。

5. 传输媒体(Transmission Medium)

传输媒体是指用来将表示媒体从一处传递到另一处的物理传输介质，如同轴电缆、双绞线、光缆、电磁波等。

由此可见，运用计算机技术对信息的处理涉及多种媒体形式，这样就自然会联想到目前非常流行的一个词——多媒体。“多媒体”一词是 20 世纪 80 年代初出现的英文单词 Multimedia 的译文，是由词根 multi 和 media 构成的复合词。实际上，一般所说的“多媒体”，不仅指多种媒体信息本身，而且还指处理和应用各种媒体信息的相应技术，因此，“多媒体”通常是指“多媒体技术”，是“多媒体技术”的同义词。

多媒体技术和计算机技术是密不可分的，它是一种基于计算机科学的综合高新技术。多媒体技术从不同的角度可有不同的定义，概括起来可将其描述为：“多媒体技术就是计算机交互式综合处理多种媒体信息——文本、图形、图像和声音，使多种信息建立逻辑连接，集成为一个系统并具有交互性。简言之，多媒体技术就是计算机综合处理声、文、图信息的技术，具有集成性、实时性和交互性”。

1.1.2 多媒体的类型

多媒体信息包括文本、图形、图像、声音、影视、动画等多种不同的形式，不同类型的媒体由于内容和格式的不同，相应的内容管理和处理方法也不同，存储量的差别也很大。

1. 文字

文字是人们在现实世界中进行通信交流的主要形式，也是人与计算机之间进行信息交换的主要媒体。在计算机中，文字用二进制的编码表示，即使用不同的二进制编码来代表不同的文字。常用的文字包括西文与汉字。

(1) 西文字符编码。在计算机中，西文采用 ASCII(American Standard Code for Information Interchange，美国信息交换标准代码)码表示。ASCII 码包括大小写英文字母、标点符号、阿拉伯数字、数学符号、控制字符等共 128 个字符，一个 ASCII 码占一个字节，用 7 位二进制数编码组成。

(2) 汉字编码。汉字编码包括：汉字的输入编码、汉字内码和汉字字模码。

① 汉字的输入编码。西文可以直接通过键盘输入到计算机中，而汉字则不同，要使用键盘输入汉字，就必须为汉字设计相应的输入编码方法，如微软拼音输入法、五笔字型输入法等。

② 汉字内码。不管用什么编码输入汉字，每个汉字在计算机内部都由唯一的编码——汉字内码来表示，汉字内码是用于汉字信息的存储、交换、检索等操作的机内代码。当前的汉字编码有二字节、三字节甚至四字节的。其中 GB2312—80(国家标准信息交换用汉字编码，简称国标码)是二字节码，用两个 7 位二进制数编码表示一个汉字。在计算机内部，汉字编码和西文编码是共存的，为了能够相互区别，国标码将两个字节的最高位都规定为 1，而 ASCII 码所用字节的最高位为 0，然后由软件(或硬件)根据字节最高位来判断。

③ 汉字字模码。字模码是用点阵表示的汉字字形代码，它是汉字的输出形式。根据汉字输出的要求不同，点阵的多少也不同。简易汉字为 16×16 点阵，提高型汉字为 24×24 点阵、32×32 点阵，甚至更高。因此字模点阵的信息量是很大的，所占存储空间也很大。例如 16×16 点阵的每个汉字要占用 32 个字节，而 32×32 点阵的每个汉字要占用 128 个字节。

由此可见，汉字的输入编码、汉字内码、字模码是计算机中用于输入、内部处理、输出三种不同用途的编码。

传统的文字输入方法是利用键盘进行输入，目前可以通过手写输入设备直接向计算机输入文字，也可以通过光学符号识别(OCR)技术自动识别文字进行输入。较理想的输入方法是利用语音进行输入，让计算机能听懂人的语言，并将其转换成机内代码，同时计算机可以根据文本进行发音，真正地实现“人机对话”，这正是多媒体技术需要解决的问题。

2. 图形

图形是指由点、线、面以及三维空间所表示的几何图。在几何学中，几何元素通常用矢量表示，所以图形也称矢量图形。矢量图形是以一组指令集合来表示的，这些指令用来描述构成一幅图所包含的直线、矩形、圆、圆弧、曲线等的形状、位置、颜色等各种属性和参数。

3. 图像

图像是一个矩阵，其元素代表空间的一个点，称为像素(Pixel)，每个像素的颜色和亮度用二进制数来表示，这种图像也称为位图。对于黑白图用1位值表示，对于灰度图常用4位(16种灰度等级)或8位(256种灰度等级)来表示某一个点的亮度，而彩色图像则有多种描述方法。位图图像适合于表现比较细致、层次和色彩比较丰富、包含大量细节的图像。

4. 声音

声音是多媒体信息的一个重要组成部分，也是表达思想和情感的一种必不可少的媒体。

声音主要包括波形声音、语音和音乐三种类型。声音是一种振动波，波形声音是声音的最一般形态，它包含了所有的声音形式；语音是一种包含丰富的语言内涵的波形声音，人们对于语音，可以经过抽象，提取其特定的成分，从而达到对其意义的理解，它是声音中的一种特殊媒体；音乐就是符号化了的声音，和语音相比，它的形式更为规范，如音乐中的乐曲，乐谱就是乐曲的规范表达形式。

5. 影视

人类的眼睛具备一种“视觉停留”的生物现象，即在观察过物体之后，物体的映像将在眼睛的视网膜上保留短暂的时间。因此，如果以足够快的速度不断播放每次略微改变物体的位置和形状的一幅幅图像，眼睛将感觉到物体在连续运动。影视(Video)系统(如电影和电视)就是应用这一原理产生的动态图像。这一幅幅图像被称为帧(Frame)，它是构成影视信息的基本单元。

传统的广播电视系统采用的是模拟存储方式，要用计算机对影视进行处理，必须将模拟影视转换成数字影视。数字化影视系统是以数字化方式记录连续变化的图像信息的信息系统，并可在应用程序的控制下进行回放，甚至可以通过编辑操作加入特殊效果。

6. 动画

动画和影视类似，都是由一帧帧静止的画面按照一定的顺序排列而成，每一帧与相邻帧略有不同，当帧以一定的速度连续播放时，视觉暂留特性造成了连续的动态效果。

计算机动画和影视的主要差别类似图形与图像的区别，即帧画面的产生方式有所不同。计算机动画是用计算机表现真实对象和模拟对象随时间变化的行为和动作，是利用计算机图形技术绘制出的连续画面，是计算机图形学的一个重要的分支；而数字影视主要指模拟信号源(如电视、电影等)经过数字化后的图像和同步声音的混合体。目前，在多媒体应用中有将计算机动画和数字影视混同的趋势。

7. 超文本与超媒体

在当今的信息社会，信息不断地迅猛增加，而且种类也不断增长，除了文本、数字之外，图形、图像、声音、影视等多媒体信息已在信息处理领域占有越来越大的比重；如何对海量的多媒体信息进行有效的组织和管理，以便于人们检索和查看，已成为重要课题。超文本/超媒体技术的出现，使这一课题得到了较好的解决，目前它已成为 Internet 上信息检索的核心技术。

人类的记忆是以一种联想的方式构成的网络结构。网状结构有多种路径，不同的联想检索必然导致不同的路径。网状信息结构用传统的文本形式是无法管理的，必须采用一种比文本更高一次层的信息管理技术——超文本。

超文本(Hypertext)可以简单地定义为收集、存储和浏览离散信息，以及建立和表示信息之间关系的技术。从概念上讲，一般把已组成网(Web)的信息称为超文本，而把对其进行管理使用的系统称为超文本系统。

超文本具有非线性的网状结构，这种结构可以按人脑的联想思维方式把相关信息块联系在一起，通过信息块中的"热字"、"热区"等定义的链来打开另一些相关的媒体信息，供用户浏览。

随着多媒体技术的发展，超文本中的媒体信息除了文字外，还可以是声音、图形、图像、影视等多媒体信息，从而引入了"超媒体"这一概念，超媒体＝多媒体＋超文本。

"超文本"和"超媒体"这两个概念一般不严格区分，通常可看做同义词。

1.1.3 多媒体技术的特性

根据多媒体技术的定义，可以看出多媒体技术具有集成性、实时性和交互性等关键特性。这也是多媒体技术研究过程中必须解决的主要问题。

1. 集成性

人类对于信息的接收和产生，主要在视觉、听觉、触觉、嗅觉和味觉 5 个感觉空间内。多媒体技术目前提供了多维信息空间下的影视与声音信息的获取和表示的方法，广泛采用文字、图形、图像、声音、影视、动画等多样化的信息形式，使得人们的思维表达有了更充分、更自由的扩展空间。

对于多媒体信息的多样化，多媒体技术是把各种媒体有机地集成在一起的一种应用技术。多媒体的集成性主要表现在两个方面：多媒体信息载体的集成和处理这些多媒体信息的设备的集成。多媒体信息载体的集成是指将文字、图形、图像、声音、影视、动画等信息集成在一起综合处理，组合成一个完整的多媒体信息，它包括信息的多通道统一获取、多媒体信息的统一存储与组织、多媒体信息表现合成等各方面；而多媒体信息的设备的集成则包括计算机系统、存储设备、音响设备、影视设备等的集成，是指将各种媒体在各种设备上有机地组织在一起，形成多媒体系统，从而实现声、文、图、像的一体化处理。

2. 交互性

交互性是多媒体技术的关键特性，它向用户提供了更加有效地控制和使用信息的手段，可以增加对信息的注意和理解，延长信息的保留时间，使人们获取信息和使用信息的方式由被动变为主动。人们可以根据需要对多媒体系统进行控制、选择、检索和参与多媒体信息的播放和节目的组织，而不再像传统的电视机那样，只能被动地接收编排好的节目。

交互性的特点使人们有了使用和控制多媒体信息的手段，并借助这种交互式的沟通达到交流、咨询和学习的目的，也为多媒体信息的应用开辟了广阔的领域。

目前，交互的主要方式是通过观察屏幕的显示信息，利用鼠标、键盘或触摸屏等输入设备对屏幕的信息进行选择，达到人机对话的目的。随着信息处理技术和通信技术的发展，还可以通过语音输入、网络通信控制等手段来进行交互。

3. 实时性

由于多媒体技术是研究多种媒体集成的技术，其中声音和活动的图像是与时间密切相关的，这就要求对它们进行处理以及人机的交互、显示、检索等操作都必须实时完成，特别是在多媒体网络和多媒体通信中，实时传播和同步支持是一个非常重要的指标。如在播放声音和图像时，不能出现停顿现象，并且要保持同步，否则会影响播放的效果。

除了上述三个特性之外，数字化也是多媒体技术的一个基本特性。因为在多媒体计算机系统中，各种媒体信息都是以数字的形式存放到计算机中并对其进行处理。多媒体计算机技术就是建立在数字化处理的基础上的。由于多媒体信息种类繁多，包括文字、图形、图像、动画、声音、影视信号等，它们的表示形式在现实中也都各不相同，因此必须把这些多媒体的信息数字化，才能按一定结构存储，使各种信息之间建立逻辑关系，利用计算机对这些信息进行处理，实现多媒体信息的一体化，进而通过有线或无线网络进行传输。因此，多媒体信息的数字化是多媒体技术发展的基础。

1.2 多媒体计算机系统

1.2.1 多媒体计算机系统组成

多媒体计算机系统是一个能综合处理多种媒体信息的计算机系统，由多媒体硬件系统和多媒体软件系统组成。多媒体硬件系统的核心是一台高性能的计算机系统，包括计算机主机及其外部设备，而外部设备除包括基本的输入输出设备和存储设备外，主要还包括能够处理声音、影视等的多媒体配套设备。多媒体软件系统包括多媒体操作系统与应用系统。

多媒体计算机系统是对基本计算机系统的软、硬件功能的扩展，作为一个完整的多媒体计算机系统，应该包括 6 个层次的结构，如图 1-1 所示。

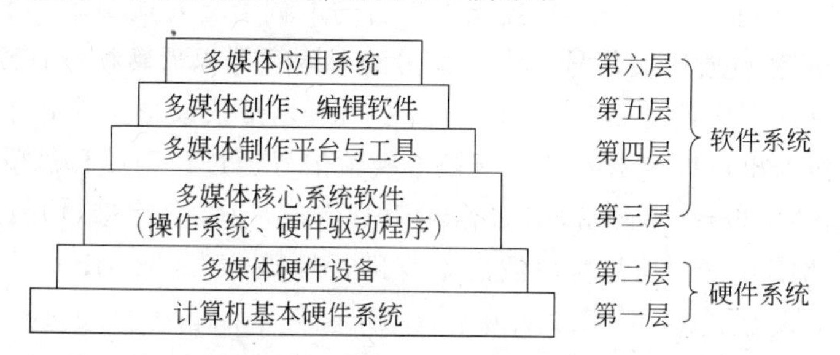

图 1-1 多媒体系统的层次结构

第一层是整个多媒体计算机系统的最底层，由计算机的基本硬件组成。

第二层为多媒体硬件设备。在计算机基本硬件的基础上添加可以处理各种媒体的硬件，就形成了多媒体硬件系统，从而能够实时地综合处理文、图、声、像信息，实现全动态视像和立体声的处理，并对多媒体信息进行实时的压缩与解压缩。

第三层包括多媒体操作系统和多媒体硬件的驱动程序。该层软件为系统软件的核心，用于对多媒体计算机的硬件、软件进行控制与管理，而驱动程序除与硬件设备打交道外，还要提供 I/O 接口程序。

第四层是多媒体制作平台和媒体制作工具软件，支持开发人员创作多媒体应用软件。设计者利用该层提供的接口和工具采集、制作媒体数据。常用的有声音采集与编辑系统、图像设计与编辑系统、影视采集与编辑系统、动画制作系统以及多媒体公用程序等。

第五层是多媒体编辑与创作系统。该层是多媒体应用系统编辑制作的环境，根据所用工具的类型来区分，有的是脚本语言及解释系统，有的是基于图标导向的编辑系统，还有的是基于时间导向的编辑系统。它们通常除编辑功能外，还具有控制外设播放多媒体的功能。设计者可以利用这层的开发工具和编辑系统来创作各种教育、娱乐、商业等应用的多媒体节目。

第六层是多媒体应用系统的运行平台，即多媒体播放系统。该层可以在计算机上播放硬盘上的节目，也可以单独播放多媒体产品，如消费性电子产品中的 CD-I 等。

多媒体计算机系统可分为：多媒体个人计算机、专用多媒体系统和多媒体工作站。其中多媒体个人计算机系统应用最为广泛。

1.2.2 多媒体个人计算机及其功能

多媒体个人计算机简称 MPC(Multimedia Personal Computer)。同时，MPC 也代表多媒体个人计算机的工业标准。所谓多媒体个人计算机，是指符合 MPC 标准的具有多媒体功能的个人计算机。从多媒体计算机系统的组成可以看出，MPC 并不是一种全新的个人计算机，它是在传统个人计算机的基础上，通过扩充使用影视、声音、图形处理软硬件来实现高质量的图形、立体声和影视处理。与通用的个人计算机相比，多媒体计算机的主要硬件除了常规的硬件，如主机、内存储器、硬盘驱动器、显示器、网卡之外，还要有光盘驱动器、音频信息处理硬件和影视信息处理硬件等部分。

MPC 的主要功能包括：

1. 声音处理功能

在 MPC 中必须包括一块声卡，它提供了丰富的声音信号处理功能。

(1) 录入、处理和重放声波信号。声波信号经过拾音器以后转换成连续的模拟电信号。这样的信号要经过数字化处理，转换成离散的数字信号，形成波形文件后才能进入计算机进行存储和处理。声卡也可以将数字信号转换成模拟信号通过音箱或耳机播放。

(2) 用 MIDI(Musical Instrument Digital Interface，乐器数字接口)技术合成音乐。与波形的声音不同，MIDI 技术不是对声波的本身进行编码，而是把 MIDI 乐器上产生的每一个活动编码记录下来存储在 MIDI 文件中。MIDI 文件中的音乐可通过声卡中的声音合成器或与 PC 连接的外部 MIDI 声音合成器产生高质量的音乐效果。MIDI 技术的优点是可以节省大量的存储空间，并可方便地配乐。

2. 图形处理功能

MPC 有较强的图形处理功能，在 VGA 显示硬件的 Windows 软件配合下，MPC 可以产生色彩丰富、形象逼真的图形，并且在此基础上实现一定程度的 2D 动画。

3. 图像处理功能

MPC 通过 VGA 接口卡和显示器可以逼真、生动地显示静止图像。如果原始图像是真彩色的图像，即每个像素用 24 位来表示，而 VGA 显示接口卡是 256 色的，这时可以利用调色板技术，并应用彩色选择算法，从图像中选择出现最频繁的 256 种颜色。这样仍可很逼真地显示彩色图像。但如果要自行输入图像，就需要增加图像输入设备和相应的接口卡。

4. 影视处理功能

MPC一般不能实时录入和压缩影视图像，只能播放已压缩好的影视图像，而且质量也较低。随着压缩算法的改进和CPU运算速度的提高，播放的影视图像的质量也将不断提高。对影视图像的压缩软件的性能也在改善，现在已出现可按MPEG运动图像压缩算法非实时地逐帧压缩影视图像序列的软件包。这时要求把每帧图像都做一个文件存储。压缩处理时对每个图像文件顺序逐个处理，并完成整个图像序列的压缩。

1.2.3 MPC的基本配置

目前多媒体计算机和一般计算机在硬件组成上已没有太大差别，只不过多媒体计算机针对多媒体信息处理的不同要求进行了相应的功能扩展。如果要进行图像处理，则需要配备数码照相机、扫描仪和彩色打印机等，若要进行影视处理，则需要配备高速、大容量的硬盘和视频卡、摄像机等。下面简要介绍几种常见的MPC硬件配置和接口。

1. 光盘驱动器

光盘驱动器是多媒体计算机必需的配置，分为CD-ROM驱动器、WORM光盘驱动器和可重写光盘驱动器。其中CD-ROM驱动器为MPC带来了价格便宜的650MB存储设备，存有文本、图形、图像、声音、影视、动画以及程序等资源的CD-ROM早已得到广泛使用。WORM光驱为刻录、保存数据提供了极大的方便。可重写光盘价格较贵，目前还不是非常普及。另外，DVD也早已出现在市场上，它的存储量更大，双面双层可达17GB，是升级换代的理想产品。

2. 声卡

声卡(Sound Card)是多媒体计算机的主要部件之一，它包含记录和播放声音所需的硬件。连接声卡的声音输入输出设备包括话筒、声音播放设备、MIDI合成器、耳机、扬声器等。对数字声音处理是多媒体计算机的重要功能，声卡具有A/D和D/A声音信号的转换功能，可以合成音乐、混合多种声源，还可以外接MIDI电子音乐设备。从硬件上实施声音信号的数字化、压缩、存储、解压和回放等功能，并提供各种声音、音乐设备的接口与集成能力。

Sound Blaster(声霸卡)是一个计算机声卡系列产品，曾经是IBM个人计算机声效的非正式标准，由新加坡创新科技开发。首张Sound Blaster声卡在1989年11月面世，其后推出过多代版本，如Sound Blaster 16、Live系列及Audigy系列，其接口也由ISA经PCI演变为更高效能的PCI-E。近年其他音效标准的出现，加上主板内置音效的流行，令Sound Blaster的地位不如往日。现时Sound Blaster主要生产较高价的声卡产品，提供3D立体声等特殊音效。

声卡的输入输出(I/O)接口是声卡中与用户关系最密切的部分，它用来连接计算机外部的声音设备。如图1-2所示为一款SB Live声卡。

该声卡与外部声音设备连接的I/O接口有：

(1) 线路输入插孔(LINE IN)：该接口为蓝色，作用是将来自收音机、随身听或电视机等外部声音设备的声音信号输入计算机。可用于录制电视节目伴音、将磁带转成MP3等。

(2) 话筒输入插孔(MIC IN)：该接口为红色，可接连适合计算机使用的话筒作为声音

图 1-2 SB Live 声卡

输入设备。用于录音、娱乐及语音识别等。可用来打网络电话、语音聊天和唱卡拉 OK 等。

(3) 线路输出插孔(LINE OUT):该接口为绿色,负责将声卡处理好的声音信号输出到有源音箱、耳机或其他声音放人设备。这是第一个输出孔,用于连接前端音箱,相当于普通 2.1 声卡的扬声器输出插孔(SPEAKER)。

(4) 后置输出插孔(SPDIF OUT):该接口为黑色,用于连接后端音箱。四声道以上的声卡都会有两个线形输出插孔,这是第二个输出插孔。

(5) 游戏/MIDI 插口:用于连接游戏杆、手柄、方向盘等外接游戏控制器,也可连接外部 MIDI 乐器(如 MIDI 键盘、电子琴等),配以专用软件可将计算机作为桌面音乐制作系统使用。

(6) 数字输出接口:该接口为黄色,用于输出数字声音信号。配合声卡上的 AC-3 解码功能,就可输出数字音效,令观赏 DVD 等影片时更加逼真。

3. 视频卡

视频卡可分为视频捕捉卡、视频处理卡、视频播放卡以及 TV 编码器等专用卡,其功能是连接摄像机、VCR 影碟机、TV 等设备,以便获取、处理和表现各种动画和数字化影视媒体。它以硬件方法快速有效地解决活动图像信号的数字化、压缩、存储、解压和回放等重要影视处理和标准化问题,并提供摄像机、录放像机、影碟机、电视等各种影视设备的接口和集成能力。

4. 图形加速卡

图文并茂的多媒体表现需要分辨率高而且屏幕显示色彩丰富的显示卡的支持,同时还要求具有 Windows 的显示驱动程序,并在 Windows 下的像素运算速度要快。现在带有图形用户接口 GUI 加速器的局部总线显示适配器使得 Windows 的显示速度大大加快。

5. 交互控制接口

它是用来连接触摸屏、鼠标、光笔等人机交互设备的,这些设备将大大方便用户对 MPC 的使用。

6. 网络接口

网络接口是实现多媒体通信的重要 MPC 扩充部件。计算机和通信技术相结合的时代已经来临,这就需要专门的多媒体外部设备将数据量庞大的多媒体信息传送出去或接收进来,通过网络接口相接的设备包括可视电话机、传真机、LAN 和 ISDN 等。

1.2.4 多媒体硬件接口标准

1. USB 接口

USB 是英文 Universal Serial Bus 的缩写,中文含义是"通用串行总线"。它不是一种新的总线标准，而是应用在PC领域的接口技术。早在1994年底，USB由Intel、康柏、IBM、Microsoft等多家公司联合提出，其版本经历了多年的发展，到现在已经发展为3.0版本。

USB用一个4针插头作为标准插头，采用菊花链形式可以把所有的外设连接起来，最多可以连接127个外部设备，并且不会损失带宽。USB接口实物如图1-3所示。

图1-3　USB接口

目前USB接口已得到广泛应用，成为目前计算机中的标准扩展接口。主板中主要采用USB 1.1和USB 2.0，各USB版本间具有很好的兼容性。USB需要主机硬件、操作系统和外设三个方面的支持才能工作。目前的主板一般都采用支持USB功能的控制芯片组，主板上也安装有USB接口插座，而且除了背板的插座之外，主板上还预留有USB插针，可以通过连线接到机箱前面作为前置USB接口以方便使用。USB具有传输速度快，使用方便，支持热插拔，连接灵活，独立供电等优点，可以连接鼠标、键盘、打印机、扫描仪、摄像头、闪存盘、MP3、手机、数码相机、移动硬盘、外置光软驱、USB网卡等几乎所有的外部设备。

一个USB接口理论上可以支持127个装置，但是目前还无法达到这个数字。其实，对于一台计算机，其所使用的周边外设很少超过10个。USB还有一个显著优点就是支持热插拔，在开机的情况下，可以安全地连接或断开USB设备，达到真正的即插即用。

USB 2.0兼容USB 1.1，也就是说，USB 1.1设备可以和USB 2.0设备通用，但是这时USB 2.0设备只能工作在全速状态下(12Mb/s)。USB 2.0有高速、全速和低速三种工作速度，高速是480Mb/s，全速是12Mb/s，低速是1.5Mb/s。

由Intel、微软、惠普、德州仪器、NEC、ST-NXP等业界巨头组成的USB 3.0 Promoter Group 2008年11月18日宣布，该组织负责制定的新一代USB 3.0标准已经正式完成并公开发布。新规范提供了10倍于USB 2.0的传输速度和更高的节能效率，可广泛用于PC外围设备和消费电子产品。目前，USB 3.0产品已陆续上市。

2. IEEE 1394接口

IEEE 1394接口，采用串行总线标准，传输方式为异步或同步串行传输方式，支持热插拔和菊花链连接方式，可连接多至63个设备，标准的数据传输速率最高为400Mb/s，该接口主要用在数字摄像机和高速存储驱动器上。目前，数据传速率为400Mb/s的IEEE 1394标准正被800Mb/s的IEEE 1394b所取代，IEEE 1394b(Firewire 800)是IEEE 1394技术的升级版本，是仅有的专门针对多媒体影视、声音、控制及计算机而设计的家庭网络标准。

如图1-4所示的1394扩展卡挡板提供两个6针接口和一个4针接口。普通火线设备使用的6针线缆可提供电源，如图1-5所示，还有一种不提供电源的4针线缆，如图1-6所示。Firewire 800设备使用的是9针线缆以及接口，如图1-7所示。

图1-4　1394扩展卡挡板

图 1-5　6 针接头

图 1-6　4 针接头

图 1-7　9 针接头

作为一种数据传输的开放式技术标准，IEEE 1394 被应用在众多的领域中。目前，IEEE 1394 技术使用最广的是数字成像领域，支持的产品包括数码相机和摄像机等。

IEEE 1394 具有廉价、占用空间小、速度快、标准开放、支持热插拔、可扩展的数据传输速率、拓扑结构灵活多样、完全数字兼容、可建立对等网络、同时支持同步和异步两种数据传输模式等多种特性。

IEEE 1394 和 USB 使用的都是串联接口，而且都支持热插拔，但两种技术之间存在着非常显著的区别，它们都有各自的适用领域。USB 支持的数据吞吐量为 12Mb/s，而绝大多数应用的速度实际只能达到 1.5Mb/s，USB 需要主机 CPU 对数据传输进行控制，并且只支持异步传输模式。与 USB 不同，IEEE 1394 允许每台设备的最大传输速度可以达到 400Mb/s，不需要任何主机进行控制，可以同时支持同步和异步传输模式。

目前，硬盘已经成为整个计算机系统性能的瓶颈，随着 CPU 和内存速度的不断提升，硬盘的速度已经越来越让人无法接受，IEEE 1394 很可能成为新一代硬盘接口的标准。

3. HDMI 接口

HDMI(High-Definition Multimedia Interface)又被称为高清晰度多媒体接口，是首个支持在单线缆上传输，不经过压缩的全数字高清晰度、多声道声音和智能格式与控制命令数据的数字接口。HDMI 接口由美国晶像公司(Silicon Image)倡导，联合索尼、日立、松下、飞利浦、汤姆逊、东芝等共 8 家著名的消费类电子制造商联合成立的工作组共同开发。HDMI 接口和接头如图 1-8 所示。

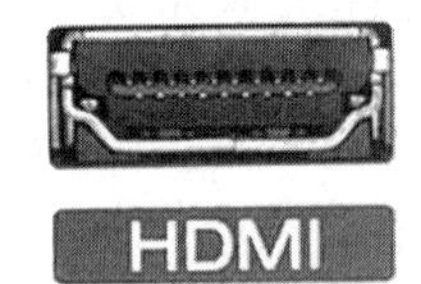

图 1-8　HDMI 接口和接头

HDMI 最早的接口规范 HDMI 1.0 于 2002 年 12 月公布，主要内容为支持传输 480～1080P 信号，YpbPr、多声道、高采样率音频(96kHz/192kHz)、LPCM 2CH 声频传送等；2004 年 5 月，HDMI 规范推出 1.1 版，在原来内容的基础之上新增加了对 DVD AUDIO 的支持；2005 年 8 月和 12 月，HDMI 1.2 版和 HDMI12A 版规范相继推出，大大改善了与 PC 的兼容性并方便了数字声音流传输；2006 年 11 月，HDMI 规范升级至 1.3 版，不仅增加了单连接宽带，可满足 HD、DVD 等高清影片的需求；还支持“深色”(DEEP COLOR)技术，支持的深色从原来的 8 位提高到 16 位(RGB 或 YCbCr)，能呈现出超过 10 亿种的色彩，大幅度提高了色彩表现力；另外，还支持无损耗声音输出等。

1.2.5　多媒体计算机辅助设备

在多媒体计算机中，多媒体信息的采集及输出需要借助相应的辅助设备。

1. 扫描仪

扫描仪(Scanner)是一种通过捕获图像并将之转换成计算机可以显示、编辑、存储和输出的数字化输入设备。对照片、文本页面、图纸、美术图画、照相底片，甚至纺织品、标牌面板、印制板样品等三维对象进行扫描，可以提取原始的线条、图形、文字、照片、平面实物并将其转换成可以编辑及加入文件中的图片或文字。

常见的扫描仪有：平面扫描仪、滚筒式扫描仪、手持扫描仪、3D扫描仪等，如图1-9所示为应用最为普遍的平面扫描仪。

图1-9　平面扫描仪

图像扫描仪是光、机、电一体化的产品，主要由光学成像部分、机械传动部分和转换电路部分组成。扫描仪的核心是完成光电转换的电荷耦合器件(CCD)。图像扫描仪自身携带的光源将光线照在欲输入的图稿上产生反射光(反射稿)或透射光(透射稿)，光学系统收集这些光线将其聚焦到CCD上，由CCD将光信号转换为电信号，然后再进行模数(A/D)转换，生成数字图像信号送给计算机。图像扫描仪采用线阵CCD，一次成像只生成一行图像数据，当线阵CCD经过相对运动将图稿全部扫描一遍后，一幅完整的数字图像就送到计算机中去了。

图像扫描仪的性能指标主要有分辨率、色彩位数和扫描速度等。

(1) 分辨率。分辨率表示图像扫描仪的扫描精度，是图像扫描仪CCD的排列密度，通常用每英寸上图像的采样点多少来表示，标记为dpi(dot-per-inch)或ppi(pixel-per-inch)。

(2) 色彩位数。色彩位数表示图像扫描仪对色彩的分辨能力，是每一个像素点的颜色通过扫描仪A/D转换的位数。色彩位数越高图像扫描仪的色彩分辨能力就越强。一般而言，24位(即真彩色)能够满足大多数需要。

(3) 扫描速度。扫描速度对黑白图像来讲完全取决于扫描仪的整体性能，而对彩色图像还要看扫描仪是一次扫描还是三次扫描：一次扫描的彩色扫描仪使用三行CCD，一次扫描一行图像的三原色，速度快；而三次扫描的彩色扫描仪需对图稿扫描三遍，通过滤色片使一行CCD扫描三次采集到图像的三原色，因此扫描速度是一次扫描产品的1/3。

OCR技术实际上是一种文字输入方法，它通过扫描和摄像等光学输入方式获取纸张上的文字和图像信息，利用各种模式识别算法，分析文字形态特征，判断出文字的标准码，并按通用格式存储在文本文件中。汉字识别OCR就是使用扫描仪对输入计算机的文本图像进行识别，自动产生汉字文本文件，所以OCR是一种非常快捷而省力的文字输入方式，也是被人们广泛采用的输入方法。

现在，软件在扫描仪技术中所占的比重越来越大。尽管几乎所有的扫描仪都提供了扫描仪应用程序，但是用户可以使用多种其他的标准图像处理软件来控制扫描仪扫描图片，这样用户就可以使用自己熟悉的图像工具来操作，而不必另外安装多余的软件。另外，有些扫描软件中直接集成了OCR功能，同时配合双分辨率功能，使扫描仪的易用性大大提高，用户不必再在遇到文字时单独启动OCR软件进行文字部分的扫描，扫描仪会自动对文字部分采用合适的分辨率进行扫描，比如对文字进行300dpi扫描，而同时对图像部分进行1200dpi扫描。此外，一些产品将多字体识别和字体颜色识别技术与OCR技术结合在一起工作，使扫描产品的文档在计算机中保持硬拷贝文档的原貌。

2. 麦克风

麦克风(Microphone),也称话筒,学名为传声器,是将声音信号转换为电信号的能量转换器件。

麦克风分为动圈式、电容式和最近新兴的硅微传声器。

(1) 动圈式麦克风：如图 1-10 所示,是利用电磁感应原理做成的,利用线圈在磁场中切割磁感线,将声音信号转化为电信号,音质较好,但体积庞大,较贵。

(2) 电容式麦克风：如图 1-11 所示,是利用电容大小的变化,将声音信号转化为电信号,也叫做驻极体话筒,这种话筒最为普遍,因为它体积小巧,成本低廉,在 MPC、电话、手机等设备中广泛使用。

(3) 硅微麦克风：基于 CMOS MEMS 技术,体积更小。其一致性将比驻极体电容器麦克风的一致性好 4 倍以上,所以 MEMS 麦克风特别适合高性价比的麦克风阵列应用,将改进声波形成并降低噪声。

3. 耳机

在现在的生活中,到处都可以看到耳机的身影,在家中、室外、各种英语听力考试等,都少不了耳机。耳机根据其换能方式分类,主要有动圈方式、静电式和等磁式;从结构上分为开放式、半开放式和封闭式;从佩戴形式上则有耳塞式、挂耳式和头戴式。

动圈式耳机是最普通、最常见的耳机,如图 1-12 所示。它的驱动单元基本上就是一只小型的动圈扬声器,由处于永磁场中的音圈驱动与之相连的振膜振动。动圈式耳机效率比较高,大多可为音响上的耳机输出驱动,且可靠耐用。

图 1-10　动圈式麦克风

图 1-11　驻极体麦克风

图 1-12　动圈式耳机

等磁式耳机的驱动器类似于缩小的平面扬声器,它将平面的音圈嵌入轻薄的振膜里,像印刷电路板一样,可以使驱动力平均分布。磁体集中在振膜的一侧或两侧,振膜在其形成的磁场中振动。等磁式耳机振膜没有静电耳机振膜那样轻,但有同样大的振动面积和相近的音质,它不如动圈式耳机效率高,不易驱动。

静电耳机有轻而薄的振膜,由高直流电压极化,极化所需的电能由交流电转化,也有用电池供电的。振膜悬挂在由两块固定的金属板(定子)形成的静电场中,当声音信号加载到定子上时,静电场发生变化,驱动振膜振动。静电耳机必须使用特殊的放大器将声音信号转化为数百伏的电压信号,用变压器连接到功率放大器的输出端也可以驱动静电耳机。静电耳机价格昂贵,不易于驱动,所能达到的声压级也没有动圈式耳机大,但它的反应速度快,能够重放各种微小的细节,失真极低。

驻极体耳机也叫固定式静电耳机,它的振膜本身就是极化的或者由振膜外极化物质发射的静电场极化，不需要专门设备提供极化电压。驻极体耳机具有静电耳机大部分的特点，但是驻极体会逐渐失去极化，需要更换，其寿命约5～10年。

无线和无绳耳机由两部分组成：信号发射器和带有信号接收和放大装置的耳机（通常是动圈式的）。发射器与信号源相连，也可以在发射器前接入耳机放大器来改善音质和调整音色。无线耳机一般是指以红外线传输信号的耳机系统，无绳耳机是指采用无线电波传输信号的耳机系统。红外耳机的工作频率从几kHz到几MHz，有效距离大约10米，耳机要在可视范围内；无线电耳机工作频率为VHF 130～200MHz、UHF 450～900MHz，大多数无绳耳机工作在UHF，可传输范围达100米，可以绕过障碍物。两副或多副无线/无绳耳机可能会相互干扰，所以选择它们的时候最好选择有多个工作频率的品种。对于无绳耳机，工作在UHF比在VHF上受干扰的可能要小。这两种耳机都有背景噪声，较高档的型号都采用了降低噪声的技术。

4. 音箱

音箱是整个音响系统的终端，其作用是把声音电能转换成相应的声能，并把它辐射到空间去。它是音响系统中极其重要的组成部分，因为它担负着把电信号转变成声信号供人的耳朵直接聆听这样一个关键任务，它要直接与人的听觉打交道，而人的听觉是十分灵敏的，并且对复杂声音的音色具有很强的辨别能力。由于人耳对声音的主观感受正是评价一个音响系统音质好坏的最重要的标准，因此，音箱的性能高低对一个音响系统的放音质量起着关键作用。

音箱的主要组成部分包括扬声器、箱体和分频器。音箱实物图如图1-13所示。

图1-13 音箱

扬声器有多种分类方式：按其换能方式可分为电动式、电磁式、压电式、数字式等多种；按振膜结构可分为单纸盆、复合纸盆、复合号筒、同轴等多种；按振膜开头可分为锥盆式、球顶式、平板式、带式等多种；按重放频可分为高频、中频、低频和全频带扬声器；按磁路形式可分为外磁式、内磁式、双磁路式和屏蔽式等多种；按磁路性质可分为铁氧体磁体、铁棚磁体、铝镰钻磁体扬声器；按振膜材料可分为纸质和非纸盆扬声器等。

箱体用来消除扬声器单元的声短路，抑制其声共振，拓宽其频响范围，减少失真。音箱的箱体外形结构有书架式和落地式之分，还有立式和卧式之分。箱体内部结构又有密闭式、倒相式、带通式、空纸盆式、迷宫式、对称驱动式和号筒式等多种形式，使用最多的是密闭式、倒相式和带通式。

分频器有功率分频和电子分频器之分，主要作用均是频带分割、幅频特性与相频特性校正、阻抗补偿与衰减等作用。功率分频器也称元源式后级分频器，是在功放之后进行分频的。它主要由电感、电阻、电容等无源组件组成滤波器网络，把各频段的气频信号分别送到相应频段的扬声器中去重放。其特点是制作成本低、结构简单，适合业余制作，但插入损耗大、效率低、瞬态特性较差。电子分频器也称有源式前级分频器，是由各种阻容组件与晶体管或集成电路等有源器件组成，能把前置放大器输出的声音信号分成不同频段后，再送入功率放大器进行放大处理。其特点是各频段频谱平衡，相互干扰小，输出动态范围大，本身有一定的放大能力，插入损耗小。但电路构成要相对复杂一些。

5. 数码相机

数码相机是一种能够进行拍摄并通过内部处理把拍摄到的景物转换成以数字格式存放的特殊照相机。与普通相机不同，数码相机不是使用胶片，而是使用固定的或者可拆卸的半导体存储器来保存获取的图像，并可以直接连接到计算机、电视机或者打印机上。

图 1-14　数码相机

数码相机是由镜头、CCD、A/D、MPU（微处理器）、内置存储器、LCD（液晶显示器）、PC 卡和接口（包括计算机接口、电视机接口）等部分组成，在数码相机中只有镜头的作用与普通相机相同。其余部分则完全不同。数码相机如图 1-14 所示。

数码相机在工作时，外部景物通过镜头将光线汇聚到感光器件 CCD 上，CCD 由数千个独立的光敏元件组成，这些光敏元件通常排列成与取景器相对应的矩阵。外界景象所反射的光透过镜头照射在 CCD 上，并被转换成电荷，每个元件上的电荷量取决于其所受到的光照强度。由于 CCD 上每一个电荷感应元件最终表现为所拍摄图像的一个像素，因此 CCD 内部所包含的电荷感应元件集成度越高，像素就越多，最终图像的分辨率就会越高。

CCD 能够得到对应于拍摄景物的电子图像，但是它还不能马上被送去计算机处理，还需要 A/D 器件按照计算机的要求进行从模拟信号到数字信号的转换。接下来 MPU 对数字信号进行压缩并转化为特定的图像格式，如 JPEG 格式。最后，图像文件被存储在内置存储器中。至此，数码相机的主要工作已经完成。使用者可通过 LCD 查看拍摄的照片。

与传统的相机相比，目前的数码相机在拍摄质量上还有一定的差距。但是，它也有传统相机无法比拟的优势。

(1) 即拍即见。所有的数码相机都有液晶显示器作为取景器和显示器，它可以立即显示刚拍下的影像，如果发现不理想，可以把影像删除，重新拍摄，直至满意为止。

(2) 影像品质永远不变。用底片或照片记录影像，时间久了，都会褪色及变坏，无法保持原有的质量。而由数码相机拍下的影像以数字文件的方式储存在计算机硬盘及其他存储媒体中，所以数码影像不论被复制多少次，都不会改变它的品质。

(3) 可以直接进行编辑使用。用数码相机拍下的影像可直接下载到计算机内，进行编辑处理，然后进行存储或使用。

6. 数字摄像机

专业级和广播级的摄录像系统是将图像信号数字化后存储，因为相应设备的价格很高，一般单位和家庭无法承受。随着数字影视（Digital Video，DV）的标准被国际上 55 个大电子制造公司统一，数字影视正以不太高的价格进入消费领域，数字摄像机也应运而生。

DV 摄像机是将通过 CCD 转换光信号得到的图像电信号，以及通过话筒得到的声音电信号，进行 A/D 转换并压缩处理后送给磁头转换记录，即以信号数字处理为最大特征。数字摄像机如图 1-15 所示。

图 1-15　数字摄像机

DV 摄像机与目前许多家庭广为采用的模拟摄像机相比具有许多优点。

(1) 记录画面质量高。影视图像清晰程度的最基本、最直观的量度是水平清晰度。水平清晰度的线数越多，意味着图像清晰程度越高。由数字摄像机所摄并播放在电视机屏幕上的图像，比人们现在普遍采用的模拟、非广播级摄像机所摄的图像，清晰度要高得多，它可与广播级模拟摄像机所摄图像质量媲美。目前数字摄像机记录画面的水平清晰度高达500线以上（最高520线），与前些年广播级的摄像机清晰度水平相当，而家用模拟摄像机记录画面的水平清晰度最高为430线，还有许多只有250线。

(2) 记录声音达CD水准。DV摄像机采用两种脉冲调制(PCM)记录方式。一种是采样频率为48kHz、16位量化的双声道立体声方式，提供相当于CD质量的伴音；另一种是采样频率为32kHz、12位量化的四声道（两个立体声声道）方式。

(3) 能与计算机进行信息交换。DV摄像机以数字形式记录的图像信号，如能通过接口卡与PC相连接，输入到计算机硬盘，就可方便地进行摄像后编辑和多种特技处理。这使数字摄像机成为多媒体的最佳活动采集源和输入源，而且这种转换无须进行转换压缩，因此图像几乎没有质量损失和信号丢失，便于人们构建数字化的影视编辑系统。

(4) 信噪比高。播放录像时在电视画面上出现的雪花斑点是影视噪声。DV所记录播放的影视信噪比达54dB，而目前激光视盘的信噪比下限为42dB。另外，用模拟带放像时出现的图像上下颤抖的现象，在以数字方式拍摄记录的录像带上不会出现。

(5) 可拍摄数字照片。数字摄像机也可以像数码相机一样进行数字照相，Mini DV摄像机上有照片拍摄(photo shot)模式，一旦启用它就能够"冻结"和"凝固"一幅幅画面。用Mini DV摄像机所摄的"照片"，影像特别清晰，它们不仅可通过电视屏幕显示观看，而且可直接输入计算机进行艺术处理。

7. 摄像头

网络的发展改变了人们的沟通方式，在网络上，人们不仅可以相互通话，而且可以直接看到对方，这种交流方式更贴近人们的生活习惯，其中，数字摄像头是人们在网上进行面对面交流的工具。

数字摄像头(CAMERA)又称为网络摄像机(Web-camera)、计算机摄像机(PC-camera)或网页摄像机，人们形象地称之为计算机和网络的"眼睛"。数字摄像头属于数码影像设备，它可以通过内部电路直接把图像转换成数字信号传送到计算机中，只要CPU处理能力足够快，CCD捕捉到的图像信号基本上可以达到实时呈现的动态效果。数字摄像头如图1-16所示。

图1-16 摄像头

摄像头被广泛地运用于视频会议，远程医疗及实时监控等方面。人们也可以彼此通过摄像头在网络上进行有影像、有声音的交谈和沟通。另外，还可以将其用于当前各种流行的数码影像，影音处理。随着计算机CPU运算速度的提高，数字摄像头可以实现一些高档数字设备的部分功能，因此具有广阔的市场前景。

摄像头分为数字摄像头和模拟摄像头两大类。模拟摄像头捕捉到的影视信号必须经过特定的视频捕捉卡将模拟信号转换成数字模式，并加以压缩后才可以转换到计算机中运用。数字摄像头可以直接捕捉影像，然后通过串、并口或者USB接口传到计算机中。现在市场上的摄像头基本以数字摄像头为主，而数字摄像头中又以使用新型数据传输接口的USB数字摄像头为主，USB接口的传输速度远远高于串口、并口的速度。

8. 触摸屏

交互性是多媒体系统的基本特点,人机交互式的界面设备起着重要的作用。常用的交互设备有鼠标、键盘、触摸屏、手写输入板、语音输入设备等。其中触摸屏是一种新型的、交互式的输入和显示设备,为人们提供了最简单、最直观的交互手段。

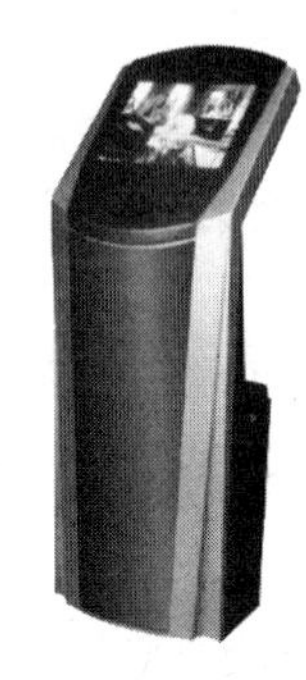

图 1-17 触摸屏

触摸屏是一种定位设备,它像一台显示器,如图 1-17 所示。用户可以用手指直接在屏幕上指点,触及屏幕上的菜单、光标、图符等光按钮,通过一定的物理手段,屏幕上产生的信号通过连线传入计算机中,从而向计算机输入信息。由于直观、方便,即使不懂计算机的人也能立即使用,它的出现消除了人们不熟悉计算机键盘操作的苦恼,有效地提高了人机对话的效率。

触摸屏主要由三部分组成:传感器、控制部件和驱动程序。传感器安装在显示屏幕上,探测用户的触摸动作,有内置式和外挂式两种,大多为外挂式,如同透明膜片一样粘贴在显示屏上,使用者可以用手指触摸屏幕,产生感应信号;控制部件把触摸动作转换为数字信号,传到计算机中;在触摸屏的使用过程中,驱动程序是必不可少的,应用程序通过它来驱动触摸屏。

从技术原理上来区别,触摸屏可分为 5 个基本种类:矢量压力传感技术触摸屏、电阻技术触摸屏、电容技术触摸屏、红外线技术触摸屏、表面声波技术触摸屏。

(1) 矢量压力传感技术触摸屏已退出历史舞台。

(2) 红外线技术触摸屏价格低廉,但其外框易碎,容易产生光干扰,曲面情况下失真。

(3) 电容技术触摸屏设计构思合理,但其图像失真问题很难得到根本解决。

(4) 电阻技术触摸屏的定位准确,但其价格颇高,且怕刮易损。

(5) 表面声波触摸屏解决了以往触摸屏的各种缺陷,清晰不容易被损坏,适于各种场合,缺点是屏幕表面如果有水滴和尘土会使触摸屏变得迟钝,甚至不工作。

目前,触摸屏的应用范围从银行、商场、车站等场合,扩展到了手机、PDA、GPS(全球定位系统)、PMP(MP3,MP4 等),甚至平板计算机(Tablet PC)等大众消费电子领域。触控操作简单、便捷,人性化的触摸屏有望成为人机互动的最佳界面而迅速普及。

9. 手写板

手写板是多媒体计算机的一种手写绘图输入设备,其作用和键盘类似,它由手写板和手写笔配套组成,只局限于输入文字或者绘画,也带有一些鼠标的功能。手写板如图 1-18 所示。

图 1-18 手写板

目前手写板主要分为电阻压力式板、电磁式感应板和近年来发展起来的电容式触控板三大类。手写板又细分为有压感手写板和无压感手写板两种类型。有压感的手写板可以感应到手写笔在手写板上的力度,从而产生粗细不同的笔画,这一技术成果被广泛地应用在美术绘画和银行签名等专业领域,成为不可缺少的工具之一,其中以日本的 Wacom 数位板最为突出。以目前的技术而言,市面上的手写板压感技术基本上为 512 级,所谓的 512 级压感,就是利用手写板的笔尖从接触手写板到下压 100 克力,在约 5mm 之间的微细电磁变化中区分出 512 级,然后将这些信息反馈给计算机,从而形成粗细不同的笔触效果,而专业的手写板更能达到 1024 级压感,能完成各种专业绘画的基本要求。

10. 打印机

打印输出是计算机最基本的输出形式之一。打印机的功能是将计算机内部的代码转换成人们能识别的形式,如字符、图形等,并印刷在纸质载体上。

打印机根据印字的方式不同,分为击打式打印机和非击打式打印机。击打式打印机在印字过程中有击打动作,通过色带和打印纸相撞击而印字,如点阵打印机。非击打式打印机在印字过程中没有击打动作,它采用激光扫描、喷墨、热敏效应、静电效应等非机械手段印字,如喷墨打印机和激光打印机。

图 1-19　激光打印机

目前使用最广泛的打印机是激光打印机,如图 1-19 所示。激光打印机是一种高速度、高精度、低噪声的页式非击打式打印机。它是激光扫描技术与电子照相技术相结合的产物,由激光扫描系统、电子照相系统和控制系统三大部分组成。激光打印机的技术来源于复印机,但复印机的光源是灯光,而激光打印机用的是激光。它将计算机输出的信号转换成静电磁信号,磁信号使磁粉吸附在纸上形成有色字体。

激光打印机结构比较复杂,其中墨粉盒是非常重要的部件,在墨粉盒中有激光打印机的主要部件,如墨粉、感光鼓(硒鼓)、显影轧辘、初级高压电晕放电线等。当墨粉用完后或该部分受损坏,可以将整个盒子取下更换,这给维修带来了极大方便。激光打印机在电子控制电路的控制下,接收主机发送来的打印数据和控制命令,控制各机械部件的有效配合,使要打印的信息通过激光显影在感光鼓上,墨粉由显影轧辊传送到鼓上,在转换电晕的作用下,将打印信息印在打印纸上,最后墨粉由定影轧辘加热熔融到打印纸上。激光打印机的性能指标很多,主要有分辨率和打印速度,其他还有单色/彩色、幅面大小、耗材寿命等。

由于激光光束能聚焦成很细的光点,因此激光打印机能输出分辨率很高的图形。其打印分辨率已达 600dpi(每英寸打印的点数或线数)以上,打印效果清晰、美观。打印速度为 6ppm(每分钟打印页数)以上,快的为 30～60ppm,甚至在 120ppm 以上。激光打印机印字质量高,字符光滑美观,打印速度快,噪声小,但价格稍高一些。

11. 投影仪

投影仪又称投影机,如图 1-20 所示。它主要通过三种显示技术实现,即 CRT 投影技术、LCD 投影技术以及近些年发展起来的 DLP 投影技术。

图 1-20　投影仪

CRT 是英文 Cathode Ray Tube 的缩写,即阴极射线管。作为成像器件,它是实现最早、应用最为广泛的一种显示技术。这种投影机可把输入信号源分解到 R(红)、G(绿)、B(蓝)三个分量,由阴极射线电子束扫描击射在成像面上,使成像面上的荧光粉发光形成图像后,再传输到投影面上。光学系统与 CRT 管组成投影管,通常所说的三枪投影机就是由三个投影管组成的投影机,由于使用内光源,也叫主动式投影方式。CRT 技术成熟,显示的图像色彩丰富,还原性好,具有丰富的几何失真调整能力;但其重要技术指标——图像分辨率与亮度相互制约,直接影响 CRT 投影机的亮度值,到目前为止，其亮度值始终徘徊在300lm以下。另外，CRT投影机操作复杂，特别是会聚调整繁琐，机身体积大，只适合安装于环境光较弱、相对固定的场所，不宜搬动。

LCD是Liquid Crystal Display的英文缩写。LCD投影机分为液晶板和液晶光阀两种。液晶是介于液体和固体之间的物质，本身不发光，工作性质受温度影响很大，其工作温度为－55℃～＋77℃。投影机利用液晶的光电效应，即液晶分子的排列在电场作用下发生变化，影响其液晶单元的透光率或反射率，从而影响它的光学性质，产生具有不同灰度层次及颜色的图像。

DLP是英文Digital Light Prosessor的缩写，译做数字光处理器。这一新的投影技术的诞生，使人们在拥有捕捉、接收、存储数字信息的能力后，实现了数字信息显示。DLP技术是显示领域划时代的革命，它以数字微反射器(Digital Micromirror Device，DMD)作为光阀成像器件。DLP投影机的技术关键点：首先是数字优势。数字技术的采用，使图像灰度等级达256～1024级，色彩达256^3～1024^3种，图像噪声消失，画面质量稳定，精确的数字图像可不断再现。其次是反射优势。反射式DMD器件的应用，使成像器件的总光效率达60%以上，对比度和亮度的均匀性都非常出色。在DMD块上，每一个像素的面积为16μm×16，间隔为1μm。根据所用DMD的片数，DLP投影机可分为：单片机、两片机、三片机。DLP投影机清晰度高、画面均匀，色彩锐利，三片机亮度可达2000流明以上，可随意变焦，调整十分便利；分辨率高，不经压缩分辨率可达1024×768，有些机型的分辨率已经达到1280×1024。

1.2.6 多媒体光盘存储系统

1. 光盘及其特点

CD(Compact Disc，高密盘)是采用光学方式来记录和读取二进制信息的，所以称之为光盘。20世纪70年代初，人们发现激光经聚焦后可获得直径小于1μm($1\mu m=10^{-6}m$)的光束，利用这一特性，Philips公司开始了用激光记录和重放信息的研究，到20世纪80年代初，开发成功数字光盘音响系统，从此光盘工业迅速地发展起来。

光盘是一种数字式记录存储器，具有容量大、耐用、易保存、标准化等优点，并且非常适合于大量生产，所以被广泛地作为计算机软件、多媒体出版物、计算机游戏等发行量大的电子出版物的存储介质。

光盘在存储多媒体信息方面具有以下主要的特点：

(1) 记录密度高。由于激光可以聚焦成直径约1μm的光点，在记录数据时，存储一位信息所需的介质面积仅约$1\mu m^2$，存储密度可高达磁盘的数十倍至上百倍。

(2) 存储容量大。一张标准的CD-ROM光盘容量可达650MB，可记录30分钟至1小时的具有两个独立声道的高质量彩色电视节目。正因为CD-ROM容量巨大，除大量用于电子出版物外，也将其作为软件发行的载体，目前的软件系统基本上都是以光盘形式提供给用户的。

(3) 采用非接触方式读/写信息。这是光盘存储技术所具有的独特性能。在读取光盘信息时，光盘与光学读写头不接触。这样的读/写方式不会使盘面磨损、划伤，也不会损害光头。此外，光盘的记录层上附有透明的保护层，记录层上不会产生伤痕和灰尘。光盘外表面上的灰尘颗粒与划伤，对记录信息的影响很小。

(4) 信息保存时间长。对于只读型光盘,不必担心文件会被误删除及受到病毒的侵扰。如果使用得当,一张光盘上的信息可保存长达几十年甚至更长时间。

(5) 不同平台可以互换。CD-ROM 盘片上的信息按照 ISO 9660 标准格式记录,即使在不同的硬件或软件平台上,CD-ROM 中的信息也可以被正确读出。

(6) 多种媒体融合。光盘可以同时存储文字、图形、图像、声音等信息媒体。以光盘为介质的各种电子出版物目前已十分普及,它们内容丰富、图文并茂、引人入胜,大大地增加了读者的阅读兴趣,而且还易于将信息按相关性进行组织,以方便用户使用。

(7) 价格低廉。与磁带和磁盘相比,光盘是目前最便宜的计算机数据存储介质。

2. 光盘的标准

为了使不同生产厂家生产的光盘能够在遵循对应规范的光盘驱动器中使用,国际标准化组织 ISO 对光盘的物理尺寸、转速、存储容量、数据传输速率、误码率、编码方法和数据格式等多项技术参数做了详细的规定。这些技术规范为软件、硬件设计人员提供了详细的技术说明,也为软件、硬件开发人员进行技术开发提供了依据。由于国际标准化组织在制定和采纳光盘标准规范文件时,使用了不同颜色的封面,人们也就习惯以标准规范文件的封面颜色来区分不同的光盘标准。

1) 红皮书(Red Book)规范

红皮书是 CD 标准的第一个文件,即 CD-DA(CD-Digital Audio)激光数字声音光盘规范,发表于 1981 年。红皮书详细规定了 CD-DA 光盘的物理特性、数据编码和错误校正格式。CD 系列的所有产品都建立在红皮书规范之上,其后的各种光盘标准都是以红皮书规范为基础改进制定的。

2) 黄皮书(Yellow Book)规范

CD-ROM 开发人员于 1985 年在 High Sierra 旅馆集会,提出了 CD-ROM 的基本标准,1988 年正式被国际标准化组织制定为 ISO 9660 规范,即黄皮书规范。ISO 9660 规范以红皮书为基础,详细规定了 CD-ROM 数据存放和逻辑结构的格式,其核心思想是将光盘上的数据以数据块的方式来组织,专用于存储计算机数据或软件。CD-ROM 扇区数据格式的定义分为 Mode 1 和 Mode 2 两种规范,Mode 1 主要用于存放对误码率要求较高的计算机软件或数据,Mode 2 主要用于存放对误码率要求不高的图像或声音数据。

3) 绿皮书(Green Book)规范

绿皮书是 1987 年为交互式光盘 CD-I(CD-Interactive)制定的技术标准。交互式光盘 CD-I 可将高质量的静止图像、图形、动画、声音及文本以数字格式存放在 CD-ROM 光盘上。主要用于家庭娱乐交互式多媒体播放系统,1992 年又推出了可以交互式播放动态影视的第二代 CD-I 规范。因黄皮书规范与绿皮书规范采用不同的物理格式,所以标准 CD-ROM 驱动器不能读取交互式光盘 CD-I 的数据。

4) 蓝皮书(Blue Book)规范

蓝皮书规范是 1985 年为 CD-WORM 光盘制定的标准,CD-WORM 光盘容许用户一次性写入信息,写入的信息将永久保存在光盘上,写入后可以多次读出,但不能再修改。由于蓝皮书规范与光盘的基本标准红皮书规范在逻辑格式上完全不兼容,因而没有得到推广应用。蓝皮书规范目前已被橙皮书规范完全取代,橙皮书规范已成为 CD-WORM 光盘的正式标准。

5）橙皮书(Orange Book)规范

橙皮书规范是在黄皮书规范的基础上进行改进，增加了在可录 CD 空白部分写入数据的功能，于 1989 年发表。橙皮书规范容许在 CD-R(Compact Disk Recordable)光盘的空白部分多次写入数据，直到剩余空间用完为止，但不能擦除以前写入的数据。

6）CD-ROM XA 规范

因标准 CD-ROM 驱动器不能读取交互式光盘 CD-I 格式的数据，1988 年由 Philips、Sony 和 Microsoft 公司共同制定了一种 CD-ROM 扩展结构。该规范基本兼容了交互式光盘 CD-I 数据格式，其目的是让 CD-ROM XA 驱动器能够读取 CD-I 格式的数据。CD-ROM XA 规范允许将影视、声音和文本交替地放置在光盘的光道上，便于开发人员制作丰富多彩的多媒体节目。

7）白皮书(White Book)规范

白皮书规范由绿皮书规范演化而来，是 1992 年针对 VCD(Video Compact Disk)光盘制定的标准，采用 MPEG 压缩算法压缩声音与动态图像。目前 VCD 1.0 和 VCD 2.0 光盘节目均采用白皮书规范。VCD 光盘能在 CD-I、CD-ROM XA 和 Video CD 播放机上正常播放。

8）DVD

DVD(Digital Video Disc，数字影视光盘)是继上述光盘产品之后的新一代光盘存储介质。与以往的光盘存储介质相比，DVD 采用波长更短的红色激光、更有效的调制方式和更强的纠错方法，具有更高的道密度和位密度，并支持双层双面结构。在与 CD 大小相同的盘片上，DVD 可提供相当于普通 CD 8～25 倍的存储量以及 9 倍以上的读取速度。DVD 与新一代声音、影视处理技术(如 MPEG-2、HDTV)相结合，可提供近乎完美的声音和影像。DVD 与计算机结合，可提供新的海量存储介质。在影视与声音处理上，DVD 既不同于采用模拟信号的大影碟 LD 以及广泛使用的 VCD，也不同于未经压缩的普通音乐 CD。无论从技术上还是从视听质量上，DVD 都达到了当今的最高水准。对影视信号的处理，DVD 采用的是 MPEG-2 压缩编码标准。目前的 DVD 能满足现行电视标准，单面单层的 DVD 视盘能够存储 133min 的声音和影像，其水平清晰度可达 480 线，而 VCD 的水平清晰度仅为 250 线，LD 影碟也不过 430 线，因此 DVD 的画面质量是相当高的。DVD 采用 MPEG-2 作为影视压缩技术，对影视图像进行冗余量处理，以实现无明显失真的影视图像压缩。与采用 MPEG-1 的 VCD 相比，其图像分辨率更高，色彩更鲜艳，运动更流畅。在声音方面，DVD 可以采用的标准较多，既可以是 MPEG-1 立体声、MPEG-2 环绕立体声，也可以是杜比(Dolby)AC-3。立体声一般是指具有两个声音通道，而具有三个以上的通道就称为环绕声。杜比 AC-3 是一种高效、高性能的声音编码系统，该声音系统在放音时，前面有左、中、右三个通道，后侧面有两个独立的环绕声通道，前方中间还有 200Hz 以下的低音专用通道，因频带窄而称为 0.1 通道，所以 AC-3 又称为 5.1 通道。

3. 光盘的类型及工作原理

按光盘的读/写性能，可分为只读型光盘、多次可写光盘和可读写光盘三种类型。

1）只读型光盘

只读光盘中的数据是用压模方法压制而成的，用户只能读取上面的数据，而不能写入或修改光盘中的数据。它适用于大量的、不需要改变的数据信息存储，如各类电子出版物、大型软件的载体。最常见的只读光盘为 CD-ROM 光盘。CD-ROM 光盘上的数据是沿着盘面螺旋形状的光道，由内向外以一系列长度不等的凹坑和凸区的形式存储的，光道上凹坑或凸区的长度是 0.28μm 的整数倍。凹凸交界的边缘代表数字 1，两个边缘之间代表数字 0，0 的个数是由边缘之间的长度决定的。通过光学探测仪器产生光电检测信号，从而读出 0、1 数据。为了提高读出数据的可靠性，减少误读率，存储数据采用 EFM（Eight to Fourteen Modulation）编码，即将 1 字节的 8 位编码为 14 位的光轨道位，并在每 14 位之间插入三位“合并位（Merging bits）”以确保 1 码间至少有两个 0 码，但最多不超过 10 个 0 码。

2）多次可写光盘

这种光盘允许用户写入数据，并可随时往盘上追加数据，直到盘满为止，信息写入后则变成只读状态，不可再做修改，主要用于重要数据的长期保存。目前得到了广泛应用的 CD-R（CD Recordable）盘就属于这类光盘。CD-R 信息写入系统主要由写入器和写入控制软件构成。写入器也称为光刻机，是写入系统的硬件部分。CD-R 光盘记录数据的方法和 CD-ROM 一样，也是将数据由内向外刻录在螺旋形的光道上。CD-R 光盘的盘片底层也是用聚碳酸酯压制的透明衬底，中间是有机染料作为记录层，再上面是金反射层，用来提高盘片的反射率，最上一层是保护层。使用 CD-R 刻录机制作数据盘的时候，是将刻录机的写激光聚焦后，透过 CD-R 空白盘上的聚碳酸酯层照射到有机染料的表面上，有机染料通常是箐蓝或酞箐蓝染料。激光照射时产生的热量将有机染料烧熔，并使其变成光痕。用数据 0 或 1 来调制激光的强度，就可以把要存储的信息刻录在光盘上。当用 CD-ROM 驱动器读取 CD-R 盘上的信息时，激光透过聚碳酸酯层和有机染料层照射到反射层的表面上，并反射回 CD-ROM 的光电二极管检测器上。光痕会改变激光的反射程度，CD-ROM 驱动器就根据反射回来的光线强弱的变化分辨出数据 0 和 1。CD-R 的最大特点是与 CD-ROM 完全兼容，CD-R 盘上的信息可使用 CD-ROM 驱动器读取。CD-R 光盘适于存储数据、文字、图形、图像、声音和影视等多种媒体，并且具有存储可靠性高、寿命长和检索方便等突出优点，得到极为广泛的应用。

3）可读写光盘

目前，可读写光盘主要有磁光盘（Magneto-Optical Disk，MOD）和相变光盘（Phase-Change Disk，PCD）两种类型。MOD 是利用磁的记忆特性，借助激光来写入和读出数据；PCD 采用晶体-非晶体作为制成材料，在激光束的热力作用下，导致由非晶体状态转变为晶体状态，同样，也可以由晶体状态转变为非晶体状态。这种晶体-非晶体状态的互换，就形成信息的写入和擦除。与 MOD 相比，PCD 仅利用光学原理来读写数据，所以其光学头可以做得相对简单，存取时间也就可以提高；又由于 PCD 的读出方式与 CD-ROM 相同，所以多功能的光盘驱动器就变得容易实现。总之，可读写式光盘由于其具有硬盘的大容量、软盘的抽取方便的特点，如果性能稳定、读取速度提高，未来将有很好的发展前景。

4. 光盘驱动器

必须使用专门的设备才能从光盘中读取数据，这种设备就是光盘驱动器，简称光驱。光驱的重要性能指标是数据传输率，单倍速的 CD-ROM 的数据传送速度为 150kb/s，双倍速的 CD-ROM 的数据传送速度是 2×150kb/s，以此类推，n 倍速为 n×150kb/s。

现在，原始的单速 CD-ROM 驱动器早已淘汰，高倍速的驱动器已经普及，并出现了 52 倍速或更高倍速的光驱。

CD-ROM 光盘驱动器既能读 CD-ROM 盘，也能读 CD-R 光盘。可擦写光盘驱动器因为其记录原理的不同，分为磁光驱动器(MOD)和相变驱动器(PCD)两种。

CD-ROM 光盘信息组织和其地址编码与磁盘不一样，光盘的光道是螺旋形的，为有效提高对光盘的读取速度，光驱在工作时有 CLV 和 CAV 两种方式。

在 CLV(Constant Line Velocity，恒定线速度)方式下，单位距离的光道上所储存的信息容量是相等的，即内、外光道的数据记录密度相同，因而可以充分利用盘片的空间，增加了存储容量。但这样一来，激光头每旋转一圈所读取的数据量是不一样的，内圈数据少，外圈数据多。因此在 CLV 方式下，当激光头移动到不同的轨道时，电机也必须以不同的转速旋转，内圈转得快些，外圈转得慢些，以维持单位距离信息读取时间一致。对于高速运转的光驱来讲，CLV 方式容易造成光驱耐用性的降低。

目前的高倍速光驱大多采用了 CAV(Constant Angular Velocity，恒定角速度)技术。在 CAV 方式下，不管是内圈还是外圈，激光头始终以恒定的角速度旋转 CD-ROM 盘片，这和硬盘驱动器的操作方式很相似。恒定的转速对于电机来说比较容易实现，由于不需要在随机寻道时经常地改变电机的转速，因此随机读取性能会得到很大的改善。不过，在 CAV 方式下，光盘内、外圈转动的线速度是不相等的，因此内、外光道的数据记录密度也是不同的，光盘的存储空间没有被充分利用。正是由于 CLV 与 CAV 技术各有优劣，于是一些光驱采用 CLV+CAV 技术，在内圈采用 CAV 方式，以提高可靠性，在外圈则采用 CLV 方式，以保证足够的传输速率。

1.2.7 多媒体移动存储器

随着计算机软硬件的飞速发展，海量、安全、快速存储的存储器是多媒体信息存储的必要设备，而移动办公、便携设备的存储需求，要求存储器的体积小、重量轻、消耗功率低，这使得移动存储器的发展成为必然趋势。

目前，移动存储器主要包括移动硬盘、U 盘以及各种多媒体存储卡。

1. 移动硬盘

移动硬盘(Mobile Hard disk)顾名思义是以硬盘为存储介质，在计算机之间交换大容量数据，强调便携性的存储产品。绝大多数的移动硬盘都是以标准硬盘为基础的，因此移动硬盘对数据的读写模式与标准 IDE 硬盘是相同的。移动硬盘(盒)的尺寸分为 1.8 英寸、2.5 英寸和 3.5 英寸三种。主流 2.5 英寸移动硬盘盒可以使用笔记本硬盘，体积小重量轻，便于携带，一般没有外置电源。移动硬盘多采用 USB、IEEE 1394 等传输速度较快的接口，可以较高的速度与系统进行数据传输。2.5 英寸品牌移动硬盘的读取速度约为 15～25MB/s，写入速度约为 8～15MB/s。如图 1-21 所示为 2.5 英寸移动硬盘。

图 1-21　2.5 英寸移动硬盘

移动硬盘的特点如下：

(1) 容量大。移动硬盘可以提供相当大的存储容量，是一种较具性价比的移动存储产品。移动硬盘能在用户可以接受的价格范围内，提供给用户较大的存储容量和不错的便携性。市场中的移动硬盘分为 80GB、120GB、160GB、320GB、640GB 等，最高可达 5TB 的容量，这在一定程度上满足了用户的需求。

(2) 传输速度快。移动硬盘大多采用 USB、IEEE 1394、eSATA 接口，能提供较高的数据传输速度。USB 2.0 接口的传输速率是 60MB/s，IEEE 1394 接口的传输速率是 50～100MB/s，而 eSATA 达到 1.5～3Gb/s 之间，在与主机交换数据时，读 GB 数量级的大型文件只需几分钟，特别适合影视与声音数据的存储和交换。

(3) 使用方便。主流的 PC 基本都配备了 USB 功能，主板通常可以提供 2～8 个 USB 口，USB 接口已成为个人计算机中的必备接口。USB 设备在大多数版本的 Windows 操作系统中，都可以不需要安装驱动程序，即具有真正的"即插即用"特性，使用起来灵活方便。

(4) 可靠性强。数据安全一直是移动存储用户最为关心的问题，也是人们衡量该类产品性能好坏的一个重要标准。移动硬盘多采用硅氧盘片，这是一种比铝、磁更为坚固耐用的盘片材质，具有更好的可靠性，提高了数据的完整性。采用以硅氧为材料的磁盘驱动器，以更加平滑的盘面为特征，有效地降低了盘片可能影响数据可靠性和完整性的不规则盘面的数量，更高的盘面硬度使 USB 硬盘具有很高的可靠性。

2. U 盘

U 盘，全称为"USB 闪存盘"，英文名为 USB Flash Disk。

闪存(Flash Memory)，如图 1-22 所示，是一种长寿命的非易失性的存储器，是电子可擦除只读存储器(EEPROM)的变种。与 EEPROM 不同的是，闪存数据的删除不是以单个的字节为单位而是以固定的区块为单位，区块大小一般为 256KB～20MB。这样闪存就比 EEPROM 的更新速度快。由于其断电时仍能保存数据，闪存通常被用来保存设置信息。

图 1-22　U 盘

U 盘通过 USB 接口与计算机连接，无须物理驱动器，可以实现即插即用。U 盘最大的优点就是：小巧便于携带、存储容量大、价格便宜、性能可靠。闪存盘体积很小，仅大拇指般大小，重量极轻，一般在 15 克左右，特别适合随身携带。一般的 U 盘容量有 1GB、2GB、4GB、8GB、16GB、32GB 等。存盘中无任何机械式装置，抗震性能极强。另外，闪存盘还具有防潮防磁、耐高低温等特性，安全可靠性很好。

3. 多媒体存储卡

闪存卡(Flash Card)是利用闪存技术达到存储电子信息的存储器。U 盘是可以直接读写的存储器，而闪存卡需要读卡器等外部设备才能进行访问，一般应用在数码相机，掌上电脑，MP3 等小型数码产品中作为存储介质。根据不同的生产厂商和不同的应用，闪存卡主要有 CF 卡、SM 卡、MMC 卡、SD 卡、MS 记忆棒和 XD 卡等，如图 1-23 所示。这些闪存卡虽然外观、规格不同，但是技术原理都是相同的。

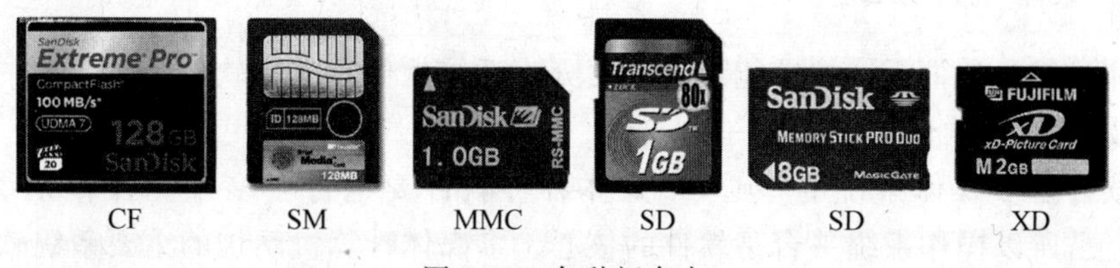

图 1-23　各种闪存卡

1) CF(Compact Flash)卡

CF 卡的中文含义是小型闪存卡，由 SanDisk 于 1994 年发明，最初是一种用于便携式电子设备的数据存储设备。它采用了 ATA 体系结构并仿照了磁盘驱动器，Compact Flash 设备连接到计算机上之后，系统会像其他驱动器一样，给它分配一个盘符。CF 卡的特点是内置存储控制器、并行数据接口，优点是容量大、存取速度快、兼容性好，是目前相当成熟的数码设备存储解决方案。CF 卡如今已是大部分数码相机厂商采用的标准存储部件，如柯达、尼康、佳能、奥林巴斯等都以 CF 卡为主。

2) SM(Smart Media)卡

SM 卡的中文意思是智能媒体卡，是由东芝公司在 1995 年 11 月发布的 Flash Memory 存储卡。由于 SM 卡本身没有控制电路，只是一块包含闪存的卡，因此 SM 卡的体积很小且非常轻薄。SM 卡早期被广泛应用于数码产品当中，比如奥林巴斯的老款数码相机以及富士的老款数码相机多采用 SM 存储卡。

3) MMC(Multimedia Card)卡

MMC 卡中文意思是多媒体卡，MMC 由 SanDisk 和 Infineon Technologies AG 于 1997 年联合开发，于 1998 年正式制定标准。MMC 卡比 SM 卡稍厚，但尺寸比 SM 卡更小，同 CF 卡一样，MMC 卡存储单元和控制器一同做到了卡上，MMC 卡的接口为 7 引脚。这种产品主要应用在 PDA、手机和数码相机上。

4) SD(Secure Digital)卡

SD 卡中文的意思为安全数字卡，是一种基于半导体快闪记忆器的新一代记忆设备。SD 卡由日本松下、东芝及美国 SanDisk 公司于 1999 年 8 月共同开发研制。大小犹如一张邮票的 SD 记忆卡，重量只有两克，但却拥有高记忆容量、快速数据传输率、极大的移动灵活性以及很好的安全性。SD 卡的特点是拥有较好的性价比、安全性较高、兼容 MMC 卡接口规范，拥有版权保护功能，其加密特性可保证数据资料的安全，目前市场上的主流 SD 卡可提供 10Mb/s 的读写速率。

5) MS(Memory Stick)记忆棒

MS 记忆棒是 Sony 公司开发研制的。记忆棒 Pro 也就是所谓的增强型记忆棒，具有容量大、速度快的优点。

6) XD(XD-picture)卡

XD 卡的中文意思是极度数码相片卡，是由富士和奥林巴斯联合推出的专为数码相机使用的小型存储卡，是目前体积最小的存储卡。XD 卡是较为新型的闪存卡，相比于其他闪存卡，它更轻便、体积更小。XD 卡拥有超大的存储容量，理论最大容量可达 8GB，具有很大的扩展空间。目前，支持 XD 卡的相机品牌仅限于富士、奥林巴斯等少数品牌。

1.2.8 多媒体软件系统

多媒体计算机软件系统按功能划分主要分为系统软件和应用软件。

1. 多媒体系统软件

系统软件是多媒体系统的核心，多媒体各种软件要运行于多媒体操作系统平台(如 Windows)上，所以操作系统平台是软件的核心。多媒体计算机系统的主要系统软件有以下几种。

(1) 多媒体驱动软件：是最底层硬件的软件支撑环境，直接与计算机硬件相关，完成设备初始、各种设备操作、设备的打开和关闭、基于硬件的压缩/解压缩、图像快速变换及功能调用等。通常驱动软件有视频子系统、音频子系统，以及视频/音频信号获取子系统。

（2）驱动器接口程序：是高层软件与驱动程序之间的接口软件。为高层软件建立虚拟设备。

（3）多媒体操作系统：实现多媒体环境下的多任务调度，保证声音影视同步控制及信息处理的实时性，提供多媒体信息的各种基本操作和管理，具有对设备的相对独立性和可操作性。操作系统还具有独立于硬件设备和较强的可扩展性。

（4）多媒体素材制作软件及多媒体库函数：为多媒体应用程序进行数据准备的程序，主要为多媒体数据采集软件，作为开发环境的工具库，供设计者调用。

（5）多媒体创作工具、开发环境：主要用于编辑生成多媒体特定领域的应用软件。是在多媒体操作系统上进行开发的软件工具。

2. 多媒体应用软件

多媒体应用软件是在多媒体硬件平台上设计开发的面向应用的软件系统。目前多媒体应用软件种类已经很多，既有可以广泛使用的公共型应用支持软件，如多媒体数据库系统等，又有不需要二次开发的应用软件。现在的 Windows Media Player，以及 RealPlayer、暴风影音等播放器之类的软件，都属于多媒体应用软件。

1.3 多媒体计算机关键技术

多媒体信息的处理和应用需要一系列相关技术的支持，下列各项技术是多媒体计算机的关键技术，也是多媒体研究的热点课题，是未来多媒体技术发展的趋势。

1.3.1 多媒体数据压缩编码与解压缩技术

信息时代的重要特征是信息的数字化，而数字化的数据量特别是声音和影视的数据量相当庞大，给数据的存储、传输和处理带来了极大的压力。而另一方面，多媒体的图、文、声、像等信息有着极大的相关性，存在着大量的冗余信息。所谓的冗余，是指信息中存在的各种性质的多余度，若把这些冗余的信息去掉，只保留相互独立的信息分量，就可以减少数据量，实现数据的压缩。

鉴于此，多媒体数据压缩编码技术是解决大数据量存储与传输问题的行之有效的方法。采用先进的压缩编码算法，对数字化的声音和影视信息进行压缩，既节省了存储空间，又提高了传输效率，同时也使计算机实时处理和播放声音、影视信息成为可能。

数据的压缩可分为无损压缩和有损压缩两种形式。无损压缩是指压缩后的数据经解压缩后还原得到的数据与原始数据相同，不存在任何误差，例如，文本数据的压缩必须使用无损压缩，因为文本数据一旦有损失，信息就会产生歧义。有损压缩是指压缩后的数据经解压缩后，在还原时得到的数据与原数据之间存在着一定的差异，由于允许有一定的误差，因此这类技术往往可以获得较大的压缩比。例如，在多媒体图像信息处理中，一般采用有损压缩，虽然压缩后还原得到的数据与原始数据存在一定的误差，但人的眼睛觉察不出来，这种误差是被允许的。

计算机技术的发展离不开标准规范，目前最流行的压缩编码的国际标准有三种：

（1）静止图像压缩编码标准：JPEG。

(2) 运动图像压缩编码标准：MPEG。

(3) 影视通信编码标准：H.261(P×64)。

1.3.2 多媒体数据存储技术

多媒体信息的特点是数据量大，实时性强。多媒体数据虽然经过压缩处理，但其数据量仍然很大，在存储和传输时需要很大的空间和时间开销。因此，发展大容量、高速度、使用方便、性能可靠的存储器是多媒体技术的关键技术之一。

硬盘是计算机重要的存储设备，随着存储技术的不断提高，目前单个硬盘的容量已达到上百 GB。在一些大型服务器和影视点播系统中广泛采用的磁盘阵列 RAID(Redundant Array of Inexpensive Disk)，是由许多台小型的磁盘存储器按一定的组合条件组成的超大容量、快速响应、高可靠性的存储系统，其最大集成容量可达上千 GB 或更多。同时，光盘的发展速度也很快。VCD 采用 MPEG-1 图像压缩技术，已广泛用于电影、广告、电子出版物和教育培训等方面，成为市场上最热门的光盘产品之一。DVD 采用 MPEG-2 图像压缩技术，现已推出单面单密、单面双密、双面单密、双面双密 4 种记录密度格式的 DVD，其单面单密格式的容量为 4.7GB，双面双密格式的容量可达到 17GB。

1.3.3 多媒体数据库技术

传统的数据库只能解决数值与字符数据的存储与检索。根据多媒体数据的特点，多媒体数据库除要求处理结构化的数据外，还要求处理大量非结构化数据。多媒体数据库需要解决的问题主要有：数据模型、数据压缩/还原、数据库操作、浏览、统计查询以及对象的表现。

随着多媒体计算机技术的发展，面向对象技术的成熟以及人工智能技术的发展，多媒体数据库、面向对象的数据库以及智能化多媒体数据库的发展越来越迅速，它们将进一步发展或取代传统的数据库，形成对多媒体数据进行有效管理的新技术。

1.3.4 多媒体网络与通信技术

现代社会人们的工作方式的特点是具有群体性、交互性。传统的电信业务如电话、传真等通信方式已不能适应社会的需要，迫切要求通信与多媒体技术相结合，为人们提供更加高效和快捷的沟通途径，如提供多媒体电子邮件、视频会议、远程交互式教学系统、点播电视等新的服务。

多媒体通信是一个综合性技术，涉及多媒体技术、计算机技术和通信技术等领域，长期以来，一直是多媒体应用的一个重要方面。由于多媒体的传输涉及声音、影视和数据等多方面，需要完成大数据量的连续媒体信息的实时传输、时空同步和数据压缩，如语音和影视有较强的实时性要求，允许出现某些细节的错误，但不能容忍任何延迟；而对于数据来说，可以容忍延时，但不能有任何错误，因为即便是一个字节的错误都将会改变整个数据的意义。为了给多媒体通信提供新型的传输网络，发展的重点为宽带综合业务数字网(B-ISDN)。它可以传输高保真立体声和高清晰度电视，是多媒体通信的理想环境。

1.3.5 多媒体信息检索技术

多媒体信息检索是根据用户的要求，对文本、图形、图像、声音、动画等多媒体信息进行检索，以得到用户所需要的信息。其中，基于特征的多媒体信息检索技术有着广阔的应用前景，它将广泛用于远程教学、远程医疗、电子会议、电子图书馆、艺术收藏和博物馆管理、地理信息系统、遥感和地球资源管理、计算机支持协同工作等方面。例如，数字图书馆可将物理信息转化为数字多媒体形式，通过网络供世界各地的用户使用。计算机使用自然语言查询和概念查询对返回给用户的信息进行筛选，使相关数据的定位更为简单和精确；聚集功能将查询结果组织在一起，使用户能够简单地识别并选择相关的信息；摘要功能能够对查询结果进行主要观点的概括，而使用户不必查看全部文本就可以确定所要查找的信息。

1.3.6 人机交互技术

人机交互技术(Human-Computer Interaction Techniques)是指通过计算机输入、输出设备，以有效的方式实现人与计算机对话的技术。它包括机器通过输出或显示设备给人提供大量有关信息及提示请示等，人通过输入设备给机器输入有关信息，回答问题及提示请示等。人机交互技术是计算机用户界面设计中的重要内容之一。

人机交互从技术上讲，主要是研究人与计算机之间的信息交换，主要包括人到计算机和计算机到人的信息交换两部分。一方面，研究人们如何借助键盘、鼠标、操纵杆、眼动跟踪器、位置跟踪器、数据手套、压力笔等设备，用手、脚、声音、姿势或身体的动作、眼睛甚至脑电波等向计算机传递信息。另一方面，研究计算机如何通过打印机、绘图仪、显示器、头盔式显示器(HMD)、音箱、力反馈等输出设备给人提供信息。

人机交互与认知心理学、人机工程学、多媒体技术和虚拟现实与增强现实技术密切相关。其中，认知心理学与人机工程学是人机交互技术的理论基础，而多媒体技术、虚拟现实与增强现实技术以及人机交互技术相互交叉和渗透。

(1) 认知心理学研究人们如何获得外部世界信息，信息在人脑内如何表示并转化为知识，知识怎样存储又如何用来指导人们的注意和行为，了解认知心理学原理可以指导人们进行人机交互界面设计。

(2) 人机工程学运用生理学、心理学和医学等有关知识，研究人、机器、环境相互间的合理关系，以保证人们安全、健康、舒适地工作，从而提高整个系统工效。

(3) 多媒体技术将文本、声音、图形、图像、影视等集成在一起，而动画、声音、影视等动态媒体，大大丰富了计算机表现信息的形式，拓宽了计算机输出的带宽，提高了用户接收信息的效率。目前多媒体技术的研究基本上限于信息的存储和传输方面，媒体理解和推理研究较少。多通道人机交互研究的兴起，将进一步提高计算机的信息识别、理解能力，提高人机交互的效率和用户友好性，将人机交互技术和用户界面设计引向更高境界。

(4) 自然和谐的交互方式是虚拟现实技术的一个重要研究内容，其目的是使人能以声音、动作、表情等自然方式与虚拟世界中的对象进行交互，虚拟现实为人机交互的研究提供了很好的契机和媒介。

(5) 增强现实技术融合了虚拟环境与真实环境，其在交互性与可视化方法方面开辟了一个崭新的领域；而虚拟现实使用虚拟环境取代了真实环境，增强现实是把虚拟的信息立体化，在人的周围环境中再现出来，虚实结合，能够达到以假乱真的地步，完全给人逼真的感觉。在增强现实环境中，交互是实时的。

1.3.7 虚拟现实技术

虚拟现实(Virtual Reality,VR)是当今计算机科学中最尖端的课题。虚拟现实是计算机硬件技术、软件技术、传感技术、人工智能及心理学等技术的综合。它利用数字媒体系统生成一个具有逼真的视觉、听觉、触觉及嗅觉的模拟现实环境,受众可以用人的自然技能对这一虚拟的现实进行交互体验,仿佛在真实现实中的体验一样。

虚拟现实之所以能让用户从主观上有一种进入虚拟世界的感觉,而不是从外部去观察它,主要是采用了一些特殊的输入输出设备。

1. 头戴式显示器(HMD)

最重要的输入/输出设备是头戴式显示器(Head Mount Display,HMD),又称为数据头盔。HMD取代了计算机屏幕,能使用户产生进入虚拟世界的感觉的主要原因是采用了两种技术:首先,微型显示器使人的每只眼睛产生不同的成像,产生了三维立体的效果;其次,它还配有立体声耳机,以产生三维声音。除了输出信息,HMD同时也是一种输入设备,它可以对HMD的移动进行监视,以获取用户头部的空间位置及方向等信息,并传送给计算机,使计算机根据这些信息调节虚拟世界中图像的显示。处理三维声音的系统也随之调节声音,并反映与虚拟世界中虚拟声源有关的人的头部的位置及方向。

2. 手套式输入设备

手套式输入设备一般又称为数据手套(Data Glove),是一种能感知手的位置及方向的设备。通过它可以指向某一物体,在某一场景内探索和查询,或者在一定的距离之外与现实世界发生作用。虚拟物体是可以操纵的,如让其旋转,以便更仔细地查看;或通过虚拟现实移动远处的真实物体,用户只需监视其对应的虚拟成像。

数据手套可以返回手的触感信息,通过它可以模拟出物体的形状。

虚拟现实技术的实现需要相应的硬件和软件的支持。虽然现在对虚拟现实环境的操作已经达到了一定的水平,但它毕竟同人类现实世界中的行动有一定的差别,还不能十分灵活、清晰地表达人类的活动与思维,因此,这方面还有大量的工作要做。

1.4 多媒体的应用及发展前景

1.4.1 多媒体技术的应用

多媒体技术是一种实用性很强的技术,它一出现就引起许多相关行业的关注,由于其社会影响和经济影响都十分巨大,相关的研究部门和产业部门都非常重视产品化工作,因此多媒体技术的发展和应用日新月异,产品更新换代的周期很短。

多媒体技术的显著特点是改善了人机交互界面,集声、文、图、像处理一体化,更接近人们自然的信息交流方式。多媒体技术及其应用几乎覆盖了计算机应用的绝大多数领域,而且还开拓了涉及人类生活、娱乐、学习等方面的新领域。

多媒体技术的典型应用包括以下几个方面:

(1) 教育和培训。利用多媒体技术开展培训、教学工作,寓教于乐,内容直观、生动、活泼,给学习者的印象深刻,培训教学效果好。

(2) 咨询和演示。在销售、导游或宣传等活动中，使用多媒体技术编制的软件(或节目)，能够图文并茂地展示产品、游览景点和其他宣传内容。使用者可与多媒体系统交互，获取感兴趣的多媒体信息。

(3) 娱乐和游戏。影视作品和游戏产品制作是计算机应用的一个重要领域。多媒体技术的出现给影视作品和游戏产品制作带来了革命性变化，由简单的卡通片到声文图并茂的实体模拟，画面、声音更加逼真，趣味性娱乐性得到增强。随着CD-ROM的流行，价廉物美的游戏产品备受人们的欢迎，它可以启迪儿童的智慧，丰富成年人的娱乐活动。

(4) 管理信息系统(Management Information System，MIS)。目前MIS在商业、企业、银行等部门已得到广泛的应用。多媒体技术应用到MIS中可得到多种形象生动、活泼、直观的多媒体信息，克服了传统MIS中数字加表格的枯燥形式，使用人员可以通过友好直观的界面与之交互，获取多媒体信息，使工作变得生动有趣。多媒体信息管理系统改善了工作环境，提高了工作质量，有很好的应用前景。

(5) 视频会议系统。随着多媒体通信和影视图像传输数字化技术的发展，计算机技术和通信网络技术的结合，视频会议系统成为一个最受关注的应用领域；与电话会议系统相比，视频会议系统能够传输实时图像，使与会者具有身临其境的感觉。但要使视频会议系统实用化，必须解决相关的图像及声音的压缩、传输和同步等问题。

(6) 计算机支持协同工作(Computer Supported Cooperative Work，CSCW)。在信息共享和人与人之间合作越来越重要的今天，支持多个用户合作工作的CSCW是由多媒体通信技术和分布式计算机技术相结合所组成的分布式多媒体计算机系统，能够支持人们长期梦想的远程协同工作。例如，远程会诊系统可把身处两地的专家通过网络召集在一起同时异地会诊复杂病例，远程报纸共编系统可将身处多地的编辑组织起来共同编辑同一份报纸。CSCW的应用领域将十分广泛。

(7) 影视服务系统。诸如影视点播系统(VOD)、影视购物系统等影视服务系统拥有大量的用户，也是多媒体技术的一个应用热点。

1.4.2 多媒体技术的发展前景

随着计算机技术的不断发展，低成本高速度处理芯片的应用，高效率的多媒体数据压缩/解压缩产品的问世，高质量多媒体数据输入、输出产品的推出，多媒体计算机技术必将推进到一个新的阶段。目前多媒体技术的发展十分迅猛，多媒体产品正走进千家万户。

从近阶段来看，多媒体技术研究和应用主要体现出以下特点。

(1) 家庭教育和个人娱乐是目前国际多媒体市场的主流。其代表性的产品有：影视光盘播放系统，如各种VCD和DVD机；游戏机，集声、文、图、像处理于一体，功能强大；交互式电视系统，用户可以按自己的要求选择电视节目(VOD)或从预先安排的几种情节发展中选择某一种情节让故事进行下去。

(2) 内容演示和管理信息系统(MIS)是多媒体技术应用的重要方面。目前，多媒体应用以内容演示和MIS为主要形式，这种状况可能会持续一段时期。

(3) 多媒体通信和分布式多媒体系统是多媒体技术今后的发展方向。目前的多媒体技术应用正从基于CD-ROM的单机系统向以网络为中心的多媒体应用过渡，随着高速网络成本的下降、多媒体通信关键技术的突破，在以Internet为代表的通信网上提供的多种多媒体业务会给信息社会带来深远影响。同时使多台异地互联的多媒体计算机协同工作，更好地实现信息共享，提高工作效率，这种 CSCW 环境代表了多媒体应用的发展趋势。

从长远观点来看，进一步提高多媒体计算机系统的智能性是不变的主题。发展智能多媒体技术包括很多方面，如文字的识别和输入、汉语语音识别和输入、自然语言的理解和机器翻译、知识工程和人工智能等。已有的解决这些问题的成果已很好地应用到多媒体计算机系统开发中，并且任何一点新的突破都可能对多媒体技术发展产生很大的影响。

本章小结

本章是本书内容的理论基础，简要介绍了有关多媒体技术的基本概念和基础知识。

多媒体技术是基于计算机科学的综合高新技术，可以利用计算机综合处理文本、图形、图像、声音和影视等信息，具有集成性、实时性和交互性。

多媒体计算机系统是一个能综合处理多种媒体信息的计算机系统，它是对基本计算机系统的软、硬件功能的扩展。MPC 是在现有 PC 基础上加上一些硬件板卡及相应软件，并配有必要的辅助设备，使其具有综合处理声、文、图信息的功能。

光盘是一种数字式记录存储器，被广泛地作为计算机软件、多媒体出版物、计算机游戏等发行量大的电子出版物的存储介质。随着计算机软硬件的飞速发展，移动存储器成为多媒体信息存储的必要设备。

多媒体信息的处理和应用需要一系列相关技术的支持，包括：数据压缩技术、数据存储技术、多媒体数据库技术、多媒体网络与通信技术、人机交互技术、虚拟现实技术等，这些技术是多媒体计算机的关键技术。

多媒体技术是一种实用性很强的技术，它的应用几乎覆盖了计算机应用的绝大多数领域，而且还开拓了涉及人类生活、娱乐、学习等方面的新领域，使人机交互界面更接近人们自然的信息交流方式。目前多媒体技术的发展十分迅猛，多媒体产品正走进千家万户。

习　　题

1. 什么是媒体？有哪些种类？
2. 什么是多媒体？它具有哪些关键特性？
3. 多媒体信息有哪些类型？
4. 请简述多媒体计算机系统的组成。
5. 请简述 MPC 的主要功能和基本配置。
6. 常用的多媒体辅助设备有哪些？
7. 光盘分为哪几类？请说明其各自的工作原理。
8. 常用的移动存储器有哪些？
9. 多媒体计算机有哪些关键技术？
10. 多媒体技术的典型应用有哪些？

第2章　图形和图像的制作

本章学习目标

- 理解色彩三要素、三原色原理、图像色彩空间等色彩基础知识。
- 掌握图形图像的基本概念以及图形和图像的区别和联系。
- 了解图像常用的压缩编码方法。
- 了解图像压缩国际标准——JPEG。
- 了解常用的图形图像文件格式。
- 掌握用 Illustrator CS5 绘制图形的基本方法。
- 理解 Photoshop 中的主要概念，并掌握用 Photoshop CS5 进行图像处理的基本方法。
- 掌握使用 Adobe Bridge CS5 管理图像的基本方法。

2.1　计算机色彩基础

2.1.1　色彩三要素

人们生活在一个色彩斑斓的现实世界中，彩色是外界光波刺激作用于人的视觉器官而产生的感觉。从物理学角度看，光波是电磁波的一部分，其中可见光的波长为380～780nm。颜色和波长有关，不同波长的光呈现不同的颜色。在可见光范围内，按波长从大到小，光的颜色依次为红、橙、黄、绿、青、蓝、紫。只有单一波长的光称为单色光，含有两种以上波长的光称为复合光。不同波长的光不仅给人不同的彩色感觉，也给人以不同的亮度感觉。

彩色是创建图像的基础，在计算机上使用彩色有着特定的记录和处理彩色的技术。为了表示某一彩色光的度量，可以用亮度、色调和色饱和度三个物理量来描述，称之为色彩三要素。人眼看到的色彩都是这三个要素的综合效果。

1. 亮度(Lightness)

亮度是指光作用于人眼时所引起的明亮程度的感觉，是指彩色明暗深浅的程度。它与被观察物体的发光强度有关。如果彩色光的强度降低到最低，人的眼睛看不见，在亮度标尺上它就和黑色对应。如果其强度很大，那么，亮度等级和白色对应。

对于不发光的物体，人们看到的是反射光的强度。对同一物体，照射的光越强，反射的光就越强。不同的物体在相同的照射情况下，反射能力越强者看起来就越亮。

2. 色调(Hue)

色调是指颜色的类别，如红色、绿色、蓝色等不同颜色就是指色调。色调与物体发射或反射的光波的波长有关。眼睛通过对不同光波波长的感受，可以区分不同的颜色。在可见光谱中，红、橙、黄、绿、青、蓝、紫每一种色调都有自己的波长和频率，人们给这些可以相互区别的色调定出各自的名称，当人们称呼某一种颜色的名称时，就会有一个特定的色彩印象。

3. 饱和度(Saturation)

饱和度指的是颜色的深浅程度(或浓度)。它是按各种颜色中掺入白光的程度来表示的。对于同一单色光,掺入的白色光越少,饱和度越高,颜色就越深、越鲜明,完全没有混入白色光的单色光饱和度最高。相反,掺入的白色光越多,饱和度就越低,颜色越浅。

饱和度还和亮度有关,在饱和的彩色中增加白光的成分,彩色的亮度就会增加,变得更亮,但是它的饱和度就降低了。

总之,彩色可以用亮度、色调、饱和度三个特征来表示。通常把色调和饱和度统称为色度。色度表示了光颜色的种类和深浅程度,而亮度则表示了光颜色的明亮程度。

2.1.2 三原色原理

三原色原理是指自然界常见的各种可见光,都可由红(Red)、绿(Green)、蓝(Blue)三种颜色光按不同比例相配而成。同样,绝大多数可见光也可以分解成这三种色光。

三原色的选择不是唯一的,也可以选择其他颜色作为三原色,但是,三原色的三种颜色必须是独立的,即任何一种颜色都不能由其他两种颜色合成。由于人的眼睛对红、绿、蓝三种色光最为敏感,由这三种颜色相配得到的颜色范围最广,因此一般都选红(R)、绿(G)、蓝(B)为三原色。三原色(RGB)原理是色度学最基本的原理。

把三种基色光按不同比例相加称为相加混色,由红、绿、蓝三原色进行相加混色的情况如图 2-1 所示。

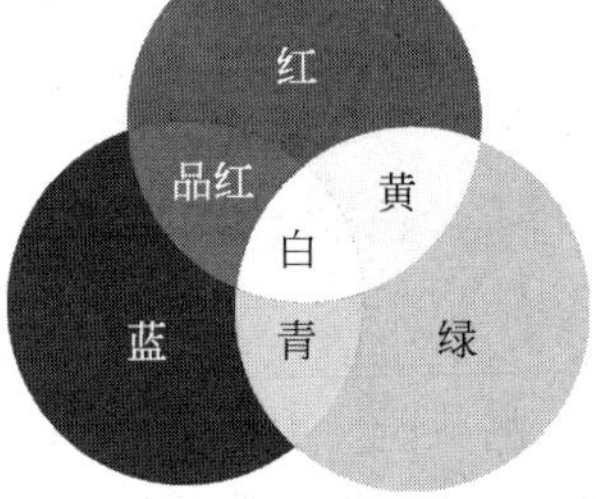

图 2-1 三原色原理图

其中:

红色+绿色=黄色

红色+蓝色=品红

绿色+蓝色=青色

红色+绿色+蓝色=白色

红色+青色=绿色+品红=蓝色+黄色=白色

凡是两种色光能混合而成白光,则这两种色光互为补色。

2.1.3 图像色彩空间的表示及其关系

色彩空间指彩色图像所使用的颜色描述方法,也称为彩色模型。在 PC 和多媒体系统中,表示图形和图像的颜色常常涉及不同的色彩空间,如 RGB 色彩空间、CMY 色彩空间等。不同的色彩空间对应不同的应用场合,各有其特点。因此,数字图像的生成、存储、处理及显示时对应不同的色彩空间,从理论上讲,任何一种颜色都可以在上述色彩空间中精确地进行描述。

1. RGB 色彩空间

在 RGB 色彩空间中,图像中的每个像素值都分成 R、G、B 三个基色分量,每个基色分量直接决定其基色的强度,这样产生的色彩称为真彩色。若 R、G、B 各用 8 位来表示各自基色分量的强度,每个基色分量的强度等级为 $2^8=256$ 种,则图像可容纳 $2^{24}=16M$ 种色彩。这样得到的色彩可以较好地反映原图的真实色彩,故称为真彩色。

在多媒体计算机中,通过监视器显示的图像,用得最多的是 RGB 色彩空间表示。因为计算机彩色监视器的输入需要 RGB 三个色彩分量,通过三个分量的不同比例,可以在显示屏幕上合成所需要的任意颜色。所以不管多媒体系统中采用什么形式的色彩空间表示,最后的输出一定要转换成 RGB 色彩空间表示。

RGB 色彩空间产生色彩的方法称为加色法。没有光是全黑，各种光色按不同强度加入后才产生色彩，当各种光色都加到极限时成为白色，即全色光。

2. CMYK 色彩空间

在利用计算机屏幕显示彩色图像时采用的是 RGB 色彩空间，而在打印时一般需要转换成 CMY 色彩空间。CMY(Cyan、Magenta、Yellow)模型是采用青、品红、黄三种基本颜色按一定的比例合成颜色的方法。RGB 色彩空间色彩的产生直接来自于光线的色彩，是各种基色光线的混合，是加色法；而 CMY 色彩空间色彩的产生是来自于照射在颜料上反射回来的光线，当全色光照射在颜料上时，颜料会吸收一部分光线，未被吸收的光线会反射出来，成为视觉判断颜色的依据，这种彩色产生的方式称为减色法。当所有的颜料加入后，能吸收所有的光产生黑色，当颜料减少时，只能吸收一部分光线，便开始出现色彩，颜料全部除去后，不吸收光线，就成为白色。

从理论上讲，只由青、品红、黄色三种颜色混合就可以得到黑色，但在印刷中考虑到混合过程中的误差和油墨的不纯，同样的 CMY 混合后很难产生完善的黑色或灰色，所以在印刷时必须加上一个黑色(Black)，这样就成为 CMYK 色彩空间。

3. HSL 色彩空间

HSL(Hue、Saturation、Lightness)色彩空间是用 H、S 和 L 三个参数来生成颜色。其中，H 为颜色的色调，改变它的数值可以生成不同的颜色；S 为颜色的饱和度，改变它可以改变颜色的深浅；L 为颜色的亮度，改变它可以使颜色变亮或变暗。

HSL 色彩空间更符合人的视觉特性，更接近人对彩色的认识和解释。对某一颜色，人眼分辨不出其中 R、G、B 的比例，但可以感觉到它的颜色的种类、深浅和明暗程度。

4. 色彩空间之间的关系

同一种颜色，在不同的色彩空间中有不同的表示，但各种色彩空间存在着相互的联系，可以互相转换。下面通过图像处理软件 Photoshop 的“拾色器”，看一下各种色彩空间的表示方法和它们之间的相互关系。

Photoshop 的“拾色器”对话框显示了各色彩空间颜色的对应关系，如图 2-2 所示。

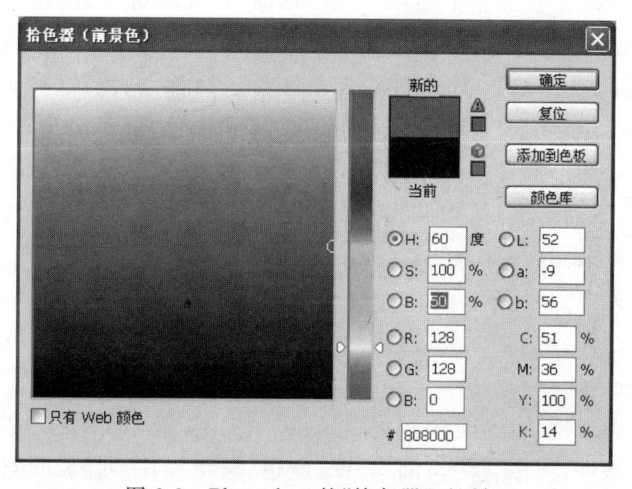

图 2-2 Photoshop 的“拾色器”对话框

RGB 色彩空间对红、绿、蓝中每一种颜色都有一个 0～255 的亮度值变化范围，不同亮度值的组合就可以产生像素的不同颜色。如果 R、G、B 的值为全 0 就成为黑色，R、G、B 三个值全为 255 时，亮度值最大，就成为白色。

HSL(在 Photoshop 中用 HSB 表示)色彩空间中的色调 H 以 0°～360°的角度表示，它类似一个颜色轮，H 的值沿着圆周变化，反映不同的颜色，0°为红，60°为黄，120°为绿，240°为蓝，300°为品红色，到 360°又回到起点红色。饱和度 S 和明亮度 B(L)都是以百分比表示，饱和度 S 值为 0%，变成白色，明亮度 B 值为 0%，变成黑色。

CMYK 色彩空间为每个像素的每种印刷油墨指定一个百分比值。为最亮(高光)颜色指定的印刷油墨颜色百分比较低，而为较暗(暗调)颜色指定的百分比较高，当 4 种分量的值均为 0%时，就会产生纯白色。

从“拾色器”对话框中可以看出，当在 HSB 空间中，把色调 S 设置为 60°(黄色)，饱和度 S 为 100%，亮度 B 为 50%时，RGB 空间的 R、G、B 分量的值分别是 128、128、0，而 CMYK 空间的 C、M、Y、K 分别为 51%、36%、100%、14%。当某一色彩空间的值发生变化时，其他色彩空间的值也会随之改变。

2.2 图形与图像基础知识

2.2.1 图形与图像的基本概念

计算机中处理的图片分为两种，一种是矢量图形，另一种是位图图像。

1. 矢量图形

矢量图形简称图形，它是通过绘图软件创作并绘制出来的，用一系列计算机指令来描述和记录一幅图的内容，即通过指令描述构成一幅图的所有直线、曲线、圆、圆弧、矩形等图元的位置、维数和形状，也可以用更为复杂的形式表示图像中的曲面、光照、材质等效果。由于图形中对象的属性用矢量的方法来描述，所以称为矢量图形。

矢量图形实质上是用数学的方式来描述一幅图形，在处理图形时根据图元对应的数学表达式进行编辑和处理。在屏幕上显示一幅图形时，首先要解释这些指令，然后将描述图形的指令转换成屏幕上显示的形状和颜色。编辑矢量图的软件通常称为绘图软件，这种软件可以产生和操作矢量图的各个成分，并对矢量图形进行移动、缩放、叠加、旋转和扭曲等变换。编辑图形时将指令转变成屏幕上所显示的形状和颜色，显示时也往往能看到绘图的过程。由于所有的矢量图形部分都可以用数学的方法加以描述，从而使得计算机可以对其进行任意的放大、缩小、旋转、变形、扭曲、移动、叠加等变换，而不会破坏图像的画面。但是，用矢量图形格式表示复杂图像(如人物、风景照片)，并要求很高时，将需要花费大量的时间进行变换、着色、处理光照效果等。

基于矢量的绘图同分辨率无关，这意味着它们可以按最高分辨率显示到输出设备上。

2. 位图图像

位图图像简称图像或位图，是用像素点来描述的图。一般是用摄像机或扫描仪等输入设备捕捉实际场景画面，离散化为空间、亮度、颜色(灰度)的序列值，即把一幅彩色图或灰度图分成许多的像素(点)，每个像素用若干二进制位来指定颜色、亮度和属性，所以称为位图图像。

位图图像在计算机内存中由一组二进制位(b)组成，这些位定义图像中每个像素点的颜色和亮度，显示一幅图像时，屏幕上的一个像素也就对应于图像中的某一个点。根据组成图像的像素密度和表示颜色、亮度级别的数目，可将图像分为彩色图像和灰度图像两大类。位图图像适合于表现比较细腻，层次较多，色彩较丰富，包含大量细节的图像，并可直接、快速地在屏幕上显示出来。但占用存储空间较大，一般需要进行数据压缩。

2.2.2 图形与图像的比较

(1) 从数据描述上看，一方面，图形用一组指令集合来描述图形的内容，如描述构成该图的各种图元位置维数、形状等，描述对象可任意缩放而不会失真，而图像用数字描述像素点的颜色，图像在缩放过程中会损失细节或产生锯齿。另一方面，正是由于矢量图形记录的是一组指令，而位图图像存储的是关于像素的数据，所以矢量图形需要的空间要远比位图图像小。

(2) 从显示效果上看，尽管位图图像在存储和显示时占用的磁盘空间相对较大，但这种图像处理起来比较容易，所以显示速度相对较快。而在以图形显示时，需要相应的软件读取和解释这些指令，将其转换为屏幕上所显示的形状和颜色，所以显示速度比较慢。同时，图像的色彩层次比图形相对要丰满一些。

(3) 从图像来源上看，位图图像有广泛的图像资源，比如从网络上下载、用扫描仪扫描、由数码照相机拍摄、从众多的位图图像素材软盘或光盘上浏览复制等，同时位图图像还有众多的软件支持，用于位图的图像格式有很多。而矢量图形的来源相对比较少，不同矢量软件之间的图像互通性较差。

(4) 从应用场合上看，图像用于表现含有大量细节的对象，如照片、绘图等，通过图像软件可进行复杂图像的处理以得到更清晰的图像或产生特殊效果。图形用于描述轮廓不是很复杂，色彩不是很丰富的对象，如几何图形、工程图纸、CAD、3D造型软件等。

(5) 从处理方式上看，图像是用图像处理软件对输入的图像进行编辑处理，主要是对位图文件进行常规性的加工和编辑，但不能对某一部分控制变换，由于位图占用存储空间较大，一般要进行数据压缩。图形通常用图形绘制软件，产生矢量图形，可对矢量图形及图元独立进行移动、缩放、旋转和扭曲等变换。主要参数是描述图元的位置、维数和形状的指令和参数。

图形和图像既有区别，又有联系，二者可以利用软件工具相互转换，可以根据其特点和应用场合对其进行选择，或结合使用，以便使制作出来的作品产生最佳的效果。

2.2.3 图像的属性

描述一幅图像需要使用图像的属性。图像的属性包含分辨率、像素深度、真/伪彩色、图像的表示法和种类等。

1. 分辨率

经常遇到的分辨率有两种，即显示分辨率和图像分辨率。

(1) 显示分辨率是指显示屏上能够显示出的像素数目。例如，显示分辨率为1024×768表示将显示屏分成768行(垂直分辨率)，每行(水平分辨率)显示1024个像素，整个显示屏就含有 796 432 个显像点。屏幕能够显示的像素越多，说明显示设备的分辨率越高，显示的图像质量越高。

(2) 图像分辨率是指组成一幅图像的像素密度，也是用水平和垂直的像素表示，即用每英寸多少点(dpi)表示数字化图像的大小。例如，用 200dpi 来扫描一幅 4×3 英寸的彩色照片，那么将得到一幅 800×600 个像素点的图像。它实质上是数字化的采样间隔，由它确立组成一幅图像的像素数目。对同样大小的一幅图，如果组成该图像的像素数目越多，则说明图像的分辨率越高，图像看起来就越逼真。相反，图像显得越粗糙。因此，不同的分辨率会造成不同的图像清晰度。

图像分辨率与显示分辨率是两个不同的概念。图像分辨率确定的是组成一幅图像的像素数目，而显示分辨率确定的是显示图像的区域大小。它们之间的关系是：

(1) 图像分辨率大于显示分辨率时，在屏幕上只能显示部分图像。

(2) 图像分辨率小于显示分辨率时，图像只占屏幕的一部分。

2. 图像深度

图像深度是指存储每个像素所用的位数，它也是用来度量图像的色彩分辨率的。图像深度确定彩色图像的每个像素可能有的颜色数，或者确定灰度图像的每个像素可能有的灰度级数。它决定了彩色图像中可出现的最多颜色数，或灰度图像中的最大灰度等级。表示一个像素颜色的位数越多，它能表达的颜色数或灰度级就越多。例如，只有 1 个分量的单色图像，若每个像素有 8 位，则最大灰度数目为 $2^8=256$；一幅彩色图像的每个像素用 R、G、B 三个分量表示，若三个分量的像素位数分别为 4、4、2，则最大颜色数目为 $2^{4+4+2}=2^{10}=1024$，也就是说像素的深度为 10 位，每个像素可以是 1024 种颜色中的一种。表示一个像素的位数越多，它能表达的颜色数目就越多，它的深度就越深。

3. 真彩色和伪彩色

真彩色(True Color)是指组成一幅彩色图像的每个像素值中，有 R、G、B 三个基色分量，每个基色分量直接决定显示设备的基色强度，这样产生的彩色称为真彩色。例如，用 RGB8:8:8 的方式表示一幅彩色图像，也就是 R、G、B 分量都用 8 位来表示，可生成的颜色数就是 2^{24} 种，每个像素的颜色就是由其中的数值直接决定的。这样得到的色彩可以反映原图像的真实色彩，一般认为是真彩色。通常，在一些场合把 RGB8:8:8 方式表示的彩色图像称为真彩色图像或全彩色图像。

为了减少彩色图像的存储空间，在生成图像时，对图像中不同色彩进行采样，产生包含各种颜色的颜色表，即彩色查找表。图像中每个像素的颜色不是由三个基色分量的数值直接表达，而是把像素值作为地址索引，在彩色查找表中查找这个像素实际的 R、G、B 分量，人们将图像的这种颜色表达方式称为伪彩色。对于这种伪彩色图像的数据，除了保存代表像素颜色的索引数据外，还要保存一个彩色查找表(调色板)。彩色查找表可以是一个预先定义的表，也可以是对图像进行优化后产生的色彩表。常用的 256 色的彩色图像使用了 8 位的索引，即每个像素占用一个字节。

2.2.4 图像的压缩编码

扫描生成一幅图像时，是按一定的图像分辨率和一定的图像深度对模拟图片或照片进行采样，从而生成一幅数字化的图像。图像的分辨率越高，图像深度越深，则数字化后的图像效果越逼真，但图像数据量就越大。如果按照像素点及其深度映射的图像数据大小采样，可用下面的公式估算数据量：

图像数据量＝图像的总像素×图像深度/8(B)

例如，一幅 640×480 的 RGB8∶8∶8 真彩色图像，其文件大小约为：

640×480×24/8＝900KB

可见，数字图像的数据量也很大，给图像的处理、存储和传输将带来很大的负担，特别是在互联网上开展的各种应用中，图像传输速度是一项很重要的指标，所以有必要对数字图像的数据进行压缩。另一方面，由于数字图像中数据的相关性很强，存在很大的冗余度，因此对数字图像进行大幅度的数据压缩是完全可行的。采用压缩编码技术，减少图像的数据量，是提高网络传输速度的重要手段。

在多媒体应用中常使用行程长度编码（RLC）、增量调制编码（DM）、霍夫曼（Huffman）编码和 LZW 编码等。

1. 行程长度编码（Run-length Encoding，RLC）

某些图像往往有许多颜色相同的图块。在这些图块中，许多连续的扫描行都具有同一种颜色，或者同一扫描行上有许多连续的像素都具有相同的颜色值。在这些情况下就可以不需要存储每一个像素的颜色值，而仅仅存储一个像素值以及具有相同颜色的像素数目。这种编码称为行程编码。具有同一颜色的连续像素的数目称为行程长度。其压缩率的大小取决于图像本身。如果图像中具有相同颜色的横向色块越大，这样的图像块数目越多，压缩比就越大，反之就越小。

2. 增量调制编码（Delta Modulation Encoding，DM）

自然图像往往有在比较大的范围内，图像的颜色虽不完全一致，但变化不大的特点。因此，在这些区域中，相邻像素的像素值相差很小，具有很大的相关性。在一幅图像中，除了轮廓特别明显的地方以外，大部分区域都具有这种特点。增量调制编码就是利用图像相邻像素值的相关性来压缩每个像素值的位数，以达到减少存储容量的目的。使用增量调制编码压缩图像时，不存储扫描行上每个像素的实际值，仅存储每一行上第一个像素的实际值。其后，依次存储每一个像素的像素值与前一个像素值之差，即增量值。

3. 霍夫曼（Huffman）编码

大多数图像常常包含单色的大面积图块，而且某些颜色比其他颜色出现得更频繁，因此可以采用霍夫曼编码方式。霍夫曼编码的基本方法是先对图像数据扫描一遍，计算出各种像素出现的概率，按概率的大小指定不同长度的唯一码字，由此得到一张该图像的霍夫曼码表。编码后的图像数据记录的是每个像素的码字，而码字与实际像素值的对应关系记录在码表中。码表是附在图像文件中的。在实际应用中，霍夫曼编码常与其他编码方法结合使用，以获得更大的压缩比。

4. LZW 编码

LZW 就是通过建立一个字符串表，用较短的代码来表示较长的字符串来实现压缩。LZW 压缩算法的基本原理是：提取原始文本文件数据中的不同字符，基于这些字符创建一个编译表，然后用编译表中的字符的索引来替代原始文本文件数据中的相应字符，减少原始数据大小。看起来和调色板图像的实现原理差不多，但是这里的编译表不是事先创建好的，而是根据原始文件数据动态创建的，解码时还要从已编码的数据中还原出原来的编译表。

图像压缩的方法很多，不同方法有不同的适用场合和范围。

2.2.5 图像压缩国际标准——JPEG

计算机中使用的图像压缩编码方法有多种国际标准和工业标准。目前广泛使用的编码及压缩标准有 JPEG、MPEG 和 H.261。其中 JPEG 是一个静态图像数据压缩编码标准。

JPEG(Joint Photographic Experts Group)是由 ISO 和 IEC 两个组织机构联合组成的一个专家组，负责制定静态和数字图像数据压缩编码标准，这个专家组开发的算法称为 JPEG 算法，并且成为国际上通用的标准，因此又称为 JPEG 标准。JPEG 是一个适用范围很广的静态图像数据压缩标准，既可用于灰度图像，又可用于彩色图像。JPEG 专家组开发了两种基本的压缩算法，一种是以离散余弦变换(Discrete Cosine Transform，DCT)为基础的有损压缩算法，另一种是采用以预测技术为基础的无损压缩算法。JPEG 有损压缩算法，普遍应用于连续色调图像的压缩，在获得极高的压缩率的同时能展现十分丰富生动的图像，也就是说可以用最少的磁盘空间得到较好的图像品质。JPEG 是一种很灵活的格式，具有调节图像质量的功能，允许用不同的压缩比例对文件进行压缩，支持多种压缩级别，压缩比率通常在 10∶1 到 40∶1 之间，压缩比越大，品质就越低；相反地，压缩比越小，品质就越好。由于 JPEG 优良的品质，使它在短短几年内获得了极大的成功，被广泛应用于互联网和数码相机领域，网站上 80%的图像都采用了 JPEG 压缩标准。

JPEG 2000 作为 JPEG 的升级版，其压缩率比 JPEG 高约 30%左右，同时支持有损和无损压缩。JPEG 2000 格式有一个极其重要的特征在于它能实现渐进传输，即先传输图像的轮廓，然后逐步传输数据，不断提高图像质量，让图像由朦胧到清晰显示。此外，JPEG 2000 还支持所谓的“感兴趣区域”特性，可以任意指定影像上感兴趣区域的压缩质量，还可以选择指定的部分先解压缩。在有些情况下，图像中只有一小块区域对用户是有用的，对这些区域，采用低压缩比，而感兴趣区域之外采用高压缩比，在保证不丢失重要信息的同时，又能有效地压缩数据量。其优点在于它结合了接收方对压缩的主观需求，实现了交互式压缩。而接收方随着观察，常常会有新的要求，可能对新的区域感兴趣，也可能希望某一区域更清晰些。

JPEG 2000 和 JPEG 相比优势明显，从无损压缩到有损压缩可以兼容，而 JPEG 不行，JPEG 的有损压缩和无损压缩是完全不同的两种方法。

JPEG 2000 既可应用于传统的 JPEG 市场，如扫描仪、数码相机等，又可应用于新兴领域，如网路传输、无线通信等。

2.2.6 图形图像文件格式

数字图像在计算机中存储时，其文件格式繁多，下面简单介绍几种常用的文件格式。

1. BMP 文件

BMP(Bitmap-File)图像文件是 Windows 操作系统采用的图像文件格式，在 Windows 环境下运行的所有图像处理软件几乎都支持 BMP 图像文件格式。它是一种与设备无关的位图格式，目的是为了让 Windows 能够在任何类型的显示设备上输出所存储的图像。BMP 采用位映射存储格式，除了图像深度可选以外，一般不采用其他任何压缩，所以占用的存储空间较大。BMP文件的图像深度可选1位、4位、8位及24位，即有黑白、16色、256色和真彩色之分。

2. JPEG文件

JPEG(JPG)文件采用JPEG有损压缩算法，其压缩比约为1∶5至1∶50，甚至更高。对一幅图像按JPEG格式进行压缩时，可以根据压缩比与压缩效果要求选择压缩质量因子。JPEG格式文件的压缩比例很高，非常适用于要处理大量图像的场合，压缩比例可以选择，支持灰度图像、RGB真彩色图像和CMYK真彩色图像。

3. GIF文件

GIF是CompuServe公司开发的图像文件格式，它以数据块为单位来存储图像的相关信息。GIF文件格式采用了LZW无损压缩算法按扫描行压缩图像数据。它可以在一个文件中存放多幅彩色图像，每一幅图像都由一个图像描述符、可选的局部彩色表和图像数据组成。如果把存储于一个文件中的多幅图像逐幅读出来显示到屏幕上，可以像播放幻灯片那样显示或者构成简单的动画效果。GIF的图像深度为1～8位，即最多支持256种色彩的图像。

GIF文件格式定义了两种数据存储方式，一种是按行连续存储，存储顺序与显示器的显示顺序相同；另一种是按交叉方式存储。由于显示图像需要较长的时间，使用这种方法存放图像数据，可以在图像数据全部收到之前看到这幅图像的全貌，而不觉得等待时间太长。目前，GIF文件格式在HTML文档中得到了广泛使用。

4. PNG文件

PNG文件是作为GIF的替代品而开发的，它能够避免使用GIF文件所遇到的常见问题。它从GIF那里继承了许多特征，增加了一些GIF文件所没有的特性。用来存储灰度图像时，灰度图像的深度可达16位；存储彩色图像时，彩色图像的深度可达48位。在压缩数据时，它采用了一种LZ77算法派生无损压缩算法。

5. TIFF文件

TIFF(TIF)文件是一种跨平台的位图格式，由Aldus和Microsoft公司为扫描仪和桌面出版系统研制开发的一种较为通用的图像文件格式。TIFF是电子出版CD-ROM中的一个重要的图像文件格式。TIFF格式非常灵活易变，它又定义了4类不同的格式：TIFF-B适用于二值图像；TIFF-G适用于黑白灰度图像；TIFF-P适用于带调色板的彩色图像；TIFF-R适用于RGB真彩图像。无论在视觉上还是其他方面，都能把任何图像编码成二进制形式而不丢失任何属性。

6. PCX文件

PCX文件是PC Paintbrush(PC画笔)的图像文件格式。PCX的图像深度可选为1位、4位、8位，对应单色、16色及256色，不支持真彩色。PCX文件采用RLE行程编码，文件体中存放的是压缩后的图像数据。因此，将采集到的图像数据写成PCX格式文件时，要对其进行RLE编码；而在读取一个PCX文件时，先要对其进行解码，才能进一步显示和处理。

7. Targe文件

Targe(TGA)文件格式用于存储彩色图像，可支持任意大小的图像，最高彩色数可达32位。TGA是Windows与3ds进行图形交换的格式，专业图形用户经常使用TGA点阵格式保存具有真实感的三维有光源图像。Targe文件还支持8位Alpha通道电视，可以将动画通过视频软件转入电视。

8. WMF 文件

WMF 是一种矢量图形格式，只使用在 Windows 中，它将图像保存为一系列 GDI(图形设备接口)的函数调用，在恢复时，应用程序执行源文件(即执行一个个函数调用)在输出设备上画出图像。WMF 文件具有设备无关性，文件结构好，但是解码复杂，其效率比较低。

9. EPS 文件

EPS 文件是用 PostScript 语言描述的 ASCII 图形文件，在 PostScript 图形打印机上能打印出高品质的图形，能够表示 32 位图形(图像)。EPS 文件格式分为 Photoshop EPS 格式(Adobe Illustrator EPS)和标准 EPS 格式，其中标准 EPS 格式又可分为图形格式和图像格式。EPS 格式常用于位图与矢量图之间的文件转换。

10. DIF 文件

DIF 文件是 AutoCAD 中的图形，它以 ASCII 方式存储图像，所表现的图形在尺寸大小方面十分精确，可以被 CorelDRAW，3ds max 等软件调用编辑。

2.2.7 图形图像转换

图形和图像之间在一定的条件下可以转换，如采用光栅化技术可以将图形转换成图像；采用图形跟踪技术可以将图像转换成图形。一般可以通过硬件或软件实现图形和图像之间的转换。

1. 图形和图像的硬件转换

一张工程图纸，在将它输入计算机以前不能称它为图形或图像，将它用扫描仪输入到 Photoshop，它就变成图像；当用数字化仪来将它输入到 AutoCAD 后，它就变成图形。

同一个对象既可被作为图形处理也可以作为图像处理，至于具体采用哪种处理方法，要看被处理的对象性质和要达到的处理结果。如果用 AutoCAD 软件制作好了一张图，较合理的方法是用绘图仪将它输出，但是也可以用打印机将它输出，这时计算机必须先将图形转换为打印机的扫描线，这个过程称为光栅化，也就是图形转换为图像的过程。如果用 Photoshop 软件做好了一张图，较合理的方法是用打印机将它输出，这样可以得到较多的层次和细节，如果一定要用绘图仪输出，就必然会丢失许多图像的细节。

2. 图形和图像的软件转换

图形和图像都是以文件的形式存放在计算机存储器中，可以通过应用软件实现文件格式之间的转换，达到图形和图像之间的转换。随着图形和图像处理技术的发展，出现了很多较好的格式转换软件，如 CorelDRAW 软件，它提供了几乎所有文件格式之间的转换。同时也出现了一些较好的文件格式，如 Adobe 公司的 EPS 格式文件，它是一种兼并图形图像各自优点的文件格式。

转换并不表示可以任意互换，实际上许多转换是不可逆的，转换的次数越多，丢失的信息就越多，特别是图形和图像之间的转换。从本质上讲，各种不同的文件格式是在对不同性质的处理对象或同一对象的不同处理侧面采用一种最为科学、合理和方便的描述方法。应该根据处理对象的特点选择或转换为相应的文件格式，以及选择相应的输入输出设备。

2.3 图形制作软件 Illustrator 的应用

Illustrator 是 Adobe 公司推出的专业绘图工具，是目前使用最为广泛的矢量图形制作软件之一。它已成为平面设计师、网页设计师、二维动画设计师的必备工具之一，使用它可以快速、方便地制作出各种形态逼真颜色丰富的图形、商标、海报、艺术字、图表等。Illustrator CS5 版是目前最新版本。下面介绍 Illustrator CS5 的使用。

2.3.1 Illustrator CS5 工作区

Illustrator 提供了高效的工作区和用户界面。用户可以使用各种元素(如面板、栏以及窗口)来创建和处理文档和文件。这些元素的任何排列方式称为工作区。Adobe CS5 家族中不同应用程序的工作区拥有相同的外观，因此用户可以在应用程序之间轻松切换。

用户也可以通过从多个预设工作区中进行选择或创建自己的工作区来调整各个应用程序，以适合自己的工作方式。虽然不同产品中的默认工作区布局不同，但对工作区中元素的处理方式基本相同。工作区中各元素如图 2-3 所示。

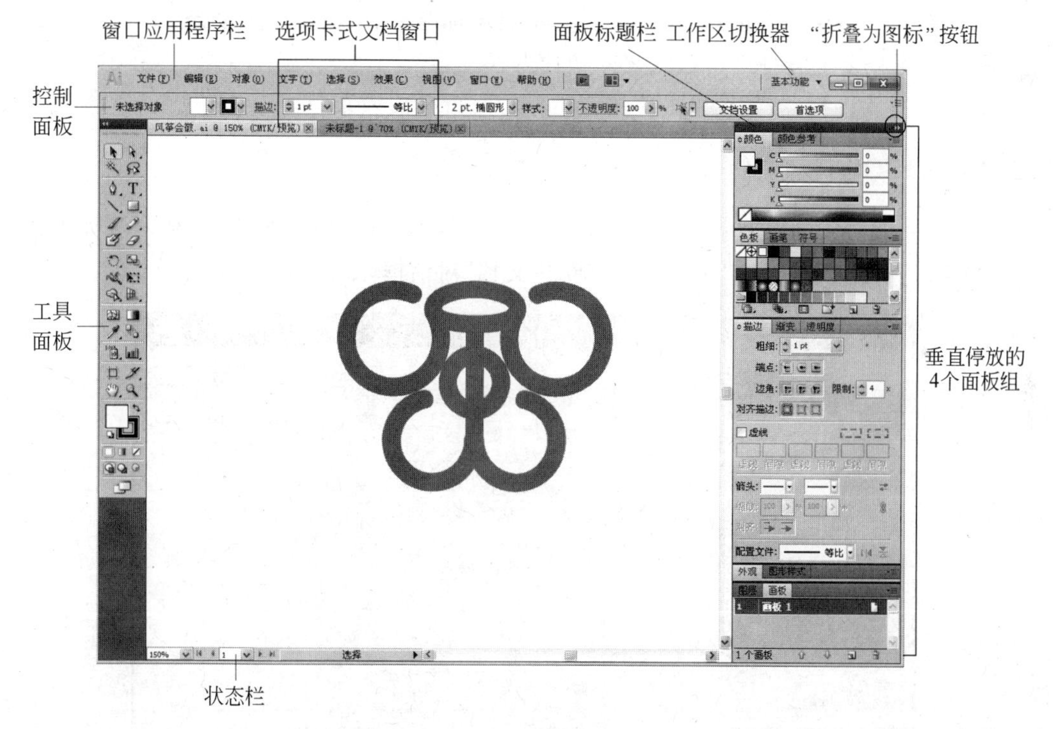

图 2-3 默认 Illustrator 工作区

(1) 应用程序栏：位于顶部，包含工作区切换器、菜单和其他应用程序控件，使用其中的按钮可以访问 Adobe Bridge、文档排列面板。而使用工作区切换器，可以快速跳到不同的工作区配置。

(2) 工具面板：包含用于创建和编辑图形、图稿、页面元素等的工具。相关工具将进行分组。

(3) 控制面板：控制面板显示当前所选工具的选项。

(4) 文档窗口：显示用户正在处理的文件。可以将文档窗口设置为选项卡式窗口，并且在某些情况下可以进行分组和停放。当同时打开多个文档时，这些文档会以选项卡的形式显示，或者可以并排打开，这样当需要将图形从一个文档拖移到另一个文档或切换文档窗口时，就会比较轻松方便。用户可以单击▦▾按钮，从列表中选择一种文档排列方式。

(5) 面板组：可帮助用户监视和修改用户的工作。可以对面板进行编组、堆叠或停放。

(6) 状态栏：状态栏显示在插图窗口的左下边缘。它显示的内容包括：当前缩放级别、当前正在使用的工具、日期和时间、可用的还原和重做次数、文档颜色配置文件等。

Illustrator CS5 允许通过单击工具面板底部的“更改屏幕模式”按钮来切换不同的屏幕模式，从而改变工作区域中工具面板与面板组的显示状态。单击该按钮后会弹出一个屏幕模式选择菜单，有以下三种模式：

① 正常屏幕模式：文档窗口位于工具面板、控制面板及其他面板所包围的区域内，以标准窗口显示图稿，菜单栏位于窗口顶部，滚动条位于侧面。

② 带有菜单栏的屏幕模式：在全屏窗口中显示图稿，有菜单栏但是没有标题栏和滚动条。

③ 全幕模式：在全屏窗口中显示图稿，不显示标题栏、菜单栏和滚动条。

按 F 键可在以上三种屏幕模式之间快速切换。

(7)“折叠为图标”按钮：单击该按钮，可展开/折叠面板菜单。

2.3.2 LOGO 图标制作

本节通过设计一个漂亮的 LOGO，讲解 Illustrator CS5 的基本操作，具体步骤如下：

(1) 执行“文件”|“新建”命令，弹出“新建文档”对话框，如图 2-4 所示。

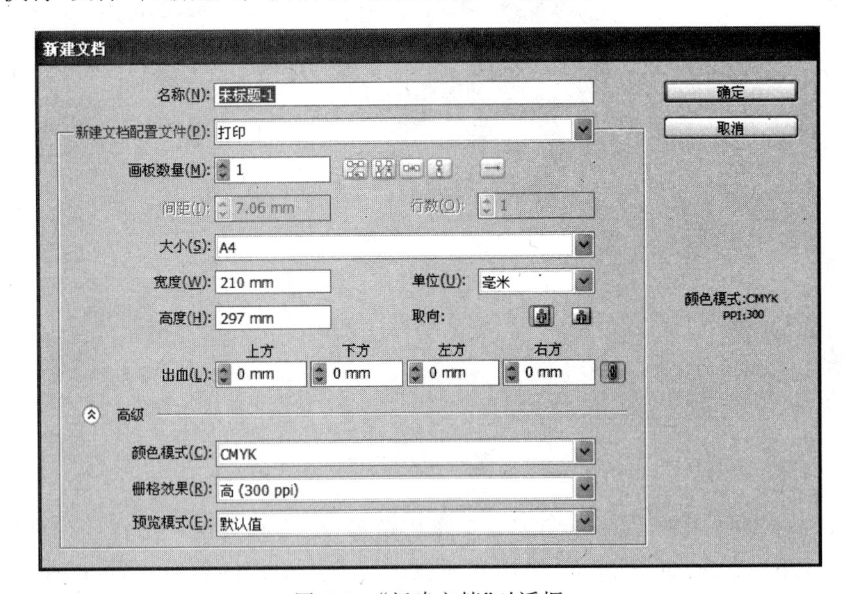

图 2-4 “新建文档”对话框

在该对话框中，可以设置新文档的各个选项，其中：

- 新建文档配置文件：可选择“打印”、Web、“移动设备”、“视频和胶片”、“基本CMYK”、“基本 RGB”。
- 画板数量：指定文档的画板数，以及它们在屏幕上的排列顺序。
- 取向：指定画板的方向，有纵向和横向两种选择。
- 出血：指定画板每一侧到纸张的空白距离，如果要对不同的侧面使用不同的值，则需要单击“锁定”图标。

如果要设置更多选项，可单击“高级”左侧的按钮，显示出隐藏的高级选项，包括颜色模式、栅格效果和预览模式。

在此取系统默认值，单击“确定”按钮，即可新建一个文档。

(2) 单击工具栏中的椭圆工具按钮，如果显示的是矩形工具，则按下鼠标等一会儿，会弹出如图 2-5 所示的绘图工具菜单，选择即可。

(3) 在画板中拖动鼠标，创建一个椭圆，如图 2-6(a)所示。

图 2-5　绘图工具菜单

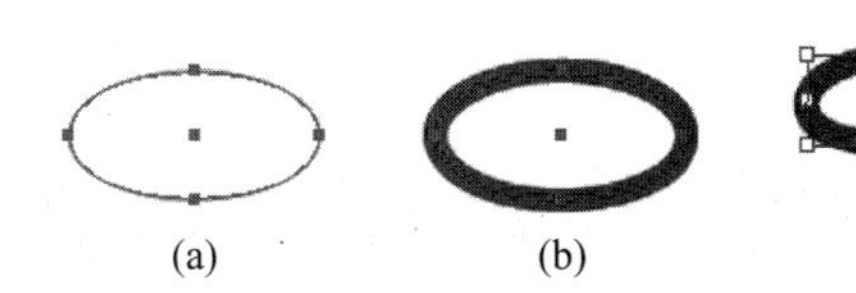

图 2-6　创建 LOGO 分解步骤一

(4) 单击控制面板中的，在弹出的颜色对话框中选择红色，如图 2-7 所示。单击描边面板，在弹出的描边面板对话框中进行设置，如图 2-8 所示。单击右边的描边类型对话框，选择“7 pt. 圆形”，如图 2-9 所示。此时椭圆变为如图 2-6(b)所示的效果。

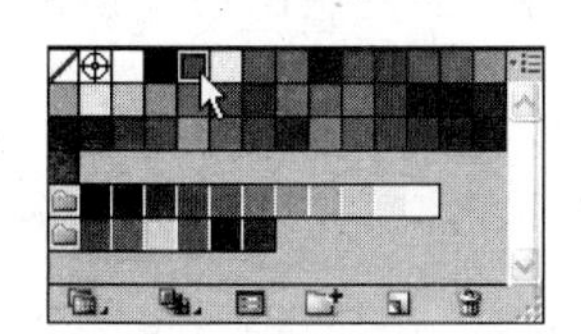

图 2-7　选择颜色

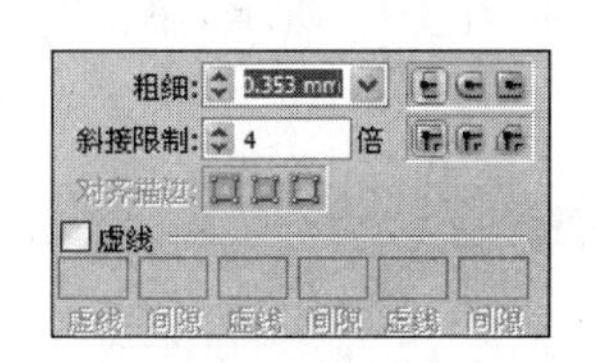

图 2-8　描边面板对话框

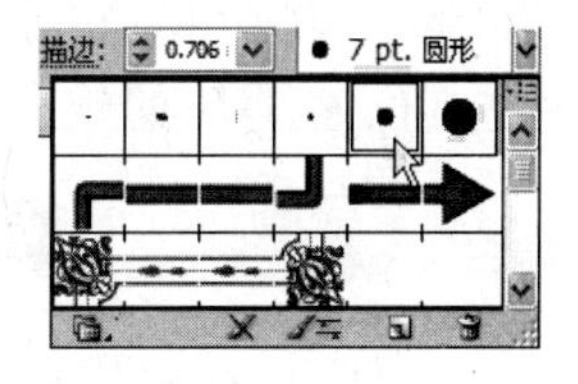

图 2-9　描边类型对话框

(5) 单击工具栏中的直接选择工具按钮，选择椭圆最下边的一个锚点，并向上拖动一段距离，此时椭圆变为如图 2-6(c)所示效果。

(6) 单击工具栏中的直线工具按钮，按下 Shift 键，在椭圆下方向下拖动鼠标，画出一条垂直线段，然后同椭圆一样设置描边属性，此时效果如图 2-10(a)所示。

(7) 单击工具栏中的椭圆工具按钮，按下 Shift 键，拖动鼠标，创建一个圆。按下 Shift 键不放，然后单击创建的这三个图形，会同时选中三个图形。这时控制面板中会出现对齐面板，在弹出的对话框中选择“水平居中对齐”方式，如图 2-11 所示。此时效果如图 2-10(b)所示。

(8) 单击工具栏中的椭圆工具按钮，将鼠标移到画板中单击鼠标，会弹出如图 2-12 所示的“椭圆”对话框，将“宽度”和“高度”都设置为“28mm”，单击“确定”会在画板中创建一个椭圆，如图 2-13(a)所示。

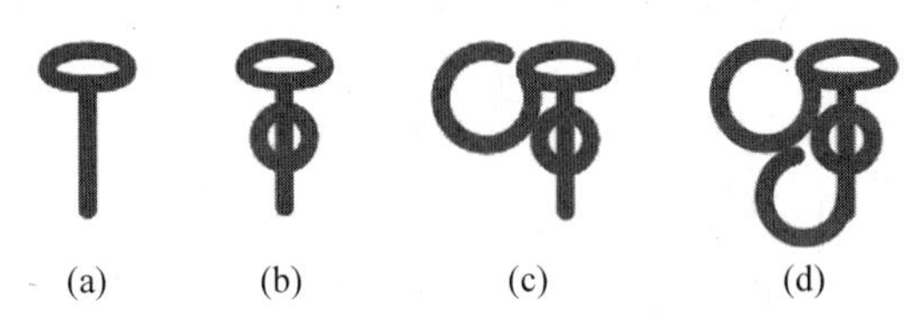

图 2-10　创建 LOGO 分解步骤二

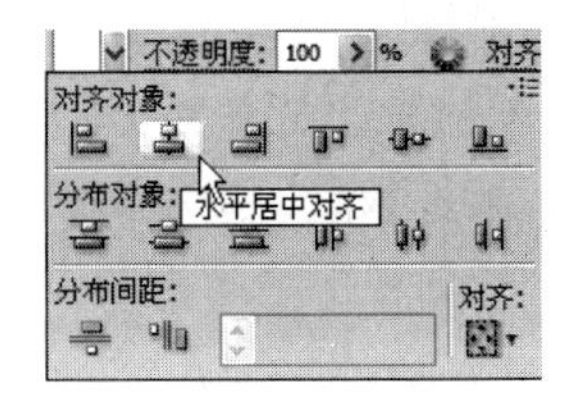

图 2-11　对齐类型对话框

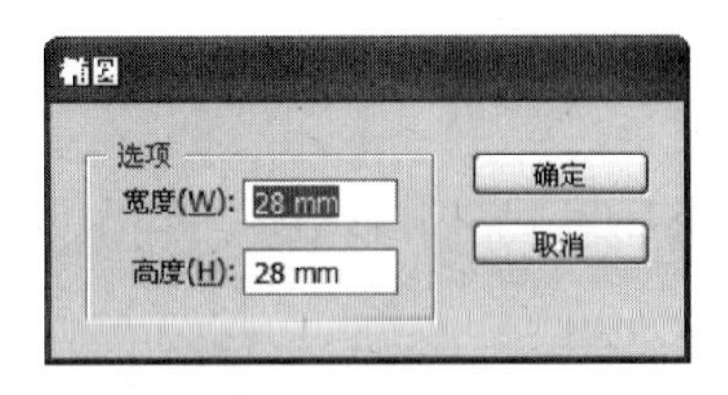

图 2-12　“椭圆”对话框

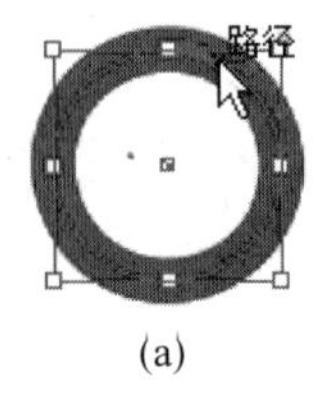

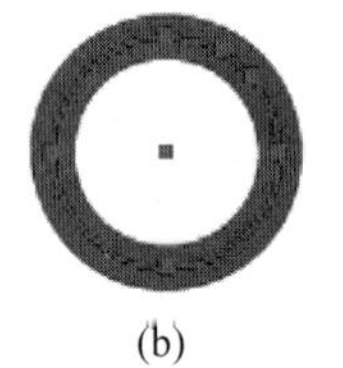

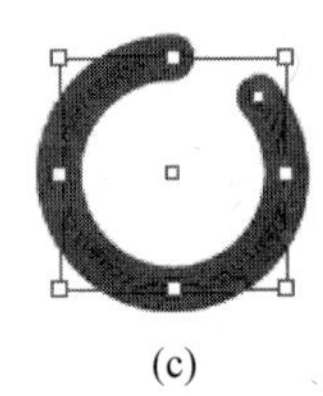

图 2-13　创建并编辑大椭圆分解步骤

(9) 单击工具栏中的添加锚点工具按钮，在新建椭圆路径的右上角添加两个锚点，如图 2-13(b)所示。

(10) 单击工具栏中的直接选择工具按钮，按 Delete 键删除刚添加的第一个锚点，这样椭圆就断开了，如图 2-13(c)所示。

(11) 再按键盘上的上下左右 4 个方向键，将其移动到如图 2-10(c)所示位置。

(12) 用类似的方法再创建并编辑一个小一些的椭圆，“宽度”和“高度”都设置为“24mm”，如图 2-14 所示。调整小椭圆的位置，完成后的效果如图 2-10(d)所示。

(13) 按下 Shift 键，同时选择第(8)～(13)步骤中创建的两个椭圆，执行“对象”|“变换”|“对称”命令，弹出“镜像”对话框，如图 2-15 所示，单击“复制”按钮，会复制出两个镜像的椭圆，调整其位置，最终的效果如图 2-16 所示。

图 2-14　创建小椭圆

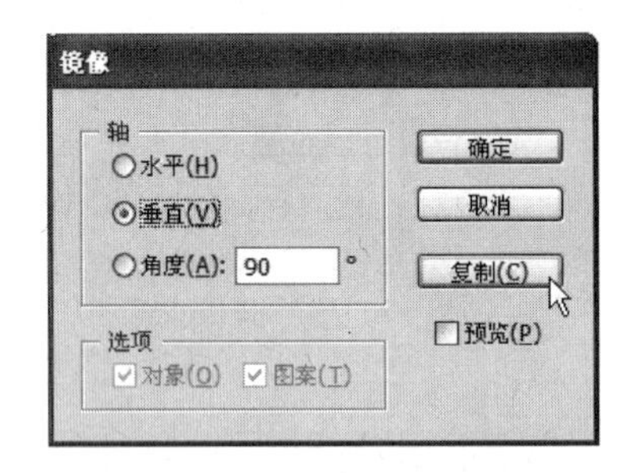

图 2-15　“镜像”对话框

图 2-16　最终的 LOGO 效果图

2.3.3　作品的输入和输出

Illustrator CS5 支持置入几乎所有常用的图像文件格式，同时，Illustrator CS5 也支持将图稿输出为常见的格式，从而能最大限度地与其他软件沟通与合作。

1. 置入文件

置入文件步骤如下：

(1) 执行“文件”|“置入”命令，打开“置入”对话框，如图 2-17 所示。

(2) 在“置入”对话框中单击“文件类型”右侧的下拉箭头，打开如图 2-18 所示的下拉列表，选择要置入的文件格式。可见 Illustrator CS5 支持置入的文件格式非常丰富。

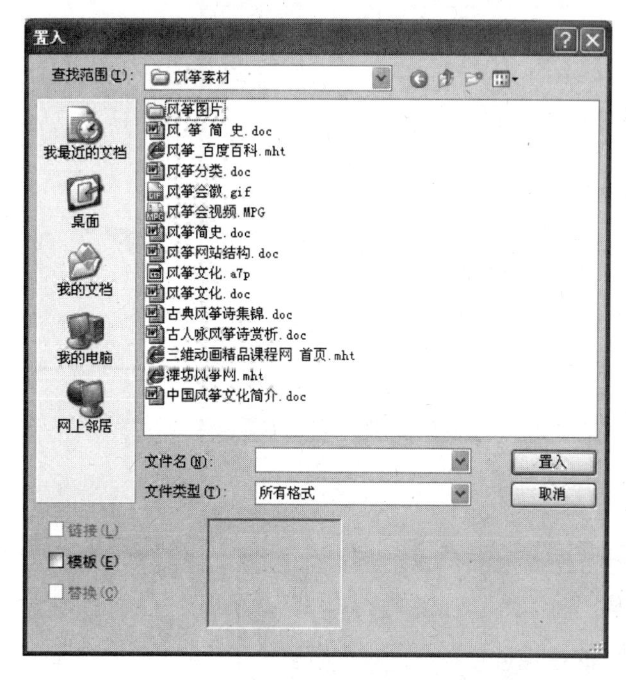

图 2-17 “置入”对话框

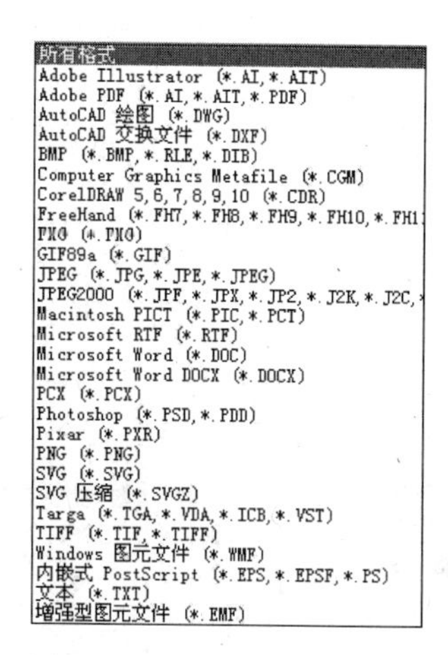

图 2-18 Illustrator CS5 支持置入的文件格式

如果要链接所选的文件，则选中“链接”复选框，这时选中的文件就会链接而不是嵌入到文件中。如果选中“模板”复选框，则置入的文件会出现于一个新的图层，并被锁定，可用于描摹图形。如果文档中已经存在与所选文件同样的嵌入图像，则可以选择“替换”复选框使用所选文档替换文档中的嵌入图像。

(3) 单击“确定”按钮，就可置入所选的文件。

2. 存储作品

Illustrator 支持将图稿存储为“本机格式”和“非本机格式”。“本机格式”指的是 4 种基本文件格式：AI、PDF、EPS 和 SVG，这些格式可以保留所有 Illustrator 数据。以“非本机格式”存储的图稿，在 Illustrator 中重新打开时，将无法使用原来的 Illustrator 编辑功能，因此，建议在创建图稿时以 AI 格式存储，直到创建完成再输出为其他所需格式。

以 Illustrator 本机格式存储文件的具体步骤如下：

(1) 执行“文件”|“存储为”命令，打开“存储为”对话框，如图 2-19 所示。

(2) 在对话框中选择要保存文件的文件夹，输入文件名“风筝会徽”，选择保存的文件类型为 Adobe Illustrator(*.AI)。

(3) 设置完毕单击“确定”按钮，弹出“Illustrator 选项”对话框，如图 2-20 所示。

下面简要介绍一下几个重要选项。

- “版本”：在列表中指定文件存储的兼容 Illustrator 版本。注意旧版本可能不支持当前版本的某些功能，因此如果选择当前版本以外的版本时，某些存储选项将不可用，

图 2-19 “存储为”对话框

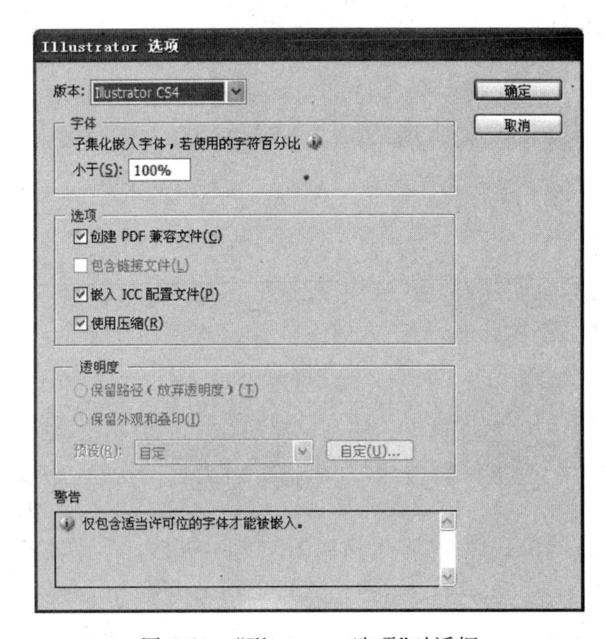

图 2-20 “Illustrator 选项”对话框

并且一些数据会被更改，所以务必阅读对话框底部的警告。

- “创建 PDF 兼容文件”：选中此选项会在 Illustrator 文件中存储文档的 PDF 演示，如果希望 Illustrator 文件与其他 Adobe 应用程序兼容，则选择此选项。
- “使用压缩”：选中该复选项，会在 Illustrator 文件中压缩 PDF 数据，但这会增加存储文档的时间。
- “透明度”：确定当选择早于 9.0 版本的 Illustrator 格式时处理透明对象的方式。选择“保留路径”可放弃透明度效果，并将透明度图稿重置为 100%不透明度和“正常”混合模式。选择“保留外观和叠印”可保留与透明对象不相互影响的叠印，与透明对象相互影响的叠印将拼合。

(4) 单击“确定”按钮,完成存储文件。

3. 存储为 EPS 格式

EPS(Encapsulated PostScript,封装 PostScript)格式是一种通用格式,几乎所有页面版式、文字处理和图形应用程序都接受导入或置入封装的 EPS 文件。EPS 文件能够保留许多使用 Illustrator 创建的图形元素,这样就可以重新打开 EPS 并作为 Illustrator 文件对其进行编辑。将图稿存储为 EPS 格式步骤如下:

(1) 如果图稿包含透明度(包括叠印),并要求以高分辨率输出,则执行“窗口”|“拼合器预览”命令,以预览拼合效果。

(2) 执行“文件”|“存储为”或“文件”|“存储副本”命令,打开“存储为”对话框。输入文件名,并选择要存储文件的位置。

(3) 选择 Illustrator EPS(EPS)文件格式,然后单击“存储”按钮,打开“EPS 选项”对话框,如图 2-21 所示。

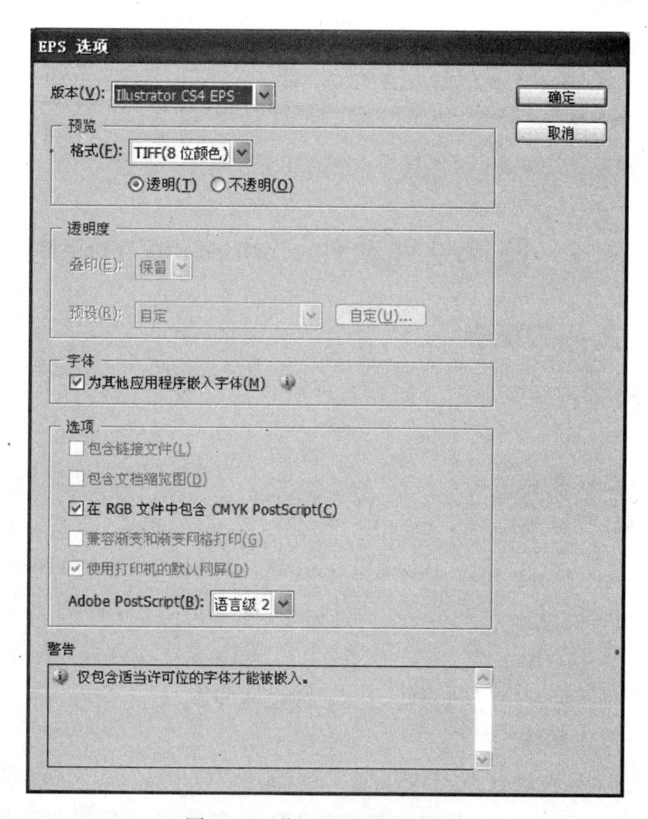

图 2-21 “EPS 选项”对话框

下面简要介绍其中的几个重要选项。

- “格式”:确定存储在文件中的预览图像的特征。预览图像在不能直接显示 EPS 图稿的应用程序中显示。如果不希望创建预览图像,则从“格式”下拉列表中选择“无”。否则,请选择黑白或颜色格式。如果选择“TIFF(8 位颜色)”格式,则需要为预览图像选择背景选项:选择“透明”则生成透明背景,选择“不透明”则生成背景。

如果 EPS 文档要在 Microsoft Office 应用程序中使用，则应选择“不透明”。

- “为其他应用程序嵌入字体”：嵌入所有从字体供应商获得相应许可的字体。嵌入字体可以确保如果文件置入另一个应用程序，则将显示和打开原始字体，但如果在没有安装相应字体的计算机上的 Illustrator 中打开该文件，将仿造或替换该字体，这样做的目的是为了防止非法使用嵌入字体。
- “在 RGB 文件中包含 CMYK PostScript”：允许在不支持 RGB 输出的应用程序中打印 RGB 颜色文档，在 Illustrator 中重新打开 EPS 文件时，将保留 RGB 颜色。

(4) 单击“确定”按钮，完成存储文件。

4. 导出作品

Illustrator CS5 可以将作品导出为多种格式，供在 Illustrator 以外使用。这些文件格式包括 AutoCAD 绘图和 AutoCAD 交换文件、BMP、GIF、JPEG、PICT、SWF、PSD、PNG、WMF 等。

导出作品的具体步骤如下。

(1) 执行“文件”|“导出”命令。

(2) 在“导出”对话框中选择要导出的位置、输入文件名、保存类型。

(3) 单击“保存”按钮。

(4) 在所选格式对话框中设置各选项，然后单击“确定”按钮。

2.4 图像处理软件 Photoshop 的应用

2.4.1 数字图像素材的获取

使用 Photoshop 进行图像处理会用到各种数字图像素材，素材的获取可以根据不同的来源采取不同的方法。

1. 利用抓图热键获取图像

在 Windows 操作系统基础上，无论运行的是什么应用软件，都可以采用抓图热键来获取当前屏幕图像。其方法是：按下 Print Screen 键，可以抓下当前屏幕显示的全屏图像；按下 Alt+Print Screen 键，可以抓当前工作窗口。抓图之后，图像的内容就存入剪贴板内，可以运行 Windows 自带的“画图”软件或 Photoshop 等图像处理软件，粘贴后保存为一个图像文件，也可以直接把抓取的内容粘贴在一个打开的文件中。

2. 使用扫描仪扫入图像

对于已有的图片，扫描是获取图像最简单的方法。通过扫描仪可将各种照片、美术品生成单色灰度或彩色的多种格式的图像文件，并可利用多种图像处理软件对图像文件进行修饰和编辑。

3. 使用摄像机捕捉

通过帧捕捉卡，可以利用摄像机实现单帧捕捉，并保存为数字图像。

4. 使用数字照相机拍摄

数字照相机是一种用数字图像形式存储照片的照相机，它可以将所拍的照片以图像文件的形式存储并可输入计算机中处理。

5. 从素材光盘及其他途径获取图像

在市场上可以找到许多商品图像库光盘，可以利用它们中的一部分素材来进行编辑创作。最好有选择性地将其拷贝到本地硬盘上，然后进行处理。

在互联网高速发展的今天，网上有许多优秀的站点提供免费的图片下载，许多资料都可以从那里得到。

6. 利用绘图软件创建图像

这类软件往往具有多种功能，除了绘图以外，还可用来对图形扫描修改等，著名的软件有 Photoshop、CorelDRAW、PhotoStyler 等。

2.4.2 Photoshop CS5 工作界面及使用方法

在多媒体作品的制作过程中，数字图像的编辑和处理是必不可少的。Photoshop 是由美国 Adobe 公司推出的彩色图像处理软件，其软件设计优美、精练，功能强大，是著名的位图图像处理和图像效果生成工具。Photoshop CS5 以其操作性能和网络图片设计功能的完善，使广大用户能充分地发挥自己的想象力，创作出精彩的平面图像和网络图像。

1. Photoshop CS5 工作界面

启动 Photoshop CS5 后，其工作界面如图 2-22 所示。

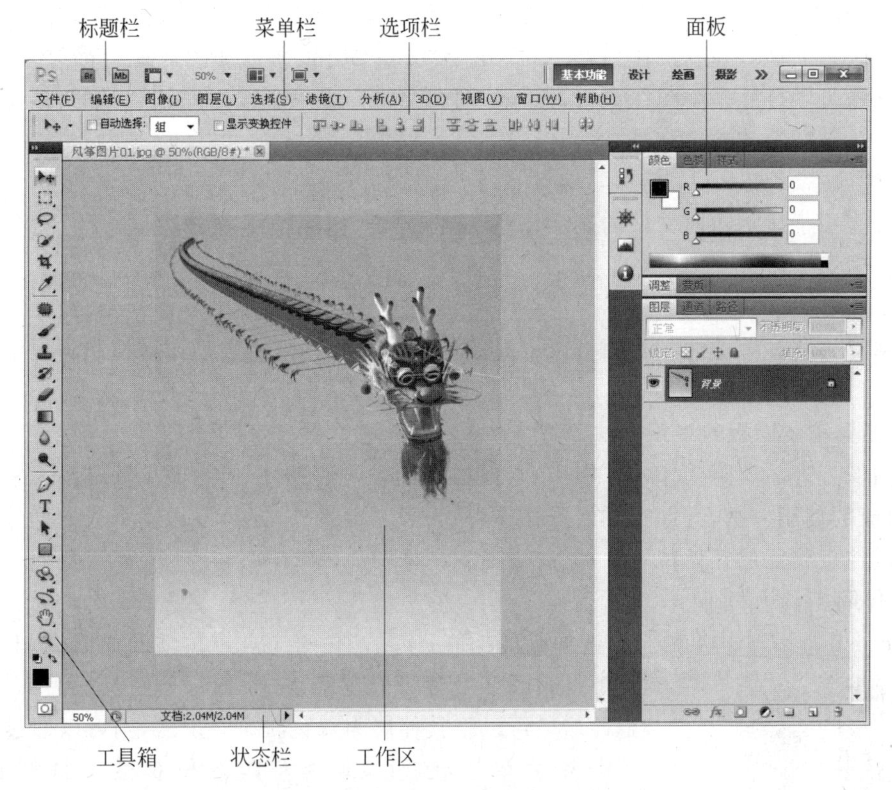

图 2-22 Photoshop CS5 工作界面

完整的 Photoshop CS5 工作界面由标题栏、菜单栏、工具箱、选项栏、工作区、状态栏和面板组成。

1）标题栏

标题栏位于工作界面的最上方，包括图像缩放级别、查看额外内容、文档排列方式以及CS5新增的个性工作区和CS Live在线支持功能等。

2）菜单栏

在Photoshop CS5的菜单栏中共有11类近百个菜单命令，使用这些命令既可以完成如复制、粘贴等基础操作，也可以完成如调整图像颜色、变换图像、修改选区、对齐分布图层等较为复杂的操作。

3）工具箱

工具箱与菜单栏、面板是使用Photoshop时必不可少的组成部分，是Photoshop操作的核心。工具箱中有几十种工具可供选择，使用这些工具可以完成绘制、修饰、编辑、查看和测量等工作。其中某些工具按钮的右下角有一个黑色三角形标记，使用鼠标左键在三角形标记上单击并停留一会，会弹出一组具有相关功能的工具按钮。

4）选项栏

选项栏是工具箱中工具功能的延伸，当选择工具箱中的任意一个工具后，都会在选项栏上出现它的各种选项，通过适当设置工具选项栏中的选项，不仅可以有效提高工具在使用中的灵活性，还能够提高工作效率。

5）工作区

工作区是Photoshop工作界面中的灰色区域，工具箱、面板和图像窗口都放置在其中。在工作区中可以打开多个图像窗口，但每一时刻只有一个图像窗口是被激活的，接受用户的编辑操作。被激活的窗口称为“活动窗口”或“当前窗口”。

6）状态栏

状态栏用于显示当前文件的显示比例、文件大小、内存使用率、操作运行时间和当前工具等提示信息。

7）面板

利用Photoshop中的各种面板可以显示信息、控制图层、调整动作和控制历史记录等各类操作。

2. 工具箱及面板的使用方法

在图像处理的实际操作中，工具箱与面板是最主要的部分，使用频率非常高。掌握工具正确、快捷的使用方法，有助于加快操作速度；为了方便操作，还可以根据个人的操作习惯将面板固定在工作区的任何位置。

1）伸缩工具箱

Photoshop CS5的工具箱具有伸缩的功能，该功能位于工具箱顶部的伸缩栏，伸缩栏就是工具箱顶部带有两个三角形的区域。当工具栏为单栏时，单击伸缩栏可以将其伸展为双栏状态。反之，则可以通过单击将其恢复至单栏状态。单栏工具箱和双栏工具箱状态如图2-23所示。

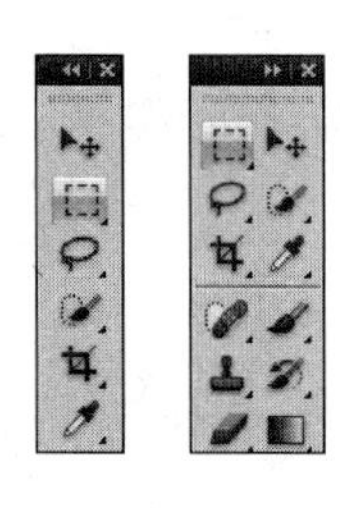

图2-23　单栏和双栏工具箱

2）伸缩面板

除工具箱外，Photoshop的面板也可以进行伸缩，对于已经展开的面板，单击其顶部的伸缩栏可以将其收缩为图标状态，如图 2-24 所示。反之，如果单击未展开面板的伸缩栏，则可以将面板展开，如图 2-25 所示。

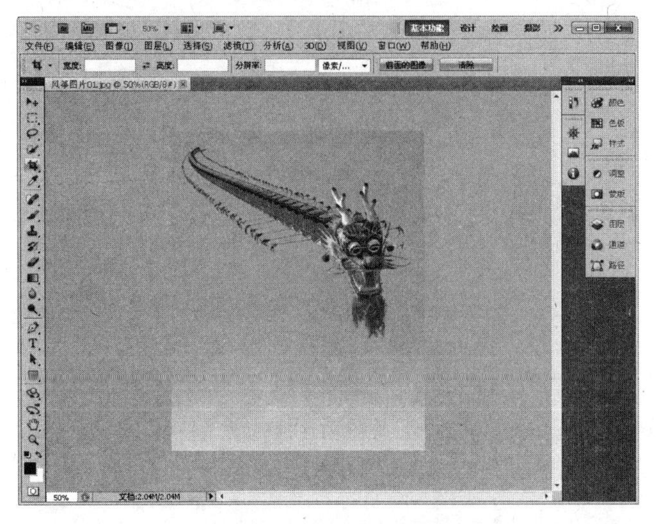

图 2-24　收缩面板时的状态

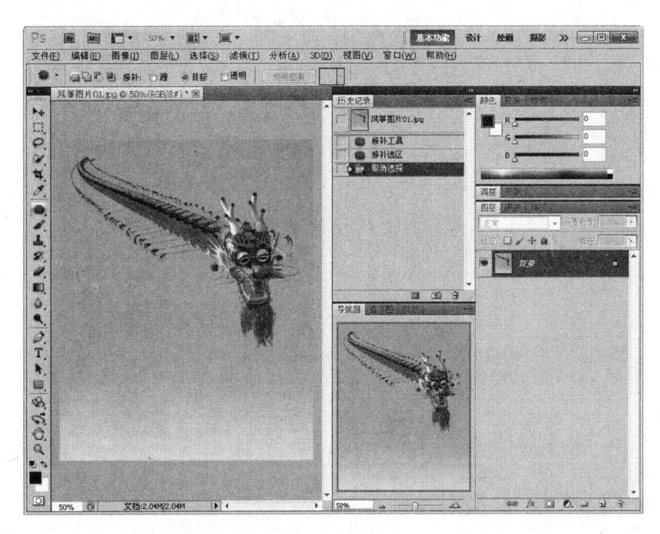

图 2-25　展开面板时的状态

在面板的收缩状态，如果需要切换至某个面板，可以单击其图标，如果需要隐藏某个已经显示的面板，可再单击一次该面板的图标或直接单击面板的标签名称。

3）拆分与组合面板

Photoshop 中的面板一般是成组出现的，如果需要将组合面板拆分为独立面板时，可以直接按住鼠标左键将面板标签拖至工作区空白位置，如图 2-26 所示。拆分出的独立面板如图 2-27 所示。

要组合面板，可按住鼠标左键将面板标签拖至所需的位置，直至出现蓝色线框。通过组合面板操作可以将两个或多个面板合并到一个面板中，从而提高操作效率。

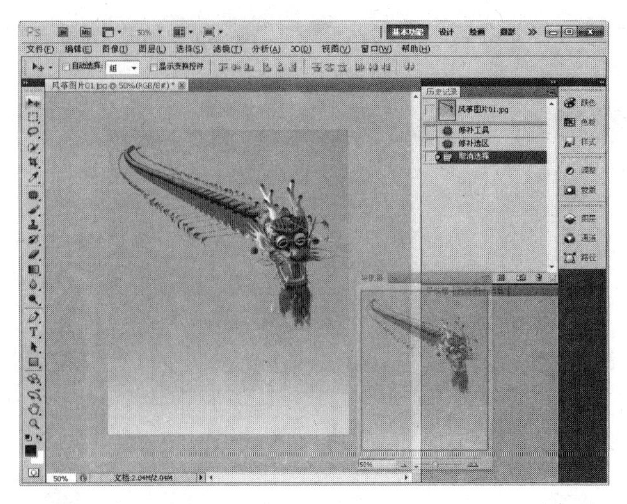

图 2-26　向空白区域拖动面板

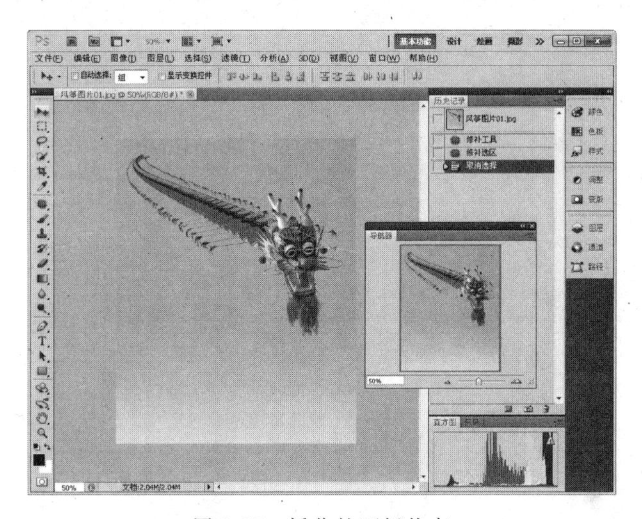

图 2-27　拆分的面板状态

2.4.3　Photoshop CS5 基本操作

1. 新建一个文件

如果要制作一个新的图像，就要在 Photoshop 中新建一个图像文件，可执行“文件”|“新建”命令，打开“新建”对话框，如图 2-28 所示。

通过“新建”对话框可以对新的文件进行预设。

- “名称”文本框中可以输入新建图像的文件名。
- “预设”下拉列表框中可选择固定格式的文件大小，也可以在“宽度”和“高度”文本框内输入需要设置的数值，还可以单击“宽度”和“高度”下拉列表后面的黑色三角▾，选择计量单位。
- “分辨率”文本框中可以输入需要设置的分辨率，可以设定为每英寸的像素数或每厘米的像素数，默认分辨率为 72 像素/英寸，如果图像在显示器上显示，这个分辨率已

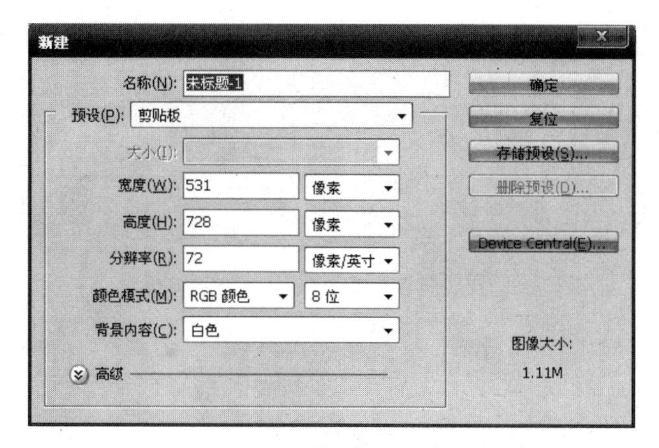

图 2-28 “新建”对话框

经够了，但如果所建立的图像将制成印刷品，最好将分辨率设置在 300 像素/英寸以上，才能得到较好的印刷效果。

- “颜色模式”选项用于设定图像的颜色模式，有“位图”、“灰度”、“RGB 颜色”、“CYMK 颜色”等多种颜色模式供选择。
- “图像大小”下面显示当前图像文件的大小。
- “背景内容”选项组用于设定新建图像的背景颜色。

设置完各选项后，单击“确定”按钮，即可完成新建图像的任务。

2. 打开现有文件

要打开现有文件，可使用“文件”|“打开”命令，弹出“打开”对话框，选取正确的路径、文件类型和想要打开的文件，单击“打开”按钮。

在“文件”菜单中，还有一个与“打开”类似的命令：“打开为”，它可以指定打开文件所使用的文件格式，在打开文件的同时转换文件的格式。

3. 改变图像的显示比例

当打开一个图像文件时，在工作窗口的标题栏和“导航器”面板的左下角，都会显示该图像的显示比例。放大图像，可以对图像的局部进行精确编辑，缩小图像，可以查看图像的整体效果。若要改变图像的显示比例，可选取工具箱中的缩放工具，然后选择选项栏上的放大工具（或缩小工具），这时，每在工作窗口单击一次，图像就会放大（或缩小）一级。也可以单击“导航器”右下角较大的三角图标（或较小的三角图标），逐次放大（或缩小）图像，或拖动小三角形滑块自由缩放图像，如图 2-29 所示。

当图像放大到比工作窗口大时，工作窗口上就会出现滚动条，选择工具箱中的抓手工具，在图像中鼠标指针就变成抓手，用鼠标在图像上拖动，可以观察每一部分。

4. 图像尺寸的调整

在平面设计过程中，经常需要调整图像的尺寸。执行“图像”|“图像大小”命令，打开“图像大小”对话框，如图 2-30 所示，即可对图像的尺寸进行调整。

5. 恢复操作

如果在图像的编辑过程中出现误操作或对所编辑的效果不满意，可执行“编辑”|“后退一步”命令取消误操作，或使用历史记录面板恢复图像编辑过程中的任何状态。

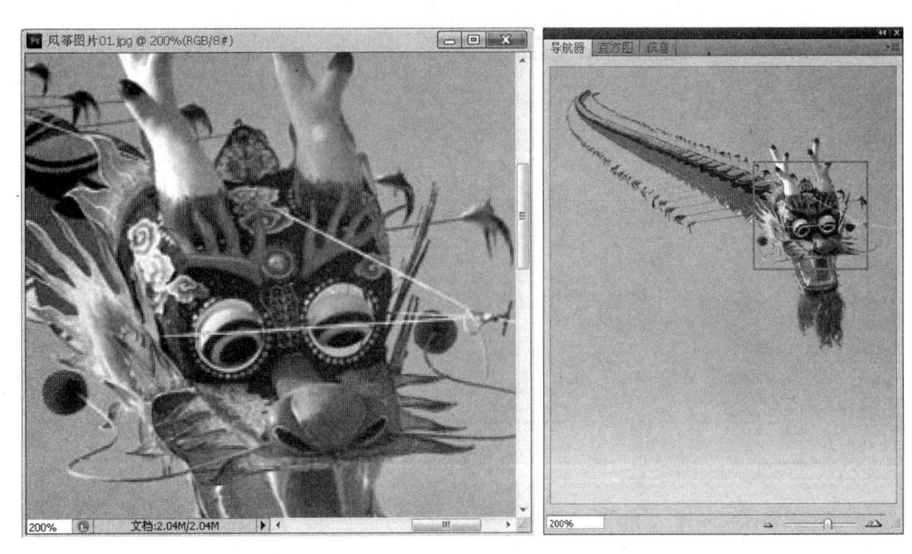

图 2-29 用导航器改变图像的显示比例

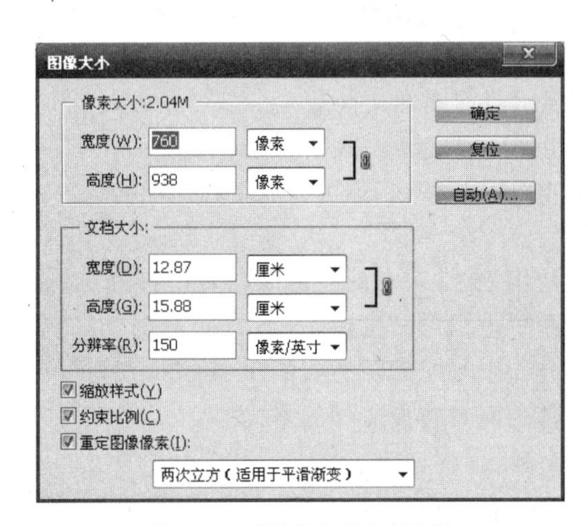

图 2-30 “图像大小”对话框

6. 保存图像效果

如果要保存一个新建的图像文件或把已经保存过的图像文件保存为一个新文件,可使用“文件”|“存储”或“文件”|“存储为”命令,弹出“存储为”对话框,如图 2-31 所示。在该对话框中,输入文件名,选择文件格式(如 PSD 格式),单击“保存”按钮,可将图像保存。对于已保存过的文件,使用“存储为”命令在保存为一个新文件的同时原文件不变(保持前一次保存的效果)。

当对已保存过的图像文件进行了各种编辑操作后,选择“存储”命令,将不弹出“存储为”对话框,直接保留最终确认的结果,并覆盖原始文件。

2.4.4 调整图像

有时会对拍摄或用扫描仪扫描的图像的色调或颜色不满意,可以进行图像的调整。最常用的图像调整命令是“色阶”和“曲线”。

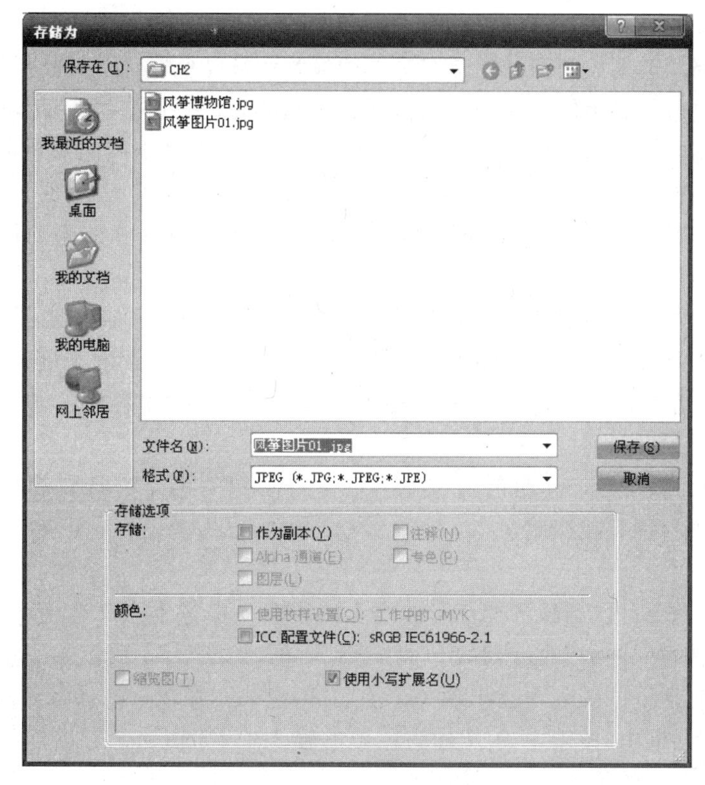

图 2-31 “存储为”对话框

1. 色阶和自动色阶

“色阶”命令用于调整图像的对比度、饱和度和灰度。

打开图像“风筝博物馆.JPG”，如图 2-32 所示。执行“图像”|“调整”|“色阶”命令，打开“色阶”对话框，如图 2-33 所示。

图 2-32 风筝博物馆.JPG

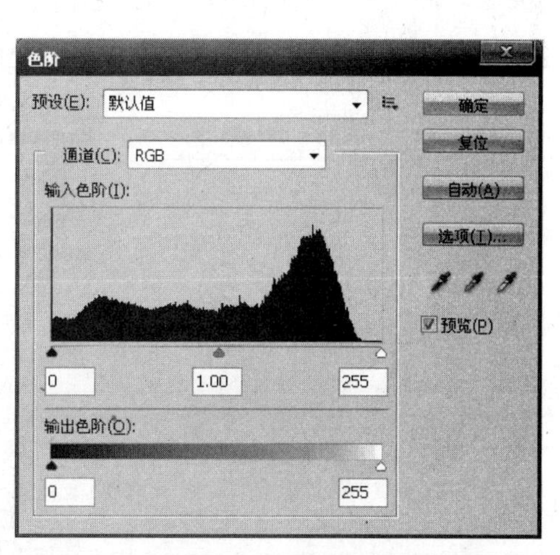

图 2-33 “色阶”对话框

在“色阶”对话框中，中央是一个直方图，其横坐标为 0～255，表示亮度值，纵坐标为图像的像素数。

- “通道”选项可以从其下拉菜单中选择不同的通道来调整图像。
- “输入色阶”选项控制图像的选定区域的最暗和最亮色彩，可以通过输入数值或拖动三角滑块来调整图像。左侧的数值框和左侧的黑色三角滑块用于调整黑色，图像中低于该亮度值的所有像素将变为黑色；中间的数值框和中间的灰色滑块用于调整灰度，其数值范围在 0.1～9.99，1.00 为中性灰度，数值大于 1.00 时，将降低图像中间灰度，小于 1.00 时，将提高图像中间灰度；右侧的数值框和右侧的白色三角滑块用于调整白色，图像中高于该亮度值的所有像素将融为白色。
- “输出色阶”选项同样可以通过输入数值或拖动三角滑块来控制图像的亮度范围。左侧数值框和左侧黑色三角滑块用于调整图像的最暗像素的亮度，右侧数值框和右侧白色三角滑块用于调整图像的最亮像素的亮度。输出色阶的调整将增加图像的灰度，降低图像的对比度。

执行“图像”|“调整”|“自动色阶”命令，可以对图像的色阶进行自动调整。系统将以 0.5％来对图像进行加亮或变暗。

2. 曲线

通过“曲线”命令可以调整图像色彩曲线上的任意一个像素点来改变图像的色彩范围。执行“图像”|“调整”|“曲线”命令，弹出“曲线”对话框，如图 2-34 所示。用鼠标左键在图像中单击，“曲线”对话框的图表中会出现一个小圆圈，它表示用鼠标在图像中单击处的像素数值。在“曲线”对话框中，图表中的 X 轴为色彩的输入值，Y 轴为色彩的输出值。曲线代表了输入和输出的色阶的关系。

在默认状态下使用的绘制曲线工具是，使用它在图表曲线上单击，可以增加控制点，按住鼠标左键拖动控制点可以改变曲线的形状，拖动控制点到图表外将删除控制点。使用工具可以在图表中画出任意曲线，单击右侧的“平滑”按钮可使曲线变得光滑。

输入和输出数值显示的是图表中光标所在位置的亮度值。“自动”按钮可自动调整图像的亮度。调整曲线后的图像效果如图 2-35 所示。

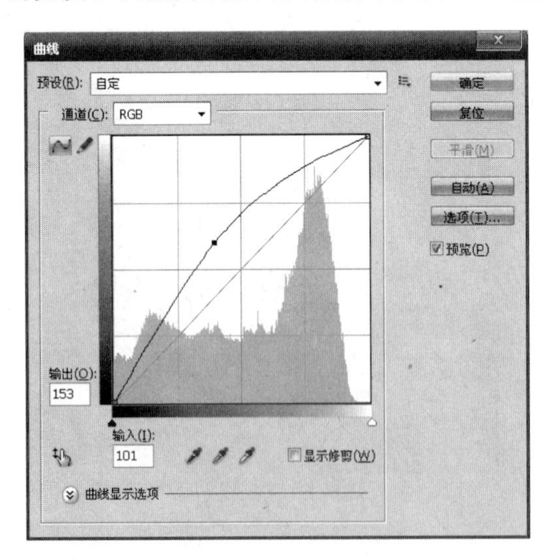

图 2-34 “曲线”对话框

图 2-35 调整曲线后的图像效果

2.4.5 选区的基本操作

在 Photoshop 中,选区扮演着非常重要的角色,它决定了图像编辑的区域和范围。灵活而巧妙地应用选区,能制作出许多精美的效果。可以使用工具或命令对选区中的图像进行移动、复制、调整等处理,这些处理只针对选区内的图像,而不影响选区外的图像。

1. 建立选区

在 Photoshop 中建立选区的方法非常灵活和丰富,常用的方法有:

1) 使用选框工具

选框工具是 Photoshop 提供的最简单的创建选框的工具,用于选择规则的选区,包括矩形选框工具、椭圆选框工具、单行选框工具和单列选框工具 4 种。其中,矩形选框工具和椭圆选框工具可以随意拖放选区的大小,而单行选框工具和单列选框工具只能选定图像中的某一像素行或者像素列。

在使用矩形选框工具和椭圆选框工具时,配合 Shift 键,分别可以选中一个正方形区域和圆形区域。

2) 使用套索工具

在实际操作中,大多数图像区域是复杂并且不规则的,套索工具则可以选择边界较为复杂的对象或区域。套索工具有三种:套索工具、多边形工具和磁性套索工具。如图 2-36 所示,是用磁性套索工具选择风筝图像区域的过程和结果。

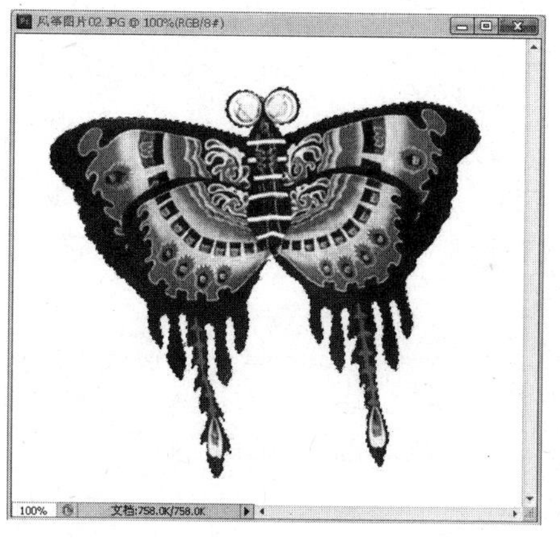

图 2-36 用磁性套索工具选择图像区域

3) 使用魔棒工具

魔棒工具选择的原理与选框工具和套索工具不同,魔棒工具是根据一定的颜色范围来创建选区的,对于选择颜色相近的区域非常方便。

对于前面选择风筝图像区域的例子,可以先勾选"连续"选项,用魔棒工具选择图像的背景区域,然后执行"选择"|"反选"命令,就能方便地选取风筝图像的区域。

4) 使用快速选择工具

使用快速选择工具单击并在图像上拖动即可沿着边缘创建选区,创建选区的形式非常灵活。

2. 编辑选区

在选取了一个选区后，可以通过相应的工具与命令对其位置、大小进行移动和缩放，对已选的选区范围进行增加或删减，还能对选区进行旋转等编辑操作。

1）移动选区

移动选区时，将光标放置在选区内，移动光标即可，如图 2-37(a)所示。在移动过程中，光标会显示为黑色三角形状。在移动过程中，按住 Ctrl 键，可以移动选区范围内的图像，如图 2-37(b)所示。若要移动选区范围内的图像，也可使用移动工具。

(a) 移动选区

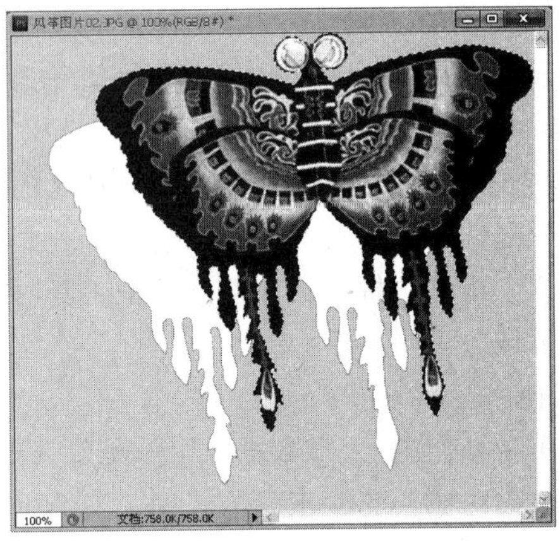

(b) 移动选区范围内的图像

图 2-37　移动选区与移动选区范围内的图像

2）增删选区

可以通过 Shift 键来增加选区，或通过 Alt 键来减少选区。

在 Photoshop 中还有更方便的选区编辑方式。在使用选区工具时，选项栏如图 2-38 所示，可以利用选项栏上的选项按钮确定选区的编辑方式，来增删选区。

图 2-38　选区选项栏

选项栏上共有 4 种编辑选区的按钮：

- 新选区：去掉旧的选择区域，选择新的区域。
- 增加到选区：在旧的选择区域的基础上，增加新的选择区域，形成最终的选择区域。
- 从选区减去：在旧的选择区域中，减去新的选择区域与旧的选择区域相交的部分，形成最终的选择区域。
- 与选区交叉：新的选择区域与旧的选择区域相交的部分为最终的选择区域。

3）修改选区

在 Photoshop CS5 中，可以通过“选择”|“修改”命令对选区进行扩边、平滑、扩展和收缩等操作。执行这些命令后，只要在打开的对话框中设置相应的参数，就可以实现选区的上述 4 个修改功能。

4）变换选区

建立选区后，执行“选择”|“变换选区”命令，选区四周将出现由8个控制点组成的选区变换框，从而可以进行移动、缩放、旋转等操作。在图像窗口中单击鼠标右键，可以弹出变换选区的快捷菜单。变换选区时对选区内的图像没有任何的影响。

2.4.6 图层

我们可以把每个图层理解为一张透明的薄膜，在制作图像时，将同一幅图像的不同部分分别绘制在不同的图层上，所有的图层叠放在一起，就构成了一幅完整的图像。这样既便于图像的合成，又便于图像的修改，特别是对于图像的局部进行修改十分方便。

1. 认识图层

(1) 启动 Photoshop CS5，分别打开两张图片“风筝博物馆.jpg”和“风筝图片03.gif”，如图2-39和图2-40所示。在图像文件打开以后，工作窗口的标题栏将分别显示图像的文件名、显示比例以及图像的模式等信息。

图 2-39 风筝博物馆.jpg

图 2-40 风筝图片03.gif

(2) 激活“风筝图片03.gif”，执行“图像”|“模式”|“RGB颜色”命令，将其转换为RGB模式。

(3) 建立风筝选区，用移动工具将风筝图片拖动到“风筝博物馆.jpg”图片上，这样图片“风筝博物馆.jpg”就有了两个图层，如图2-41所示。其中“风筝博物馆.jpg”图片是背景

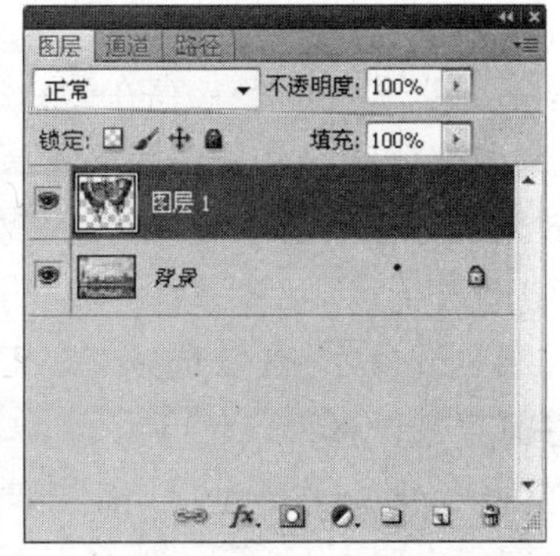

图 2-41 图像中的两个图层

图层，而风筝图片则是图层 1。

(4) 选定图层 1，执行“编辑”|“自由变换”命令，调整该图层图像的大小和位置。

2. 图层蒙版

蒙版也叫遮罩，它的作用是能够遮住图像的某些区域，使操作命令在这部分失效。图层蒙版的作用效果是附加的，不会对原有图像造成直接的修改。下面将上例的“风筝图片 03.gif”直接拖动到“风筝博物馆.jpg”中，如图 2-42 所示，并为其添加蒙版。

(1) 选定图层 1，用魔棒工具先选择白色的背景区域，再将周围透明部分加到选区中，然后执行“选择”|“反向”命令，即可选中风筝部分，如图 2-43 所示。

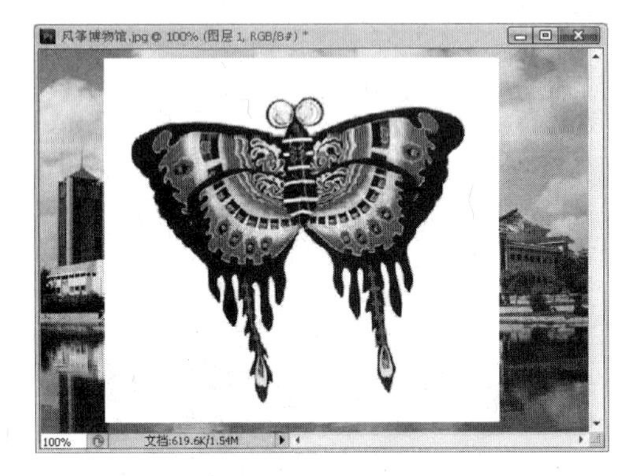

图 2-42　将“风筝图片”拖动到“风筝博物馆.jpg”中

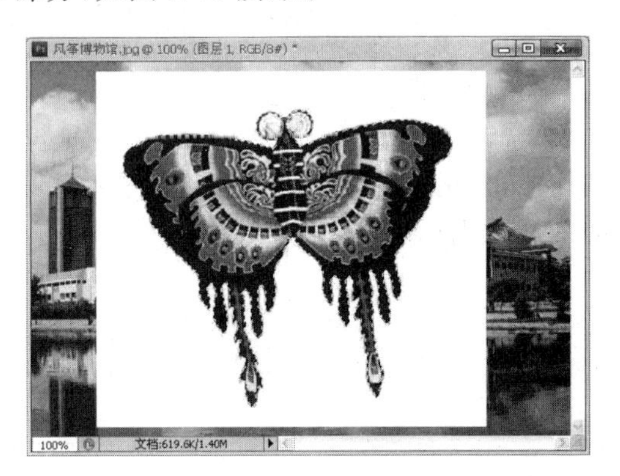

图 2-43　选中风筝

(2) 单击图层控制面板的“添加矢量蒙版”按钮，为图像添加蒙版，如图 2-44 所示。

图 2-44　添加图层蒙版

图层蒙版是以灰度的形式存在的：黑色的部分是被遮住的区域，能够完全显示出下面图层的图；白色部分则完全呈现当前图层的图像；如果蒙版是灰色的，则产生上下图层相叠加的折中效果。如果需要，可以选择橡皮擦工具对蒙版进行修改。

3. 文字图层

如果需要创建文本，可以选择文字工具输入文本，将自动产生一个文字图层。

(1) 将前景色设置为黄色(R：255，G：255，B：0)，选中竖排文字工具，在选项栏中设置字体为“黑体”，字体大小为“24 点”，如图 2-45 所示。

(2) 在图像中输入“风筝的故乡”字样，则图层面板中会自动产生一个名为“风筝的故乡”文字图层，如图 2-46 所示。

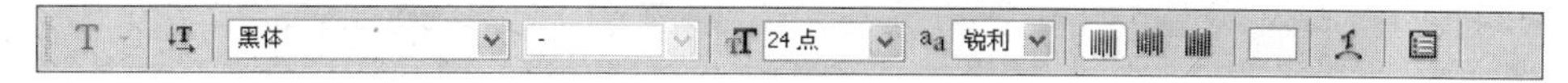

图 2-45　设置文字属性

图 2-46　在图像中输入文字

（3）在选项栏中选中创建文字变形按钮，打开“变形文字”对话框，如图 2-47 所示，设置“样式”为“旗帜”，“弯曲”为“50%”，单击“确定”按钮，则图像中的文字产生变形，如图 2-48 所示。

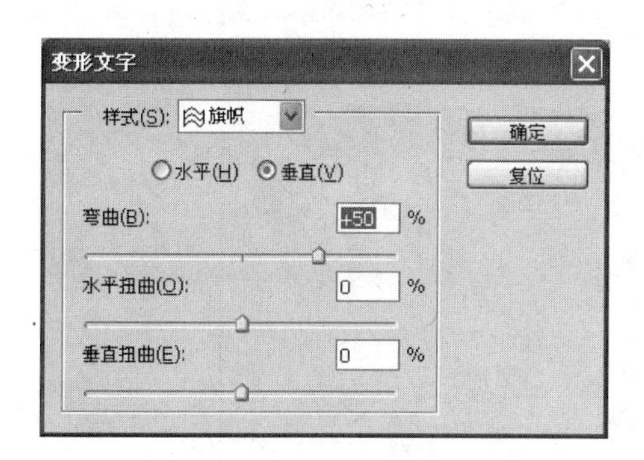

图 2-47　“变形文字”对话框

图 2-48　文字变形的图像

4. 图层样式

Photoshop 可以给图层添加丰富的特殊效果。有投影、发光、斜面与浮雕、颜色填充以及描边等。现在给图像中的文字添加“投影”和“描边”的效果。

（1）在图层面板选中文字图层，并单击面板下边的“添加图层样式”按钮，在弹出的菜单中选择“投影”选项，打开“图层样式”对话框，并设置各种参数，如图 2-49 所示。

（2）在“图层样式”对话框中选择“描边”项，设置颜色为红色，并对其他参数进行设置，如图 2-50 所示。

（3）单击“确定”按钮，即可得到“投影”和“描边”的图层效果，如图 2-51 所示。

2.4.7　通道

一个图像文件可能包含三种通道，即颜色通道、专色通道和 Alpha 通道，Photoshop 使用通道存储彩色信息、保存选区。

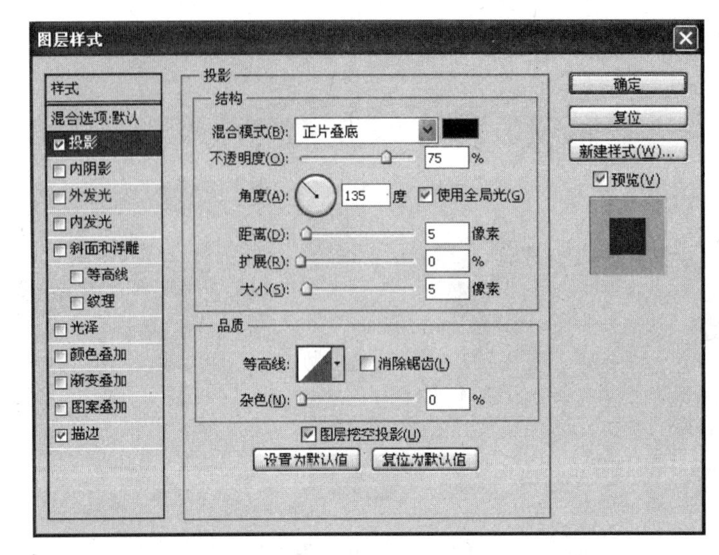

图 2-49 在“图层样式”对话框中设置“投影”参数

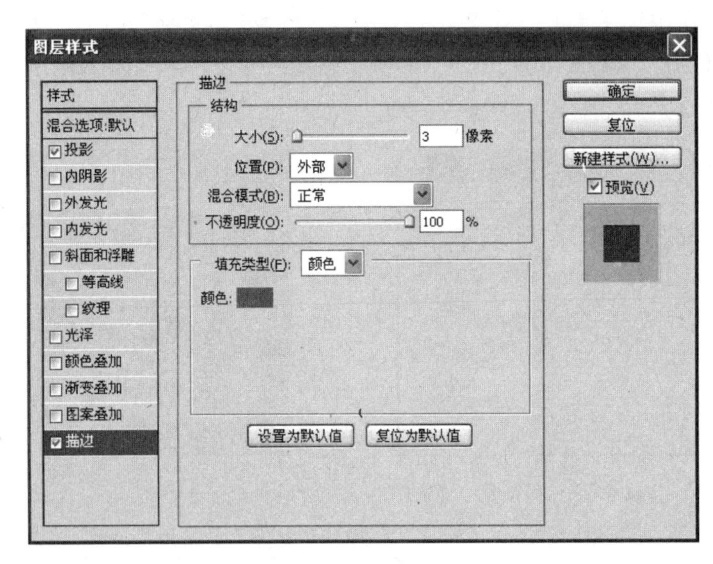

图 2-51 添加“投影”和“描边”图层效果

1. 颜色通道

颜色通道用于保存图像的颜色信息，每一个颜色通道对应图像的一种颜色，颜色通道的数目由图像的颜色模式所决定，RGB 格式的文件包含红、绿、蓝三个颜色通道，如图 2-52 所示，其中 RGB 通道是一个复合通道，它不包含任何信息，用来预览各颜色通道的综合色彩。而 CMYK 格式的文件则含有青色、洋红色、黄色和黑色 4 个颜色通道，如图 2-53 所示，其中 CMYK 通道是一个复合通道。

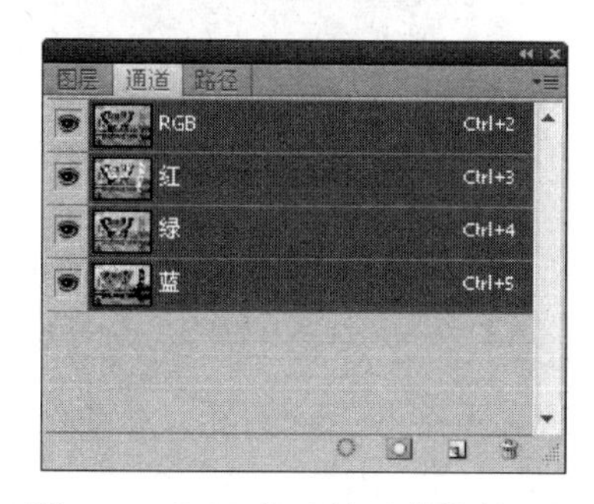

图 2-52　RGB 格式的通道控制面板

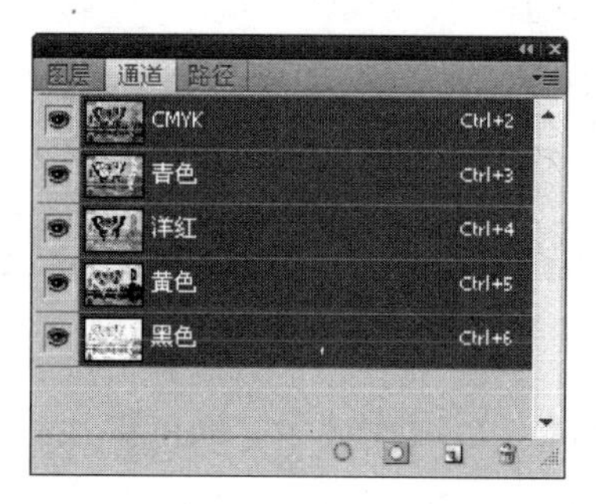

图 2-53　CMYK 格式的通道控制面板

2. 专色通道

由于在印刷中存在技术上的限制，使得通过印刷得到的图像效果比显示在屏幕上的图像视觉效果差，为了弥补这种缺陷，印刷业相应地产生了各种各样的技术，专色就是其中之一。专色是一种特殊的预混油墨，用来代替或补充印刷色（CMYK）油墨，以产生更好的印刷效果，专色在印刷时要求使用专用印版。

3. Alpha 通道

在进行图像编辑时，可以创建用于存储选区的通道，这种通道称为 Alpha 通道。Alpha 通道中的黑色区域对应非选区，而白色区域对应选区。在 Alpha 通道中可以使用从黑到白的 256 级灰度色，因此能够创建非常精细的选择区域。

（1）在“风筝博物馆 1. psd”文件中，选择图层面板中的“图层 1”（带蒙版的图层），如图 2-54 所示。

（2）执行“选择”|“载入选区”命令，出现“载入选区”对话框，如图 2-55 所示，单击“确定”按钮，即可将图层 1 蒙版作为选区载入当前图像中，建立选区。

图 2-54　选择图层 1

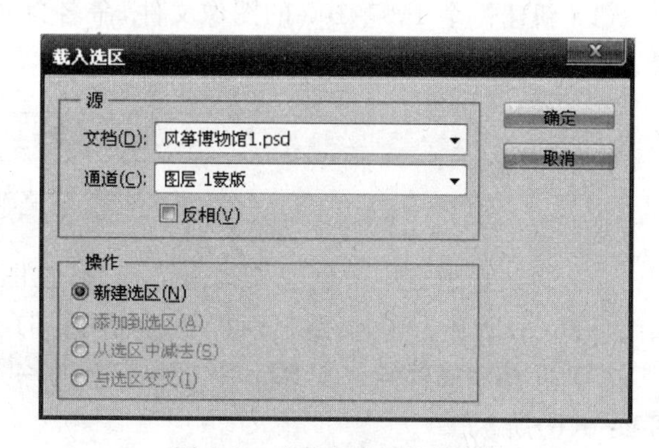

图 2-55　“载入选区”对话框

(3) 执行"选择"|"存储选区"命令，出现"存储选区"对话框，如图 2-56 所示，单击"确定"按钮，即可将选区存储为 Alpha 通道，如图 2-57 所示。

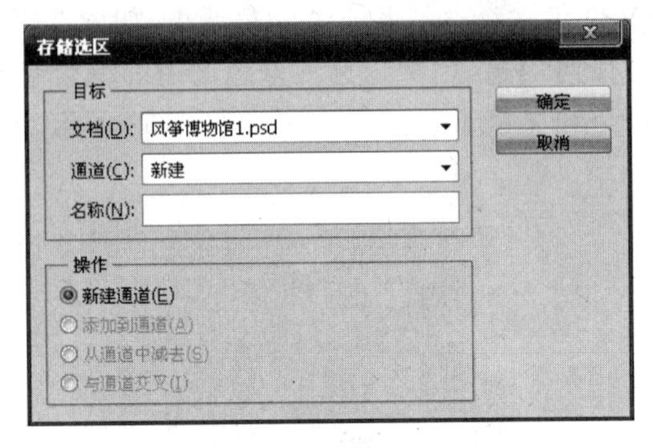

图 2-56 "存储选区"对话框

图 2-57 把选区存储为 Alpha 通道

(4) 在以后的操作中，也可以执行"选择"|"载入选区"命令，将 Alpha 通道作为选区载入。

在保存 PSD 文件时，确保勾选"存储为"对话框中"存储"选项中的"Alpha 通道"，如图 2-58 所示，这样 PSD 文件中将带有 Alpha 通道。

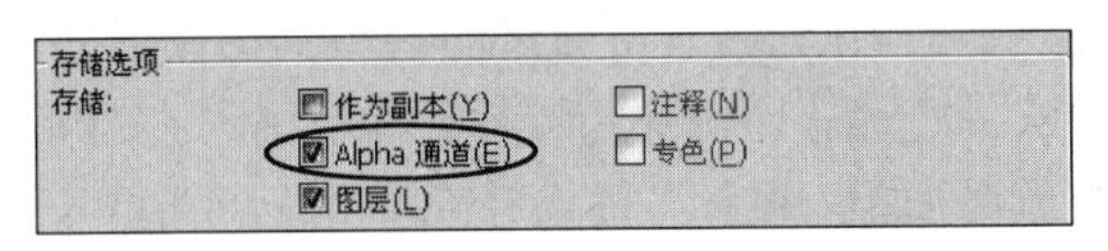

图 2-58 勾选"Alpha 通道"

2.4.8 路径及应用

路径是 Photoshop 中重要的矢量技术。用路径可以绘制线段、图形或进行图像区域选择，具有精确和灵活的特点。

1. 路径

路径是由直线或曲线组合而成，这些直线或曲线的端点称为锚点，路径的控制和操作主要依靠工具箱的一组路径工具。下面用路径绘制一个风筝图形。

(1) 新建一个 100×100 的图像文件，命名为 Kite1. psd，然后单击工具箱中的钢笔工具，此时的选项栏如图 2-59 所示。

图 2-59 路径选项栏

(2) 确认选项栏中的创建模式为路径，在图像上单击，创建一条闭合的三角形路径，如图 2-60(a)所示。这时，路径面板显示如图 2-61 所示的工作路径。

(3) 选择添加锚点工具，单击路径上的一点添加锚点，然后拖动锚点进行调整，如图 2-60(b)所示。

(4) 将前景色设定为绿色(R: 40，G: 160，B: 60)，单击路径面板下边的"用前景色填充路径"按钮，给路径填充颜色，填充效果如图 2-60(c)所示。

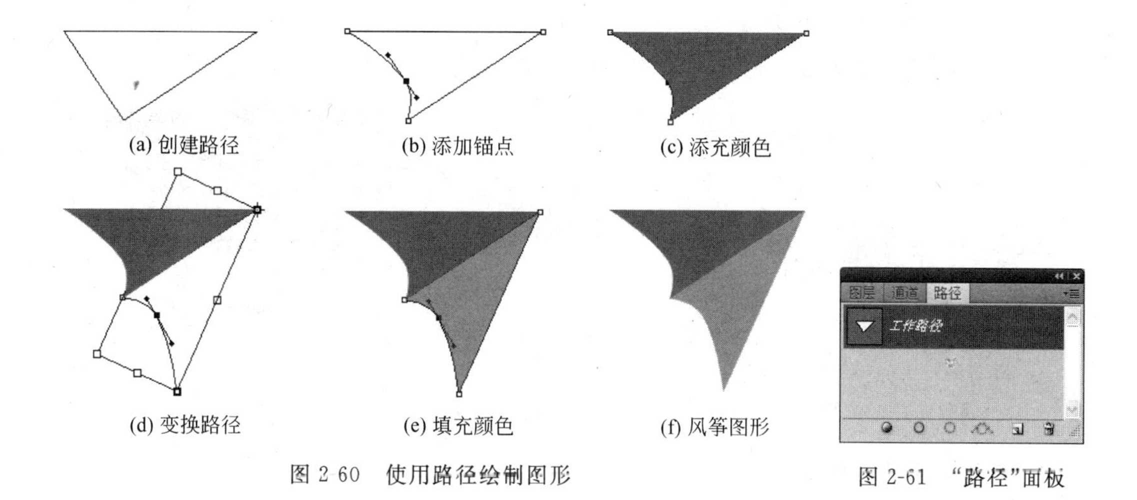

图 2-60　使用路径绘制图形　　　图 2-61　“路径”面板

(5) 先执行“编辑”|“自由变换路径”命令，再执行“编辑”|“变换路径”|“水平翻转”命令，然后进行旋转、移动等操作，将路径调整到如图 2-60(d)所示的位置。

(6) 将前景色设定为橙色(R：230，G：160，B：50)，再给路径填充颜色，填充效果如图 2-60(e)所示。

(7) 风筝图形的最终效果如图 2-60(f)所示。

2. 形状图层

形状图层是链接到矢量蒙版的填充图层。通过编辑形状的填充图层，可以很容易地将填充更改为其他颜色、渐变或图案。也可以编辑形状的矢量蒙版以修改形状轮廓。

同样是前面的例子，也可以用形状图层的模式，方便地绘制。

(1) 新建一个 100×100 的图像文件，命名为 Kite2. psd，将前景色设定为绿色(RGB 分别为 40，160，60)，然后单击工具箱中的钢笔工具，选择创建模式为形状图层，在图像上单击，创建一个三角形形状，如图 2-62 所示。这时的图层面板如图 2-63 所示，可以看出，在绘制形状图层时，将自动生成一个新的填充图层，而显示范围则由形状的轮廓决定，这实际上为图层建立了一个矢量蒙版，如图 2-64 所示。

图 2-62　创建三角形形状

图 2-63　图层面板的形状图层

图 2-64　矢量蒙版

(2) 选择添加锚点工具，单击形状轮廓上的一点添加锚点，然后拖动锚点进行调整，如图 2-65 所示。

(3) 执行“图层”|“复制图层”命令，单击选中路径选取工具，在新的图层中选择形状。

(4) 执行“编辑”|“变换路径”|“水平翻转”命令，然后执行“编辑”|“自由变换路径”命

令，对形状进行旋转、移动等操作，将路径调整到适当的位置，并改变颜色为 R：230，G：160，B：50，这样就完成了形状的绘制，如图 2-66 所示。

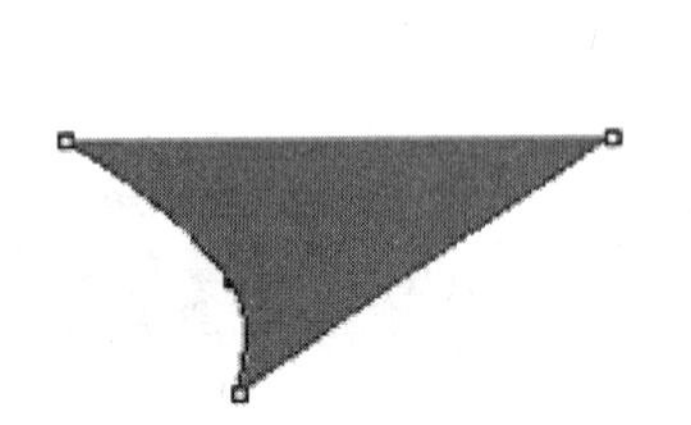

图 2-65　添加并调整锚点

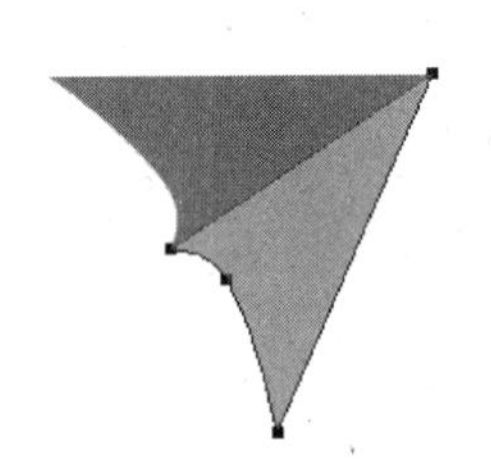

图 2-66　用形状图层绘制的风筝图形

3. 形状工具的应用

如果要绘制一些常见的几何形状，最方便的方法是使用工具箱中的形状工具，这些工具能够绘制矩形、圆角矩形、椭圆、多边形等规则的几何形状以及自定义的不规则图形。

要选择不同的形状工具，可以在工具箱中右击矩形工具，即可在弹出的如图 2-67 所示的隐藏工具组中选择所需的形状工具。如果选择了自定形状工具，还可以在选项栏中单击形状选项，在下拉列表框中选择 Photoshop 预设的形状，如图 2-68 所示。

图 2-67　形状工具组

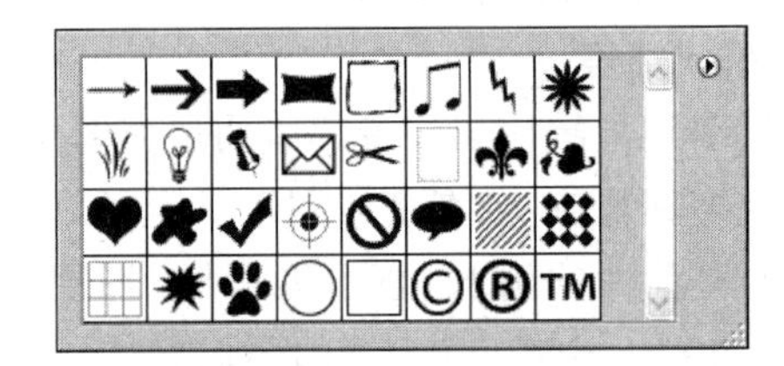

图 2-68　形状拾取器

使用形状工具可以绘制三种类型的形状，即形状图层、路径及填充像素。其中形状图层和路径前面已经介绍过，而绘制填充图像就是在当前图层中创建所选形状样式的图形，并将其填充为前景色。

4. 路径文字

在 Photoshop 中可以制作沿路径排列的文字。

(1) 新建一个图像文件，使用钢笔工具绘制路径，如图 2-69 所示。

(2) 选择横排文字工具并在其工具选项栏中设置适当的字体和字号，将光标放置在输入文字的路径上，在路径上定位一个输入点，输入文字，则文字沿路径排列，如图 2-70 所示。

图 2-69　绘制路径

图 2-70　文字沿路径排列

5. 区域文字

区域文字可以将文字输入至一个封闭的路径中，从而使当前的文字具有路径的外形。

(1) 新建一个图像文件，使用椭圆工具绘制路径，并输入文字，如图 2-71 所示。

(2) 使用直接选择工具 对路径进行修改,如图 2-72 所示。

(3) 最终效果如图 2-73 所示。

图 2-71　绘制路径输入文字

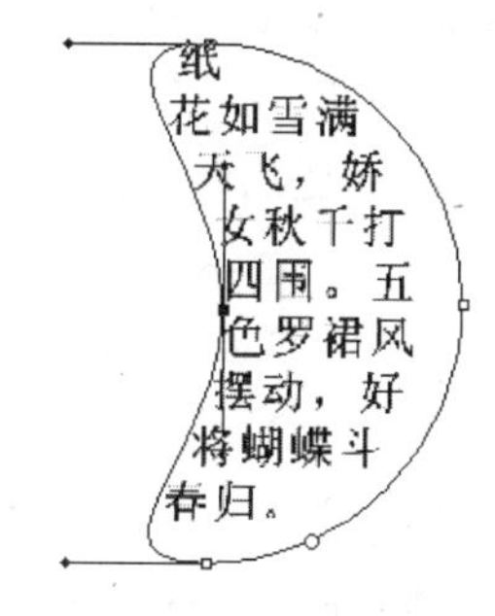

图 2-72　修改路径

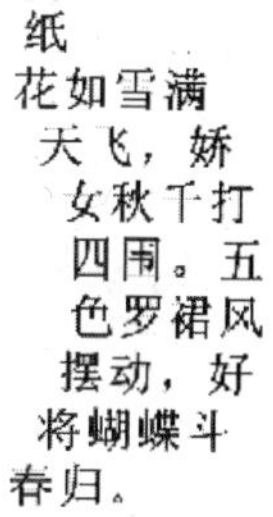

纸
花如雪满
天飞,娇
女秋千打
四围。五
色罗裙风
摆动,好
将蝴蝶斗
春归。

图 2-73　区域文字效果

2.4.9　滤镜

滤镜是 Photoshop 中最重要的增效功能,是经过专门设计的、用于产生特殊效果的工具,它可以大大简化制作图像特效的过程。只需经过少数的几个参数的设置,就能利用既有的滤镜工具创造出丰富的效果。

使用滤镜时应注意:

(1) 滤镜需要应用在当前的可视图层或选区。

(2) 滤镜不能应用在位图模式或索引颜色的图像上,有些滤镜只对 RGB 图像起作用。

(3) 所有滤镜都可应用于 8 位图像,有些滤镜可应用在 16 位图像中,其中还有部分滤镜可以应用在 32 位图像中。

1. 滤镜库

执行“滤镜”|“滤镜库”命令,可打开“滤镜库”对话框,如图 2-74 所示。

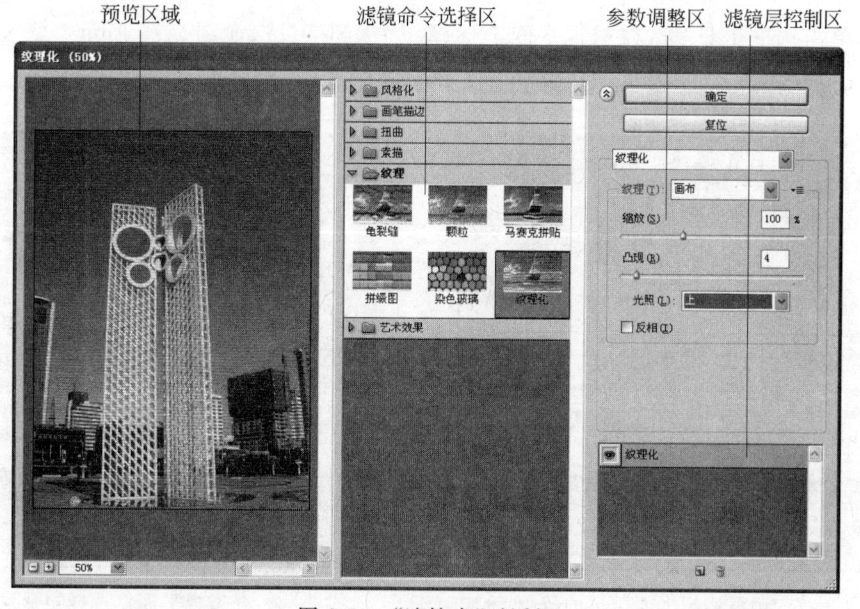

图 2-74　“滤镜库”对话框

“滤镜库”集成了 Photoshop 中大部分的滤镜，提供了许多特殊效果滤镜的预览，如果对预览效果感到满意，则可以将它应用于图像。“滤镜库”还加入了“滤镜层”的功能，允许重叠或重复使用几种或某一种滤镜，从而使滤镜的应用变化更加繁多，所获得的效果也更加丰富。

2. “消失点”滤镜

“消失点”可以在保持图像透视角度不变的情况下，对图像进行有透视角度的复制、修复等操作。

(1) 打开图像文件“风筝广场.jpg”，执行“滤镜”|“消失点”命令，弹出“消失点”对话框，如图 2-75 所示。

(2) 单击创建平面工具，创建一个带透视角度的平面矩形，如图 2-76 所示。

图 2-75　打开“消失点”对话框

图 2-76　创建透视平面矩形

(3) 单击编辑平面工具，调整透视平面矩形的范围，如图 2-77 所示。

(4) 单击选框工具，在透视平面上选择一个矩形区域，如图 2-78 所示。

图 2-77　调整透视平面矩形的范围

图 2-78　在透视平面上选择矩形区域

(5) 按住 Alt 键,同时将选区向上拖动到适当的位置,如图 2-79 所示。

(6) 单击"确定"按钮,则风筝广场中的标志物被"拔高",效果如图 2-80 所示。

图 2-79　拉伸选择的区域

图 2-80　最终效果

3. "径向模糊"滤镜

(1) 打开图像文件"风筝博物馆 1. psd",选择背景层为当前图层。

(2) 执行"滤镜"|"模糊"|"径向模糊"命令,弹出"径向模糊"对话框,设置各参数,并调整模糊的中心,如图 2-81 所示。

(3) 单击"确定"按钮,径向模糊效果如图 2-82 所示。

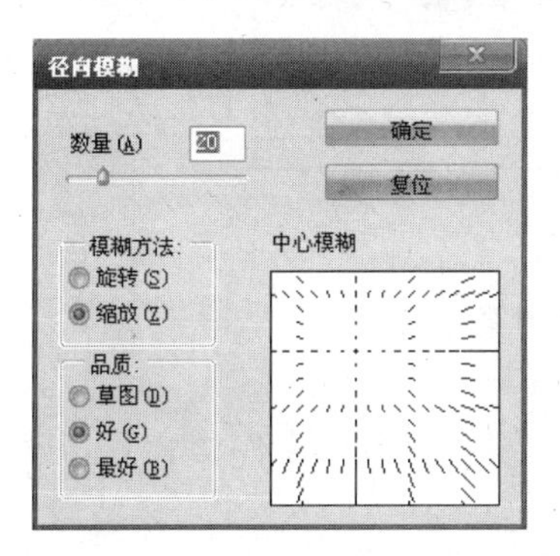

图 2-81　"径向模糊"对话框

图 2-82　径向模糊效果

2.4.10　综合应用案例

下面通过制作如图 2-83 所示的图像,介绍 Photoshop 的综合应用。

1. 准备素材

(1) 用数码相机拍摄照片。

(2) 用 Illustrator 制作"风筝会徽"。

(3) 用 Photoshop 制作图形。

图 2-83 “翔天风筝广告”画面

2. 定义填充图案

(1) 新建一个 1×2 像素的白色内容的文件。

(2) 放大后用矩形选框工具 选择上面的一个像素，填充为灰色(RGB 的值分别为 160)。

(3) 执行“选择”|“全选”命令选取整个图像区域。

(4) 执行“编辑”|“定义图案”命令，在弹出的“图案名称”对话框中输入“抽线”，如图 2-84 所示。

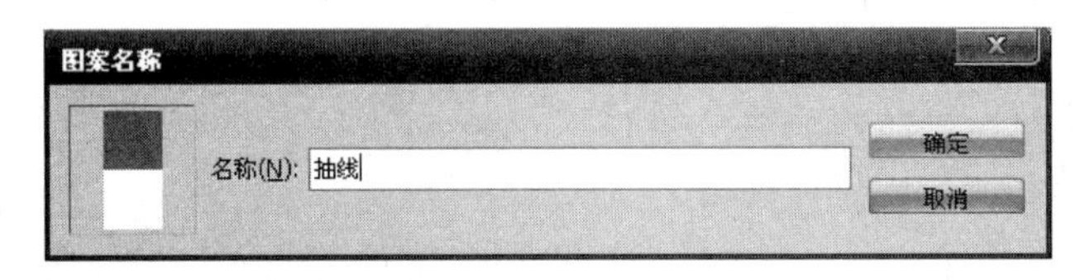

图 2-84 “图案名称”对话框

(5) 单击“确定”按钮，则定义了一个名为“抽线”的图案：。

3. 建立图像文件并制作背景

应用图片文件“风筝图片 01. JPG”，制作一个 800×600 的图像文件的背景，其颜色与“风筝图片 01. JPG”一样，从上到下渐变。

(1) 执行“文件”|“新建”命令，新建一个 800×600 的 RGB 图像文件，文件名为“翔天风筝”。

(2) 设置前景色和背景色。打开图像文件“风筝图片 01. JPG”，选择吸管工具，将吸管移动到图像上方的边缘区域，单击后即将该颜色设置为前景色；再将吸管移动到图像下方的边缘区域，按 Alt 键并单击，即将该颜色设置为背景色。

(3) 在“翔天风筝”文件窗口，用渐变工具，沿竖直方向由上往下拖动，整个图像就被填充为渐变效果。

(4) 将风筝复制到“翔天风筝”文件中。选择套索工具，设置羽化值为 20，然后在“风筝图片 01”图像窗口中选择风筝部分，如图 2-85(a)所示。选择移动工具，将所选中的区域拖动到“翔天风筝”文件窗口中，如图 2-85(b)所示。

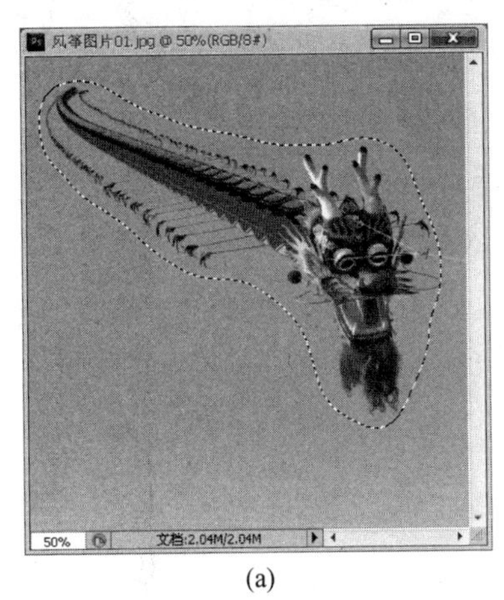

(a)

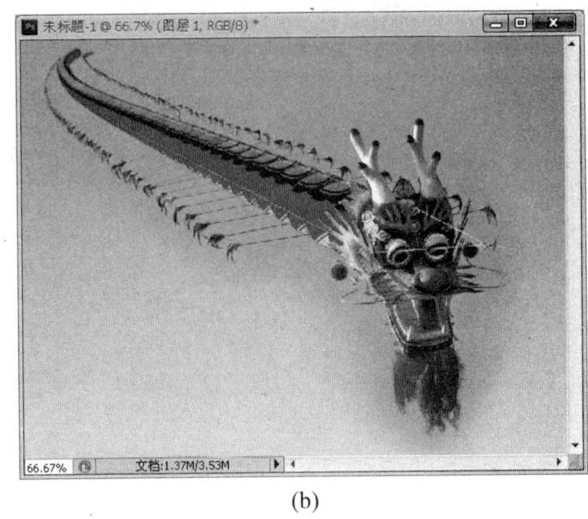

(b)

图 2-85　复制图像

(5) 翻转图像。执行“编辑”|“变换”|“水平翻转”命令将风筝画面进行水平翻转，如图 2-86 所示。

(6) 调整大小及位置。执行“编辑”|“自由变换”命令，改变风筝的大小，并拖动到适当的位置，如图 2-87 所示。

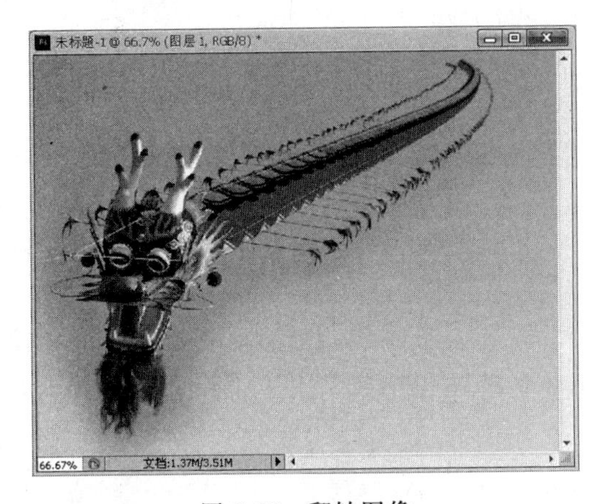

图 2-86　翻转图像

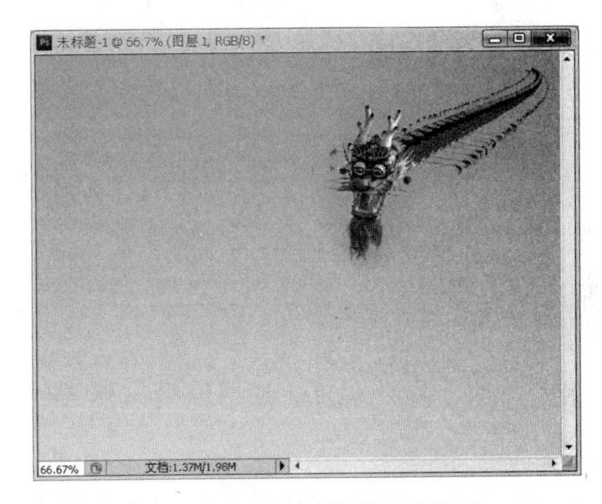

图 2-87　调整图像大小及位置

(7) 执行“图层”|“向下合并”命令，合并图层。

4. 置入图片

(1) 执行“文件”|“置入”命令，在弹出的对话框中选择为当前 Photoshop 文件置入的图片文件“风筝博物馆 2.jpg”，将创建一个智能对象，如图 2-88 所示。

(2) 按 Enter 键，然后用椭圆形状工具绘制一个圆形路径，如图 2-89 所示。

(3) 执行“图层”|“矢量蒙版”|“当前路径”命令，为图层添加蒙版，如图 2-90 所示。

(4) 执行“编辑”|“自由变换”命令，调整图片的大小，并将其移动到适当的位置，如图 2-91 所示。

图 2-88　置入图像

图 2-89　绘制圆形路径

图 2-90　为图层添加蒙版

图 2-91　调整图片的大小和位置

(5) 用相同的方法置入"放风筝.jpg"图片，添加矢量蒙版，并调整大小和位置，如图 2-92 所示。

(6) 将前景色设置为 R：255，G：255，B：100，新建一个图层，并用椭圆形状工具在新图层中绘制一个圆形(填充像素)，然后将"风筝会徽.png"置入，并调整大小和位置，如图 2-93 所示。

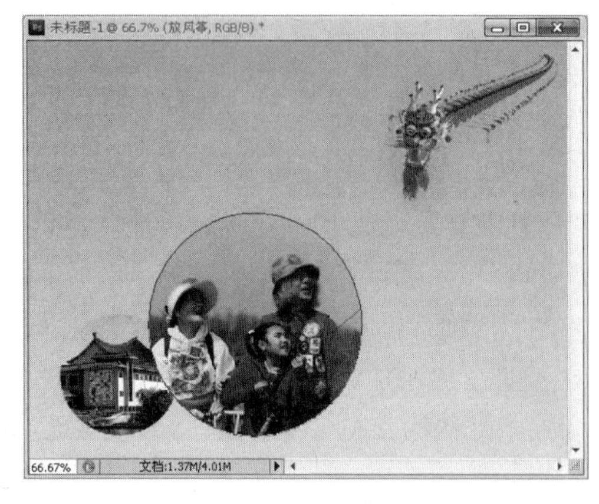

图 2-92　置入"放风筝.jpg"图片

图 2-93　绘制一个圆形并置入"风筝会徽.png"

5. 绘制图形及添加文字

(1) 选择圆角矩形工具▢,绘制圆角矩形路径。执行"编辑"|"变换路径"|"斜切"命令,对圆角矩形的角进行拖动,使其变为如图 2-94 所示形状的路径。

(2) 单击"路径"面板的"将路径作为选区载入"按钮◌,将路径转换为选区,如图 2-95 所示。

图 2-94 绘制圆角路径

图 2-95 将路径转换为选区

(3) 增加新图层,执行"编辑"|"填充"命令,将自定义的图案▯添入选区中,使其产生抽线效果,如图 2-96 所示。

(4) 将前景设置为橙色(R、G、B 为 150、60、0),添加"风筝与希望同飞"字样,设置为楷体,36 点,用变换工具调整,使其倾斜,如图 2-97 所示。

图 2-96 填充图案

图 2-97 添加文字

6. 描边

(1) 隐藏背景图层,选择魔棒工具,在其选项栏上设置容差值为 0,勾选"对所有图层取样"选项,单击选择其背景区域,然后反选,选择这组图案所在的区域。

(2) 建立一个新的图层,执行"编辑"|"描边"命令,弹出"描边"对话框,如图 2-98 所示,在其中设置"宽度"为"10px",颜色 RGB 值为 240、135、20,"位置"为"居外",单击"确定"按钮,效果如图 2-99 所示。

7. 制作 LOGO

(1) 执行"文件"|"置入"命令,将 Kite. gif 置入当前的 Photoshop 文件中,并调整其大小、角度和位置,如图 2-100 所示。

(2) 将前景色设为黑色,选择文字工具T,输入"翔天风筝"字样,设置字体,字号,如图 2-101 所示。

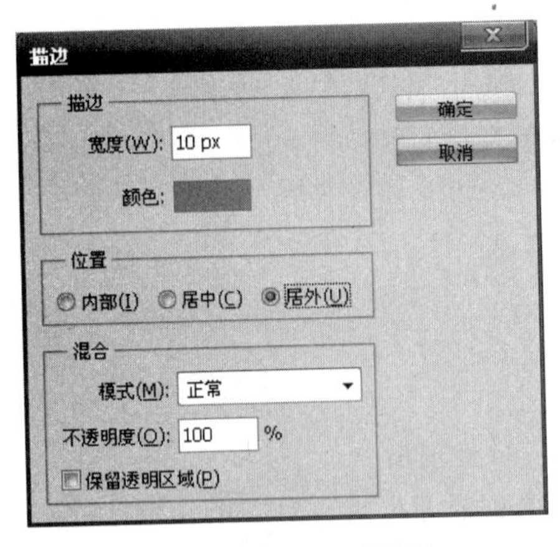

图 2-98 "描边"对话框

图 2-99 描边后的效果

(3) 将前景色设为蓝色,建立一个图层,选择矩形工具,在选项栏选择填充像素选项,然后画一条蓝色的线条,在图层面板中,通过拖动图层的顺序,将线条调整到风筝图形的下一层,调整后的效果如图 2-102 所示。

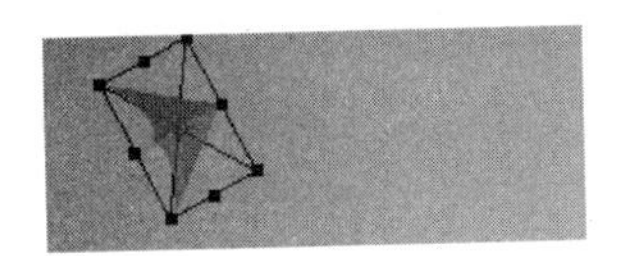

图 2-100 置入 Kite.gif

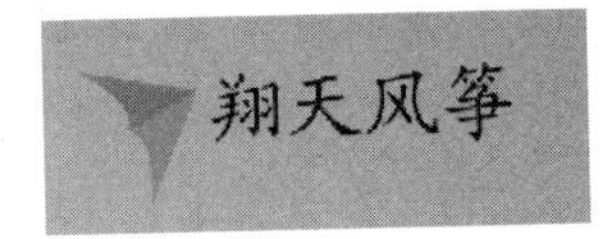

图 2-101 输入"翔天风筝"

图 2-102 绘制线条

8. 保存文件

至此风筝广告图片制作完成,如图 2-103 所示。

图 2-103 风筝广告图片最终效果

分别将图像保存为"翔天风筝.PSD"文件和"翔天风筝.JPG"文件。

2.5 使用 Adobe Bridge CS5 管理图像

Adobe Bridge CS5 软件是一款功能强大的媒体管理器，使用它可以组织、浏览和寻找所需要的图形图像文件资源，还可以直接预览 PSD、AI 和 PDF 等格式的文件，并进行操作。Adobe Bridge CS5 可以独立使用，也可以从 Photoshop CS5、Illustrator CS5 等软件中启动。使用 Adobe Bridge CS5 可以完成以下操作：

(1) 浏览图像文件。在 Bridge 中可以查看、搜索、排序、管理和处理图像文件，可以对文件进行重命名、移动、删除和旋转图像等操作以及运行批处理命令。

(2) 打开和编辑相机原始数据。可以从 Bridge 中打开和编辑相机原始数据文件，并将其保存为与 Photoshop 兼容的格式。

(3) 进行色彩管理。可以使用 Bridge 在不同应用程序之间同步设置颜色，确保无论使用哪一种 Creative Suite 套件中的应用程序来查看，文件的颜色效果都相同。

2.5.1 使用 Adobe Bridge CS5 浏览文件夹

在 Photoshop CS5 顶部的标题栏中单击启动 Bridge 按钮 Br ，可弹出 Bridge 窗口，如图 2-104 所示。

与 Windows 的资源管理器类似，如果希望查看某一文件夹，可以单击“文件夹”标签，如图 2-105 所示，在“文件夹”面板中单击需要浏览的文件夹所在的盘符，并在其中找到要查看的文件夹。

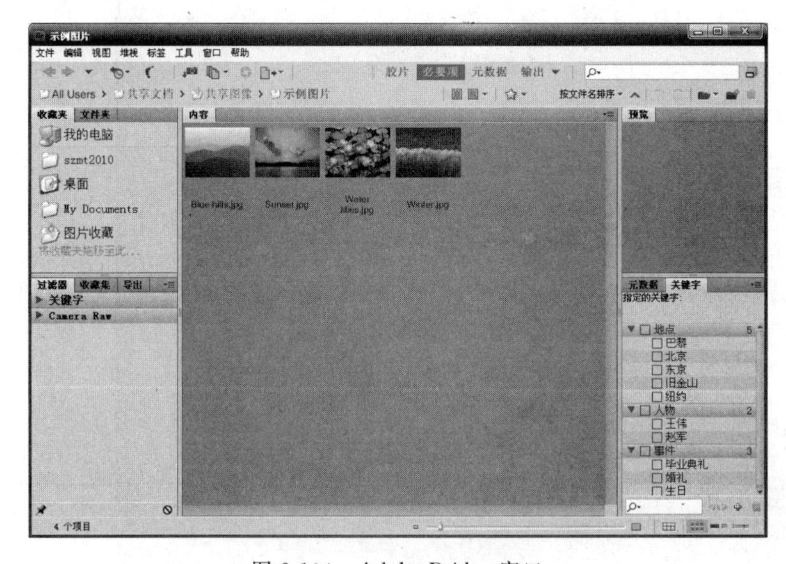

图 2-104 Adobe Bridge 窗口

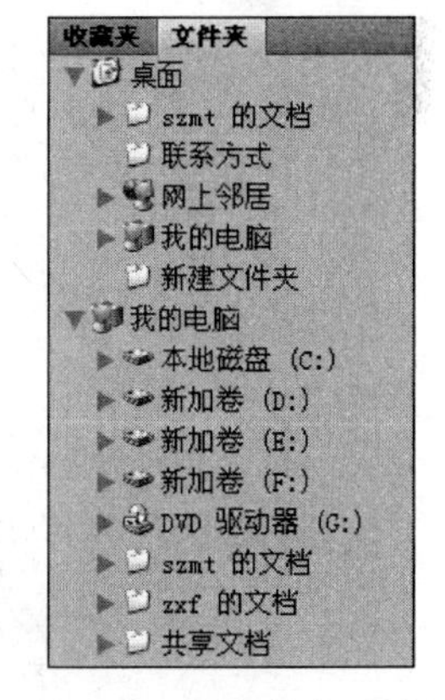

图 2-105 “文件夹”面板

如果“文件夹”面板没有显示出来，可以执行“窗口”|“文件夹面板”命令将其打开。

2.5.2 将常用的文件夹添加到“收藏夹”面板中

在默认情况下，“收藏夹”面板中仅有“我的电脑”、“桌面”、My Documents 以及“图片收藏”等几个文件夹,也可以将常用的文件夹添加到“收藏夹”面板中。

(1) 拖动“文件夹”面板的标签,使其位于“收藏夹”面板的下方,如图 2-106 所示。

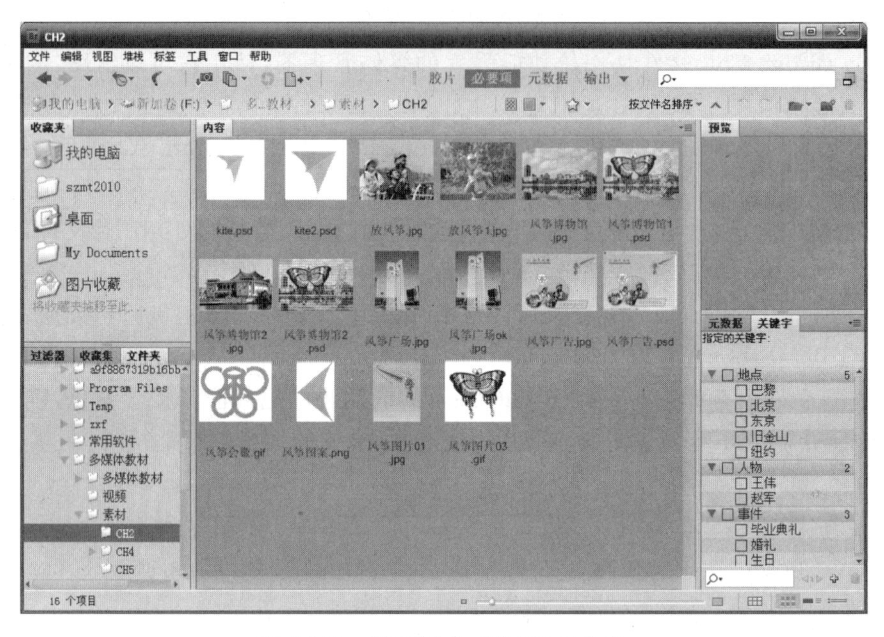

图 2-106　调整“文件夹”面板的位置

(2) 将选择的文件夹直接拖动到“收藏夹”面板中,如图 2-107 所示。

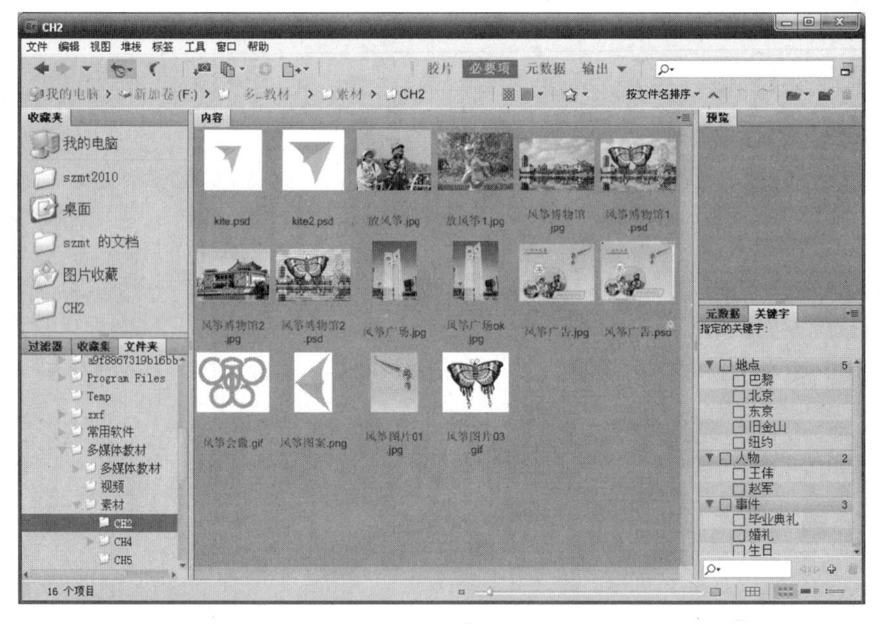

图 2-107　将选择的文件夹添加到“收藏夹”面板中

如果需要从“收藏夹”面板中去除某一个文件夹,在其名称上单击右键,在弹出的快捷菜单中选择“从收藏夹中移去”命令即可。

2.5.3　查看照片元数据

使用 Bridge CS5 可以轻松地查看数码照片的拍摄数据，这对于希望通过拍摄元数据学习摄影的爱好者十分有用。如图 2-108 所示为分别选择不同照片显示的拍摄元数据，通过“元数据”面板可以清晰地了解该照片在拍摄时所采用的光圈、快门时间、焦距、白平衡以及 ISO 等拍摄数据。

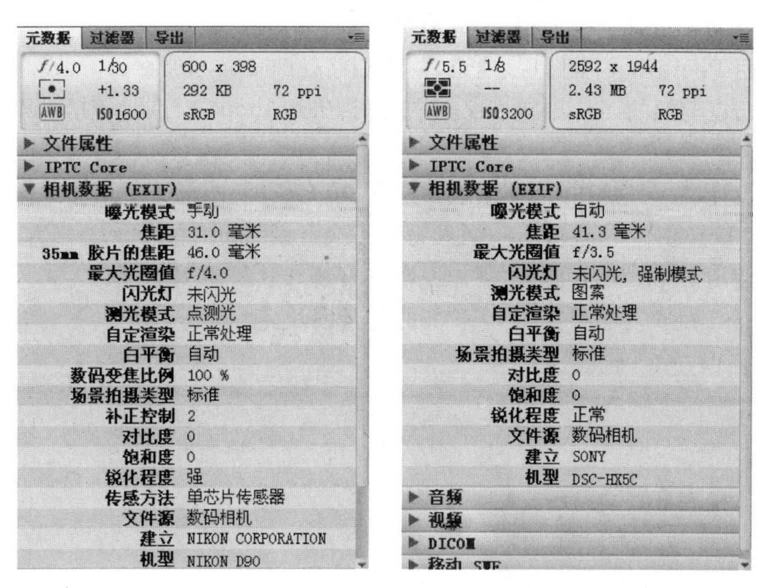

图 2-108　不同照片的元数据

本 章 小 结

本章首先介绍了色彩三要素、三原色原理等有关色彩的基础知识，以及图形和图像的基本概念和基本知识。然后分别通过实例介绍了用 Illustrator CS5 绘制图形的基本方法，Photoshop 中图层、通道、蒙版和路径等重要概念以及用 Photoshop CS5 处理图像的方法，用 Adobe Bridge CS5 管理图形图像等文件资源的方法。

Illustrator 是由美国 Adobe 公司推出的专业绘图工具，是目前使用最为广泛的矢量图形制作软件之一。Photoshop 是 Adobe 公司推出的彩色图像处理软件，其软件设计优美、精练，功能强大，是著名的位图图像处理和图像效果生成工具。Adobe Bridge 软件是一款功能强大的媒体管理器，使用它可以组织、浏览和寻找所需要的图形图像文件资源。

习　　题

1. 什么是色彩三要素？什么是三原色？它们的原理是什么？
2. 在多媒体计算机中常用的色彩空间有哪些？
3. 什么是图形？什么是图像？二者有什么区别和联系？
4. 图像的属性有哪些？各表示什么含义？

5. 常用的图像压缩编码有哪些?

6. 常用的图形图像文件格式有哪些?

7. 在 Photoshop 中创建一个圆,并导入到 Illustrator 中,然后在 Illustrator 中绘制一个同样大小的圆,使用放大镜工具尽量放大,观察圆周的差别。

8. 浏览 Illustrator 工具面板中的各种工具,熟悉其名称和快捷键,并尝试使用它们。

9. Illustrator 文件可以存储为哪几种格式? 存储为 EPS 文件有什么优点?

10. Illustrator 可以导出的文件格式有哪些?

11. 请说明 Photoshop 中图层、通道、蒙版和路径的含义和通途。

12. 将自己以前照的照片用扫描仪扫描后用 Photoshop 进行调整对比度、饱和度、亮度等处理。

13. 自己设计制作一幅图片,要求包括选取、填充、复制图像等常用的操作。

14. 应用 Photoshop 的蒙版给一幅人物照片换背景。

15. 通过使用 Photoshop 滤镜,制作一幅具有特殊效果的图像。

16. 用 Photoshop 设计制作一个 PPT 的背景图片。

第3章　声音与影视的编辑

本章学习目标

- 理解数字声音、影视的基本概念及其数字化过程。
- 了解数字声音的常用编码技术以及编码标准。
- 了解合成声音基本概念与MIDI规范。
- 了解常用的声音、影视文件格式。
- 了解电视信号及其标准。
- 了解影视编码的国际标准MPEG与H.261标准。
- 了解流媒体技术原理及其应用领域。
- 掌握用Audition 3.0进行声音处理的基本方法。
- 掌握用Premiere Pro CS4进行影视处理的基本方法。

3.1　数字声音基础知识

声音是人们用来传递信息最方便、最熟悉的方式，它可以携带大量精细、准确的信息。早期的PC不能发音，多媒体技术的发展使计算机能够处理声音信息。音乐和解说可使静态图像变得更加丰富多彩，声音和影视图像的同步播放，可使影视图像更具真实性。随着多媒体信息处理技术的发展，计算机数据处理能力的增强，声音被用做输入或输出，声音处理技术得到了广泛的应用。

3.1.1　数字声音的基本概念

1. 声音信号

人们之所以能听到各种声音，是因为不同频率的声波通过空气产生振动，对人耳刺激的结果。规则声音是一种连续变化的模拟信号，可用一条连续的曲线来表示，称为声波。因声波是在时间和幅度上都连续变化的量，所以称为模拟量。

模拟声音信号有两个基本参数：频率和振幅。

1）频率

频率是指声音每秒钟振动的次数，一个声源每秒钟可产生成百上千个波峰，每秒钟所产生的波峰数目就是声音信号的频率。声音的频率体现音调的高低，单位用赫兹(Hz)或千赫兹(kHz)表示。例如一个声波信号在一秒钟内有5000个波峰，则可将它的频率表示为5000Hz或5kHz。人的耳朵能听到声音的频率范围约在20Hz～20kHz。

2）幅度

幅度是从声音信号的基线到当前波峰的距离。幅度决定了信号音量的强弱程度，幅度越大，声音越强。对于声音信号，它的强度用分贝(dB)表示。分贝的幅度就是音量。

2. 模拟声音的数字化

如果要用计算机对声音信息进行处理，则首先要通过 A/D(模/数)转换将模拟声音信号变成数字信号，实现声音信号的数字化。数字化的声音易于用计算机软件处理，现在几乎所有的专业化声音录制器、编辑器都是数字的。对模拟声音的数字化过程涉及声音的采样、量化和编码，如图 3-1 所示。

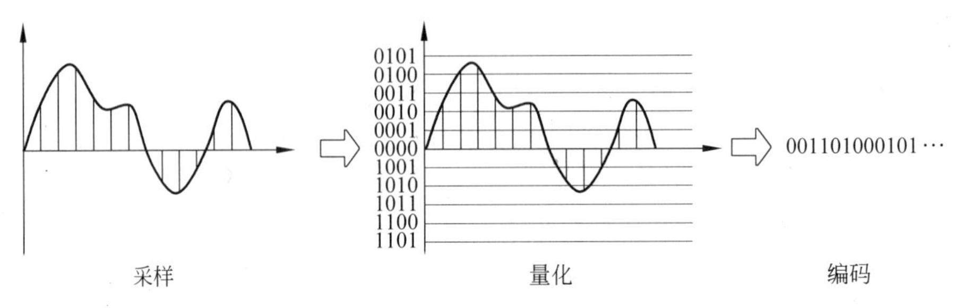

图 3-1　模拟声音信号的数字化过程

1）采样

为实现 A/D 转换，需要把模拟声音信号波形进行分割，以转换成数字信号，这种方法称为采样(Sampling)。

采样的过程是每隔一个时间间隔在模拟声音的波形上取一个幅度值，把时间上的连续信号变成时间上的离散信号。该时间间隔称为采样周期，其倒数为采样频率。

采样频率是指计算机每秒钟采集多少个声音样本。采样频率越高，即采样的间隔时间越短，则在单位时间内计算机得到的声音样本数据就越多，对声音波形的表示也越精确。

采样频率的选择与声音信号本身的频率有关，根据奈奎斯特(Nyquist)理论，只有采样频率高于声音信号最高频率的两倍时，才能把数字信号表示的声音较好地还原为原来的声音。最常用的采样频率有：11.025kHz、22.05kHz、44.1kHz 等。

2）量化

采样所得到的声波上的幅度值，即某一瞬间声波幅度的电压值，影响音量的高低，该值的大小需要用某种数字化的方法来表示。通常把对声波波形幅度的数字化表示称为量化(Quantization)。

量化的过程是先将采样后的信号按整个声波的幅度划分成有限个区段的集合，把落入某个区段内的采样值归为一类，并赋予相同的量化值。采样信号的量化值采用二进制表示，表示采样信号的幅度二进制的位数称为量化位数。如果以 8b 为记录模式，则将其纵轴划分为 2^8 个量化等级，它的量化位数为 8。

在相同的采样频率之下，量化位数越高，声音的质量越好。同样，在相同量化位数的情况下，采样频率越高，声音效果也就越好。这就好比是量一个人的身高，若是以 mm 为单位来测量，会比以 cm 为单位量更加准确。

3）编码

模拟信号经过采样和量化以后，形成一系列的离散信号——脉冲数字信号。这种脉冲数字信号可以用一定的方式进行编码，形成计算机内部运行的数据。所谓编码，就是按照一定的格式把经过采样和量化得到的离散数据记录下来，并在有效的数据中加入一些用于纠错同步和控制的数据。在数据回放时，可以根据所记录的纠错数据判别读出的声音数据是否有错，如果有错，可加以纠正。

3.1.2 数字声音的编码技术

数字声音的编码技术分为三类：波形编码、参数编码以及混合编码。

1. 波形编码

波形编码是声音信号常用的编码方法，它直接对波形采样、量化和编码，算法简单，易于实现。而且，声音恢复时能保持原有的特点，因此被广泛应用。常用的波形编码方法有PCM、DPCM和ADPCM等。

1) PCM(Pulse Code Modulation，脉冲编码调制)

PCM简称脉码调制，可以直接对声音信号做A/D转换，用一组二进制数字编码表示，得到的是未经压缩的声音数据。这是一种最常用、最简单的编码方法。

PCM编码方法不需要复杂的信号处理技术就能实现瞬时的数据的量化和还原，而且信噪比高。在解码后恢复的声音，只要采样频率足够高，量化位数足够多，就会有很好的质量。但是，这种对声音信号直接量化的方法编码数据量很大，需要很高的传输速率。

在MPC中，声卡都具有PCM编码和解码的功能。激光唱盘(CD-DA)记录声音时就采用这种方法，存储未经压缩的数字声音信号。

PCM编码是波形压缩编码的基础，波形压缩编码把PCM编码作为输入，并对其进行压缩。

2) DPCM(Differential Pulse Code Modulation，差分脉冲编码调制)

DPCM是利用声音信号的相关性，通过只传输声音的预测值和样本值的差值来降低声音数据的编码率的一种方法。它采用预测编码技术，实现声音数据的压缩编码。

因为声音信号一般不会发生突然变化，相邻的语音采样值之间存在很大的相关性，从一个采样值到相邻的另一个采样值的差值要比样值本身小得多。利用预测编码方法建立预测模型，通过预测器对未来的样本进行预测，然后对样本值与预测器得到的预测值之差进行量化和传输。由于这个差值的幅度远远小于样本值本身，需要较少的比特数来表示，这样可以降低数据的编码率，从而使编码数据得到压缩。

3) ADPCM(Adaptive Differential Pulse Code Modulation，自适应差分编码调制)

在实际使用中，由于输入信号的不稳定性，造成DPCM方法的信噪比大大降低。因此在DPCM编码中加入自适应的方法，就形成了自适应差分编码调制(ADPCM)方案。所以，ADPCM是对DPCM方法的改进，通过调整量化位数，对不同的频段设置不同的量化位数，可使数据得到进一步压缩。

ADPCM压缩方案压缩倍率可达2～5倍，信噪比高，性能优越，因此，多媒体计算机所获得的数字化的声音信息大都采用此压缩方法。MPC的声卡也提供有ADPCM算法，如将16位的采样值压缩成4位，将8位的采样值压缩成4位、3位或2位。

2. 参数编码

波形编码方法的编码率比较高，但可以获得较好的音质。除此之外，还有一类编码方式是通过建立声音的产生模型，将声音信号以模型参数表示，再对参数进行编码，这种编码方式称为参数编码。声音重放时，再根据这些参数通过合成各种声音元码来产生声音。参数编码压缩倍数很高，但计算量大，而且保真度不高，合成声音的质量不如波形编码，所以，它适合于语音信号的编码。

3. 混合编码

将波形编码和参数编码的方法结合起来就称为混合编码。这是一种吸取波形和参数编码的优点，进行综合编码的方法，在降低数据率的同时，能够得到较高的声音质量。典型的混合编码方法有码本激励线性预测编码（CELP）和多脉冲激励线性预测编码（MRLPC）等。

3.1.3 数字声音编码标准

当前编码技术发展的一个重要方向就是综合现有的编码技术，制定全球的统一标准，使信息管理系统具有普遍的互操作性，并确保了未来的兼容性。

1. ITU-T G 系列声音压缩标准

CCITT 和国际标准化组织（ISO）先后提出一系列有关声音编码的建议，对语音信号压缩编码的审议在国际电报电话咨询委员会（CCITT）下设的第十五研究组进行，相应的建议为 G 系列，多由 ITU 发表。

1）G.711

本建议公布于 1972 年，它给出了话音信号的编码的推荐特性。话音的采样率为 8kHz，每个样值采用 8 位二进制编码，推荐使用 A 律和 μ 律编码。本建议中分别给出了 A 律和 μ 律的定义，它是将 13 位的 PCM 按 A 律，14 位的 PCM 按 μ 律转换为 8 位编码。

2）G.721

该建议公布于 1984 年，1986 年做了进一步修订。采用自适应差值量化的算法对声音波形编码，数据率为 32kb/s，用于把 64kb/s 的 A 律或 μ 律的 PCM 编码转换成 32kb/s 的 ADPCM 编码，实现对 PCM 信道的扩容。

G.721 和 G.711 标准都适用于 200～3400Hz 窄带话音信号，可用于公共电话网。

3）G.722

这个建议公布于 1988 年，它是针对宽带语音制定的标准，给出了 50～7000Hz 声音编码系统的特性，可用于各种高质量语音的应用。它的编码系统采用子带自适应差分脉冲编码（SB-ADPCM）技术，整个频带分成高和低两个子带，用 ADPCM 分别对每个子带进行编码。系统的比特率为 64kb/s，所以称为 64kb/s（7kHz）声音编码。

4）G.728

为了进一步降低数据速率，实现低码率、短延时、高质量的目标。在 AT&T Bell 实验室研究的 16kb/s 短延时码激励编码方案（LD-CELP）的基础上，CCITT 于 1992 年和 1993 年分别公布了浮点和定点算法的 G.728 语音编码标准，该算法编码延时小于 2ms。这个标准可用于可视电话、无绳电话、数字卫星通信、公共电话网、ISDN、数字电路倍增设备（DCME）、声音存储和传输系统、声音信息的记录和发布、地面数字移动雷达、分组化语音等。

2. MPEG 中的声音编码

国际标准化组织/国际电工委员会（ISO/IEC）所属 WG11 工作组，制定推荐了 MPEG 标准。已公布和正在讨论的标准有 MPEG I，MPEG E，MPEG N，MPEG U。其中 MPEG I 标准对应于 ISO/IEC 11172-3（MPEG 音频）。这部分规定了高质量声音编码方法、存储表示和解码方法。编码器的输入和解码器的输出与现存的 PCM 标准兼容。ISO/IEC 11172 视频、音频的总数据率为 1.5Mb/s。音频使用的采样率为 32kHz,44.1kHz 和 48kHz。编码输出的数据率有许多种,由相关的参数决定。

MP3 作为目前最为普及的声音压缩格式,为大家所普遍接受,各种与 MP3 相关的软件产品层出不穷,而且更多的硬件产品也开始支持 MP3。MP3 是 MPEG Audio Layer-3 的简称,是 MPEG-1 的衍生编码方案,可以做到 12∶1 的惊人压缩比并保持基本可听的音质,随着网络的普及,MP3 被数以亿计的用户接受。

3. AC-3 编码和解码

AC-3 声音编码标准起源于由美国的杜比(DOLBY)公司推出的 DOLBY AC-1。AC-1 应用的编码技术是自适应增量调制(ADM),它把 20kHz 的宽带立体声声音信号编码成 512kb/s 的数据流。AC-1 曾在卫星电视和调频广播中得到广泛应用。1990 年,DOLBY 实验室推出了立体声编码标准 AC-2,它采用类似 MDCT 的重叠窗口的快速傅立叶变换(FFT)编码技术,其数据率在 256kb/s 以下。AC-2 被应用在 PC 声卡和综合业务数字网等方面。

1992 年,DOLBY 实验室在 AC-2 的基础上,又开发了 DOLBY AC-3 的数字声音编码技术。AC-3 提供了 5 个声道从 20Hz 到 20kHz 的全通带频,即正前方的左(L)、中(C)和右(R),后边的两个独立的环绕声通道左后(LS)和右后(RS)。AC-3 同时还提供了一个 100Hz 以下的超低音声道供用户选用,以弥补低音的不足,此声道仅为辅助而已,故定为 0.1 声道。所以 AC-3 被称为 5.1 声道。AC-3 将这 6 个声道进行数字编码,并将它们压缩成一个通道,而它的比特率仅是 320kb/s。

3.1.4 数字声音信息的质量与数据量

采样、量化和编码技术是声音数字化的关键技术。而采样频率、每个采样值的量化位数以及声音信息的声道数目,是影响数字化声音信息质量和存储量的三个重要因素。采样频率越高、量化位数越大、声道数目越多,声音的质量就越高,但存储量就越大。

1. 声音质量的评价

声音质量的评价是一个很困难的问题,也是一个值得研究的课题。目前声音质量的度量有两种基本方法,一种是客观质量度量,另一种是主观质量的度量。

1) 客观质量的度量

对声波的测量包括评价值的测量、声源的测量和音质的测量,其测量与分析工作,是使用带计算机处理系统的高级声学测量仪器来完成的。度量声音客观质量的一个主要指标是信噪比(Signal to Noise Ration,SNR),信噪比是有用信号与噪声之比的简称,其单位是分贝(dB)。信噪比越大,声音质量越好。

2) 主观质量的度量

采用客观标准方法很难真正评定编码器的质量,在实际评价中,主观的质量度量比客观质量的度量更为恰当和合理。主观的质量度量通常是对某编码器的输出的声音质量进行评价。例如播放一段音乐,记录一段话,然后重放给一批实验者听,再由实验者进行综合评定,得出平均判分(Mean Opinion Score,MOS)。这种判分采用 5 级分制,如表 3-1 所示为不同的 MOS 对应不同的质量级别和失真级别。

表 3-1　MOS 标准

MOS	质量级别	失真级别
5	优(Excellent)	不察觉
4	良(Good)	刚察觉但不可厌
3	中(Fair)	察觉及稍微可厌
2	差(Poor)	可厌但不令人反感
1	劣(Unacceptable)	极可厌(令人反感)

3）常用的数字化声音技术指标及音质

常用的数字化声音技术指标及声音的质量如表 3-2 所示几种。

表 3-2　常用的数字化声音技术指标及声音的质量表

采样频率 kHz	量化位数 b	每分钟数据量(无压缩)MB		常用编码方法	质量与应用
		单声道	双声道		
44.1	16	5.05	10.09	PCM	相当于 CD 质量，应用于超高保真质量要求
22.05	16	2.52	5.05	ADPCM	相当于收音质量，可应用于伴音及各种音响效果
	8	1.76	2.52	ADPCM	
11.025	16	1.76	2.52	ADPCM	相当于电话质量，可应用于伴音或解说词的录制
	8	0.63	1.26	ADPCM	

2. 声音信息的数据量

确定了数字声音的采样频率、量化位数和声道数就可以计算出声音信息的数据量，其计算公式为：

$$S = R \times r \times N \times D/8$$

其中：S 表示文件的大小，单位是 B；

R 表示采样频率，单位是 Hz；

r 表示量化位数，单位是 b；

N 表示声道数；

D 表示录音时间，单位是 s。

3. 应用举例

下面使用 Windows 系统中的录音机录制一段声音，根据不同参数的选择，体验声音的质量，并观察声音文件数据量的变化。

(1) 在 Windows“附件”的“娱乐”组中启动“录音机”，如图 3-2 所示。“录音机”实际上就是一个非常简单实用的声音编辑应用软件。

(2) 单击“录音”按钮，开始录音，此时，声波窗口中出现声音波形，并在声波窗口左侧记录当前录音的位置，而声波窗口右侧则显示所录制声音文件的长度，如图 3-3 所示。如果要结束录音，则单击“停止”按钮。

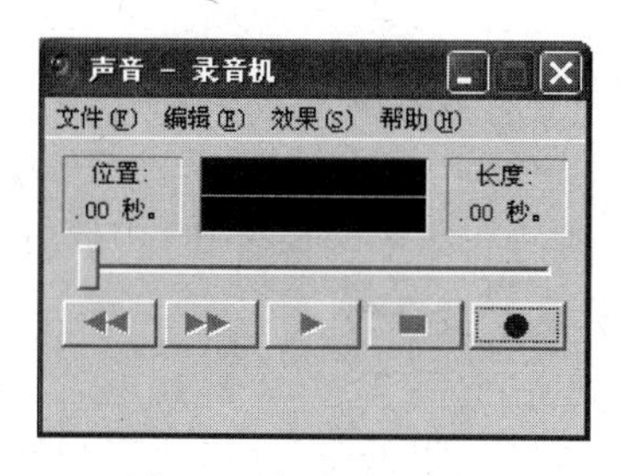

图 3-2 启动“录音机”

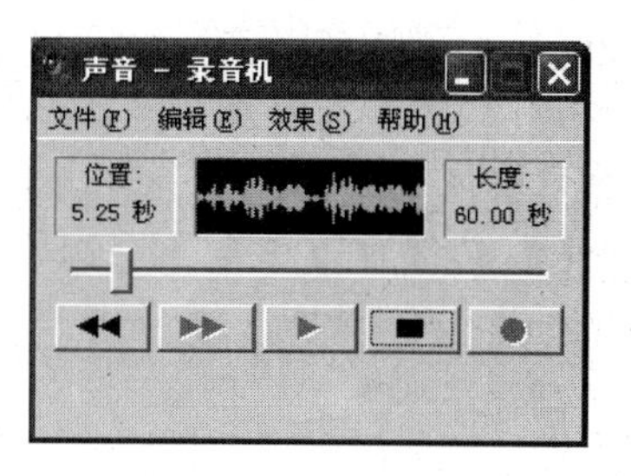

图 3-3 录制声音

(3) 执行“文件”|“属性”命令,打开“声音的属性”对话框,如图 3-4 所示。可以看出,采用 PCM 编码,采样频率为 22 050Hz,量化位数为 16 位,单声道,录音 1 分钟(60 秒)的数据量为:22 050×16×1×60/8=2 646 000(字节)。

(4) 如果要转换声音的格式,单击“声音的属性”对话框中的“立即转换”按钮,打开“声音选定”对话框,如图 3-5 所示。

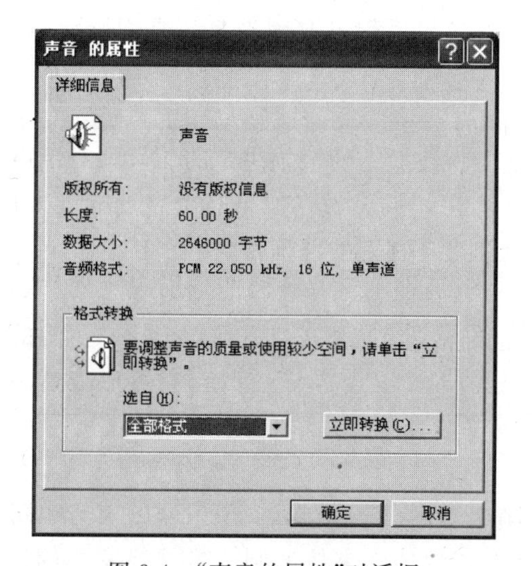

图 3-4 “声音的属性”对话框

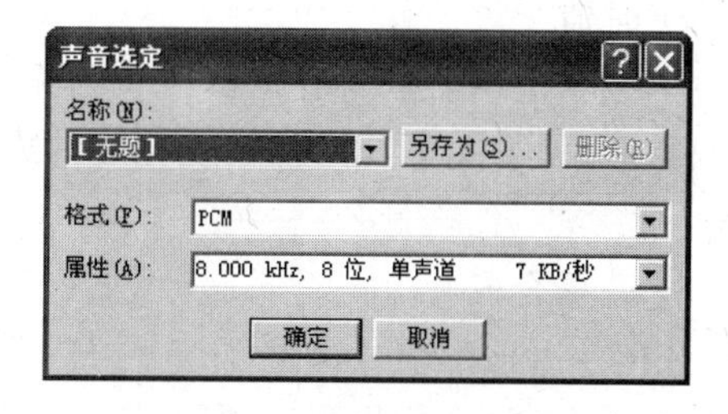

图 3-5 “声音选定”对话框

(5) 单击“名称”下拉列表,可以选择一种预定的声音质量,单击“格式”下拉列表可以选择声音的压缩格式,如图 3-6 所示。同样也可以在“属性”下拉列表框里选择采样频率、量化位数和声道数。

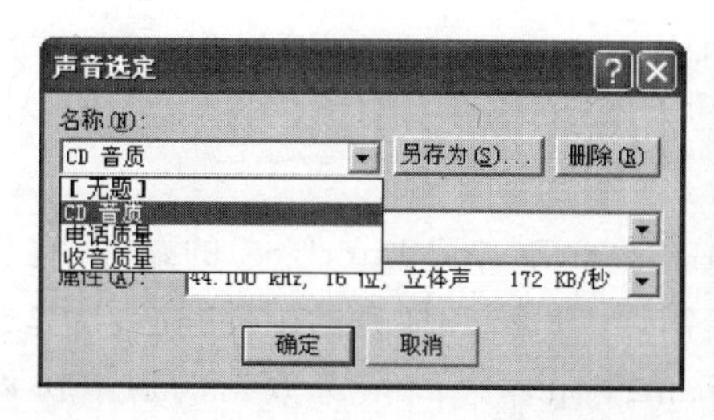

图 3-6 声音格式的选择

(6) 单击“确定”按钮,即可进行格式的转换。

3.1.5 合成声音与 MIDI 规范

1. 音乐合成

一个乐音必备的三要素是：音高、音色和音强。运动的旋律中的乐音还应具备时值，即持续时间。这些要素的理想配合是产生优美动听的旋律的必要条件。

1）音高

音高指声音的基频。人们通常所说的歌唱演员有女高音、男低音，这里的高和低就是指声音的基频。声音的基频越高，给人的感觉就越激越；相反，声音的基频越低，给人的感觉就越低沉。在处理声音的时候，可以通过改变声音的频率来提高或降低音调。

2）音色

音色是由声音的频谱决定的，各阶谐波的比例不同，随时间衰减的程度不同，音色就不同。人们能够分辨具有相同音高的钢琴和小号的声音，就是因为它们的音色不同。"小号"的声音之所以具有极强的穿透力和明亮感，是因为"小号"的声音中高次谐波非常丰富。各种乐器的音色是由其自身结构特点决定的。要用计算机模拟具有强烈真实感的旋律，音色的变化是非常重要的。

3）音强

音强也叫响度，是指声音信号的强弱程度，是由声波振动的振幅决定的。人耳对于声音细节的分辨与音强有关，只有在音强适中时，人耳辨音才最灵敏。如果一个声音响度太低，便难以正确判别它的音高和音色；而响度过高，也会影响判别的准确性。

4）时值

声波振动的持续时间称为时值，它具有明显的相对性，一个音只有在包含比它更短的音的旋律时才会显得长。时值的变化导致旋律是平缓、均匀或是跳跃、颠簸，它可以表达不同的情感。

5）音乐合成

任何一种波形信号都可以被分解成若干个频率不同的正弦波，一个乐器的声音也可以由若干个正弦波合成得到。调频(FM)是使高频振荡波的频率按调制信号规律变化的一种调制方式。采用不同调制波频率和调制指数，就可以方便地合成具有不同频谱分布的波形，再现某些乐器的音色。可以采用这种方法得到具有独特效果的"电子模拟声"，创造出丰富多彩的、真实乐器所不具备的音色，这也是 FM 音乐合成方法特有的魅力。为了使音乐更加真实，人们开发出波形表(wavetable)音乐合成技术。波表合成是把真实音乐声音的数字信号录制后，保存在存储器中，当选择某个乐器时，将所录制的样本信号回放。目前这两种音乐合成技术都应用于多媒体计算机的声卡中。

2. 什么是 MIDI

MIDI 是英文乐器数字接口(Musical Instrument Digital Interface)的缩写，它是一种技术规范，定义了为把电子乐器连接到计算机所需要的电缆和端口的硬件标准，计算机和具有 MIDI 接口的设备之间进行信息交换的规则，电子乐器之间传送数据的通信协议。它于 1988 年正式成为数字式音乐的一个国际标准。

凡具有处理 MIDI 信息的处理器和适当的硬件接口都能构成 MIDI 设备，如电子钢琴、电子键盘、电子吹奏乐器、电吉他、电子打击乐器，以及计算机的声卡等都是 MIDI 设备。

MIDI声音和数字化波形声音完全不同。在记录时，它不像数字化波形声音那样，对声音的波形进行采样、量化和编码，而是记录电子乐器键盘的弹奏过程，例如记录按了哪一个键、力的大小和时间的长短等，实际是将乐曲进行一种数字化的描述，这种描述称为MIDI消息(MIDI Message)。当需要播放这段音乐时，从相应的MIDI文件中读出MIDI消息，由合成器来解释这些消息中的符号，并生成所需要的乐器的声音波形，经放大后由扬声器输出。

由于MIDI文件并不记录任何声音的波形，只是一系列指令符号的集合，播放时需要通过音乐合成器的芯片来解释这些符号并产生声音的波形，所以在计算机中播放MIDI信息必须使用带有合成器的声卡。

与其他声音相比，MIDI声音有其自己的优点。

(1) 存储容量小。因为MIDI文件中记录的是一系列指令的集合，它并不记录任何声音，所以，对同一首乐曲来讲，MIDI文件所占的存储量非常小。因此，在需要播放长时间的高质量音乐时，往往采用MIDI文件。

(2) 可以提供背景音乐或音响效果的配音功能。当多媒体计算机显示图像、文字、图表时，或者播放波形声音、语音(如解说词)时，可以同时播放MIDI音乐作为背景音响效果。

(3) 便于编辑和修改。与波形声音相比，MIDI声音记录的是符号，是乐谱的数字化表示。因此，它可以在计算机中很方便地任意修改乐曲的速度、音调，甚至可以更换乐器，从而得到不同的效果。在此基础上，人们可以用作曲软件设计乐曲，生成乐谱文件。

(4) 可以在MIDI合成器中完全重现原来的演奏。MIDI音乐的产生是把MIDI设备上产生的每个活动记录下来，形成MIDI文件，因此，把它再传送到MIDI合成器时，就可以完全重现原来的演奏效果。

3. MIDI的有关术语

(1) 通道(Channels)：MIDI可为16个通道提供数据，每个通道可以访问一个独立的逻辑合成器。微软公司使用1～10通道作为扩展合成器，13～16通道作为基本合成器。

(2) 音序器(Sequencer)：是为了MIDI作曲而设计的计算机程序或电子装置，用于记录、编辑、播放MIDI文件。

(3) 合成器(Synthesizer)：是利用数字信号处理器或其他芯片产生音乐或声音的电子设备。它可以产生并修改波形，然后通过声音产生器和扬声器发出声音。

(4) 乐器(Instrument)：合成器能产生的特定声音称为乐器。每种乐器都有自己的波形，合成器按音色和音调的要求，由不同的乐器组合成最终的声音组合。不同的合成器，乐器音色号不同时，声音的质量也不同。例如，多数乐器都能合成钢琴的声音，但是不同乐器使用的音色号不同时，输出的声音也会有差异。

(5) 复音(Polyphony)：复音是合成器同时支持的最多音符数。如一个能以6个复音合成4种乐器声音的合成器，可以同时演奏分布于4种乐器的6个音符。例如，它可以是4个音符的钢琴和弦、一个长笛和一个小提琴的声音。

(6) 音色(Timbre)：音色指的是声音的音质，它取决于声音频谱。小提琴、钢琴、长号等都有各自的音色。

(7) 音轨(Track)：一种用通道把MIDI数据分隔成单独组、并行组的文件的概念。0号格式的MIDI文件把这些音轨合并成一个。1号格式MIDI文件维持不同的音轨。

4. MIDI 规范

MIDI 规范是一个国际的标准，主要包括以下三个方面的内容。

(1) MIDI 的硬件规范。指的是各种 MIDI 设备之间连接的硬件接口标准和信号传输机制，包括输入/输出通道的类型，连接电缆样式及插座形式等。

(2) MIDI 声音信息的规范。指的是使音乐信息互相交换的一种编码标准。它包括有关音乐成分的信息，如音符、音量、音调、音符时间长短等，是一种表达各种声音的作曲系统。

(3) MIDI 声音合成的规范。指的是各种声音的表达方式，即真实声音信号的规范，它可以采用 FM 合成技术和波形表合成技术的标准。

3.1.6 声音文件的格式

1. WAV 文件

WAV 文件又称波形文件，是 Microsoft 公司的声音文件格式。WAV 格式作为 Microsoft 的标准文件格式，用于保存 Windows 的声音信息资源，被 Windows 平台及其应用程序所广泛支持。WAV 文件来源于对声音的模拟波形的采样，并以不同的量化位数把这些采样点的值转换成二进制数，然后存入磁盘，这就产生了波形文件。

WAV 格式支持 MSADPCM、A 律、μ 律和其他压缩算法，支持多种音频位数、采样频率和声道，是 PC 上最为流行的声音文件格式，但其文件尺寸较大，多用于存储简短的声音片断。

2. VOC 文件

VOC 文件是 Creative 公司所使用的标准声音文件格式，也是声霸卡(Sound Blaster)所使用的声音文件格式，其文件结构与 WAV 文件类似。

3. MIDI 文件

MIDI 文件是存放 MIDI 信息的标准文件，文件名后缀为. MID。MIDI 文件中包含音符、定时和多达 16 个通道的演奏定义。文件包括每个通道的演奏音符信息：键、通道号、音长、音量和力度。

4. MP3 文件

符合 MPEG 标准中的 MPEG 音频格式的文件称为 MPEG 音频文件。MPEG 音频文件的压缩是一种有损压缩，根据压缩质量和编码复杂程度的不同可分为三层(MPEG Audio Layer1/2/3)，分别对应 MP1、MP2 和 MP3 这三种声音文件。MPEG 音频编码具有很高的压缩率，MP1 和 MP2 的压缩率分别为 4∶1 和 6∶1～8∶1，而 MP3 的压缩率则高达 10∶1～12∶1。CD 音质的音乐，未经压缩需要 10MB 存储空间，而经过 MP3 压缩编码后只有 1MB 左右，其音质基本保持不失真。

Internet 的发展和普及，促进了 MP3 的流行，网络代替了传统唱片的传播途径，扩大了数字音乐的流传范围，加速了数字音乐的传播速度，在一些常用搜索引擎中，MP3 的使用率已名列首位。MP3 凭借其优美的音质和高压缩比而成为最流行的音乐格式。

5. RealAudio 文件

RealAudio 文件是 RealNetworks 公司开发的一种新型流式声音(Streaming Audio)格式的文件；它包含在 RealNetworks 所制定的音频、视频压缩规范 RealMedia 中，主要用于在低速率的广域网上实时传输声音信息；网络连接速率不同，客户端所获得的声音质量也不尽相同，对于 28.8kb/s 的连接，可以达到广播级的声音质量；如果拥有 ISDN 或更快的线路连接，则可获得 CD 音质的效果。支持 RealAudio 格式的文件有：.RA，.RM，.RAM。

6. AIFF 文件

AIFF 是声音交换文件格式(Audio Interchange File Format)的英文缩写，是苹果计算机公司开发的一种声音文件格式，被 Macintosh 平台及其应用程序所支持，其他专业声音软件包也同样支持这种格式。支持 AIFF 格式的文件有.AIF，.AIFF。

3.2 数字影视基础知识

3.2.1 影视基本概念

1. 影视的定义

影视(Video)就是其内容随时间变化的一组动态图像，所以又称运动图像或活动图像。根据视觉暂留原理，连续的图像变化每秒超过 24 帧(frame)画面以上时，人眼无法辨别单幅的静态画面，看上去是平滑连续的视觉效果。

影视与图像是两个既有联系又有区别的概念：静止的图片称为图像(Image)，运动的图像称为影视(Video)。两者的信源方式不同，图像的输入要靠扫描仪、数字照相机等设备；而影视的输入是电视接收机、摄像机、录像机、影碟机以及可以输出连续图像信号的设备。

影视信号具有以下特点：

(1) 内容随时间的变化而变化。

(2) 伴随有与画面同步的声音。

2. 影视的分类

按照处理方式的不同，影视分为模拟影视和数字影视两类。

1) 模拟影视(Analog Video)

模拟影视是一种用于传输图像和声音的随时间连续变化的电信号。传统影视(如电视录像节目)的记录、存储和传输都是采用模拟方式，影视图像和声音是以模拟信号的形式记录在磁带上，它依靠模拟调幅的手段在空间传播。

模拟影视信号的缺点是：影视信号随存储时间、拷贝次数和传输距离的增加衰减较大，产生信号的损失，不适合网络传输，也不便于分类、检索和编辑。

2) 数字影视(Digital Video，DV)

要使计算机能够对影视进行处理，必须把来自于电视机、模拟摄像机、录像机、影碟机等影视源的模拟影视信号进行数字化，形成数字影视信号。

影视信号经数字化以后，有着模拟信号无可比拟的优点：

(1) 再现性好。模拟信号由于是连续变化的，所以不管复制时采用的精确度多高，失真总是不可避免的，经过多次复制以后，误差积累较大。而数字影视可以不失真地进行无限次拷贝，它不会因存储、传输和复制而产生图像质量的退化，从而能够准确地再现图像。

(2) 便于编辑处理。模拟信号只能简单调整亮度、对比度和颜色等，从而限制了处理手段和应用范围。而数字影视信号可以传送到计算机内进行存储、处理，很容易进行创造性地编辑与合成，并进行动态交互。

(3) 适合于网络应用。在网络环境中，数字影视信息可以通过网络线、光纤很方便地实现资源的共享。在传输过程中，数字影视信号不会因传输距离长而产生任何不良影响，而模拟信号在传输过程中会有信号损失。

3.2.2 电视信号及其标准

1. 电视图像信号的扫描方式

电视图像信号是由电视图像转换成的电信号。任何时刻，电信号只有1个值，是一维的，而电视图像是二维的，将二维电视图像转换为一维电信号是通过光栅扫描实现的。而电视图像的重现是通过在监视器上水平和垂直方向的扫描来实现的，扫描方式主要有逐行扫描和隔行扫描两种。

隔行扫描方式的每一帧画面由两次扫描完成，每次扫描组成一个场，即一帧由两个场组成。它节省频带，且硬件实现简单。逐行扫描方式的每一帧画面一次扫描完成，图像垂直清晰度高，空间处理效果好，能获得更好的图像质量和更高的清晰度，其缺点是行扫描频率高，数码速率高，硬件实现难度较大。

2. 彩色电视信号制式

彩色电视制式就是彩色电视的影视信号标准。电视机显示一幅画面，是显像管中的电子枪发射电子束，从左到右、从上到下扫描荧光屏的结果。电视图像信号在发射时，由于采用传送电视图像信号的频率不同、颜色编码系统不同、行频场频不同，就有不同的彩色电视制式标准。对于彩色电视的模拟信号，世界上现行的彩色电视制式有三种：NTSC制、PAL制和SECAM制，它们分别定义了彩色电视机对于所接收的电视信号的解码方式、色彩处理方式和屏幕的扫描频率。随着数字技术的发展，全数字化的电视HDTV标准将逐渐代替现有的彩色模拟电视。

1) NTSC制式

NTSC(National Television System Committee)制式是1952年美国国家电视标准委员会定义的彩色电视广播标准，也称为“正交平衡调幅制”。美国、加拿大等大部分西半球国家以及中国台湾、日本、韩国、菲律宾等国家和地区采用这种制式。NTSC制式规定水平扫描525行、30帧/秒、隔行扫描、每场1/60s。

2) PAL制式

PAL制式是1962年由原西德制定的彩色电视广播标准，称为“逐行倒相正交平衡调幅(Phase Alternation Line)”。德国、英国等一些西欧国家，以及中国、朝鲜等亚洲国家都采用这种制式。PAL制式规定水平扫描625行、25帧/秒、隔行扫描、每场1/50s。

3) SECAM制式

SECAM制式是法国制定的彩色电视广播标准，称为“顺序传送彩色与存储制(Sequential Color and Memory)”。1959年由法国研究，1966年形成SECAM-b制式。法国、俄罗斯及东欧、非洲国家采用这种制式。SECAM制式规定水平扫描625行、25帧/秒、隔行扫描、每场1/50s。SECAM制式的基本技术和广播方式与NTSC和PAL有很大的区别。

4) 数字电视(Digital TV)

1990年，美国通用仪器公司研制出高清晰度电视HDTV，提出信源的影视信号及伴音信号用数字压缩编码，传输信道采用数字通信的调制和纠错技术，从此出现了信源和传输通道全数字化的真正数字电视，它被称为“数字电视”。

数字电视(DTV)包括高清晰度数字电视 HDTV、标准清晰度数字电视 SDTV 和 VCD 质量的低清晰度数字电视 LDTV。

1996 年 12 月 24 日，美国联邦通信委员会 FCC 批准以 HDTV 为基础的 ATSC 数字电视标准，确定了美国的数字电视技术，决定到 2006 年停止模拟制式的 NTSC 电视广播，全部转为数字电视广播。按此计划，美国在 1998 年底(11 月 1 日)已正式开始数字电视地面广播。2003 年 11 月，我国有线电视由模拟向数字整体转换正式启动，截至 2010 年底，已有 60%的地级市完成或基本完成有线数字化的整体转换工作，随着地级市数字化整体转换逐渐接近尾声，我国的有线数字化的工作重点已逐渐实现从地级市向县级城市及农村地区转移。

3. 彩色电视机的彩色模型

在 PAL 彩色电视制式中采用 YUV 模型来表示彩色图像。其中 Y 表示亮度，U 和 V 表示色差，是构成彩色的两个分量。与此类似，在 NTSC 彩色电视制式中使用 YIQ 模型，其中的 Y 表示亮度，I 和 Q 是两个彩色分量。

YUV 表示的亮度信号(Y)和色度信号(U、V)是相互独立的，可以对这些单色图分别进行编码。采用 YUV 模型的优点之一是亮度信号和色差信号是分离的，使彩色信号能与黑白信号相互兼容。一方面黑白电视机可接收彩色电视信号，显示黑白图像；另一方面彩色电视机能接收黑白电视信号，显示的也是黑白图像。另外，利用人眼对色差的敏感度低的特点，可以适当降低色度信号的精度，不影响收视效果。

由于所有的显示器都采用 RGB 值来驱动，所以在显示每个像素之前，需要把 YUV 彩色分量值转换成 RGB 值。

4. 彩色电视信号的类型

电视频道传送的电视信号主要包括亮度信号、色度信号、复合同步信号和伴音信号，这些信号可以通过频率域或者时间域相互分离出来。电视机能够将接收到的高频电视信号还原成影视信号和低频伴音信号，并在荧光屏上重现图像，在扬声器上重现伴音。

根据不同的信号源，电视接收机的输入、输出信号有三种类型：

1) 分量视频信号与 S-Video

为保证影视信号质量，近距离时可用分量视频信号(Component Video Signal)传输，即把每个基色分量(R、G、B 或 Y、U、V)作为独立的电视信号传输。分量视频采用亮度信号和两个色差信号的方式记录和传输视频信号。S-Video 是一种两分量的视频信号，它把亮度和色度信号分成两路独立的模拟信号，用两路导线分别传输并可以分别记录在模拟磁带的两路磁轨上。

2) 复合视频信号

为便于电视信号远距离传输，必须把三个信号分量以及同步信号复合成一个信号，然后才进行传输。复合视频信号(Composite Video Signal)包括亮度和色度的单路模拟信号，即从全电视信号中分离出伴音后的视频信号，这时的色度信号是调制在亮度信号的高端。由于复合视频的亮度和色度是调制在一起的，在信号重放时很难恢复到完全一致的色彩。

3) 高频或射频信号

为了能够在空中传播电视信号，必须把影视全电视信号调制成高频或射频(Radio

Frequency,RF)信号,每个信号占用一个频道,这样才能在空中同时传播多路电视节目而不会导致混乱。电视机在接收到某一频道的高频信号后,要把全电视信号从高频信号中解调出来,才能在屏幕上重现电视图像。

3.2.3 影视的数字化

要让计算机处理影视信息,首先要解决的是影视数字化的问题。对彩色电视信号的数字化有两种方法:一种是将模拟影视信号输入到计算机系统中,对彩色影视信号的各个分量进行数字化,经过压缩编码后生成数字化影视信号;另一种是由数字摄像机从视频源采集影视信号,将得到的数字影视信号输入到计算机中直接通过软件进行编辑处理,这是真正意义上的数字影视技术。目前,影视数字化主要还是采用将模拟影视信号转换成的数字信号的方法。

与声音的数字化过程类似,影视的数字化过程也要经过采样、量化和编码三个步骤。

1. 采样

采样格式分别有 4∶1∶1、4∶2∶2 和 4∶4∶4 三种。由于人的眼睛对颜色的敏感程度远不如对亮度信号灵敏,所以色度信号的采样频率可以比亮度信号的采样频率低,以减少数字影视的数据量。其中 4∶1∶1 采样格式是指在采样时每 4 个连续的采样点中取 4 个亮度 Y、1 个色差 U 和 1 个色差 V 共 6 个样本值,这样两个色度信号的采样频率分别是亮度信号采样频率的 1/4,使采样得到的数据量可以比 4∶4∶4 采样格式减少一半。

2. 量化

采样是把模拟信号变成了时间上离散的脉冲信号,而量化则是进行幅度上的离散化处理。在时间轴的任意一点上量化后的信号电平与原模拟信号电平之间在大多数情况下存在一定的误差,通常把量化误差称为量化噪波。量化位数越多,层次就分得越细,量化误差就越小,影视效果就越好,但影视的数据量也就越大。所以在选择量化位数时要综合考虑各方面的因素,一般现在的影视信号均采用 8 位、10 位量化,在信号质量要求较高的情况下可采用 12 位量化。

3. 编码

经采样和量化后得到数字影视的数据量将非常大,所以在编码时要进行压缩。其方法是从时间域、空间域两方面去除冗余信息,减少数据量。编码技术主要分成帧内编码和帧间编码,前者用于去掉图像的空间冗余信息,后者用于去除图像的时间冗余信息。

3.2.4 影视的编码标准

影视编码技术主要有 MPEG 与 H.261 标准。

1. MPEG 标准

MPEG 的全称是 Moving Pictures Experts Group(即动态图像专家组),由 ISO 与 IEC 于 1988 年联合成立,致力于运动图像(MPEG 视频)及其伴音(MPEG 音频)编码标准化工作。最初 MPEG 专家组的工作项目是三个,即在 1.5Mb/s,10Mb/s,40Mb/s 传输速率下对图像编码,分别命名为 MPEG-1,MPEG-2,MPEG-3。1992 年,MPEG-2 的适应范围扩大到 HDTV,能支持 MPEG-3 的所有功能,所以 MPEG-3 被取消。为了满足不同的应用要求,MPEG 又陆续增加了其他一些标准,如 MPEG-4、MPEG-7、MPEG-21 等。

1）MPEG-1 标准

MPEG-1 标准用于传输 1.5Mb/s 数据传输率的数字存储媒体运动图像及其伴音的编码。该标准从颁布时起，取得了一连串的成功，如 VCD 和 MP3 的大量使用，Windows 95 以后的版本都带有一个 MPEG-1 软件解码器。

2）MPEG-2 标准

MPEG-2 标准是针对标准数字电视和高清晰度电视在各种应用下的压缩方案和系统层的详细规定，编码率为 3～100Mb/s。MPEG-2 特别适用于广播级的数字电视的编码和传送，被认定为 SDTV 和 HDTV 的编码标准。

3）MPEG-4 标准

MPEG-4 标准将众多的多媒体应用集成于一个完整的框架内，旨在为多媒体通信及应用环境提供标准的算法及工具，从而建立起一种能被多媒体传输、存储、检索等应用领域普遍采用的统一数据格式。

4）MPEG-7 标准

MPEG-7 标准被称为"多媒体内容描述接口"，规定一个用于描述各种不同类型多媒体信息的描述符的标准集合。MPEG-7 的目标是支持数据管理的灵活性、数据资源的全球化和互操作性。

5）MPEG-21 标准

MPEG-21 标准是一些关键技术的集成，通过这种集成环境可对全球数字媒体资源进行透明和增强管理。制定 MPEG-21 标准的目的是：①将不同的协议、标准、技术等有机地融合在一起；②制定新的标准；③将这些不同的标准集成在一起。

2. H.261 标准

H.261 视频通信编码标准是由国际电话电报咨询委员会（CCITT）于 1998 年提出的电话/会议电视的建议标准，H.261 标准化方案的标题为"64kbps 视声服务用视像编码方式"，又称为 $P\times64$kb/s 视频编码标准。其中 P 是一个可变的参数，取值范围为 1～30。$P=1$ 或 2 时，只能支持 176×144 分辨率格式、每秒帧数较低的可视电话；当 $P\geqslant6$ 时，可以支持图像分辨率为 352×288 的电视会议。

3.2.5 常见的数字影视格式

1. AVI

AVI（Audio Video Interleave）是微软公司开发的一种符合 RIFF 文件规范的数字声音与影视文件格式。AVI 格式允许影视和声音交错记录、同步播放，支持 256 色和 RLE 压缩，是 PC 上最常用的影视文件格式，其播放器为 VFW（Video For Windows）。在 AVI 文件中，运动图像和伴音数据是以交替的方式存储的，播放时，帧图像顺序显示，其伴音声道也同步播放。以这种方式组织声音和视像数据，可使得在读取影视数据流时能更有效地从存储媒介得到连续的信息。另外，AVI 文件还具有通用和开放的特点，适用于不同的硬件平台，用户可以在普通的 MPC 上进行数字影视信息的编辑和重放，而不需要专门的硬件设备，但 AVI 文件并未限定压缩标准，因此，AVI 文件格式只是作为控制界面上的标准，不具有兼容性，用不同压缩算法生成的 AVI 文件，必须使用相应的解压缩算法才能播放。AVI 文件一般采用帧内有损压缩，所以数据量较大。AVI 文件可以用一般的影视编辑软件如

Adobe Premiere 进行编辑和处理。

2. DV

DV(Digital Video Format)是由索尼、松下、JVC 等一些厂商联合提出的一种家用数字影视格式。目前非常流行的数码摄像机就是使用这种格式记录影视数据的。它可以通过计算机的 IEEE 1394 端口传输影视数据到计算机,也可以将计算机中编辑好的影视数据回录到数码摄像机中。这种影视格式的文件扩展名一般是.avi,所以也叫 DV-AVI 格式。

3. MOV

Apple 公司在其生产的 Macintosh 机中推出了 Movie Digital Video 的文件格式,其文件以 MOV 为后缀,相应的影视应用软件为 Apple's QuickTime for Macintosh。同时 Apple 公司也推出了适用于 PC 的影视应用软件 Apple's QuickTime for Windows。MOV 格式的影视文件可以采用不压缩或压缩的方式,其压缩算法包括 Cinepak、Intel Indco Vidco R3.2 和 Video 编码。其中 Cinepak 和 Intel Indeo Video R3.2 算法的应用和效果与 AVI 格式中的应用和效果类似。而 Video 格式编码适合于采集和压缩模拟影视,支持 16 位图像深度的帧内压缩和帧间压缩,帧率可达 10 帧/秒以上。

4. MPEG

MPEG 是运动图像压缩算法的国际标准,它采用有损压缩方法减少运动图像中的冗余信息,在显示器扫描设置为 1024×786 像素的格式下可以用 25 帧/秒(或 30 帧/秒)的速率同步播放影视图像和 CD 音乐伴音,具有很好的兼容性和最高可达 200∶1 的压缩比,并且在提供高压缩比的同时,对数据的损失很小。

MPEG 包括 MPEG-1、MPEG-2、MPEG-4 等。

(1) MPEG-1 被广泛地应用在 VCD 的制作和网络上一些可下载的影视素材中,使用 MPEG-1 的压缩算法,可以把一部 120 分钟长的电影压缩到 1.2GB 左右大小。支持这种影视格式的文件包括: mpg,.mlv,.mpe,.mpeg 及 VCD 光盘中的.dat 文件等。

(2) MPEG-2 被应用在 DVD 的制作、HDTV 及一些高要求的影视编辑、处理上面,其图像质量等性能指标比 MPEG-1 高得多。支持这种影视格式的文件包括: mpg,.mpe,.mpeg,.m2v 及 DVD 光盘上的.vob 文件等。

(3) MPEG-4 是一种新的压缩算法,主要应用于视像电话(Video Phone)、视像电子邮件(Video Email)和电子新闻(Electronic News)等。支持这种影视格式的文件包括:.asf,.mov 和DivX AVI 等。ASF(Advanced Streaming Format)是 Microsoft 推出的一种可以直接在网上观看影视节目的视频"流"压缩格式,它使用的就是 MPEG-4 的压缩算法,其压缩率和图像的质量都很不错,使用 ASF 格式可以把一部 120 分钟长的电影压缩为 300MB 左右的视频流。

5. REAL VIDEO

REAL VIDEO(RA、RAM)是 Real Networks 公司开发的一种流式影视(Streaming Video)文件格式,它一开始就定位在视频流应用方面,是视频流技术的始创者。流式视频采用一种边传边播的方法,先从服务器上下载一部分影视文件,形成视频流缓冲区后实时播放,同时继续下载,为接下来的播放做好准备。这种边传边播的方法避免了用户必须将整个文件从 Internet 上全部下载完毕才能观看的缺点。流式视频主要用来在低速率的广域网上实时传输活动影像,可以根据网络数据传输速率的不同而采用不同的压缩比率,从而实现影像数据的实时传送和实时播放。

RealNetworks 公司制定的声音、影视压缩规范 RealMedia 是目前在 Internet 上的跨平台的客户/服务器结构的多媒体应用标准，它采用声音、视频流和同步回放技术来实现在 Internet 上的流媒体技术，能够在 Internet 上以 28.8kb/s 的传输速率提供立体声和连续影视。

整个 Real 系统由三个部分组成：RealServer（服务器）、RealEncoder（编码器）和 RealPlayer（播放器）。RealEncoder 负责将已有的声音和影视文件或者现场的声音和影视信号实时转换成 RealMedia 格式；RealServer 负责广播 RealMedia 格式的声音和影视；而 RealPlayer 则负责将传输过来的 RealMedia 格式的声音或影视数据流实时播放出来。

RealMedia 包括三类文件：RealAudio、RealVideo 和 RealFlash。RealAudio 用来传输接近 CD 音质的声音数据，RealVideo 用来传输连续的影视数据，RealFlash 是 RealNetworks 公司与 Macromedia 公司合作推出的一种高压缩比的动画格式。目前，Internet 上不少网站利用 RealVideo 技术进行体育项目及重大事件的实况播放。

不同格式的影视文件对应不同的播放器：AVI 格式文件用 Video For Windows 播放，MOV 格式文件用 Quick Time 播放，RM 格式的文件用 RealPlayer 播放。所以经常需要对影视文件的格式进行转换。

3.3 数字声音编辑软件 Adobe Audition 的应用

Adobe Audition 是 Adobe 公司开发的一款专门的声音编辑软件，是为声音和影视专业人员而设计的，该软件提供了先进的音频混音、编辑和效果处理功能，其前身就是大名鼎鼎的 Cool Edit 声音编辑软件（被 Adobe 公司收购）。

1997 年 9 月 5 日，美国 Syntrillium 公司正式发布了一款多轨声音制作软件，名为 Cool Edit Pro，取“专业酷炫编辑”之意，随后 Syntrillium 不断对其升级完善，陆续发布了一些插件，丰富着 Cool Edit Pro 的声效处理功能，并使它支持 MP3 格式的编码和解码，支持影视素材和 MIDI 播放，并兼容了 MTC 时间码，另外还添加了 CD 刻录功能，以及一批新增的实用声音处理功能。从 Cool Edit Pro 2.0 开始，这款软件在欧美业余音乐界已经颇为流行，并开始被我国的广大多媒体玩家所注意。

2003 年 5 月，为了填补公司产品线中声音编辑软件的空白，Adobe 向 Syntrillium 收购了 Cool Edit Pro 软件的核心技术，并将其改名为 Adobe Audition，版本号为 1.0。从 1.5 版本开始，支持专业的 VST 插件格式。后来，Adobe 对软件的界面结构和菜单项目做了较多的调整，使它变得更加专业。

Adobe Audition 定位于专业数字声音工具，面向专业声音编辑和混合环境。它专为在广播设备和后期制作设备方面工作的声音、影视专业人员设计，提供先进的混音、编辑、控制和效果处理功能。最多混合声音达到 128 轨，也可以编辑单个声音文件，创建回路并可使用 45 种以上的数字信号处理效果。Adobe Audition 是个完善的“多音道录音室”，工作流程灵活，使用简便。无论是录制音乐、制作广播节目，还是配音，Adobe Audition 均可提供充足动力，创造高质量的声音节目。目前最新版本是 Adobe Audition 3.0，该软件支持几乎所有的数字声音格式，功能非常强大。借助 Adobe Audition 3.0 软件，可以以前所未有的速度和控制能力录制、混合、编辑和控制声音，创建音乐，录制和混合项目，制作广播点，整理电影的制作声音，或为影视游戏设计声音。

3.3.1　Audition 3.0 工作界面

启动 Audition 3.0 后，其工作界面如图 3-7 所示。

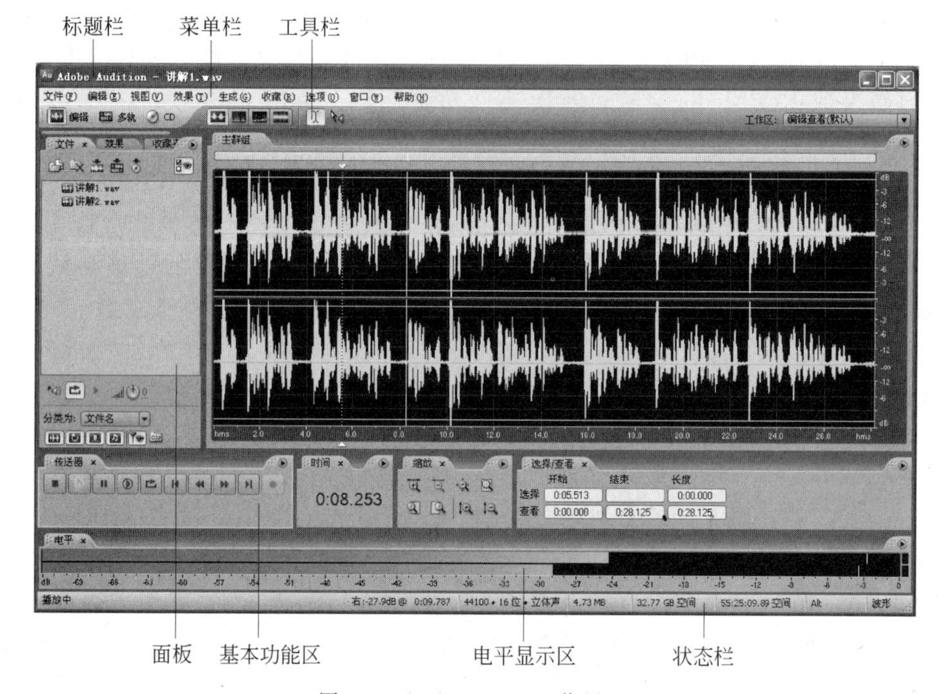

图 3-7　Audition 3.0 工作界面

Audition 3.0 界面由标题栏、菜单栏、工具栏、面板、基本功能区，电平显示区和状态栏组成。

1. 标题栏

标题栏显示当前面板中处理的工程名称或是文件名称，如果是新建工程或文件尚未命名保存，则显示为“未命名”。

2. 菜单栏

标题栏下方是菜单栏，其中下拉菜单里显示可进行的操作命令。黑色字体表示当前状态下可用，灰色则表示当前状态下不可用。

3. 工具栏

工具栏的左侧有三个工程模式按钮，分别是单轨编辑模式、多轨混录模式和 CD 编辑模式。三种模式所对应的工具有所不同。

(1) 混合工具：通常使用于多轨状态下，它兼备了时间选择工具、移动工具等的特点。单击可以实现选中剪辑、选择声音范围等功能，右击可以实现移动声音剪辑等功能。

(2) 时间选择工具：以时间为单位进行声音范围的选择。按住鼠标左键并左右拖曳，即可选中声音中的相应范围。

(3) 移动/复制剪辑工具：通常使用于多轨状态下，利用它可以对多轨文件中的声音剪辑位置进行移动。使用时,按住鼠标左键并拖曳,即可实现对声音剪辑位置的移动。

(4) 刷选工具：使用刷选工具可以自由地控制播放声音的速度,按住鼠标左键并拖曳,可以播放声音,鼠标离游标越远,播放速度越快。如果按住鼠标左键并不断拖曳变更鼠标位置,可制造出 DJ 搓碟的效果。

4. 面板

工作界面的中间部分是 Audition 的主面板,其中,左边是文件/效果器面板,右边是主群组,显示轨道区。多轨模式下轨道区提供了承载声音、影视和 MIDI 信息的轨道,默认情况下承载声音。

5. 基本功能区

主面板的下方是基本功能区,包括传送器面板、时间显示面板、缩放控制面板、选区和显示范围功能属性面板。

6. 电平显示区

在播放声音时,电平显示区可以显示声音的电平。

7. 状态栏

状态栏显示各种即时信息,如工程状态、工程采样率、内部混音精度、磁盘剩余空间等,可以方便地查看工程的当前状态。

3.3.2 Audition 3.0 基本操作

1. 打开文件

在 Audition 3.0 中打开声音文件获取声音波形有三种方法。

(1) 用命令菜单打开声音文件。在编辑模式下,执行“文件”|“打开”命令,弹出如图 3-8 所示的“打开”对话框。然后从计算机中找到当前所要载入的声音文件,单击“打开”按钮,打开后声音文件被调入编辑器,编辑区将直接显示该文件的波形图。

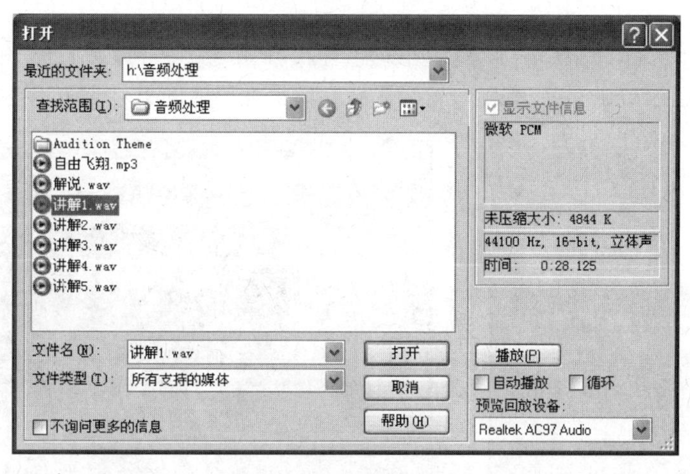

图 3-8 “打开”对话框

在多轨模式下,执行“文件”|“导入”命令,弹出“导入”对话框,找到当前所要载入的声音文件,将其导入,在文件面板中出现该声音文件名,双击文件,在编辑区出现该文件的波形。

(2) 在文件面板中单击“导入文件”按钮,然后用同样的操作找到并打开要载入的声音文件。导入后，双击文件，在编辑区出现该文件波形。

（3）直接在文件面板的空白处双击，同样出现导入界面。其他操作同上。

可以同时打开多个声音文件，文件名将在文件面板上依次显示。需要对某个声音文件编辑时双击其文件名即可。如果该文件是立体声（双声道）的，则波形图有两个，上面是左声道，下面是右声道；若声音文件是单声道的，则波形图只有一个。这时波形下方的时间面板显示声音文件总时间长度，状态栏显示该声音文件的采样格式、文件大小、磁盘剩余空间和剩余时间。

声音文件被调入编辑器后，可以使用缩放控制面板中的缩放按钮对声音的波形进行水平或垂直方向上的放大或缩小。若该文件的波形较长，当前音轨无法全部显示时，可以用鼠标操纵音轨上方的左右拖曳杆调整显示位置。这样便于在整段波形中确定某个区域，从而对该区域的波形进行编辑。

垂直于音轨的虚线是播放指针，显示当前的播放位置。在播放声音文件时，它随着时间的变化而移动；静止时也可以通过鼠标的单击操作改变指针的位置。然后单击传送器面板的播放键，这时将从指针处播至文件结束。当单击左音轨上方时，右音轨波形变成灰色，这时播放文件将只有左声道的声音。同样单击右音轨下方，左音轨波形变为灰色，播放文件时只有右声道的声音。当单击两音轨中间位置时，音轨上波形颜色恢复，被取消的声道声音得以恢复。

要关闭不再需要编辑的文件，可以右击文件名，在出现的快捷菜单中选择“关闭文件”命令，或是选中文件名，然后使用文件面板中的“关闭”按钮。

2. 录音

使用 Audition 进行录音采样，既可在编辑模式下进行，也可在多轨混录模式下进行。下面先介绍单轨编辑模式下制作录音文件的步骤：

（1）首先需要建立一个新的声音文件，然后再进行录音。执行“文件”|“新建”命令，显示“新建波形”对话框，如图 3-9 所示，其中默认设置参数为 44 100Hz，16 位声音采样深度，立体声，这是标准的 CD 格式，然后单击“确定”按钮即可。此时观察编辑器，各声道中的波形应为一条直线。

（2）单击传送器面板中的“录音”按钮，即可开始录制。在录制过程中，一条垂直线从左至右移动，指示录音的进程，如图 3-10 所示。如果在录音过程中希望中断或停止录音，可

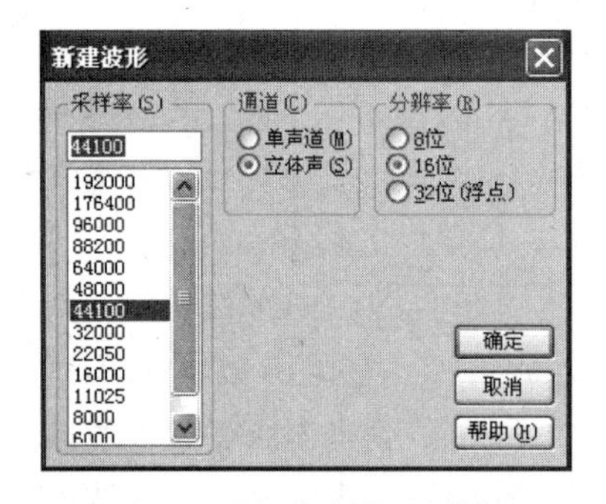

图 3-9 “新建波形”对话框

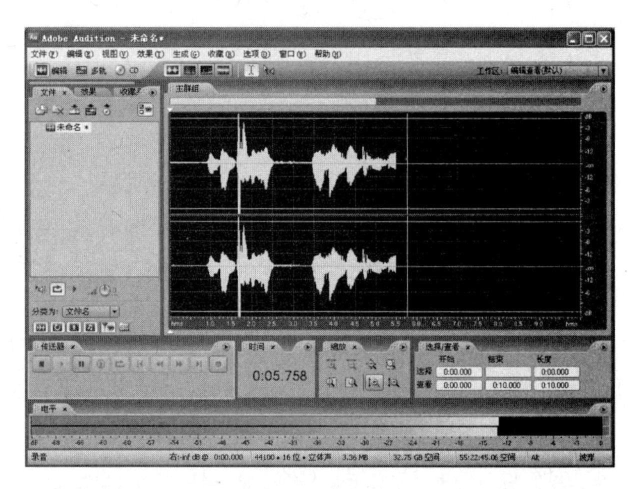

图 3-10 录音

单击播放器中的“停止”按钮。也可在“选择/查看”面板的选择输入框中，输入新文件的时间长度，其格式是：分：秒：毫秒（MM：SS：TTT），当垂直线到达时间轴的终点时，录音自动结束。

（3）录音结束后，单击播放器面板中的“播放”按钮，检查录音文件，效果满意后，执行“文件”|“另存为”命令，为文件命名并选择保存类型和保存路径，保存文件。

录制好的声音文件可以为多媒体作品制作旁白，还可以配上伴奏音乐、声效等在多轨混录模式下进行编辑做成新的声音文件。如果需要导入多轨模式时，直接在文件名上右击，在弹出的快捷菜单中选择“插入到多轨”命令，然后转换到多轨模式进行编辑。

当然也可以选择直接在多轨模式下进行录音：

（1）选择多轨混录模式，打开多轨界面，执行“文件”|“新建会话”命令，在弹出的如图 3-11 所示的对话框中设置采样频率，如果没有特殊要求，则直接单击“确定”按钮选择默认的采样频率。此时，所有的音轨都是空白的，如图 3-12 所示。

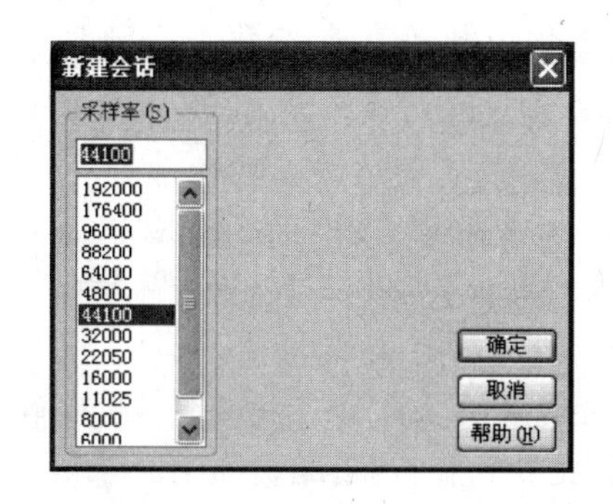

图 3-11 “新建会话”对话框

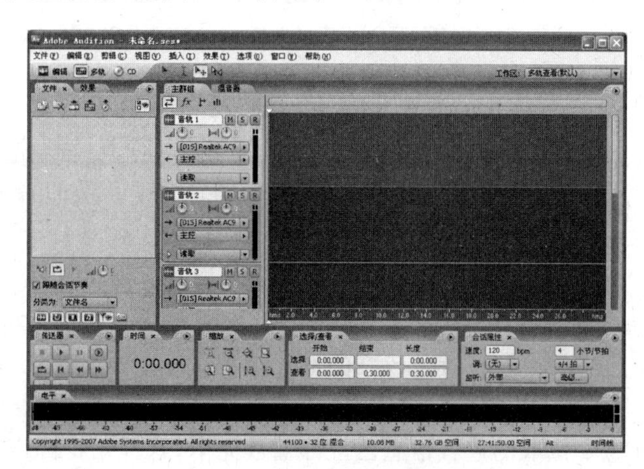

图 3-12 多音轨录音工作区

（2）单击某一个音轨的 R 按钮，设置该音轨为录音备用音轨，此时会弹出“保存会话为”对话框，如图 3-13 所示，要求用户保存会话，选择合适的路径和文件名，然后保存该会话，将得到一个后缀名为 *.ses 的文件。如果希望在录音过程中有伴奏声音，可以再选择另一条音轨，右击，在弹出的快捷菜单中选择“插入声音”命令，选择合适的声音文件作为伴奏声音即可。

（3）单击传送器面板中的“录音”按钮，就可以开始录音，再次单击“录音”按钮将停止录音。

（4）单击传送器面板中的“播放”按钮播放录取的声音信号，检查是否有差错，是否需要编辑或重新录制。如果需要编辑，可双击录音音轨，进入该音轨的波形编辑界面，对录制的声音信号进行适当的编辑。

（5）执行“文件”|“导出”|“混缩音频”命令，并选择合适的声音格式保存压制的声音文件。

录制声音的技巧和注意事项：

（1）一块适用的声卡可使在录制和编辑声音信息的过程中获得更大的便利和更佳的效

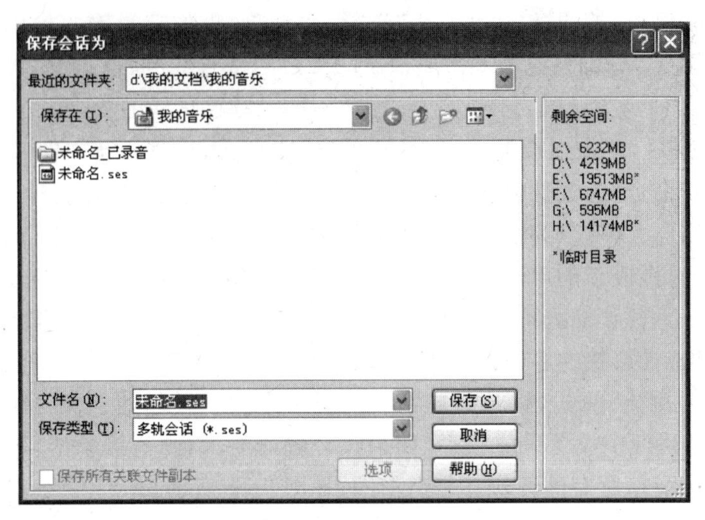

图 3-13 “保存会话为”对话框

果,使多媒体作品的声音信息更富有感染力。

(2) 录音之前要设置好声音的属性,即采样频率、量化位数等基本参数。在硬盘容量允许的情况下可将参数配置得稍高些,得到的音质较好,待编辑完成后可以再酌情压缩。

(3) 声音录制之前要注意调整音源音量。如果音量过小,会使录制所得的声音信息显得不够饱满,而且会使信噪比降低,音质变差;但音量太大,如果声卡的功率有限,就会在录制所得的声音中音强较大的部分出现截波,听到“呲呲”的杂声,影响效果。

(4) 在录制时,建议先单击“录音”按钮,然后再播放音源开始录音。结束录音时也要确认想要截取的声音信息已全部播放完毕,这样录得的声音比较完整,利于编辑加工。

3. 简单的声音编辑

Audition 声音编辑与其他应用软件一样,其操作中也大量使用剪切、复制、粘贴、删除等基础操作命令。声音编辑的最简单形式是删除片段、静音处理和剪贴片段。其中,删除片段用于取消不需要的部分,例如噪声、噼啪声、各种杂音以及录制时产生的口误等;静音处理用于把声音片段变成静音;剪贴片段则用于重新组合声音,将某段“剪”下来的声音粘贴到当前声音的其他位置,或者粘贴到其他声音素材中。在执行这些操作之前,先要确定编辑区域。

1) 编辑区域

在编辑器中,单击波形图内的某一位置,该位置即被定义为编辑区域的起始位置,然后从起始位置按住鼠标左键拖动鼠标,直到编辑区域的结束位置。也可使用“选择/查看”面板中的“选择”输入框,输入编辑区域的开始时间、结束时间以及时间长度等信息来确定编辑区域。编辑区域被确定后,以白色作为背景颜色,而编辑区域以外的区域为黑色,以示区别,如图 3-14 所示。

在确定编辑区域后,编辑区域内的波形密度一般很大,无法辨别波形细节,也就无法进行细腻的编辑。在音轨上方的左右拖曳杆上右击,在弹出的快捷菜单中选择“放大”命令,展开编辑区域内的波形,如图 3-15 所示。

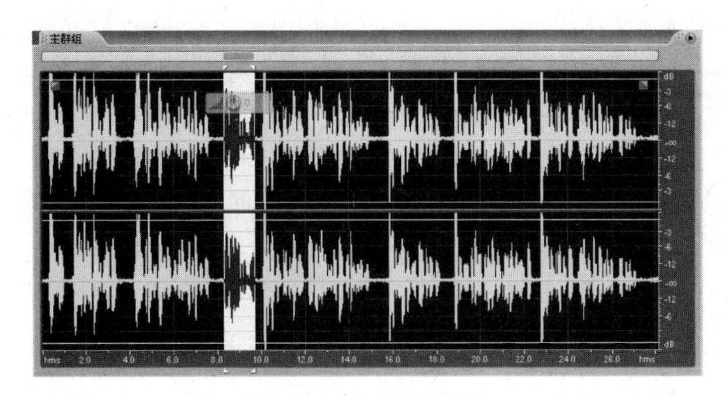

图 3-14　选定编辑区域

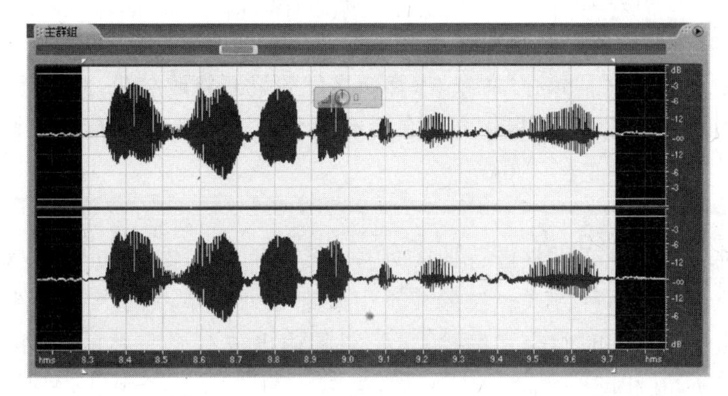

图 3-15　展开编辑区域

2）删除声音片段

选定需要删除的区域后，执行“编辑”|“删除所选”命令，或者按下键盘上的 Delete 键，即可将编辑区域的声音片段删除。

3）静音处理

选定需要处理的编辑区域，然后执行“效果”|“静音”命令，或将鼠标指向选定区域后右击，在弹出的快捷菜单中选择“静音(进程)”命令。与删除声音片段不同的是，变成静音的编辑区域仍然存在，其时间长度不变。静音处理通常用于去除语音之间的噪声、音乐首尾的噪声。

4）剪贴片段

选择被剪贴的内容，右击，在弹出的快捷菜单中选择“复制”命令，或是执行“编辑”|“复制”命令，将编辑区域的内容复制到剪贴板中。然后，单击波形图中粘贴的起始位置，再右击，在弹出的快捷菜单中选择“粘贴”命令，剪贴板内的声音被粘贴到波形图中，原有的声音向后平移。也就是说，粘贴过程实际上就是插入过程。同样也可以将一个声音文件的某个片断剪切下来粘贴到另一个声音文件中。

如果希望把剪贴板中的内容生成一个新文件，则右击，在弹出的快捷菜单中选择“复制到新的”命令，即可把需要的部分从声音素材中分离出来。

5）声道编辑

如果希望对左声道或者右声道进行单独编辑时，执行“编辑”|“编辑声道”命令，在出现

的子菜单中选择所要编辑的声道。默认情况下为同时对两个声道进行编辑，选择“编辑左声道”命令，位于顶部的左声道成为当前声道，右声道波形图变成灰色，所有编辑操作都只对左声道有效。同样，选择“编辑右声道”命令，所有编辑操作都只对右声道有效。

在对单独声道进行删除片段、剪切片段等能够取消时间长度的操作时，该声道的时间长度并不会缩短，而被删除或剪切的片断只是相当于做了静音处理。

6）恢复操作

如果操作失误，执行“编辑”|“撤销”命令，可恢复到错误操作发生之前的状态。

4. 保存文件

要对编辑的声音文件进行保存，有两种情况：

（1）如果要将当前编辑的声音文件保存为一个新文件，执行“文件”|“另存为”命令，然后指定文件夹和文件名，选择保存类型，单击“保存”按钮。

（2）如果希望修改后的声音仍保存在原来的声音文件中时，则将该文件调入后，进行编辑修改，然后随时执行“文件”|“保存”命令，保存该文件的最新修改结果，此时无须指定文件夹和文件名。未保存的文件在文件面板中文件名后有一个星号标识，保存后星号标识将自动消失。

3.3.3 声音的编辑

我们可以对现有的声音素材进行加工处理，产生特定效果。Audition 对声音的编辑有波形编辑和多音轨编辑两种方式。波形编辑用来细致处理单一的声音文件；而多音轨编辑方式是用来对几条音轨同时组合和编排，最后混频输出成一个完整的作品。两种编辑方式可以进行实时切换，互相配合。

1. 声音的连接

声音的连接处理就是将两段声音首尾相接，或者将一段声音插入另一段声音中间。具体操作包括：

（1）截取一段声音，并复制或移动到另外的位置。

（2）连接两段或是两段以上的声音。

启动 Audition 3.0，在单轨编辑状态下，打开需要编辑的声音素材。如果需要复制一段波形，可先选中这段波形区域，右击，在弹出的快捷菜单中选择“复制”命令，单击要放置的位置，然后右击，在弹出的快捷菜单中选择“粘贴”命令即可完成复制；如果要移动一段波形，则在选中这段波形区域后，右击，在弹出的快捷菜单中选择“剪切”命令，然后在要放置的位置粘贴。此操作也可以在两个或多个不同的声音素材之间进行。

连接两段声音的操作即可以复制一段声音，然后粘贴到另外一段声音上，也可以新建一个声音文件，然后分别复制所需要的声音，粘贴到新文件的适当位置，形成一个新的声音文件。此操作也适用于多段声音的连接处理。

2. 声音的混合粘贴

在编辑过程中，执行“编辑”|“混合粘贴”命令，会弹出“混合粘贴”对话框，如图 3-16 所示。其中，最常用的粘贴方式有插入、重叠和替换。

- 插入：是把剪贴板上的波形插入到适当位置。
- 重叠：是把剪贴板上的波形与由插入点开始的相同长度原有的波形混合。
- 替换：是用剪贴板上的波形替换由插入点开始的相同长度原有的波形。

Audition 3.0 中提供了三种粘贴波形的来源：来自剪贴板、从 Windows 剪贴板和从文件。执行“编辑”|“剪贴板设置”命令，可以看到有 5 个剪贴板，如图 3-17 所示，依次勾选，可分别存储 5 段剪切或复制的波形。

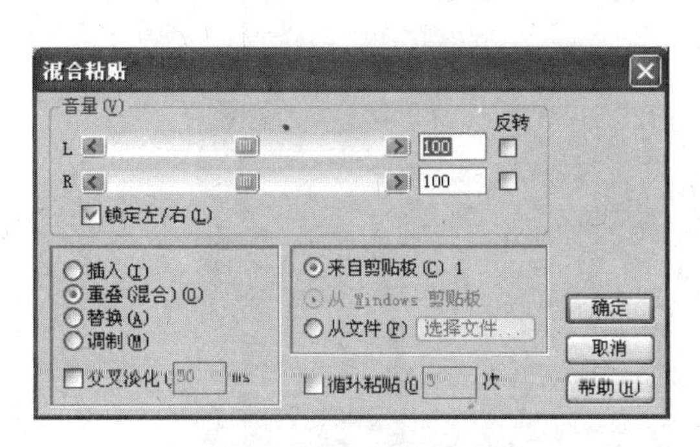

图 3-16 “混合粘贴”对话框

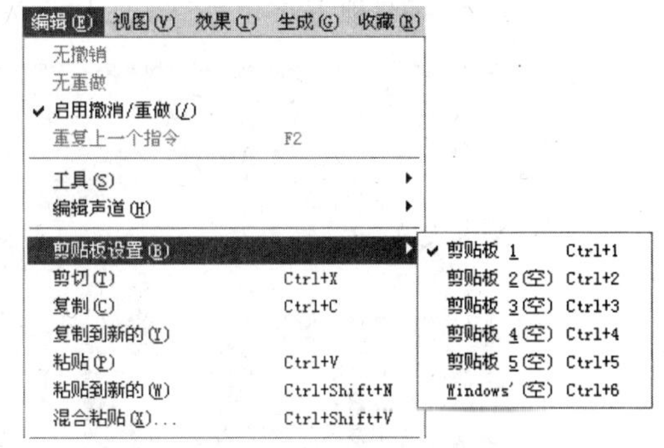

图 3-17 剪贴板设置

3. 声音的混合

所谓声音的混合，就是将两个或两个以上的声音素材合成在一起，使多种声音能够同时听到，形成新的声音文件。声音的混合处理是制作多媒体声音素材最常用的手段。带背景音乐的语音、音乐中的鸟鸣声、电影独白中的背景效果声等，都是声音合成的结果。

声音的混合需要在多轨模式下进行。启动 Audition，在工程模式按钮栏中选择多轨混录模式，其界面如图 3-18 所示。此时主面板中出现多条音轨。默认情况下共有 7 条轨道，其中 6 条是波形音轨，1 条是主控音轨。如果编辑需要插入更多的轨道，则可以直接在任意一条轨道上右击，在弹出的快捷菜单中选择“插入”命令，此时共有 4 种轨道可供插入，分别是声音轨、MIDI 轨、视频轨道和总线轨。其中视频轨道只能插入一个，并且它的位置始终在所有轨道的最上方。此外还可以通过功能菜单中的“插入”命令添加新的轨道。

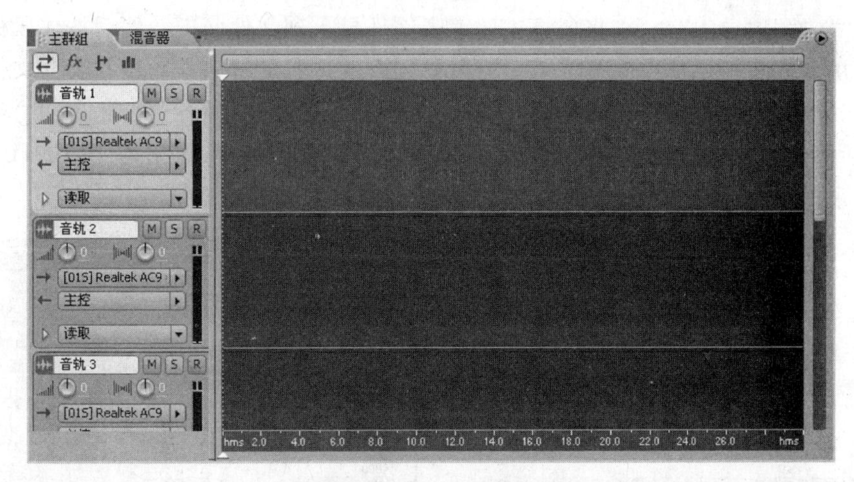

图 3-18 多轨混录模式

在每个音轨名字后面有三个不同颜色的常用功能按钮：

- 静音按钮M：按下该按钮，则本音轨处于静音状态。
- 独奏按钮S：按下该按钮，则除本音轨外其他所有音轨都处于静音状态。

• 录音按钮 R：按下该按钮，则本音轨切换到录音状态。

三个按钮下方的两个旋钮，一个用来调节轨道音量，一个用来调节直体声声相，即左右声道。

单击“混音器”选项卡可以切换到“混音器”面板对各轨道进行编辑，如图 3-19 所示。

图 3-19 “混音器”面板

单击“文件”|“新建会话”命令，在弹出的“新建会话”对话框中选择采样率，默认情况下为 44 100Hz。当然高采样率会录制效果更好的声音，但是资源的消耗也会更大，一般情况下 44 100Hz 就足够了。

此时就建立了一个后缀名为 *.ses 的文件，此文件称为会话文件。该文件将详细记录在多轨编辑模式下的操作信息，其中包括会话使用的外部文件所在的硬盘位置、效果器的参数设置、调音台的设置、插入的效果器/音源/合成器、MIDI 相关信息等。这些信息存储在会话文件中，以便下次可以直接调入，继续编辑。

执行“文件”|“导入”命令，将要导入的声音文件导入到文件面板。然后按住鼠标左键将声音文件从文件面板中拖曳到轨道上。当所要混合的声音素材采样频率与会话文件不一致时，Audition 会自动提醒转换采样类型，如图 3-20 所示。单击“确定”按钮，弹出“转换采样类型”对话框，如图 3-21 所示。单击“确定”按钮，将会生成一个采样率为 44 100Hz（会话文件的默认采样率为 44 100Hz）的声音文件的副本，并将其添加到轨道上。

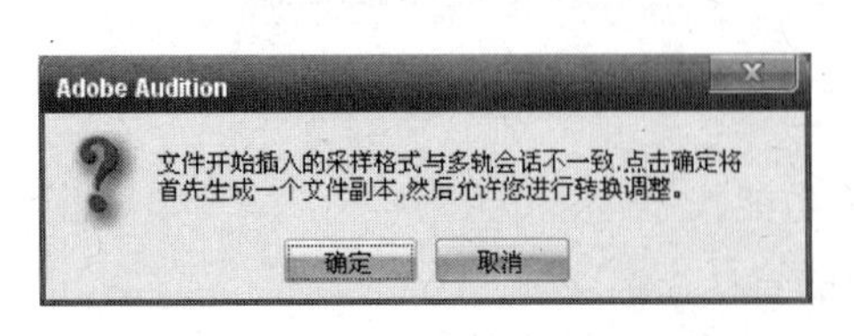

图 3-20 提醒转换采样类型

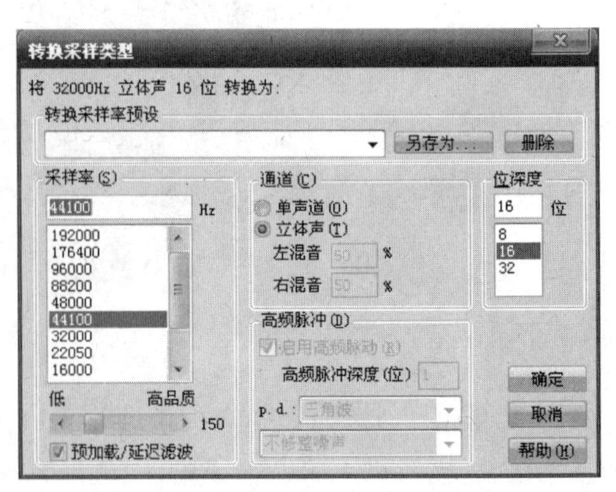

图 3-21 “转换采样类型”对话框

每个音轨可根据其承载的声音素材来命名，如需要编辑某一音轨的波形，可以双击该音轨，使其切换到单轨编辑模式，进行操作。

在任意一波形段上按住鼠标右键可以随意拖动该波形到达音轨上任意位置，也可从一条轨道拖至另一条轨道。当拖动波形与其他轨道波形对齐时，会出现一条灰线提示。也可使用 Ctrl 键任选几段波形，然后右击，使用左对齐或右对齐功能将其对齐。

在 Audition 多轨模式下，有一些常用的操作：

(1) 分解剪辑：在某一轨道的波形上右击，在弹出的快捷菜单中选择“分离”命令，波形将以游标为界分成两部分。

(2) 时间延伸：按 Ctrl 键的同时将鼠标放在所要编辑波形的左下角或右下角，会出现时钟标志，这时拖动鼠标拉长或缩短该波形的时间长度，可实现声音文件的“时间伸展”效果。

(3) 交叉淡化：当上下两个轨道的波形有交叉部分时，选中交叉部分，并利用 Ctrl 键将两个轨道的交叉部分同时选中，右击，在快捷菜单的“剪辑淡化”的命令中勾选“自动交叉淡化”选项，可实现交叉淡入淡出的效果。

(4) 混缩音频：如果需要将多轨导出为单轨的声音文件，则单击“文件”|“导出”|“混缩音频”命令，弹出“导出音频混缩”对话框，如图 3-22 所示。在对话框中为文件命名并选择保存类型，然后单击“保存”按钮。导出完毕后，Audition 会自动以单轨模式打开导出的声音文件。

图 3-22 “导出音频混缩”对话框

3.3.4 音量的调整及淡入淡出

1. 声音音量的调整

在 Audition 中，可以通过对波形振幅的缩放，对声音音量的大小进行调整。

启动 Audition，打开需要编辑的声音文件，使其在主面板上显示出波形图。双击音轨，全部选中波形，在轨道上出现一个音量旋钮，如图 3-23 所示，通过这个旋钮，可以调整音量，将鼠标指向旋钮，向左拖动音量变小，向右拖动音量变大。

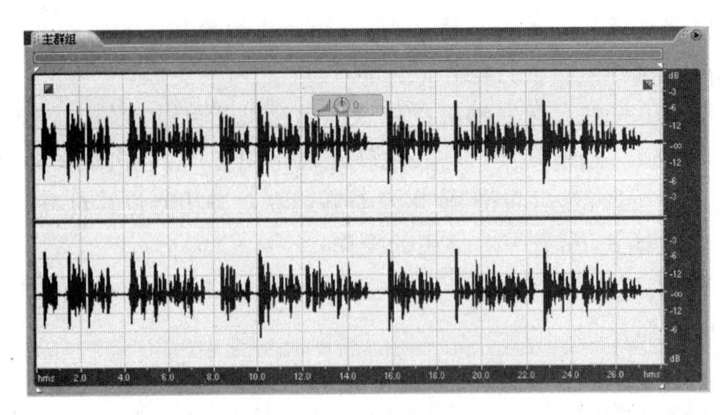

图 3-23　用音量旋钮调整音量

另外，还可以通过菜单命令对波形的振幅进行调整。

执行“效果”|“振幅和压限”|“振幅/淡化”命令，弹出“振幅/淡化”对话框，如图 3-24 所示。在右侧的“预设”列表框中选中一个选项，来增加或减少音量，或直接在左侧的“常量”选项卡中进行设置。

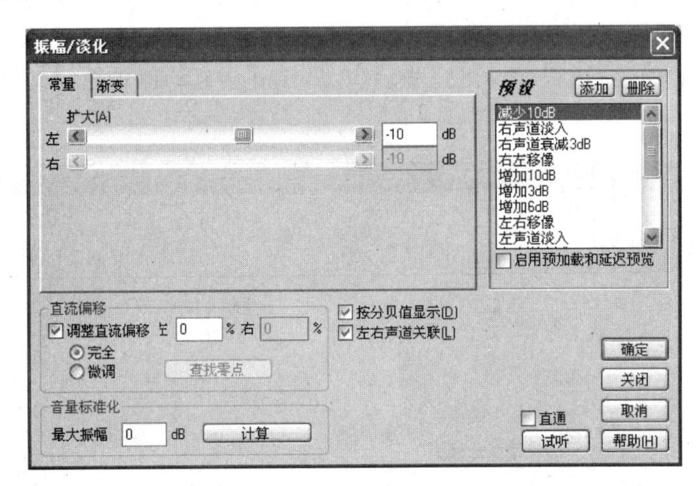

图 3-24　用“振幅/淡化”对话框调整音量

在设置过程中，可以通过“试听”按钮和“直通”选项，试听处理后的声音效果以及跟处理前的效果进行比较。

- 单击“试听”按钮，可以听到处理后的效果，再单击它则停止试听。
- 勾选“直通”选项，声音信号则不经过效果处理而直接输出，选中此选项后，在试听时只能听到声音的原始效果。

若对试听的效果满意，可单击“确定”按钮，按对话框中的设置对波形进行调整。

2. 声音的淡入淡出效果

“淡入”和“淡出”是指声音的渐强和渐弱，淡入就是在声音的持续时间内逐渐增加其幅度，相反，淡出就是在声音的持续时间内逐渐减小其幅度。对声音做淡入淡出处理，可以避免产生突然开始和突然停止的感觉。

(1) 打开需要编辑的声音文件，在主面板上波形图的左上角和右上角分别有一个小方块，这就是淡入淡出符号，当鼠标指向左上角小方块的时候，会显示“淡化”二字。当鼠标指向右上角小方块时，会显示“淡出”二字，如图 3-25 所示。

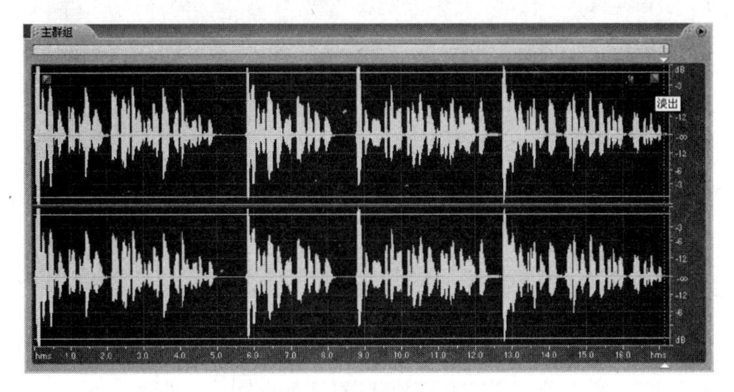

图 3-25　淡入淡出符号

（2）将鼠标放在左上角的小方块上，然后按住鼠标左键并拖动，这时会发现声波左侧出现一条黄色的指示线。当鼠标持续移动时黄线随之发生变化，而声波的振幅则在黄线的波动下决定其减小的程度。最后鼠标停止的位置则是淡入结束的位置，如图 3-26 所示。操作结束后，文件会自动被保存。

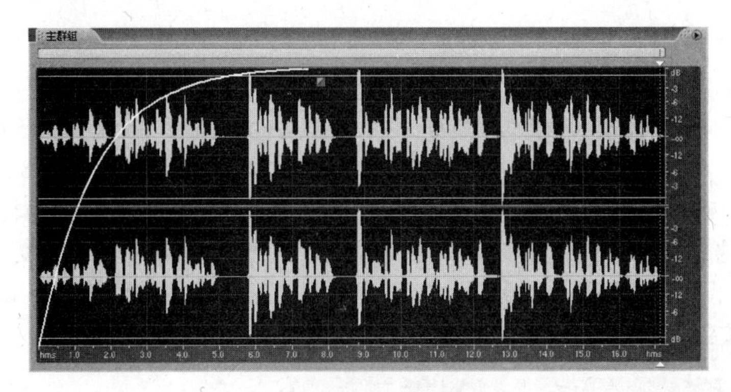

图 3-26　淡入操作

（3）淡出的操作与淡入基本一致。将鼠标放在右上角的小方块上，然后按住鼠标左键并拖动，直到达到满意的效果。

（4）单击传送器面板上的“播放”按钮，试听编辑效果，不满意的话可以执行“编辑”|“撤销”命令，恢复到编辑前状态，然后再重新操作，直到满意为止。

同样，也可以通过菜单命令为声音设置淡入淡出效果。而淡入淡出的过渡时间长度由编辑区域的宽窄来决定。下面还是以设置声音的淡入效果为例进行介绍，其淡出效果的设置类似。

（1）在声音的开始部分选择编辑区域，以确定淡入的过渡时间。

（2）执行“效果”|“振幅和压限”|“振幅/淡化”命令，弹出“振幅/淡化”对话框，单击选择“渐变”选项卡，如图 3-27 所示。

（3）分别使用滑钮设定初始音量和结束音量，这里“初始音量”和“结束音量”分别设置为 0%和 100%，设置好后单击“确定”按钮即可。

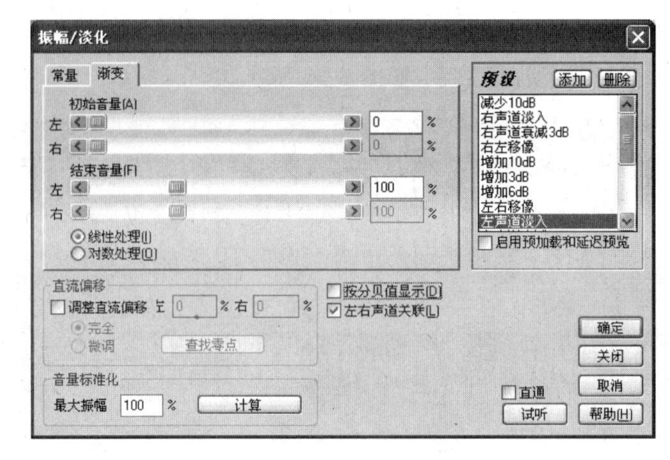

图 3-27　用“振幅/淡化”对话框设置淡入效果

3.3.5　声音的噪声处理

在处理声音素材的时候会遇到与声音文件不和谐的杂音、干扰音，尤其是录制的声音文件中非常容易出现噪声，此时需要进行噪声处理。在 Audition 中对不同的噪声可用不同的方法进行处理。

1. 消除咔嗒声和噗噗声

这种方法主要针对类似“咔嗒”声、“噼啪”声之类的短时间突发爆破音进行处理。选中有“咔嗒”声、“噼啪”声以及“噗噗”声等噪声的声音文件。执行“效果”|“修复”|“消除咔嗒声/噗噗声(进程)”命令。弹出“咔嗒声和噗噗声消除器”对话框，如图 3-28 所示，对话框的“预设”列表框中有 4 个选项，不同的选项对应不同的电平最大阈值、最小阈值和平均阈值。灵敏度设置得越低表明能找到越多的咔嗒声，较低的识别率则代表能修复更多的咔嗒声。同样，检测值较低能发现更多的咔嗒声，拒绝值较小能修复更多的咔嗒声。设定好各个选项后单击“确定”按钮，则 Audition 开始修复，如图 3-29 所示。

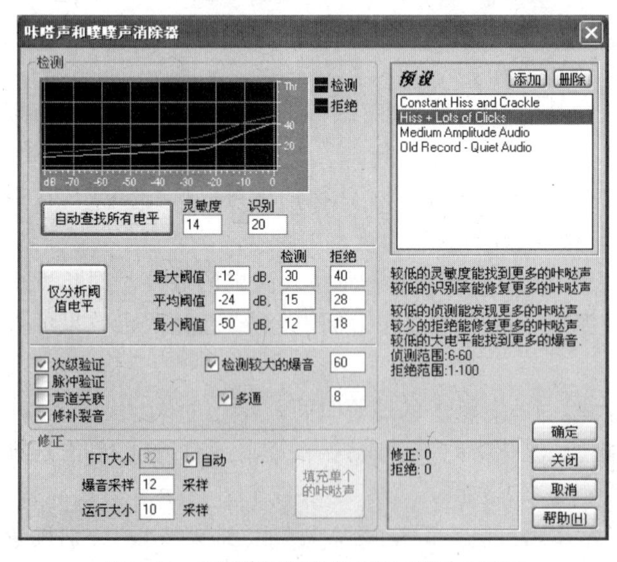

图 3-28　“咔嗒声和噗噗声消除器”对话框

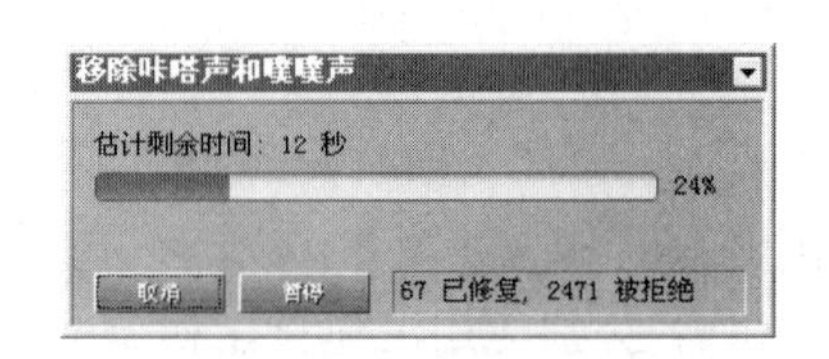

图 3-29　“移除咔嗒声和噗噗声”对话框

2. 消除嘶声

这种方法主要针对"嘶嘶"声进行降噪处理。选中有"嘶嘶"声噪声的声音文件，执行"修复"|"消除嘶声"命令，弹出"嘶声消除"对话框，如图 3-30 所示。"预设"列表框中给出了三种不同级别的 Hiss 降噪标准，分别对应于不同的参数设置，降噪处理时根据不同的情况选择不同的标准。

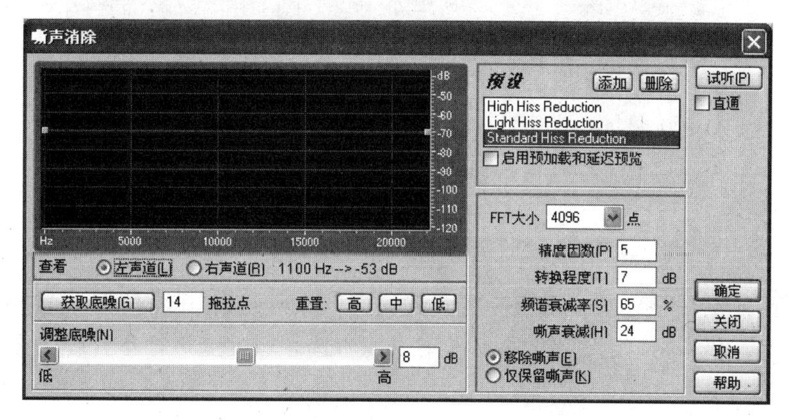

图 3-30 "嘶声消除"对话框

3. 自动移除咔嗒声

这种方法主要针对类似"咔嗒"声、"噼啪"声以及"嘭嘭"声之类的短时间突发爆破音进行降噪处理。选中要处理的声音文件，执行"效果"|"修复"|"自动移除咔嗒声"命令，在弹出的"自动移除咔嗒声"对话框中调节相关参数，如图 3-31 所示。

图 3-31 "自动移除咔嗒声"对话框

- 阈值：决定了查找并消除的噪声量的多少。数值越小，则查找并消除的噪声越多。但是，过小的数值会对声音造成损伤。
- 复杂度：代表着降噪处理的精细复杂程度。数值越大，则处理程度越精细复杂。但过大的数值会对声音造成损伤。

4. 采样降噪处理

采样降噪处理针对的噪声大多是连续的、稳定的、不会有明显变化的。如静音环境中的走路声、扫地声、远处的人声等噪声。采样降噪处理的方法是在语音停顿的地方选取一段环境噪声，让 Audition 记录下这个噪声的特性，然后让 Audition 自动去除整个声音文件的环境噪声。

(1) 打开声音文件，在语音停顿处选取一段环境噪声，如图 3-32 所示，它的时间长度应不少于 0.5 秒。

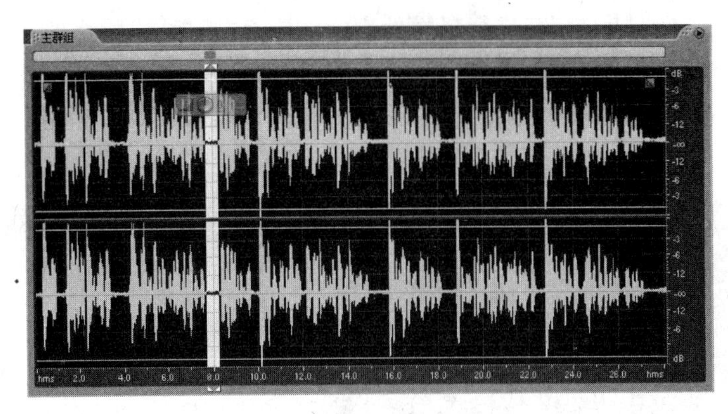

图 3-32　选取一段环境噪声

(2) 执行"效果"|"修复"|"采集降噪预置噪声"命令,弹出"采集降噪预置噪声"对话框,如图 3-33 所示。单击"确定"按钮,即可采集当前所选区域的噪声样本并作为采样降噪的样本依据。

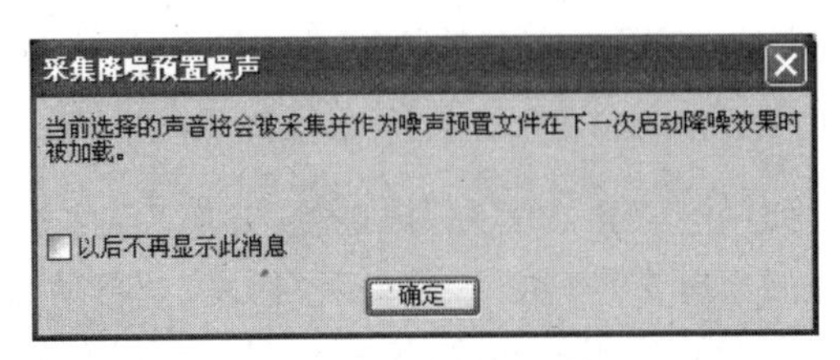

图 3-33　采集噪声样本

(3) 选中全部波形,执行"效果"|"修复"|"降噪器"命令,弹出"降噪器"对话框,如图 3-34 所示。噪声样本显示窗以频率为横坐标显示出噪声样本各频段的电平情况。

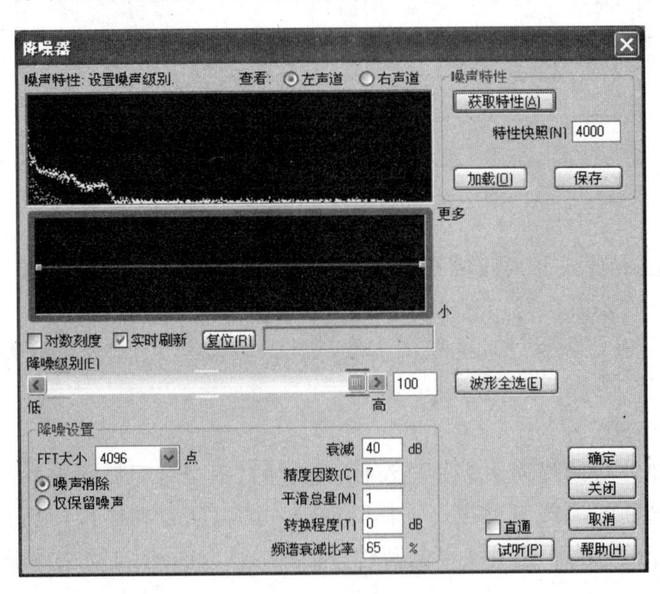

图 3-34　"降噪器"对话框

在“降噪器”对话框中，可根据具体需要对相关参数做适当的设置和调节。

- 降噪曲线：决定着高、中、低频的降噪程度。
- 复位：将降噪曲线重置为平直线，代表高、中、低频均匀降噪。
- 对数刻度：Log 显示方式，若选中该选项，则以对数为横坐标显示。
- 降噪级别：决定降噪的程度。越靠右，降噪程度越大。
- 实时刷新：选中该选项，显示窗口将随着降噪参数的改变而实时改变。
- 获取特性：将把选中声音作为噪声样本进行采集。
- 特性快照：降噪所使用的样本数量。值越大去除的噪声就越多，对声音本身的影响也越大。一般情况下，可设置在 4000 左右。
- 加载：载入预置文件，即读取已保存的噪声样本文件。
- 保存：将当前采集的噪声样本保存为预置文件。
- 衰减：降噪衰减声压级，通常设置为 6～40dB。
- 精度因数：该值对失真情况产生影响，通常设置在 5 以上。
- 平滑总量：决定着降噪中各频率段之间的连接程度，通常设置为 1 比较合适。
- 转换程度：该参数在实际中较少使用，通常设置为数值 0。
- 频谱衰减比率：决定声音低于噪声电平时的频率衰减程度，通常设置在 40%～75% 之间。

(4) 各种参数设置好，试听效果满意后，单击“确定”按钮即可进行降噪。降噪后的效果如图 3-35 所示。

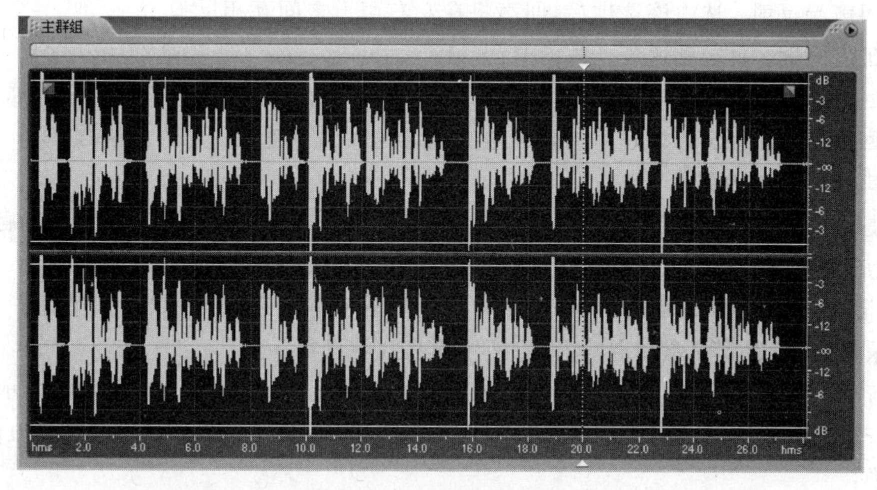

图 3-35　降噪后的效果

3.3.6　声音特效

Audition 的效果菜单中提供了十多种常用声音特效的命令，其中最常用到的是为声音文件添加回声效果和混响效果。

1. 声音的回声效果

录制好的声音通过去除杂音，其质量有了明显的改善，但听起来还是有些单薄，要想使它更丰满，可以给它添加一些回声效果。

声音遇到障碍物会反射回来,使人们听到比发出的声音稍有延迟的回声。一系列重复的衰减的回声所产生的效果就是回声效果。在声音的处理上,回声效果是通过按一定时间间隔将同一声音重复延迟并逐渐衰减而实现的。

打开声音文件,执行“效果”|“延迟和回声”|“回声”命令,弹出“回声”对话框,如图 3-36 所示。可以一边试听效果,一边通过各个滑钮调整其中的参数值直到满意为止。

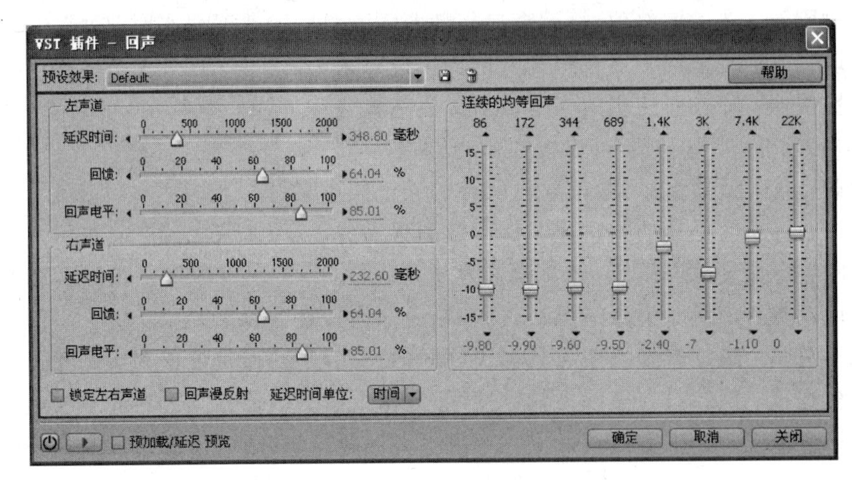

图 3-36 “回声”对话框

其中:

- 回声漫反射:选中该选项后,回声将在左右声道之间互相反弹。
- 延迟时间:决定延迟声产生的时间。
- 回馈:决定着延迟声量。数值越大延迟声越多,过大的回馈可能使声音浑浊不清。
- 回声电平:决定着处理后的回声量。数值越大回声越多。回声感越强。

2. 声音的混响效果

声波经过建筑物墙壁、天顶等的多次漫反射后形成的一系列音场效果称为混响。混响效果可为录制的声音添加音场感,使之饱满动听。Audition 提供了 4 种混响效果:回旋混响、完美混响、房间混响和简易混响,使用时可以根据实际需求选择适当的效果。一般非专业的音乐编辑,只追求简单的混响效果,使用简易混响即可。

执行“效果”|“混响”|“简易混响”命令,弹出“简易混响”对话框,如图 3-37 所示。可以根据声音素材为将用于的场合选择合适的选项,也可以根据需要调节其中的参数值设置。

其中:

- 衰减时间:决定混响声从产生到衰落至 60dB 之下所需要的时间。值越大,所对应的混响空间越大,声音越悠远。
- 早反射时间:指直达声到达人耳及早期反射声到达人耳之间的时间间隔值。过大的预延迟时间值可以造成回声效果。
- 漫反射:决定着混响声的扩散情况。越大的扩散值听起来越自然,回声的效果越不明显。但过大的扩散值可能会带来一些异音、怪音。
- 感知:决定着声音的反射情况。值越小空间的吸音能力越强,反射声音的能力越弱。

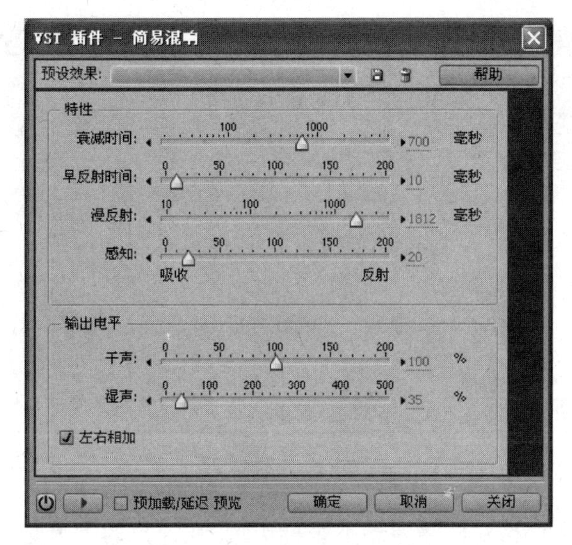

图 3-37 “简易混响”对话框

3.3.7 声音文件格式的转换

常见的声音格式很多，包括 WAV、MP3、MP4、MIDI、RA 等。为了不同的应用，有时需要对文件的格式进行转换。Audition 可以对其所支持的所有格式进行相互的转换，且转换时尽可能减少失真，也可以对部分失真进行编辑修复。对一个声音文件的转换非常方便，在 Audition 中打开后，将其另存为需要转换的文件格式即可。Audition 还可以通过批处理的方式，一次将多个声音文件进行格式转换。例如将多个 WAV 文件转换为 MP3 文件。

(1) 启动 Audition 3.0，执行“文件”|“批量处理”命令，弹出“批量处理”对话框，单击“添加文件”按钮，弹出“请选择源文件”对话框，在其列表中选择要转换的声音文件，然后单击“添加”按钮，将选择的文件添加到“批量处理”对话框中，如图 3-38 所示。

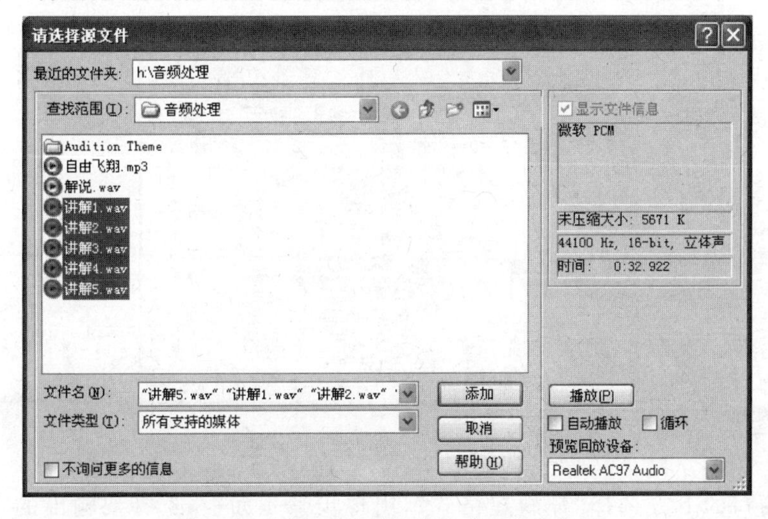

图 3-38 添加要批量转换格式的声音文件

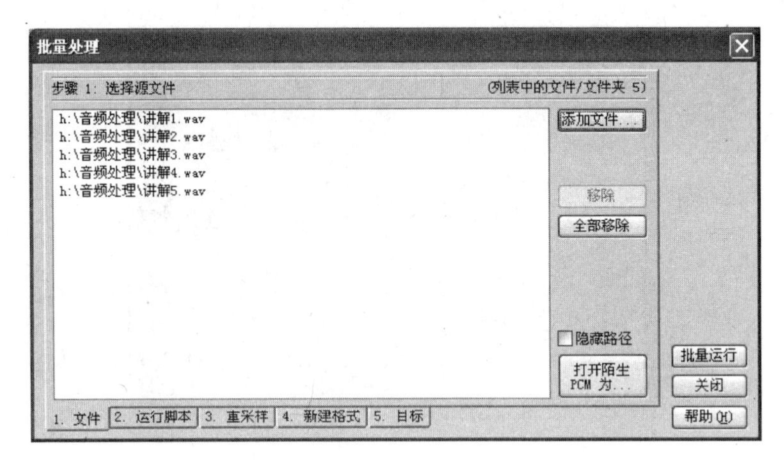

图 3-38 (续)

(2) 如果在转换文件格式时需要转换采样类型，在窗口的下方选择"3. 重采样"，出现步骤 3 面板，然后勾选"转换设置"选项，并单击"更改目标格式"按钮，在弹出的"转换采样类型"对话框中对各种参数进行设置，如图 3-39 所示。

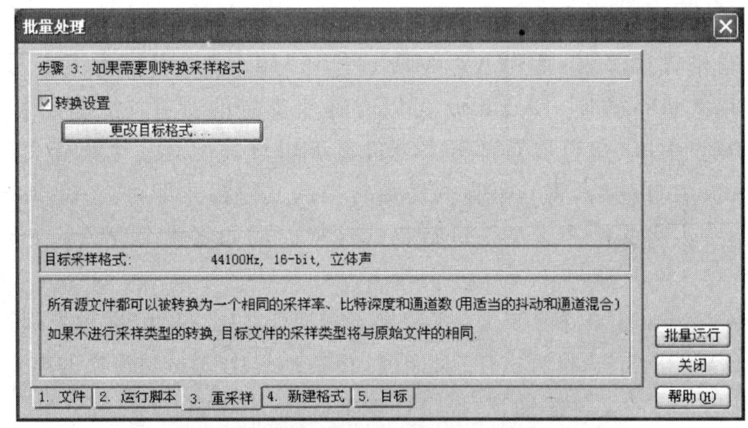

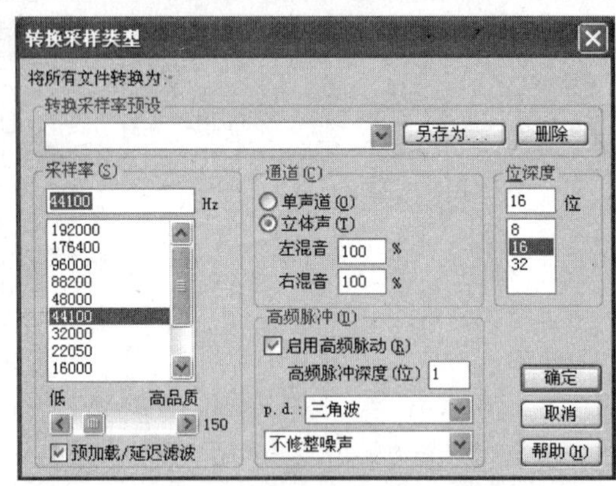

图 3-39 "转换采样类型"对话框

(3) 在窗口的下方选择"4. 新建格式"，出现步骤 4 面板，选择要输出的文件格式，如图 3-40 所示。

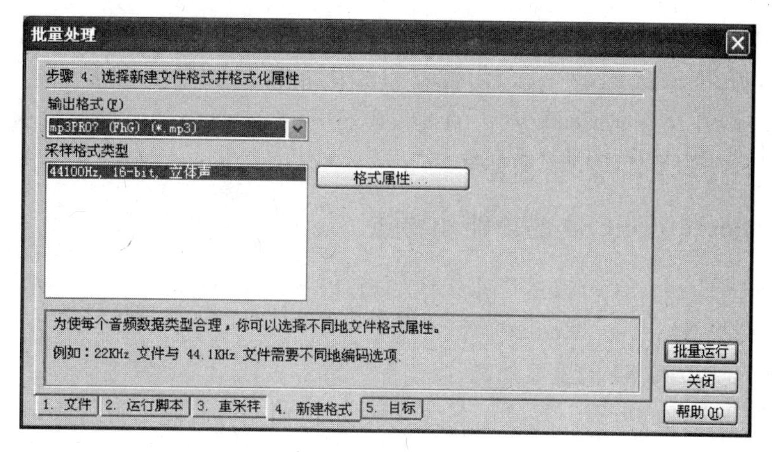

图 3-40　选择要输出的文件格式

（4）在窗口的下方选择“5. 目标”，出现步骤 5 面板，选择声音文件转换格式后输出的目标文件夹，如图 3-41 所示。

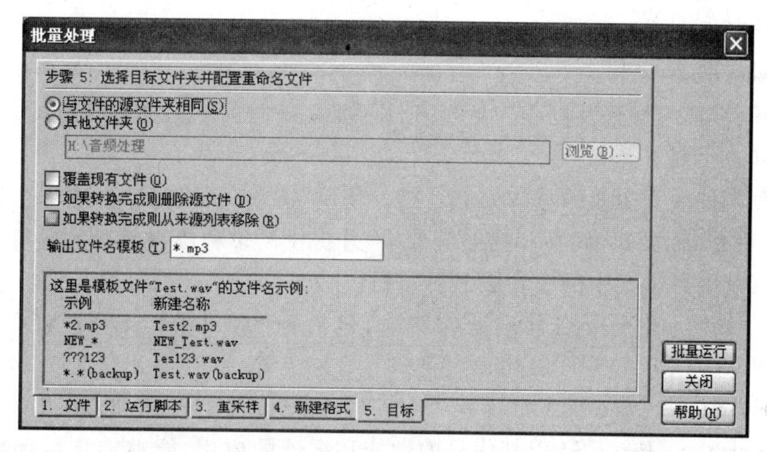

图 3-41　选择声音文件输出的目标文件夹

（5）单击“批量运行”按钮，开始转换，如图 3-42 所示。

（6）转换完毕，出现“批量处理已完成”提示信息，如图 3-43 所示。

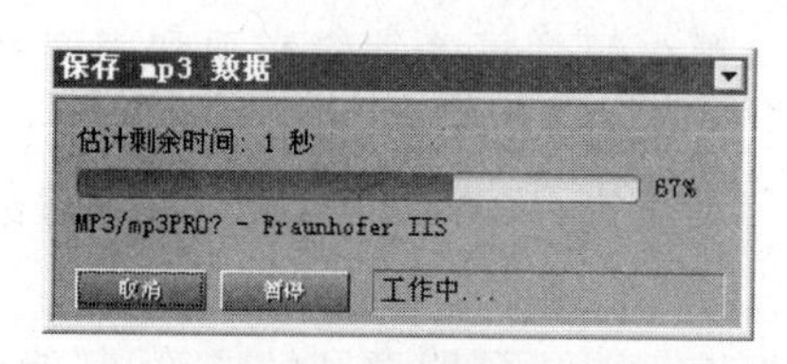

图 3-42　批量转换

图 3-43　转换完成

3.4　数字影视编辑软件 Adobe Premiere Pro CS4 的应用

Premiere Pro CS4 是 Adobe 公司推出的一款非常优秀的非线性影视编辑软件，它融影视和声音处理为一体，功能强大、易于使用，能对影视、声音、动画、图片、文本进行编辑加工，并最终生成电影文件，为制作数字影视作品提供了完整的创作环境。不管是专业人士还是业余爱好者，使用 Premiere Pro CS4 都可以编辑出自己满意的影视作品。Premiere Pro CS4 是所有非线性交互式编辑软件中的佼佼者，Premiere 首创的时间线编辑和剪辑项目管理等概念，已经成为事实上的工业标准。

3.4.1 Premiere Pro CS4 的功能和特点

用 Premiere Pro CS4 可以进行非线性编辑，以及建立 Adobe Flash Video、Quick Time、Real Media 或者 Windows Media 影片。

1. Premiere Pro CS4 的主要功能

(1) 影视和声音的剪辑。提供了多种编辑技术，使用非线性编辑功能，对影视和声音进行剪辑。

(2) 使用图片、影视片段等制作数字电影。

(3) 加入影视转场特效。Premiere 提供了多种从一个素材到另一个素材的转场方法，可以从中选择转场效果，也可以自己创建新的转场效果。

(4) 多层影视合成。可以利用不同的视频轨道进行影视叠加，也可以创建文本和图形并叠加到当前影视素材中。

(5) 声音、影视的修整及同步。给声音、影视做各种调整，添加各种特效。调整声音、影视图像不同步的问题。

(6) 具有多种活动图像的特技处理功能。使用"运动"使任何静止或移动的图像沿某个路径移动，具有扭转、变焦、旋转和变形等效果，并提供了多种影视效果的设置。

(7) 导入数字摄影机中的影音段进行编辑。

(8) 格式转换。几乎可以处理任何格式，包括对 DV、HDV、Sony XDCAM、XDCAM EX、Panasonic P2 和 AVCHD 的原生支持。支持导入和导出 FLV、F4V、MPEG-2、QuickTime、Windows Media、AVI、BWF、AIFF、JPEG、PNG、PSD 和 TIFF 等。

Adobe Premiere Pro CS4 以其优异的性能和广泛的应用，能够满足各种用户的不同需求。用户可以利用它随心所欲地对各种影视图像和动画进行编辑，添加声音，创建网页上播放的动画并对影视格式进行转换等。

2. Adobe Premiere Pro CS4 的主要特点

(1) 提供了多达 99 条的影视和声音轨道，以帧为精度精确编辑影视和声音并使其同步，极大简化了非线性编辑的过程。

(2) 提供了多种过渡和过滤效果，并可进行运动设置，从而可以实现在许多传统的编辑设备中无法实现的效果。

(3) 上百种声音、影视特效的参数调整、运动的设置、不透明度和转场等，都能够在 DV 显示器和计算机屏幕上实时显示出效果。实时的画面反馈，使用户能够快速地修改调整，提高了工作效率。

(4) 有着广泛的硬件支持，能够识别 avi、mov、mpg 和 wmv 等许多影视和图像文件，为用户制作节目提供了广泛选择素材的可能。它还可以将制作的节目直接刻录成 DV，生成流媒体形式或者回录到 DV 磁带。只要用户计算机中安装了相关的编码解码器，就能够输入、生成相关格式的文件。

3.4.2 Premiere Pro CS4 的工作界面

启动 Premiere Pro CS4 后,其工作界面如图 3-44 所示。

图 3-44 Premiere Pro CS4 工作界面

Premiere 是具有交互式界面的软件,其工作界面中存在着多个工作组件。用户可以方便地通过菜单和面板相互配合使用,直观地完成影视编辑。Premiere Pro CS4 的工作界面主要包括"项目"窗口、"时间线"窗口、监视器窗口、工具栏面板、"效果"面板、"特效控制台"面板、"调音台"面板以及主声道电平面板等工作组件。

1. "项目"窗口

"项目"窗口主要用于导入、存放和管理素材。编辑影片所用的全部素材应事先存放于项目窗口里,然后再调出使用。"项目"窗口的素材可以用列表和图标两种视图方式来显示,包括素材的缩略图、名称、格式、出入点等信息。也可以为素材分类、重命名或新建一些类型的素材。导入、新建素材后,所有的素材都存放在"项目"窗口里,用户可以随时查看和调用"项目"窗口中的所有素材。在"项目"窗口中双击某一素材可以打开素材监视器窗口。

2. "时间线"窗口

"时间线"窗口是线性编辑器的核心窗口,Premiere 以轨道的方式实施影视声音组接编辑素材,用户的编辑工作都需要在时间线窗口中完成。素材片段按照播放时间的先后顺序及合成的先后层顺序在时间线上从左至右、由上及下排列在各自的轨道上,可以使用各种编辑工具对这些素材进行编辑操作。

"时间线"窗口分为上下两个区域,上方为时间显示区,下方为轨道区。

时间显示区域是"时间线"窗口工作的基准,包括时间标尺、时间编辑线滑块及工作区域。左上方的时间码显示的是时间编辑线滑块所处的位置。单击时间码，可以输入时间，使时间编辑线滑块自动停到指定的时间位置。也可以在时间栏中按住鼠标左键并水平拖动鼠标来改变时间，确定时间编辑线滑块的位置。时间码下方有“吸附”按钮（默认被激活），在“时间线”窗口轨道中移动素材片段时，可使素材片段边缘自动吸引对齐。

轨道是用来放置和编辑影视、声音素材的地方。用户可以对现有的轨道进行添加和删除操作，还可以将它们任意锁定、隐藏、扩展和收缩。在轨道的左侧是轨道控制面板，里面的按钮可以对轨道进行相关的控制设置。

3. 监视器窗口

默认的监视器窗口由两个监视器组成。左边是“素材源”监视器，主要用来预览或剪裁“项目”窗口中选中的某一原始素材。右边是“节目”监视器，主要用来预览“时间线”窗口序列中已经编辑的素材（影片），也是最终输出影视效果的预览窗口。在“素材源”窗口和“节目”窗口的下方，都有一系列按钮，两个窗口中的这些按钮基本相同，它们用于控制窗口的显示，并完成预览和剪辑的功能。

4. 工具栏面板

工具栏面板中为用户编辑素材提供了具有各种功能的工具。

（1）选择工具：使用该工具可以选择或移动素材，并可以调节素材关键帧、为素材设置入点和出点。

（2）轨道选择工具：该工具选择单个轨道上从第一个被选择的素材开始到该轨道结尾处的所有素材。

（3）波纹编辑工具：该工具调整一个素材的长度，不影响轨道上其他素材的长度。使用该工具时，将光标移动到需要调整的素材的边缘，然后按下鼠标左键，向左或向右拖动鼠标，整个素材的长度将发生相应的改变，而与该素材相邻的素材的长度并不变。

（4）滚动编辑工具：该工具用来同时调节某个素材和其相邻的素材长度，以保持两个素材的总长度不变。使用该工具时，将鼠标移动到需要调整的素材的边缘，然后按下鼠标左键，向左或者向右拖动鼠标。如果某个素材增加了一定的长度，那么相邻的素材就会减小相应的长度。使用该工具在两素材之间调整后，整体的长度不变，只是一段素材的长度变长，另一段素材的长度变短。

（5）速率伸缩工具：用该工具可以调整素材的播放速度。使用该工具时，将鼠标移动到需要调整的素材边缘，拖动鼠标，选定素材的播放速度将会随之改变。拉长整个素材会减慢播放速度，反之，则会加快播放速度。

（6）剃刀工具：该工具将一个素材切成两个或多个分离的素材。使用时，将光标移动到素材的分离点处，然后单击鼠标左键，原素材即被分离。

（7）滑动工具：该工具用来改变前一素材的出点和后一素材的入点，但不影响轨道上其他素材。使用该工具时，把鼠标移动到需要改变的素材上，按下鼠标左键，然后拖动鼠标，前一素材的出点、后一素材的入点以及拖动的素材在整个项目中的入点和出点位置将随之改变，而被拖动的素材的长度和整个项目的长度不变。

（8）错落工具：该工具用来改变某一素材的入点和出点，保持选定素材长度不变。使用该工具时，将光标移动到需要调整的素材上，按住鼠标左键，然后拖动鼠标，素材的出点和入点也将随之变化，其他素材的出点和入点不变。

(9) 钢笔工具：该工具用来设置素材的关键帧。

(10) 手形把握工具：该工具用来滚动"时间线"窗口中的内容，以便于编辑一些较长的素材。使用该工具时，将鼠标移动到"时间线"窗口，然后按住鼠标左键并拖动，可以滚动"时间线"窗口到需要编辑的位置。

(11) 缩放工具：该工具用来调节片段显示的时间间隔。使用放大工具可以缩小时间单位，使用缩小工具(按住 Alt 键)可以放大时间单位。该工具可以画方框，然后将方框选定的素材充满"时间线"窗口，时间单位也发生相应的变化。

5. "效果"面板

"效果"面板通常位于工作界面的左下角。如果没有出现，可以执行"窗口"|"效果"命令，将其打开。在"效果"面板中，放了 Premiere Pro CS4 自带的各种声音、影视特效和影视切换效果，以及预置的效果。可以方便地为"时间线"窗口中的各种素材片段添加特效。按照特殊效果类别分为 5 个文件夹，而每一大类又细分为很多小类。如果安装了第三方特效插件，也会出现在该面板相应类别的文件夹下。

6. "特效控制台"面板

"特效控制台"面板显示了"时间线"窗口中选中的素材所采用的一系列特技效果，可以方便地对各种特技效果进行具体设置，以达到更好的效果，如图 3-45 所示。在 Premiere Pro CS4 中，"特效控制台"面板的功能更加丰富和完善，"运动"特效和"透明度"特效的效果设置，基本上都在该面板中完成。在该面板中，可以使用基于关键帧的技术来设置"运动"效果和"透明度"效果，还能够进行过渡效果的设置。"特效控制台"面板的左边用于显示和设置各种特效，右边用于显示"时间线"窗口中选定素材所在的轨道或者选定过渡特效相关的轨道。

7. "调音台"面板

在 Premiere Pro CS4 中，可以对声音的大小和音阶进行调整。调整既可以在"特效控制台"面板中进行，也可以在"调音台"面板中进行。"调音台"面板如图 3-46 所示。"调音台"

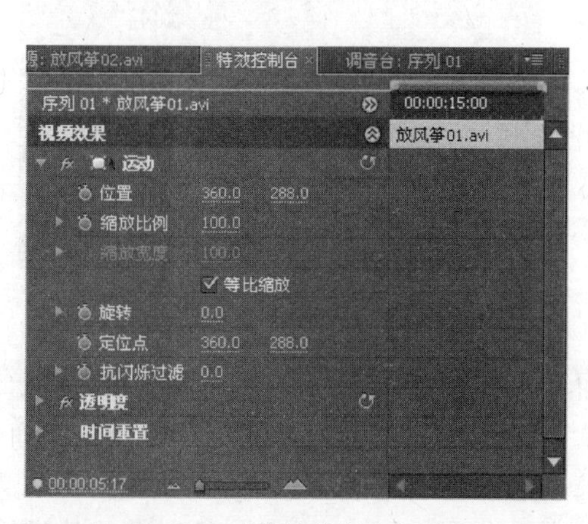

图 3-45 "特效控制台"面板

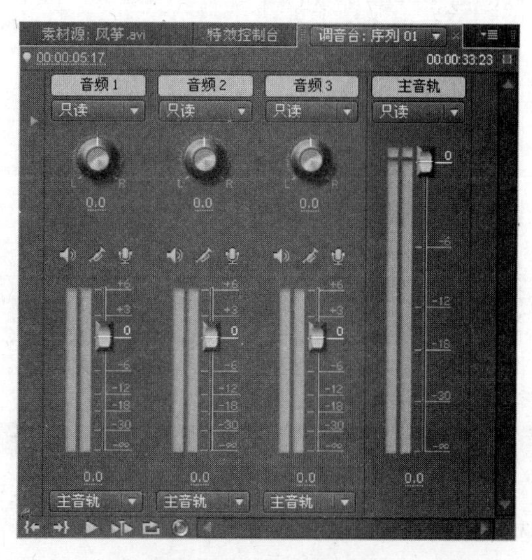

图 3-46 "调音台"面板

面板是Premiere一个非常方便好用的工具。在该面板中，可以方便地调节每个轨道声音的音量、均衡/摇摆等。Premiere Pro CS4支持5.1环绕立体声，所以，在“调音台”面板中，还可以进行环绕立体声的调节。

8. 主声道电平面板

主声道电平面板显示混合声道输出音量大小。当音量超出了安全范围时，在柱状顶端会显示红色警告，可以及时调整声音的增益，以免损伤声音设备。

3.4.3 用Premiere Pro CS4创建数字影片

用Premiere Pro CS4制作数字影片，一般的流程为：首先创建一个“项目文件”，再对拍摄的素材进行采集，存入计算机，然后再将素材导入到“项目”窗口中，通过剪辑并在“时间线”窗口中进行装配、组接素材，还要为素材添加特技、字幕，再配好解说、添加音乐、音效，最后把所有编辑好的素材合成影片，导出影视文件。

下面通过制作“风筝专题片”，介绍创建数字影片的过程。

1. 创建项目

创建项目是编辑制作影片的第一步，用户应该按照影片的制作需求，配置好项目设置以便编辑工作顺利进行。

(1) 启动Premiere Pro CS4，弹出“欢迎使用”对话框，如图3-47所示。

(2) 单击“新建项目”，弹出“新建项目”对话框，如图3-48所示。将“常规”选项卡中的“视频”栏里的“显示格式”设置为“时间码”，“音频”栏里的“显示格式”设置为“音频采样”，“采集”栏里的“采集格式”设置为“DV”。在“位置”栏里，设置项目保存的盘符和文件夹名，在“名称”栏里填写制作的影片片名。在“暂存盘”选项卡中，保持默认状态。

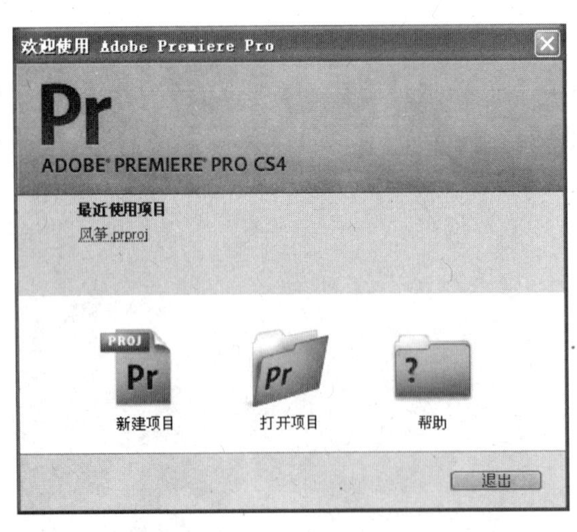

图3-47 “欢迎使用”对话框

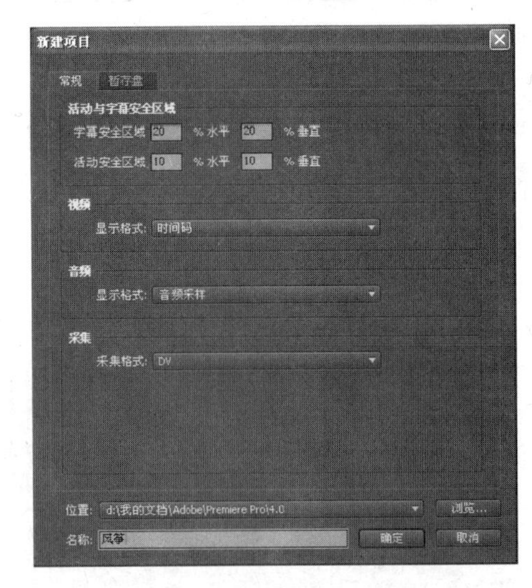

图3-48 “新建项目”对话框

(3) 在“新建项目”对话框中单击“确定”按钮，弹出“新建序列”对话框，如图3-49所示。在“序列预置”选项卡的“有效预置”项目组里，单击DV-PAL文件夹前的小三角辗转按钮，选择“标准48kHz”，在“常规”选项卡和“轨道”选项卡里为默认状态，然后在“序列名称”文本框中填写序列名称。单击“确定”按钮后，就进入了Adobe Premiere Pro CS4非线性编辑工作界面。

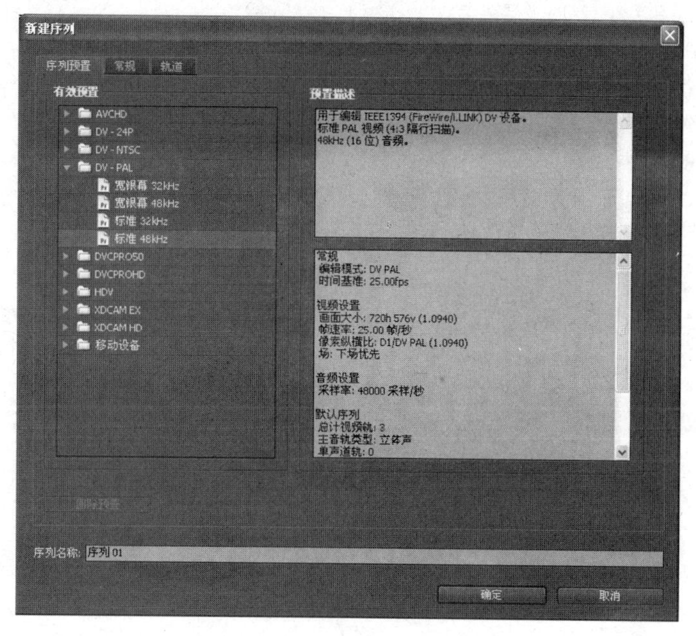

图 3-49 “新建序列”对话框

2. 采集素材

用非线性编辑软件制作电视节目时,首先需要把影视素材形成数字信号并存放在计算机的硬盘中,这一过程称为素材采集。素材采集前,要确定采集的素材源、素材采集的路径以及压缩比,然后在非线性编辑系统中进行相应的设置。对于模拟影视,要将录像机的影视、声音输出与非线性编辑计算机的采集卡上相应的影视、声音输入用专用线连接好,保证信号畅通。有条件时,还要接好影视监视器和监听音箱,便于对编辑过程的监视和监听;对于 DV 摄像机拍摄的 DV 素材采集,可以通过 DV 摄像机(或 DV 录像机)的 DV 接口与计算机配有视频采集卡上的 IEEE 1394(DV)接口连接好,直接采集到计算机中。

执行“文件”|“采集”命令,弹出“采集”对话框,如图 3-50 所示,即可采集影视素材。

3. 导入素材

Premiere Pro CS4 不仅可以通过采集的方式获取拍摄的素材,还可以通过导入的方式获取计算机硬盘里的素材文件。这些素材文件包括多种格式的图片、声音、影视、动画序列等。一次既可以导入单个素材文件,也可以同时导入多个素材文件,还可以导入包括素材的文件夹,甚至还可以导入一个已经建立的项目文件。

执行“文件”|“导入”命令,弹出“导入”对话框,如图 3-51 所示。选择编辑所需要的素材文件,单击“打开”按钮后,就可以在 Premiere Pro CS4“项目”窗口中看到所要的素材文件,如图 3-52 所示。

“项目”窗口包括窗口上方的预演区域和下方的文件区域两部分。

文件区域用于组织项目中的素材。当导入素材时,它们就被添加到文件区域中,每一个文件名的前面有一个图标,表明文件的类型。

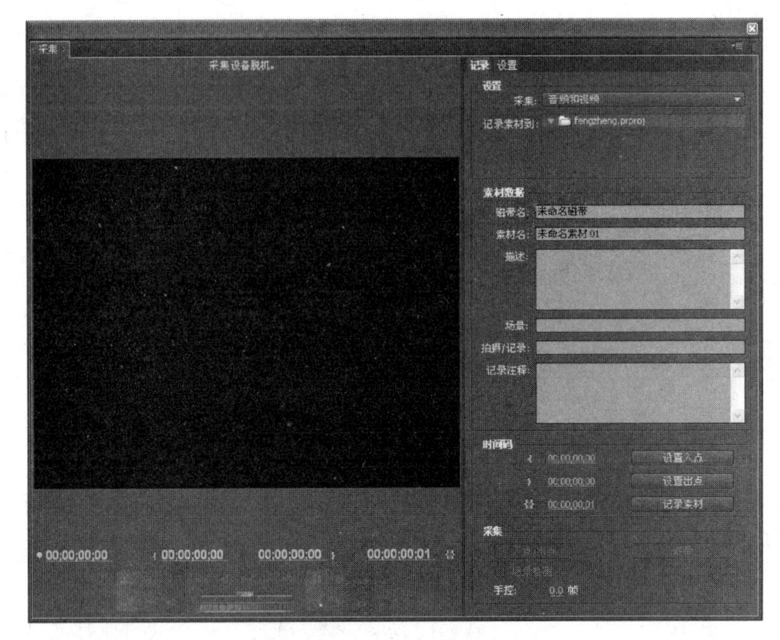

图 3-50 “采集”对话框

图 3-51 “导入”对话框

图 3-52 “项目”窗口

预演区域的左方有一个小窗口，当在“项目”窗口的文件区域中选中一个素材后，它就会显示该素材的内容，单击左侧的▶按钮可播放影片。预演区域中还显示被选中素材的有关信息。

4. 组接素材

(1) 在“项目”窗口中选择“放风筝 01. avi”素材，把它拖动到“时间线”窗口的“视频 1”轨道上，如图 3-53 所示。

(2) 选择“放风筝 02. avi”素材，将其拖动到“时间线”窗口中，放在“放风筝 01. avi”素材

图 3-53　把项目窗口中的素材拖动到“时间线”窗口

的后面。同样地，将“放风筝 03. avi”素材拖动到“放风筝 02. avi”素材的后面。这样就将这三个影视片段组接在一起，如图 3-54 所示。

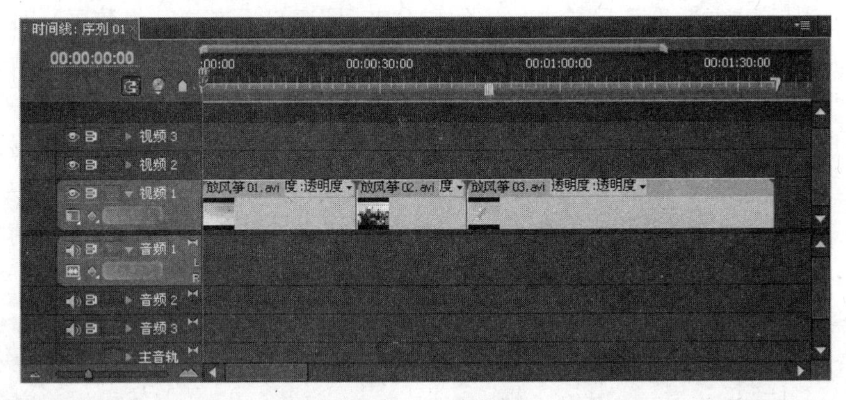

图 3-54　组接素材

5. 预览影片

在创建和编辑一个影视节目的过程中，需要对创建或编辑的结果进行预览，Premiere 提供了多种不同的预览方式。常用的方式有：使用播放按钮和使用时间线标尺两种。

(1) 使用播放按钮预览影片。

在 Premiere 中，可通过“素材源”监视器窗口和“节目”监视器窗口来预览素材及编辑的内容。利用“素材源”窗口，可以从中预览并剪裁一个素材，然后把它插入“时间线”窗口中，“素材源”窗口可以同时存储多个素材，但是一次却只能预览和剪裁一个素材；在任何时候“节目”窗口都会显示“时间线”窗口当前的素材序列，所以可以利用“时间线”窗口预览整个影视节目。单击选中“素材源”窗口或“节目”窗口(该窗口会出现橘黄色边框)，单击“播放”

按钮▶，或按下键盘上的空格键，其窗口中就会播放素材或影片。

(2) 使用时间线标尺预览剪辑。

将鼠标指针放在“时间线”窗口上端的标尺栏上向右拖动，这时“时间线”窗口中的时间线标尺会伴随预览的进行一起移动，在“节目”窗口内就会显示时间线标尺所在帧(当前帧)的内容。除了从左往右拖动鼠标预览影片，还可以从右往左拖动鼠标实现倒放预览。

6. 保存项目

执行“文件”|“保存”命令，保存项目，项目文件的扩展名为 prproj。保存项目，不仅保存素材的引用指针、素材的剪辑及组织信息和施加的各种编辑效果等，还保存当前影片文件的 Premiere 界面布局。如打开或关闭哪些对话框，对话框被拖动到了什么位置等。项目文件可以随时打开进行编辑。

3.4.4 编辑影视素材

因为在获取的素材中，总有一些实际的影视节目不需要的部分，所以在组接素材之后，需要对其进行裁剪、调整等编辑。在 Premiere 中，可以用不同的方式和工具对影视素材进行编辑。

1. 在“时间线”窗口中裁剪素材

(1) 打开项目文件“风筝.prproj”，在“时间线”窗口中拖动标尺，以便于移动时间线标尺定位“放风筝 01.avi”素材的实际开始的帧(入点)。移动时间线标尺时，“节目”窗口将显示素材的每一帧画面，为了更精确一些，可以使用“节目”窗口下的“前进帧”按钮▌▶和“后退帧”按钮◀▌前进或后退一帧，也可以单击位置编码(“节目”窗口下左边一组数字)，直接输入时间。最后，时间线标尺定位，标记“放风筝 01.avi”素材的入点，如图 3-55 所示。我们将裁剪其前面额外的部分。

(2) 使用“工具”面板中的“选择”工具，将指针移动到“放风筝 01.avi”素材的左边缘上，指针会变为形状。向右拖动指针直到它与时间线标尺对齐为止。这样就裁剪了“放风筝 01.avi”素材，并与时间线标尺对齐，如图 3-56 所示。若需要去除素材末端额外的镜头，可以用类似的方法进行裁剪。

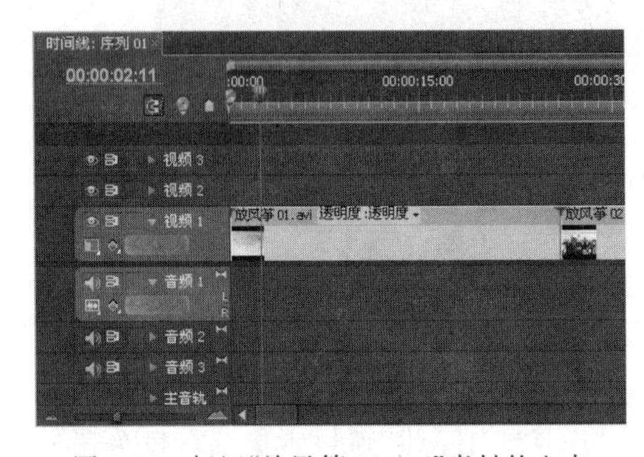

图 3-55 标记“放风筝 01.avi”素材的入点

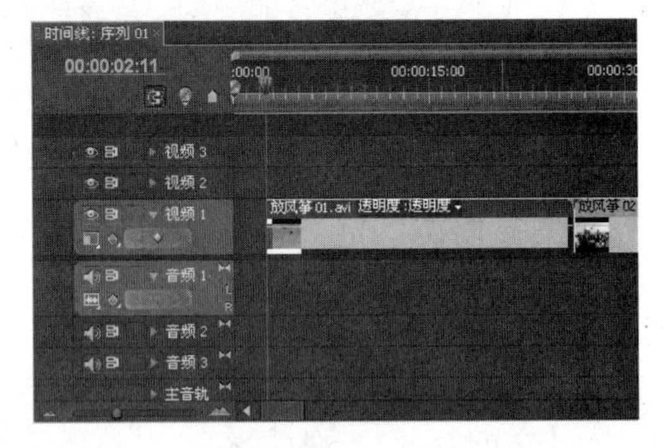

图 3-56 裁剪素材并与时间线标尺对齐

2. 在“素材源”监视器窗口中裁剪素材

在“时间线”窗口中可以很容易地进行简单裁剪。在“素材源”监视器窗口中提供了一些附加的编辑工具，也可以很容易地做比较复杂的编辑。

(1) 双击"时间线"窗口中的"放风筝 02.avi"素材,使它显示在"素材源"监视器窗口中,以便对其两端进行裁剪。

(2) 拖动"素材源"监视器窗口下边的"往复式"滑块,或者使用"前进帧"按钮和"后退帧"按钮来显示去除额外镜头后的"放风筝 02.avi"素材的第一帧,单击"素材源"监视器窗口下边的"标记入"按钮设置入点,如图 3-57 所示。

(3) 以同样的方法将滑动块定位在去除额外镜头后的素材的最后一帧,单击"标记出"按钮设置出点,如图 3-58 所示。

图 3-57 设置入点

图 3-58 设置出点

此时,"放风筝 01.avi"素材和"放风筝 02.avi"素材都被裁剪为设置的入点和出点之间的部分,裁剪后素材之间会留有一些间隙,如图 3-59 所示。

图 3-59 裁剪后素材之间留有一些间隙

可以对素材进行移动,去掉这些空隙。使用工具面板中的选择工具可以移动一个素材;而使用工具面板中的轨道选择工具可以在一个轨道中选择任意素材右侧的所有素材,进行移动。去掉空隙的素材如图 3-60 所示。

3. 在"素材源"监视器窗口中预裁剪素材

前面介绍了把素材先添加到"时间线"窗口,然后再进行裁剪。也可以在把素材添加到"时间线"窗口之前先利用"素材源"窗口进行预裁剪。

在"素材源"窗口面板的右下端的两个按钮:和,分别是"插入"按钮和"覆盖"按

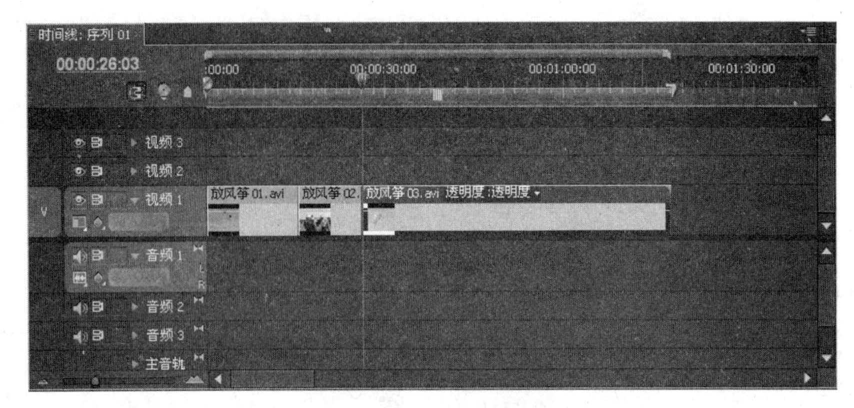

图 3-60　去掉素材间的空隙

钮，表示两种将裁剪好的素材添加到“时间线”窗口的方法。“覆盖”按钮可把一个素材放置到时间线标尺处，并替换时间线标尺右侧现存素材相应的一部分；而“插入”按钮在特定的时间线标尺处插入素材，插入点右侧的素材向右移动。

4. 调整素材

在“时间线”窗口中放置大量的素材后，通常需要调整素材片段之间的入点和出点。Premiere 提供了一些调整素材的编辑工具和方法，如用滚动编辑工具和波纹编辑工具调整以及应用“修整”窗口调整。

1）滚动编辑

选择滚动编辑工具，当拖动当前选定素材的边缘时，增加的帧数会在相邻的素材中减去，同样，当前素材减少的帧数会在相邻的素材中增加，最终保持整个影片的持续时间不变。

2）波纹编辑

选择波纹编辑工具，可以调整一个素材的入点或出点。当拖动当前选定素材的边缘（入点或出点）时，会使该素材的持续时间改变，其右边的素材也随之移动，相邻素材的持续时间不变。因为选定素材的持续时间改变，所以最终保持整个影片的持续时间发生变化。

在执行滚动编辑和波纹编辑时，在“节目”窗口中会出现两个画面，如图 3-61 所示。左

图 3-61　在“节目”窗口中出现两个画面

面的画面显示前面素材的出点，右面的画面显示后面素材的入点，可以非常直观地在窗口中看到编辑的结果，以便对素材片段之间的剪接点进行调整。

3）“修整”窗口

除在“时间线”窗口中用滚动编辑工具和波纹编辑工具对素材进行调整外，还可以用“修整”窗口对素材片段之间的剪接点进行精细调整，而且其效率最高。

执行“窗口”|“修整监视器”命令，可以打开“修整”监视器窗口，如图 3-62 所示。“修整”窗口与其他监视器窗口有着相似的布局，不过它是一个包含专门控制器的独立窗口。“修整”窗口的左视图显示的是剪接点左边的素材片段的出点，右视图显示的则是剪接点右边的素材片段入点。

图 3-62 “修整”监视器窗口

在“修整”窗口的下方，有三个“微调”拨盘工具。其中左边和右边的拨盘工具与波纹编辑工具类似，可以执行波纹编辑，分别调整左边的素材片段的出点和右边的素材片段入点；而中间的拨盘工具与滚动编辑工具类似，可以执行滚动编辑，同时调整左边的素材片段的出点和右边的素材片段入点，其素材的总长度不变。

需要说明的是，在执行滚动编辑和波纹编辑时，素材长度不能超过它捕捉或者输入时的原长度，用户只能从当前项目的素材中恢复之前裁剪的帧。

3.4.5 影视切换

将素材进行剪辑和组接，需要在某些镜头或素材之间进行切换。影视的切换也称为转场，分为硬切换和软切换两种。硬切换也称无技巧切换，即一个素材结束时立即换成另一个素材；而软切换也称为有技巧切换，即一个素材以某种特殊效果逐渐转换为另一个素材，以达到某些特殊的过渡效果，有技巧切换如果使用得好，会给影片增色不少，大大增强艺术感染力。

1. 影视切换的类型

在 Premiere Pro CS4 中提供了七十多种影视切换效果，按类型分别存放在 11 个子文件夹中。打开 Premiere Pro CS4 后，单击“效果”选项卡，打开“效果”面板，单击“视频切换”文件夹前的小三角辗转按钮，展开视频切换的子文件夹。单击“视频切换”子文件夹前的小三角辗转按钮，可以展开各子文件夹里的多种影视切换效果。“效果”面板及展开后如图 3-63

所示。

图 3-63 “效果”面板及展开

也可以利用查找栏，填写需要使用的切换效果名称，该切换效果会快捷地出现在“效果”面板中。

2. 添加视频切换

一般情况下，切换是在同一轨道上的两个相邻素材之间使用。当然，也可以单独为一个素材施加切换，这时，素材与其轨道下方的素材之间进行切换，但是轨道下方的素材只是作为背景使用，并不能被切换所控制。

(1) 将“效果”面板展开后，在“视频切换”文件夹的“3D 运动”子文件夹中，用鼠标左键按住“摆入”，并拖动到“时间线”窗口序列中需要添加切换的相邻两段素材之间的连接处再释放，在素材的交界处上方出现了应用切换后的标识，表示“摆入”特效被应用，如图 3-64 所示。

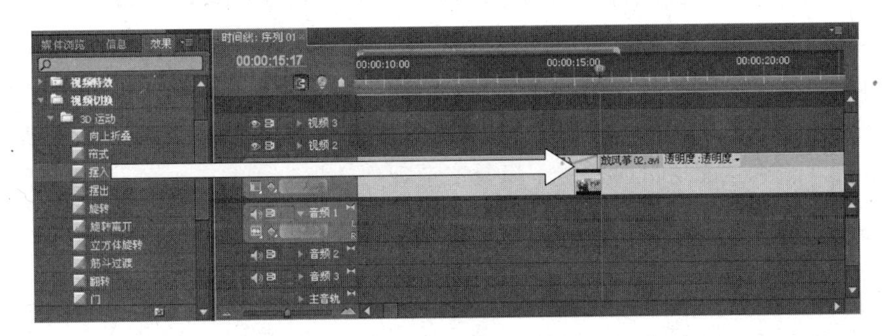

图 3-64 添加视频切换特效

(2) 在切换的区域内拖动编辑线，或者按空格键，可以在“节目”视窗中观看视频切换效果。“摆入”的切换效果如图 3-65 所示。

图 3-65 “摆入”的切换效果

3. 改变切换设置

为影片添加切换后，可改变切换的长度。最简单的方法是在序列中选中切换标识，并拖动切换标识边缘即可。还可以在“特效控制台”面板中对切换进行进一步的调整。在序列中双击切换标识，打开“特效控制台”面板，如图 3-66 所示。也可以在序列中单击切换标识，并在监视器窗口素材视窗中单击“特效控制台”选项卡，打开“特效控制台”面板。

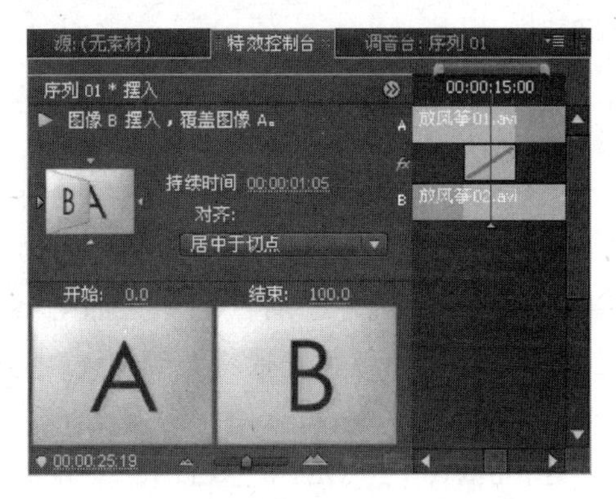

图 3-66 “特效控制台”面板

1）调整切换区域

在“特效控制台”中，可以看到素材 A 和素材 B 分别放置在上下两层，两层的中间是切换标识，其两层间的重叠区域是可调整切换的范围。同时显示的是两个素材 A 和 B 的完全长度。

在该时间线区域里，使用 4 种方式可以调整切换区域：

- 将鼠标放在素材 A 或 B 上，按住鼠标左键拖动，即可移动素材的位置，改变切换的影响区域，即改变了素材 A 或 B 的切换点的位置。
- 鼠标放在切换标识的边缘，按住鼠标左键拖动，即可改变切换区域的范围，即切换的时间长度。
- 将鼠标放在切换标识中的切换线上或素材 B 下方的小三角上，按住鼠标左键拖动，即可改变切换区域的位置，并且切换线随切换区域一起改变。
- 将鼠标放在切换标识上，按住鼠标左键拖动，也可改变切换区域的位置，但切换线在时间轴上的位置不会改变。

在“特效控制台”中，可以通过“对齐”栏的下拉列表中选择切换对齐方式来改变切换线在切换区域中的位置。

2）设置切换

在“特效控制台”面板左边的切换设置栏中，可以对切换做进一步的设置。在缺省情况下，切换都是由素材 A 到素材 B 过渡完成的，切换开始为“0.0”，结束为“100.0”。要改变切换的开始和结束状态，可以拖动其 A、B 视窗下的两个小三角滑块，也可以在开始的“0.0”或结束的“100.0”处用鼠标拖动改变其数字来实现。对于某些有方向性的切换来说，可以单击小视窗四周的小三角来改变切换的方向。

4. 默认视频切换效果

在默认状态下，Premiere Pro CS4 会使用“交叉叠化（标准）”作为默认视频切换效果，默认切换标以红色轮廓线。如果经常性地使用其他某个视频切换效果，可将其设置为默认视频切换：在该切换效果上右击，选择弹出的“设置所选为默认切换效果”，如图 3-67 所示。

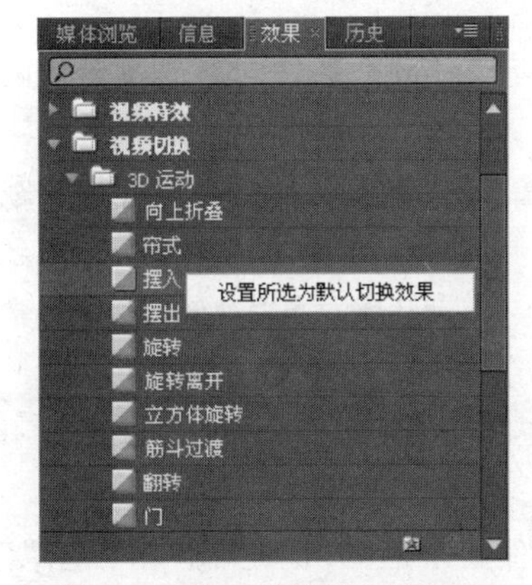

图 3-67 设置为默认切换效果

要添加默认转场效果，将时间线标尺置于两个素材相连接的位置，执行“序列”|“应用视频切换效果”命令，或按 Ctrl+D 键，则默认转场就自动添加到“时间线”窗口中的时间线标尺处。

3.4.6 影视特效

影视特效类似于 Photoshop 中的滤镜，是为影视作品添加艺术效果的重要手段。它能够改变素材的颜色和曝光量、修补原始素材的缺陷，可以键控和叠加画面，可以变化声音、扭曲图像，可以为影片添加粒子和光照等各种艺术效果。在 Premiere Pro CS4 中，可以根据需要为影片添加各种影视特效，同一个特效可以同时应用到多个素材上，在一个素材上也可以添加多个影视特效。

Premiere Pro CS4 提供了 18 大类 181 个影视特效，这些特效放置在“效果”面板中的“视频特效”文件夹中。其中“键控”子文件夹中放置有电视节目制作中普遍应用的抠像等功能的特效，如图 3-68 所示。

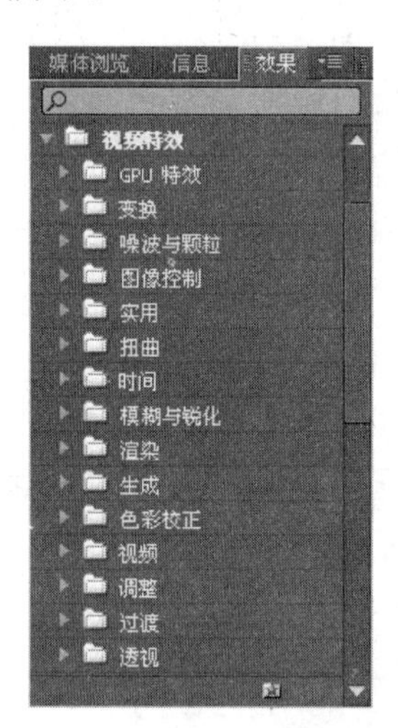

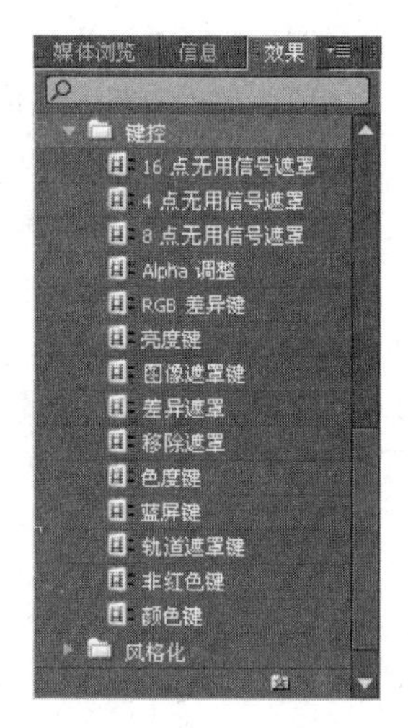

图 3-68 “视频特效”文件夹及“键控”子文件夹

下面通过键控的实例，讲解影视特效的应用。

1. 创建分割屏幕

分割屏幕就是在屏幕的一部分中显示一个素材的一部分，而另一素材的部分在剩下的屏幕中显示，它可以通过“4 点无用信号遮罩”影视特效来实现。

(1) 将编辑线定位在时间线的开始位置，在“素材源”窗口中对“视频 01.avi”进行预裁剪，单击“插入”按钮将其插入“视频 1”轨道，然后将“视频 03.avi”从“项目”窗口拖动到“时间线”窗口的“视频 2”轨道，并进行适当的裁剪，使“视频 03.avi”素材与“视频 01.avi”素材对齐，这样，两素材就形成了叠加，如图 3-69 所示。

(2) 通过播放可以看到，“视频 03.avi”素材不透明，在其下方的“视频 01.avi”素材不显示。

(3) 在“效果”面板的“视频特效”文件夹的“键控”子文件夹中选择“4 点无用信号遮罩”特效，将其拖动到“时间线”窗口“视频 03.avi”素材上。

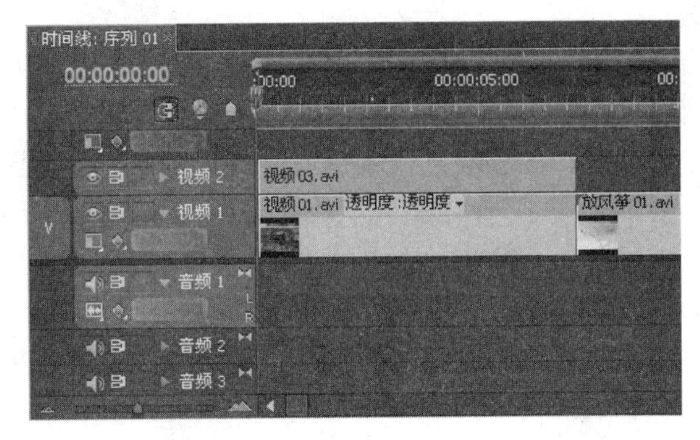

图 3-69 “视频 03. avi”素材与“视频 01. avi”素材叠加

(4) 打开“特效控制台”选项卡，单击选中“4 点无用信号遮罩”，在“节目”监视器窗口中影视的四角，分别出现一个控制柄，如图 3-70 所示。

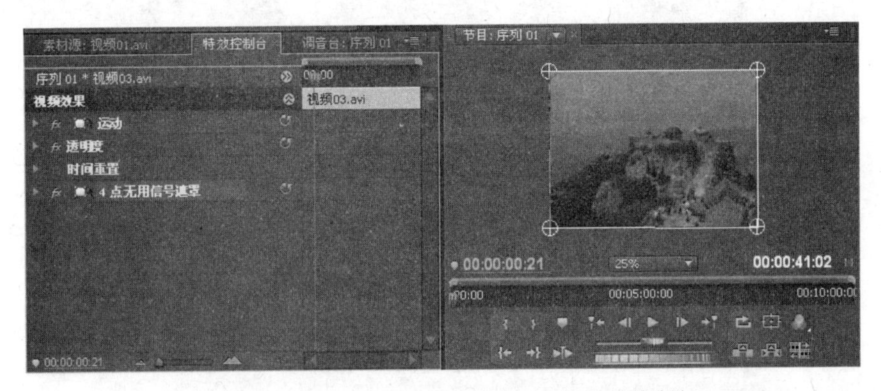

图 3-70 单击选中“4 点无用信号遮罩”出现控制柄

(5) 将“节目”监视器窗口中右面的两个控制柄向上拖动到合适的位置播放，就可以看到左右的分割屏幕效果，如图 3-71 所示。

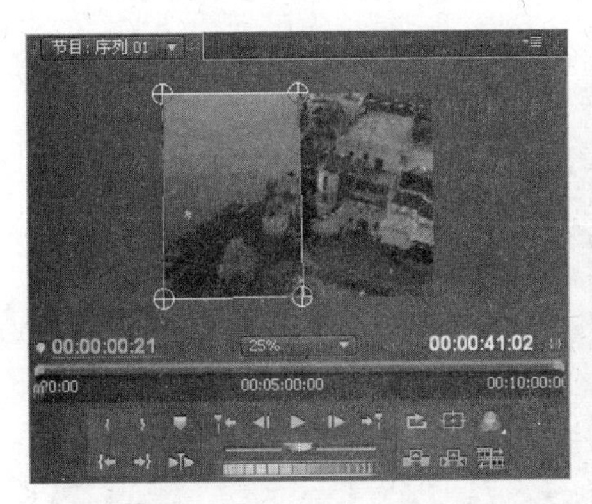

图 3-71 分割屏幕

可以创建垂直、水平以及其他形状的分割屏幕效果，如果多个素材叠加，还可以创建出多重的分割屏幕效果。

2. 色键抠像特效

色键抠像是通过比较目标的颜色差别来完成透明，其中最常用的是蓝屏键抠像。蓝屏键抠像可以使影视素材的蓝色背景透明，由于蓝色不会干扰皮肤的色调，因而非常受欢迎。例如，电视台的天气预报节目录制时，广播员在蓝色背景前拍摄，播放时再加上卫星云图背景。但这要求广播员身上不能穿戴蓝色的衣物，否则这些衣物在播放时将透明。

在此选了一段带有蓝色背景的“风筝.avi”素材，介绍色键抠像的方法。

(1) 将“风筝.avi”和“富华.jpg”素材导入“项目”窗口，然后将“富华.jpg”素材拖到“素材源”窗口，单击“插入”按钮将其插入到“时间线”窗口“视频 1”轨道的开始位置。静态图像默认的持续时间为 5 秒钟。可以使用裁剪工具拖动该素材的一端，调整持续时间。也可以执行“素材”|“速度/持续时间”命令，设置一个新的持续时间。

(2) 将“风筝.avi”素材拖动到“视频 3”轨道的开始位置，如图 3-72 所示。

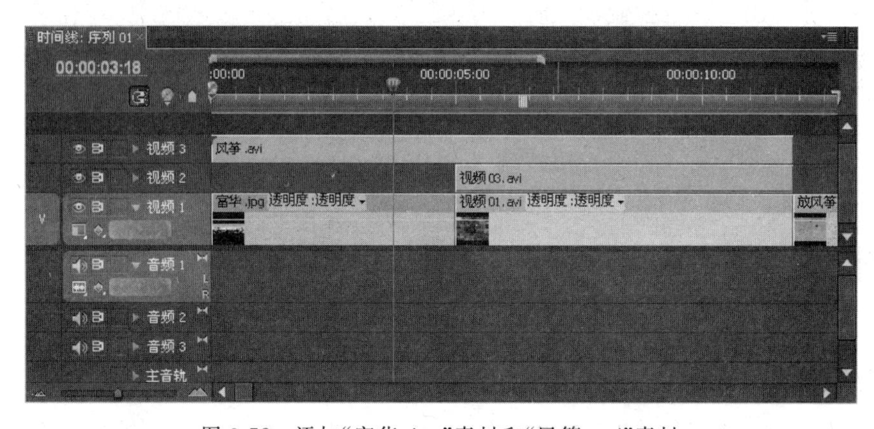

图 3-72 添加“富华.jpg”素材和“风筝.avi”素材

(3) 在“效果”面板的“视频特效”文件夹的“键控”子文件夹中选择“蓝屏键”特效，将其拖动到“时间线”窗口“风筝.avi”素材上。

(4) 在“特效控制台”面板中调整“蓝屏键”的阈值，如图 3-73 所示。

图 3-73 调整“蓝屏键”的阈值

(5) 应用蓝屏抠像的效果如图 3-74 所示。

如果由于人穿的衣服等原因，使素材中的颜色发生冲突，而不能使用蓝色背景录制素

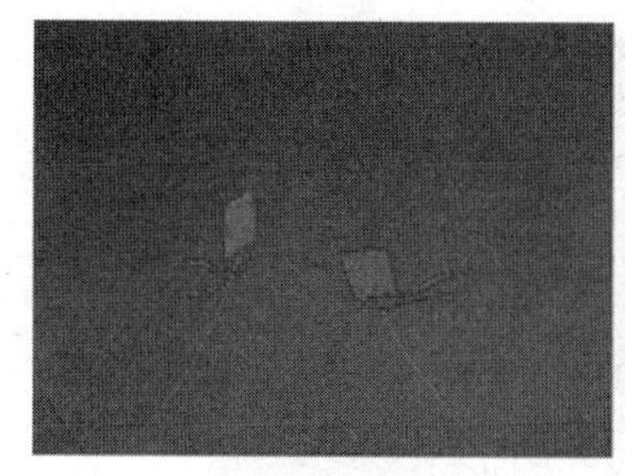

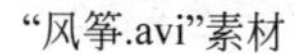

"风筝.avi"素材　　"富华.jpg"素材　　抠像效果

图 3-74　应用蓝屏抠像的效果

材,也可以使用"颜色键"对任意纯色的背景进行抠像,这时需要在"特效控制台"面板中,单击"颜色键"中"主要颜色"的吸管,然后在"节目"监视器窗口中选择背景颜色,并对"特效控制台"面板中的"颜色宽容度"进行调整,如图 3-75 所示。

图 3-75　使用"颜色键"对任意纯色的背景进行抠像

3.4.7　制作字幕

在数字影片的制作中,常常需要制作片头片尾以及对白、歌词的提示等字幕信息。在 Premiere Pro CS4 中,字幕制作有单独的系统统一字幕设计窗口。在这个窗口里,可以制作出各种常用字幕类型,不但可以制作普通的文本字幕,还可以制作简单的图形字幕。除了用 Premiere 创建字幕,也可以使用图形或者字幕应用软件创建字幕,并将其保存为与 Premiere 兼容的格式,如 Photoshop(. psd)以及 Illustrator(.ai 或.eps)格式等。

1. 字幕设计窗口

Premiere Pro CS4 的字幕设计窗口能够完成字幕的创建和修饰、运动字幕的制作以及图形字幕的制作等功能。

执行"文件"|"新建"|"字幕"命令,在弹出的"新建字幕"对话框中输入字幕文件的名称(如:"风筝"),然后单击"确定"按钮,即可打开字幕设计窗口,如图 3-76 所示。

字幕设计窗口主要由 5 个面板组成:

(1) 字幕设计窗口的中间是字幕设计器面板,分为工具区和编辑区两部分。字幕的制作就是在编辑区里完成,编辑区由两个方框限制着,内部的方框表示字幕安全区,外部的方框表示动作安全区,放置在字幕安全区以外的文本在有些电视屏幕中可能会出现模糊或扭

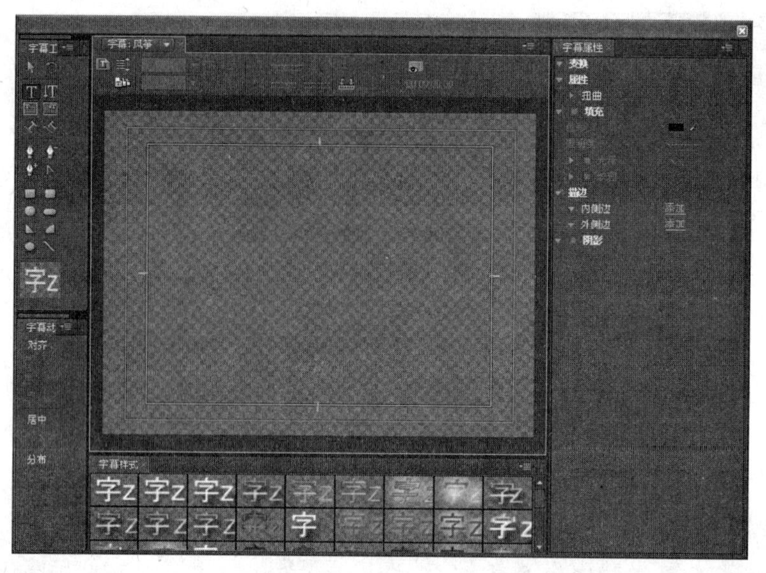

图 3-76　字幕设计窗口

曲现象，而超出动作安全框的图形图像在一些电视中可能就看不到；工具区有对字幕进行设置的一些工具按钮。

(2) 字幕设计窗口的左上边是“字幕工具”面板，里面有制作字幕、图形的 20 种工具按钮。

(3) 字幕设计窗口的左下边是“字幕动作”面板，里面有对字幕、图形进行的排列和分布的相关按钮。

(4) 字幕设计窗口的下方是“字幕样式”面板，其中有系统设置好的文字样式，也可以将自己设置好的文字样式存入样式库中。

(5) 字幕设计窗口的右边是“字幕属性”面板，里面有“变换”、“属性”、“填充”、“描边”、“阴影”等栏目。其中在“变换”栏目里，可以对文字的透明度、位置、宽度、高度以及旋转进行设置；在“属性”栏目里，用户可以设置字幕文字的字体、大小、字间距等；在“填充”栏目里，可以设置文字的颜色、透明度、光效等；在“描边”栏目里，可以设置文字内部、外部描边；在“阴影”栏目里，可以设置文字阴影的颜色、透明度、角度、距离和大小等。

利用字幕设计窗口可以创建静态字幕，也可以创建滚动和游动的字幕。滚动字幕可以在屏幕中垂直移动，而游动字幕则可以在屏幕中从左往右或从右往左水平移动。

2. 创建静态字幕

(1) 打开字幕设计窗口后，默认格式为静态字幕。选择文本工具 T，在字幕安全区内输入文字“风筝”。

(2) 在“字幕属性”面板中的“属性”栏目里设置“字体”为“KaiTi_GB2312”，“字体大小”为“150”；在“填充”栏目中，设置“填充类型”为由红到黄的“线性渐变”；勾选“阴影”复选框，如图 3-77 所示。

(3) 执行“文件”|“保存”命令，将其保存为名为“风筝”的文件。这样就创建了一个字幕文件。字幕文件创建后，将自动添加到“项目”窗口中。

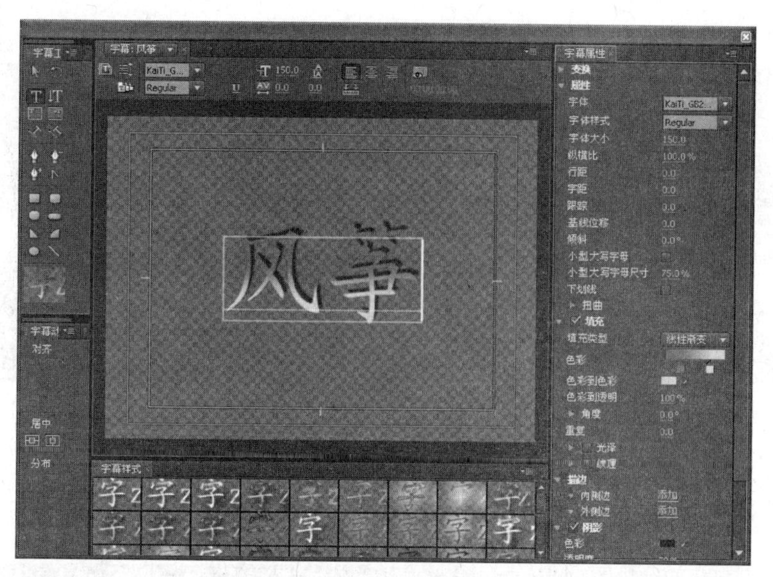

图 3-77　建立静态字幕

3. 建立滚动字幕

(1) 执行“文件”|“新建”|“字幕”命令，在弹出的“新建字幕”对话框中输入字幕文件的名称“风筝传友谊”，然后单击“确定”按钮，打开字幕设计窗口。

(2) 单击字幕设计器面板的“滚动/游动选项”按钮，弹出“滚动/游动选项”对话框，如图 3-78 所示。选择“滚动”字幕类型，并进行相关参数的设置，单击“确定”按钮确认。

(3) 选择垂直文本工具，输入“银线连四海　风筝传友谊”字样，设置字体为“Kaiti-GB2312”，大小为“60”，设置填充颜色为黑色。将文字移动到合适的位置，如图 3-79 所示。保存后就创建了一个滚动字幕文件。

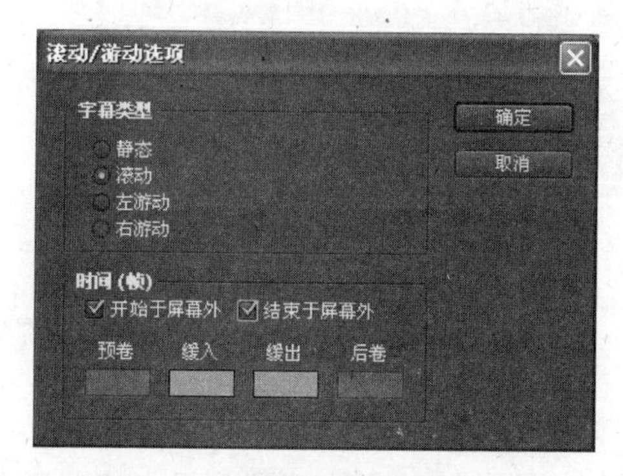

图 3-78　“滚动/游动选项”对话框

图 3-79　建立滚动字幕

4. 将字幕添加到“时间线”窗口中

(1) 执行“序列”|“添加轨道”命令，在“时间线”窗口中添加一个视频轨道：“视频 4”，然后将字幕素材拖动到“视频 4”轨道的开始位置，这样就将字幕素材“风筝”叠加到视频中，如

图 3-80 所示。

图 3-80　将字幕素材“风筝”叠加到视频中

(2) 将滚动字幕“风筝传友谊”拖动到“时间线”窗口的“视频 2”轨道，与“视频 1”轨道上的“放风筝 02. avi”素材的开始位置对齐，如图 3-81 所示。

图 3-81　将滚动字幕“风筝传友谊”拖动到“时间线”窗口

(3) 播放滚动字幕，效果如图 3-82 所示。

图 3-82　字幕滚动效果

(4) 保存项目。

3.4.8　设置运动

Premiere Pro CS4 使用“特效控制台”面板来实现素材对象的动画效果。这些动画效果是利用关键帧创建的，通过关键帧设置不同的动态属性，然后再利用在关键帧之间自动创建插补帧，就可以创建平滑的运动效果。下面通过片头的制作介绍运动的设置。

1. 为“富华.jpg”设置摇镜头效果

“富华.jpg”素材是一张宽幅的图片，可以从右往左移动它的位置，产生摇镜头的效果。为了方便观察运动效果，可先分别单击去掉“视频 3”和“视频 4”轨道左边的小眼睛，使这两个轨道的视频隐藏。然后再设置“富华.jpg”素材的运动效果。

(1) 在“时间线”窗口中单击选中“富华.jpg”素材，并将时间线标尺移动到“富华.jpg”素材的开始帧位置。

(2) 在“特效控制台”面板中单击“运动”选项，并单击其前面的小三角形将其展开，单击“位置”前面的“切换动画”按钮，则在编辑线处自动产生一个关键帧标志。设置“位置”的坐标值为“915.0”，“292.0”，如图 3-83 所示。这样就设置了起始关键帧。

图 3-83　设置起始关键帧

(3) 将编辑线移动到“富华.jpg”素材的结束帧位置，然后单击“关键帧”按钮插入关键帧，设置“位置”的坐标值为“－195.0”，“292.0”，如图 3-84 所示。这样就设置了结束关键帧。

图 3-84　设置结束关键帧

(4) 播放摇镜头的效果如图 3-85 所示。

2. 创建“风筝”字幕逐渐变大的效果

(1) 分别单击显示“视频 3”和“视频 4”轨道左边的小眼睛，使这两个轨道的视频恢复显示状态。

图 3-85　摇镜头效果

(2) 在“时间线”窗口中选定“风筝”字幕素材，在“特效控制台”面板的“运动”选项下单击“缩放比例”前面的“切换动画”按钮，产生一个关键帧标志。设置“缩放比例”的值为“10”，如图 3-86 所示。

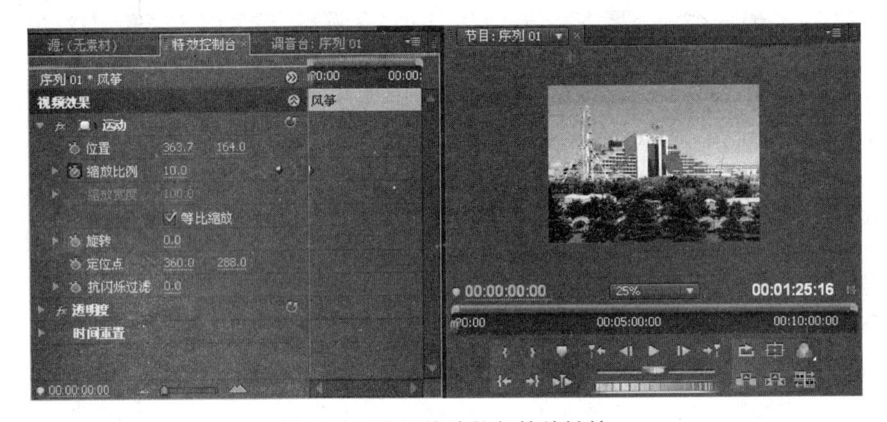

图 3-86　设置缩放的起始关键帧

(3) 将编辑线移动到“风筝”字幕素材的 00:00:02:15 处，然后单击“关键帧”按钮插入关键帧，并设置“缩放比例”的值为“100”，如图 3-87 所示。这样就设置好了“风筝”字幕逐渐变大的动画。

图 3-87　设置缩放的结束关键帧

(4) 保存项目文件。

经过上述设置，在影片的片头，产生了一边摇镜头，一边从小到大出现字幕的效果。其过程如图 3-88 所示。

图 3-88　片头动画效果

3.4.9　声音应用

数字电影是综合的艺术，包括声音和画面的结合，视觉艺术和听觉艺术在影视艺术中是相辅相成的。对于一部完整的影片来说，声音具有重要的作用，无论是同期声还是后期的配音配乐，都是一部影片不可缺少的。

声音的来源包括影视采集同步加入的声音、从 CD-ROM 中获取的或从网上下载的音乐或声音效果、利用声卡和外部设备单独录制的声音信息。Premiere Pro CS4 支持多种格式的声音素材，包括. wav、. avi、. mov、. mp3 等。其中最常用的有. wav 和. mp3，多数 Wave 声音采用 44.1kHz/16b 标准。

1. 添加声音

在"项目"窗口可以看到，每一个素材文件前面都有一个图标。前面用到的影视素材不含有声音，其图标为；同时含有影视和声音素材的图标为，称为复合素材；而纯声音素材的图标是。Premiere Pro CS4 中具有三种类型的声音：单声道、立体声和 5.1 环绕立体声。

1）添加复合素材

将时间线标尺定位在"放风筝 01. avi"的开始处，将"风筝传奇 1. mpg"素材导入"项目"窗口，然后将其拖到"素材源"窗口，单击"插入"按钮将其插入到"时间线"窗口。该素材的影视部分就插入到"视频 1"轨道，而声音部分则插入到"音频 1"轨道，如图 3-89 所示。

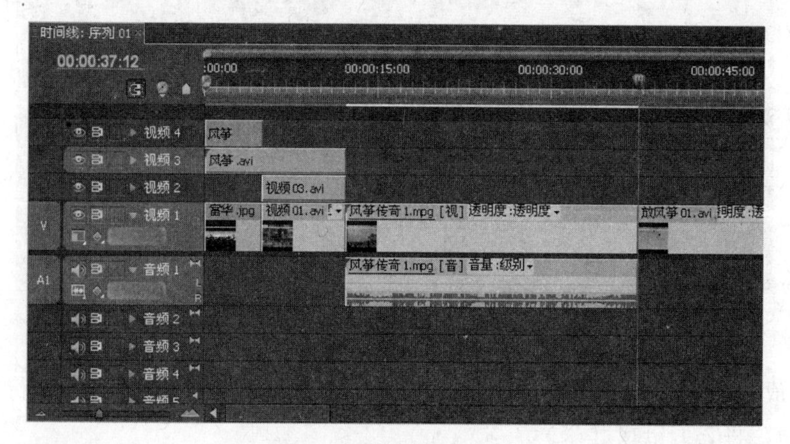

图 3-89　添加复合素材

2）添加声音素材

添加声音素材同添加影视素材的方法相同。将"音乐. mp3"素材导入"项目"窗口，然后将其拖到“时间线”窗口的“音频 2”轨道，如图 3-90 所示。把这段声音作为影片的背景音乐。

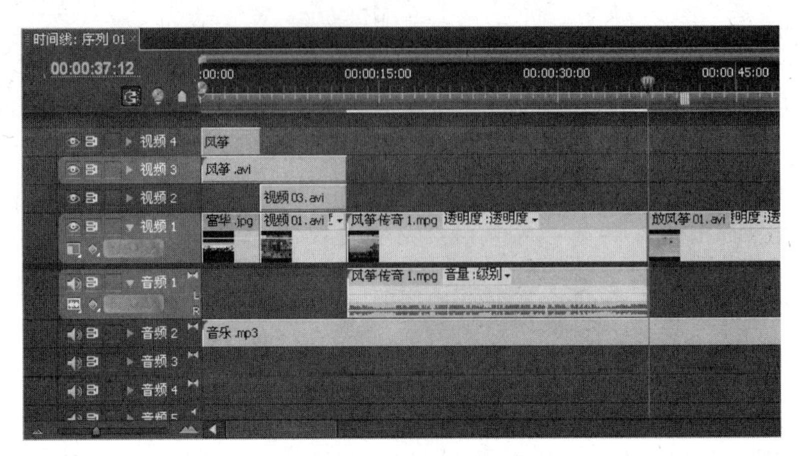

图 3-90　添加声音素材

2. 复合素材的声音编辑

声音素材的剪辑与影视的剪辑类似。对于复合素材，影视和声音之间具有链接关系，设定入点/出点、移动位置、剪切编辑等操作都是同步进行的，无法随意改变它们之间的相对位置。要单独编辑其中的影视素材或声音素材，需要解除它们之间的链接关系，取消同步模式。

单击选中复合素材“风筝传奇 1. mpg”，执行“素材”|“解除视音频链接”命令，然后设置声音部分的出点，如图 3-91 所示。

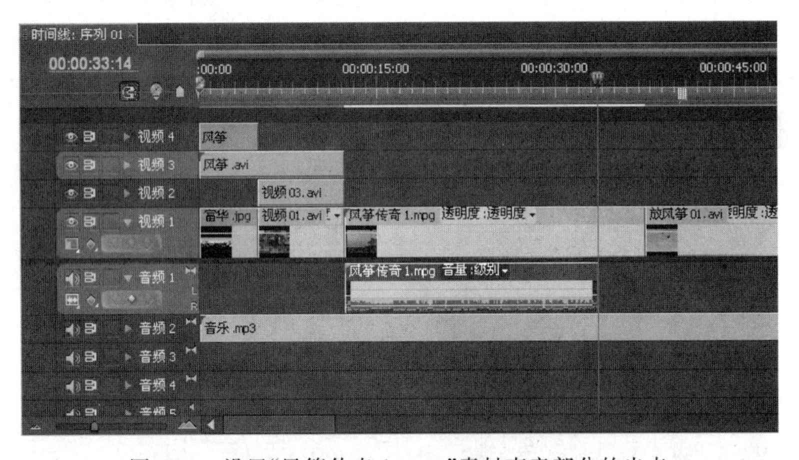

图 3-91　设置“风筝传奇 1. mpg”素材声音部分的出点

编辑完成后，为了保证影像和声音的同步，可以选中这两部分素材，再执行“素材”|“链接视音频”命令将它们链接起来。

3. 声音的音量调整

如果声音素材的音量太大或太小，可以对其进行调整。

(1) 在“时间线”窗口中右击“风筝传奇 1. mpg”，在弹出的快捷菜单中选择“音频增益”，打开“音频增益”对话框，如图 3-92 所示。

(2) 在“音频增益”对话框的“设置增益为”选项中输入－96～96 之间的任意数值，表示音频增益的声音大小(分贝)。大于 0 的值会放大素材的增益，使其声音变大；小于 0 的值则会削弱素材的增益，使其声音变小。

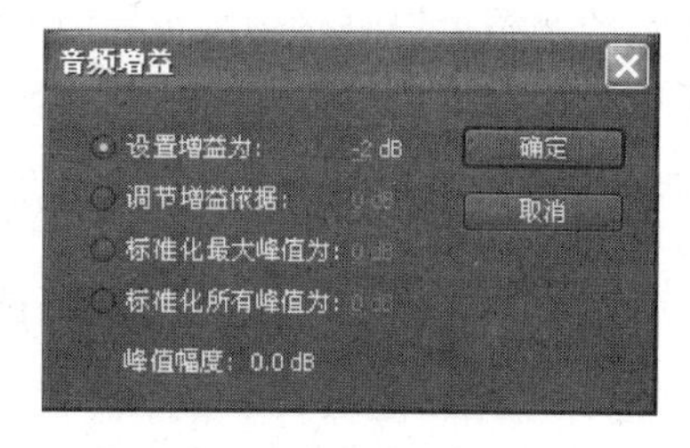

图 3-92 “音频增益”对话框

4. 声音淡化

在 Premiere Pro CS4 中，可以通过声音淡化器调节调制声音电平。对声音的调节分为素材调节和轨道调节。对素材调节时，声音的改变仅对当前的声音素材有效，删除素材后，调节效果就消失了；而轨道调节，仅对当前声音轨道进行调节，所有在当前声音轨道上的声音素材都会在调节范围内受到影响。通常声音淡化器初始状态为中音量，相当于音量表中的 0 分贝。

前面给影片添加了背景音乐，在与“风筝传奇 1. mpg”声音重叠的部分，其背景音乐应该减弱，这可以利用淡化控制线精确制定素材持续时间以及各时间点的音量变化。

(1) 在“时间线”窗口中单击“音频 2”轨道名称左侧的三角形按钮▷，将音频轨道展开，在声音素材(或轨道)中会出现一条黄色的淡化控制线。

(2) 将时间线标尺移动到要添加关键帧的位置，单击“添加关键帧”按钮◆，在淡化控制线上创建关键帧，通过上下拖动关键帧句柄就可以改变声音素材在关键帧位置的音量大小。淡化控制线的设置如图 3-93 所示。

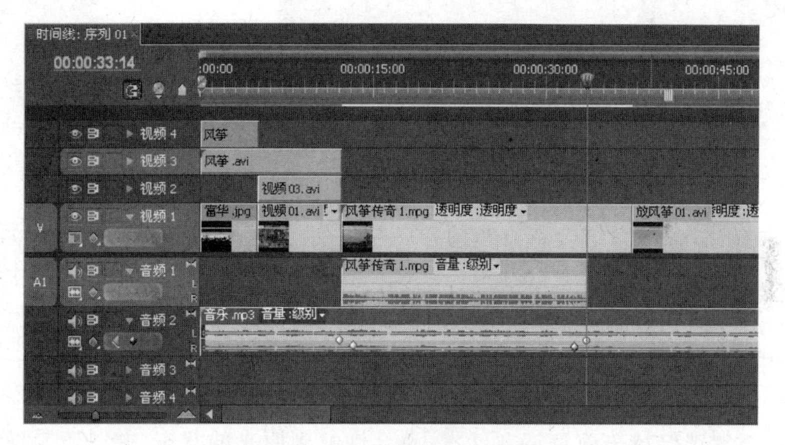

图 3-93 淡化控制线的设置

5. 调音台的应用

可以在“时间线”窗口中直接对音频轨道的声音进行调整，也可以使用调音台边听边调整音频轨道上声音素材的音量等属性，Premiere 自动将操作编辑结果制定到“时间线”窗口中的素材上。

调音台就像一个专业的录音棚形式的声音混合控制台，“调音台”面板由若干个轨道音频控制器、主音轨控制器和播放控制器组成，如图 3-94 所示。每个控制器可由控制按钮、调节滑竿方便地调节声音。

使用鼠标拖动音量调节滑竿▮可以实时调整声音的音量，在“调音台”面板中对声音素材进行编辑后，Premiere 自动在“时间线”窗口的淡化控制线上创建关键帧。对于整个轨道音量的调整可以直接拖动滑竿，调整的结果以 dB(分贝)的模式显示在“调音台”面板中，还可以直接在下方的参数输入区中输入数值后按回车键确定，在“调音台”面板中还以 VU 表的方式图形化显示声音调整的结果，当 VU 表顶部的小指示器转变为红色时，说明声音的设置结果过高，会导致失真。

在“调音台”面板中，每个音频轨道还都包含一个摇移/平衡控制，因此可以方便地通过顺时针或逆时针旋转左/右平衡旋钮，在左右声道之间摇移/平衡音频轨道中的素材，也可以直接在旋钮下面的参数输入区中输入－100～＋100 之间的数值后按回车键确定。

对于每个音频轨道，可以设置自动控制的状态。在“调音台”面板上展开“自动模式”下拉列表，如图 3-95 所示，在下拉列表中进行选择，可设置某种模式。

图 3-94 “调音台”面板

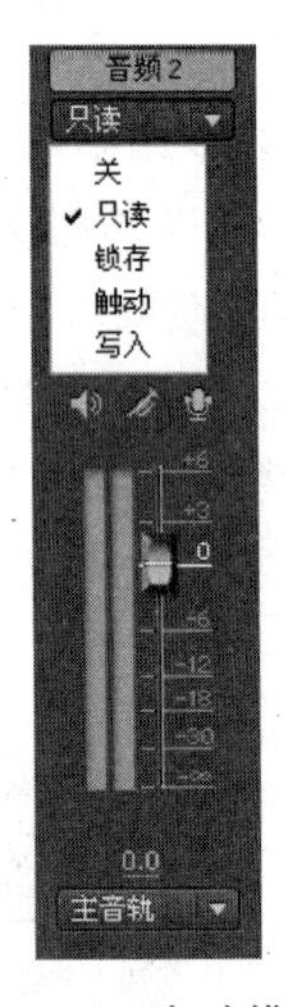

图 3-95 自动模式

- 关：选择该命令，系统会忽略当前音频轨道上的调节，仅按照缺省的设置播放。
- 只读：自动读取模式，它被设置为默认形式。在播放轨道声音的过程中如果运用了自动控制功能，在这一模式下就会自动读取发生变化属性的自动控制设置，在播放过程中，可以看到音量滑竿和摇移/平衡旋钮自己移动。
- 锁存：在这种模式下，在调节音量、摇移/平衡值以及其他参数的时候，松开鼠标按键时，会继续保持当前的调节状态，不会恢复到原来的状态，并一直持续到下一次修改之前。
- 触动：在这种模式下，只有在调节音量、摇移/平衡值以及其他参数的过程中，才执行自动写模式，如果松开鼠标按键时，会立即恢复到原来的状态。
- 写入：自动写入模式。自动写入模式是自动控制选项中最重要的模式。在这种模式下，单击“调音台”面板中的“播放”按钮会执行自动写入模式，单击“停止”按钮会结束自动写入模式，调节轨道音频的音量和摇移/平衡值，则改变的结果会实时地在“时间线”窗口轨道上显示为关键帧。

在“锁存”、“触动”和“写入”三种模式下，都可以实时记录声音调节。使用实时记录时，只能针对音频轨道进行。

(1) 单击“时间线”窗口中“音频 2”轨道左侧的“显示关键帧”按钮，选择“显示轨道音量”选项，如图 3-96 所示。

(2) 单击“调音台”面板中的按钮，“时间线”窗口中的声音开始播放。拖动音量控制滑竿进行调节，调节完毕，系统将记录调节结果，如图 3-97 所示。

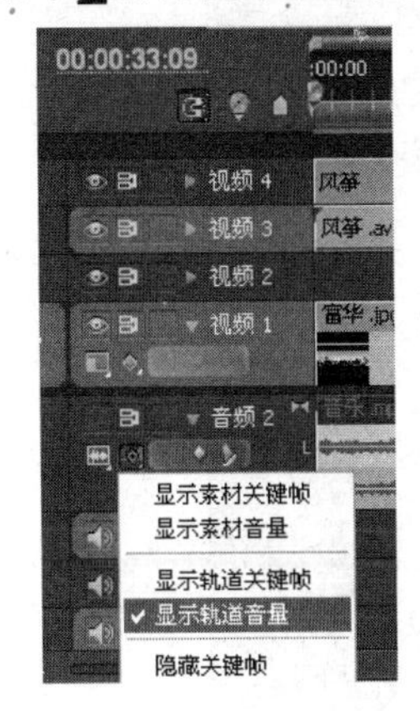

图 3-96　显示轨道音量

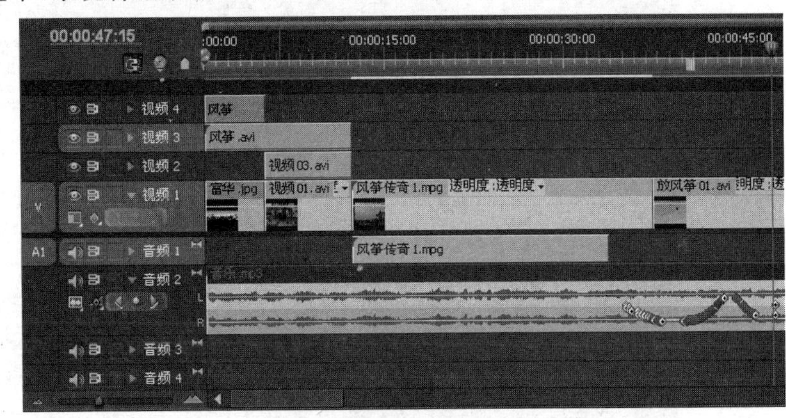

图 3-97　实时记录声音调节

在“调音台”面板的每个音频轨道上用相应的按钮来表示播放声音时的状态：

- “静音轨道”按钮：选择此项，播放时该轨道上的声音素材为静音状态。
- “独奏轨”按钮：选择此项，只播放该轨道上的声音，其余音频轨道上的素材为静音状态。
- “激活录制轨”按钮：选择此项，会在所选轨道上录制下声音信息，这样可以方便地进行后期配音。

3.4.10　影片输出

在“时间线”窗口中完成了数字影片的编辑工作，就可以将影片输出。在 Premiere Pro CS4 中，可以完成各种格式作品的导出，也可以将作品导出至其他媒体介质中，还可以直接录制成 CD、VCD 和 DVD 光盘等。

Premiere Pro CS4 中有关影片输出的命令都放置在“文件”|“导出”命令的级联菜单中，其中“媒体”命令最为常用。

(1) 执行“文件”|“导出”|“媒体”命令，打开“导出设置”对话框，如图 3-98 所示。“导出设置”对话框的左面部分为“预览”窗口，该窗口包含“源”和“输出”两个选项卡，在“源”选项卡中可对最终要输出的作品进行裁剪和设置，而“输出”选项卡中可以预览最终的导出效果；对话框的右面部分为“导出设置”窗口，可以对要导出作品的格式等参数进行设置。

(2) 在“导出设置”对话框中，单击打开“格式”下拉列表，如图 3-99 所示，可以从中选择输出文件的格式。最常用的格式为 AVI 音影视文件格式，当然也可以导出为单独的图像、影视或声音文件。

(3) 单击打开“预置”下拉列表，如图 3-100 所示，可以设定文件输出的制式。

(4) 在“输出名称”选项的后面，单击系统默认的输出路径和名称，选择要保存的路径和文件名称。

图 3-98 “导出设置”对话框

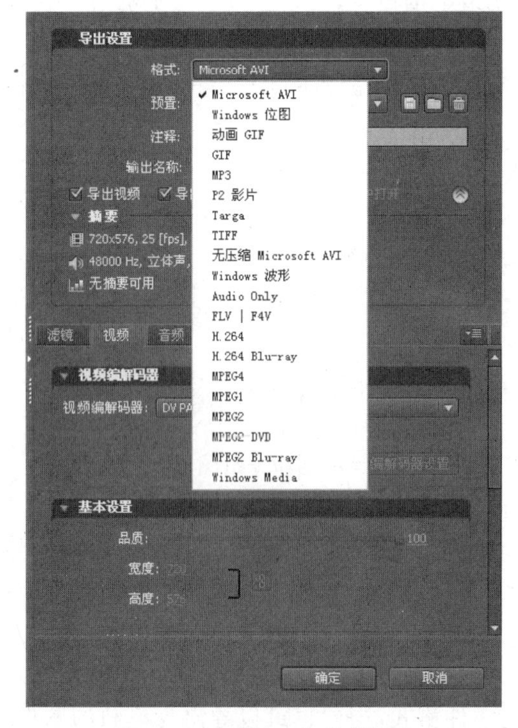

图 3-99 选择输出文件的格式

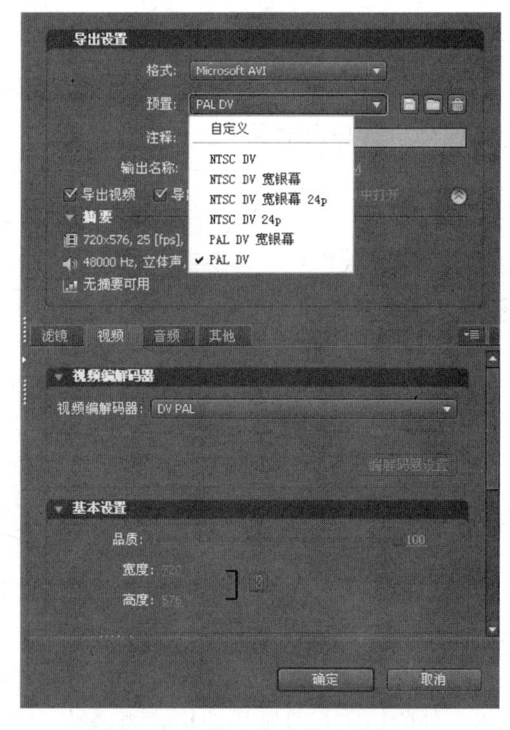

图 3-100 设定文件输出的制式

(5) 在“视频”选项卡中设置视频编码器、品质、高度和宽度等基本设置，如图 3-101 所示。

(6) 在“音频”选项卡中进行声音基本设置，如图 3-102 所示。

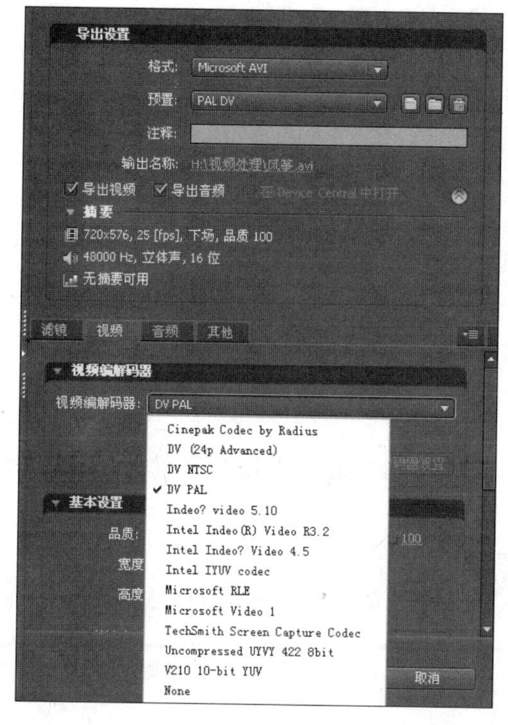

图 3-101 “视频”选项卡

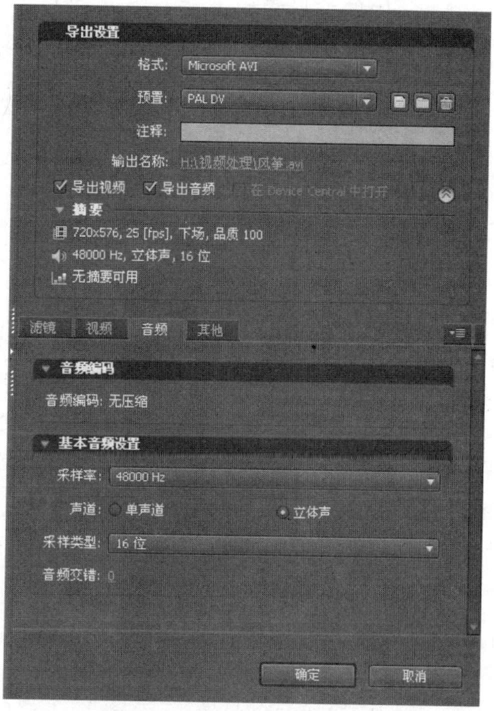

图 3-102 “音频”选项卡

完成整个导出设置后,单击“确定”按钮,便可进行文件的渲染和导出。

本章小结

本章首先介绍了声音和影视的基本概念、数字化的原理、编码标准、常用的文件格式,以及合成声音与 MIDI 规范。然后通过实例分别介绍了用 Audition 3.0 录制编辑声音的方法、用 Premiere Pro CS4 制作数字影视的方法。

Adobe Audition 是 Adobe 公司开发的一款专门的声音编辑软件,具有先进的声音混音、编辑和效果处理功能,可以控制声音,创建音乐,录制和混合项目,制作广播点,整理电影的制作声音,或为影视游戏设计声音。Premiere 是 Adobe 公司推出的非常优秀的非线性编辑软件,它可以配合硬件进行影视的捕获和输出,能对影视、声音、动画、图片、文本进行编辑加工,并最终生成电影文件。

习　题

1. 什么是声音信号? 决定声音信号波形的参数有哪些?

2. 什么是采样? 根据 Nyquist 理论,对频率为 10kHz 的声音信号进行采样的采样频率应为多少?

3. 什么是量化? 如一个数字声音的量化位数为 8,则其能够表示的声音幅度等级是多少?

4. 常用的波形编码方法有哪几种？

5. 目前对声音质量的评价有哪两种基本方法？

6. 采用 PCM 编码，若采样频率为 22.05kHz，量化位数为 16 位，双声道，录音 5 分钟的数据量为多少？

7. 数字声音的编码标准有哪些？

8. 常见的声音文件格式有哪些？

9. 简述音乐合成的原理。目前主要采用哪些音乐合成技术？

10. 什么是 MIDI？它有哪些优点？

11. MIDI 的音序器和合成器各有什么作用？

12. 什么是影视？简述影视图像的数字化过程。

13. 请对模拟影视和数字影视进行比较。

14. 常用的电视信号制式有哪几种？各自有哪些技术指标？我国的电视信号使用哪种制式？

15. 电视接收机的输入、输出信号有哪些类型？

16. 在对电视信号进行采样时，为什么采用 4∶1∶1 采样格式得到的数据量可以比 4∶4∶4 采样格式减少一半？

17. 数字影视有哪些常见的文件格式？各有什么特点？

18. 获取影视素材的方法有哪些？

19. 从光盘上获取一段影视素材，分别将其转换为.mpg 文件和.avi 文件。

20. Premiere Pro CS4 有哪些基本功能？

21. 用 Windows 的“录音机”录制一段声音，并进行编辑和特殊效果的处理，加入淡入淡出、回声等效果。

22. 用 Audition 录制两段声音，进行放大与缩小、去除杂音、淡入淡出处理，增加回响效果，并对这两段声音进行合并。

23. 将两个影视素材进行剪辑，并加上适当的转场效果，并对转场效果进行预览。

24. 对一段影视添加声音，并对声音效果进行适当的设置。

25. 自己设计制作一个较为完整的数字影片，包括片头、片尾的字幕、转场效果、叠加效果、运动效果等常用的效果。然后输出为不同格式的影视文件。

第 4 章　计算机动画制作

本章学习目标

- 理解动画的基本概念。
- 了解计算机动画的主要技术与方法。
- 了解二维动画和三维动画的制作过程。
- 了解计算机动画制作常用的软件工具。
- 掌握用 Ulead GIF Animator 5 制作 GIF 动画的基本方法。
- 掌握 Flash 动画制作的基本方法。
- 了解用 3ds max 9 制作三维动画的基本步骤和方法。

4.1　计算机动画技术基础

4.1.1　动画的基本概念

1. 动画

动画是将一系列静止、独立而又存在一定内在联系的画面(Frame)连续拍摄到电影胶片上再以一定的速度放映来获得画面上人物运动的视觉效果。

2. 计算机动画

计算机动画的原理与传统动画基本相同,只是在传统动画的基础上把计算机技术应用于动画的处理和应用中。简单地讲,计算机动画是指采用图形与图像的数字处理技术,借助于编程或动画制作软件生成一系列的景物画面。其中,当前帧画面是对前一帧的部分修改。运动是动画的要素,计算机动画是采用连续播放静止图像的方法产生景物运动的效果,这里所讲的运动不仅指景物的运动,还包括虚拟摄像机的运动以及纹理、色彩的变化等,输出方式也多种多样。所以,计算机动画中的运动泛指使画面发生改变的动作。计算机动画所生成的是一个虚拟的世界。画面中的物体并不需真正去建造,物体、虚拟摄像机的运动也不会受到什么限制,动画师几乎可以随心所欲地编织他的虚幻世界。

3. 动画与影视的区别与联系

(1) 动画和影视都是由一系列的静止画面按照一定的顺序排列而成的,这些静止画面称为帧,每一帧与相邻帧略有不同。当帧画面以一定的速度连续播放时,由视觉暂留现象造成了连续的动态效果。

(2) 计算机动画和影视的主要差别类似图形与图像的区别,即帧图像画面的产生方式有所不同。计算机动画是用计算机产生表现真实对象和模拟对象随时间变化的行为和动作,是利用计算机图形技术绘制出的连续画面,是计算机图形学的一个重要分支;数字影视主要指通过模拟信号源再经过数字化后的图像和同步声音的混合体。

目前,在多媒体应用中有将计算机动画和数字影视混同的趋势。

4. 动画的分类

动画的分类方法很多，主要有：

(1) 从制作技术和手段看，动画可分为以手工绘制为主的传统动画和以计算机为主的计算机动画。

(2) 按动作的表现形式来区分，动画大致分为接近自然动作的"完善动画"(动画电视)和采用简化、夸张处理的"局限动画"(幻灯片动画)。

(3) 从空间的视觉效果上，可分为二维和三维动画。

(4) 从播放效果上，可分为顺序动画和交互式动画。

(5) 从播放速度来讲，可分为全动画(24 帧/s)和半动画(少于 24 帧/s)。

最常用的动画分类方法是从空间的视觉效果上分类，即二维和三维动画。

4.1.2 计算机动画的主要技术与方法

1. 关键帧动画

关键帧技术是计算机动画中最基本并且运用最广泛的方法。关键帧技术来源于传统的动画制作。出现在动画片中的一段连续画面实际上是由一系列静止的画面来表现的，制作过程中并不需要逐帧绘制，只需从这些静止画面中选出少数几帧加以绘制。被选出的画面一般都出现在动作变化的转折点处，对这段连续动作起着关键的控制作用，因此称为关键帧(Key Frame)。

绘制出关键帧之后，再根据关键帧插入中间画面，就完成了动画制作。早期计算机动画模仿传统的动画生成方法，由计算机对关键帧进行插值，因此称为关键帧动画。

在二维、三维计算机动画中，中间帧的生成由计算机来完成，插值代替了设计中间帧的动画师。

关键帧技术通过对运动参数插值实现对动画的运动控制，如物体的位置、方向、颜色等的变化，也可以对多个运动参数进行组合插值。

2. 变形动画

变形技术是计算机动画中重要的运动控制方式，变形可以是二维或三维的。

基于图像的变形是一种常用的二维动画技术。图像之间的插值变形称为 Morph，图像本身的变形称为 Warp。

对图像做 Warp，首先需要定义图像的特征结构，然后按特征结构变形图像。图像的特征结构是指由点或结构矢量构成的对图像的框架描述结构，如在两个画面之间建立起对应点关系。两幅图像间的 Morph 方法是首先分别按特征结构对两幅原图像做 Warp 操作，然后从不同的方向渐隐渐显地得到两个图像系列，最后合成得到 Morph 结果。

三维 Morph 变形是指任意两个三维物体之间的插值转换渐变，主要内容是对三维物体进行处理以建立两者之间的对应关系，并构造三维 Morph 的插值路径。

3. 过程动画

过程动画指的是动画中物体的运动或变形用一个过程来描述。在过程动画中，物体的变形是基于一定的数学模型或物理规律。最简单的过程动画是用一个数学模型去控制物体的几何形状和运动，如水波的运动。较复杂的过程动画包括如物体的变形、弹性理论、动力学、碰撞检测在内的物体的运动。

4. 粒子动画

一些计算机场景的随机景物，如火焰、气流、瀑布等，在对其进行描述时，可采用粒子系统的原理，将随机景物想象成由大量的具有一定属性的粒子构成。每个粒子都有自己的粒子参数，包括初速度、加速度、运动轨迹和生命周期等。这些参数决定了随机景物的变化，使用粒子系统可以产生很逼真的随机景物。

5. 群体动画

在生物界，许多动物如鸟、鱼等以某种群体的方式运动。这种运动既有随机性，又有一定的规律性。群体的行为包含两个对立的因素，即既要相互靠近又要避免碰撞。控制群体的行为的三条按优先级递减的原则如下：

(1) 碰撞避免原则，即避免与相邻的群体成员相碰。

(2) 速度匹配原则，即尽量匹配相邻群体成员的速度。

(3) 群体合群原则，即群体成员之间尽量靠近。

6. 人物动画技术

在计算机图形学中，人体的造型与动作模拟一直是最困难、最具挑战性的问题。这是因为，常规的数学与几何模型不适合表现人体形态，人的关节运动特别是引起关节运动的肌肉运动也十分难以模拟。一种经常用于电影及游戏制作的简便方法是利用传感器记录真人的实际运动，从而模拟出真实人体运动。

7. 运动捕捉

运动捕捉技术是一种新的动画制作方法，是通过分析人体运动序列图像来提取人体关节点的三维坐标，从而得到人体的运动参数，因此能够获得完全真实的人体动画。

近年来，人们对计算机在视觉领域和图形学领域中的应用进行了许多研究，取得了丰硕的成果，计算机人体动画生成技术在电影和游戏中取得了广泛的应用。为了使人体运动更加逼真，很多动画产品用到了运动捕捉设备。运动捕捉设备能够以很高的精度实时记录下人体每一个关节在三维空间中的位置，经过后期处理，能够在计算机上重现这些运动数据，并且可以将人体运动克隆到不同的虚拟人物上。

为了提高数据的精度和稳定性，许多商品化的系统采用在人体关节点贴标示物的办法，或者采用特殊的硬件设备。

8. 三维扫描技术

三维扫描(3D Scanner)技术又称为三维数字化技术，能对立体的实物进行三维扫描，迅速获得物体表面各采样点的三维空间坐标和色彩信息，从而得到物体的三维彩色数字模型。部分特殊的三维扫描装置甚至能得到物体的内部结构。

与传统的平面扫描和摄像技术不同，三维扫描技术的扫描对象不再是图纸、照片等平面图案，而是立体的实物。获得的不是物体某一个侧面的图像，而是其全方位的三维信息。其输出也不是平面图像，而是对象的三维数字彩色模型。

由于三维扫描技术能快速方便地将真实世界的立体彩色信息转换为计算机能直接处理的数字信号，在影视特技制作、虚拟现实、高级游戏、文物保护等方面得到了广泛应用。

4.1.3 计算机动画制作软件工具

根据创作的对象不同，动画制作分为二维动画制作和三维动画制作两种。

1. 二维动画制作

二维动画是平面动画，常用于影视制作、教学演示、互联网应用等。常用的二维动画有：

(1) 传统动画制作。

Animator Studio 为 Autodesk 公司推出的 Windows 版二维动画制作软件，集动画制作、图像处理、音乐编辑、音乐合成等多种功能于一体。其前身为 DOS 版的 Animator Pro。该动画制作软件操作简单，可以生成 GIF、MOV、FLC、FLI 等格式的文件。

Animation Stand 是非常流行的二维卡通软件。其功能包括：多方位摄像控制、自动上色、三维阴影、声音编辑、铅笔测试、动态控制、日程安排、笔划检查、运动控制、特技效果、素描工具等。

Fun Morph 是一款用于实时创建变形特效(俗称"变脸")影片的软件，简单易学。可以使用自己的数码相片轻松完成在影视作品中大量采用的视觉特效的创作，既能用于网页、广告、MTV、影视等专业制作，又能供闲暇时娱乐。

(2) GIF 动画。

GIF 动画以其制作简单、使用广泛，在网页动画中的地位无可替代。目前 GIF 动画制作软件非常多，有 Ulead Gif Animator，Fireworks 等。

Ulead Gif Animator：Ulead 公司于 1992 年发布 Ulead Gif Animator 1.0 以来，Ulead Gif Animator 一直是制作 GIF 动画工具中功能最强大、操作最简单的动画制作软件之一。利用这种专门的动画制作软件，可以轻松方便地制作出自己需要的动画来，甚至不需要引入外部图片，也可利用它制作一些较为简单的动画，例如跑马灯的动画信息显示等；如果只输入一张图片，Gif Animator 可以自动将其分解成数张图片，制作出特殊显示效果的动画。新的版本又添加了不少可以即时套用的特效，以及更多的动画效果滤镜。目前常见格式的图像甚至部分格式影像文件均能够被顺利地导入，也可保存成时下最流行的 Flash 文件。

Fireworks：是 Macromedia 公司(现已被 Adobe 公司收购)推出的一款编辑矢量位图的综合工具，与 Dreamweaver 和 Flash 合称为网页制作三剑客。在 Fireworks 中，可以创建动画广告条、动画标志、动画卡通等多种类型的动画图像。

(3) Flash 动画。

在二维动画的软件中，Flash 可以说是后起之秀，它已无可争议地成为最优秀交互动画的制作工具，并迅速流行起来。Flash 使用矢量图形制作动画，具有缩放不失真、文件体积小、适合在网上传输等特点。可嵌入声音、电影、图形等各种文件，还可用 ActionScript 编程，进行交互性更强的控制。

目前，Flash 在网页制作、多媒体开发中得到广泛应用，已成为交互式矢量动画的标准。

2. 三维动画制作

三维动画属于造型动画，可以模拟真实的三维空间。通过计算机构造三维几何造型，并给表面赋予颜色、纹理，然后设计三维形体的运动、变形，调整灯光的强度、位置及移动，最后生成一系列可供动态实时播放的连续图像。三维动画可以实现某些形体操作，如平移、旋转、模拟摄像机的变焦、平转等。常用的三维动画制作软件有三类：

(1) 小型三维设计软件。

三维设计软件数量最多，如 TureSpace，Raydream 3D，Extreame 3D，CorelDream 3D，Animation Master，Bayce 3D，FormZ，Cool 3D，Poser 等。这些软件最大的特点是体积小、

简便易学，往往侧重某一个方面的功能。如 Animation Master 擅长卡通制作，Bayce 3D 长于山水自然景观的制作，Cool 3D 在制作三维文字和网页设计中表现出色，Poser 则侧重人物造型和运动。

（2）中型三维设计软件。

中型设计软件包括 LightScape 和 LightWave 等。LightWave 的特点是操作界面简明扼要，比较容易掌握、擅长渲染。LightScape 专长于渲染，不能制作，能输入其他三维软件的作品赋予材质、灯光进行渲染，是一流的渲染器，能产生出真彩色照片般的效果。LightScape 是一款世界领先的、面向可视化设计和数字化创作(DCC)人员的、具有照片级光照真实感模拟效果的应用软件，它的最新版本极大地提高了该软件的易用性并加强了该软件与 AutoCAD，3D Studio VIZ 和 3D Studio MAX 软件数据的交互共享能力。

（3）大型三维设计软件。

大型三维设计软件包括 3D Studio MAX，MAYA，Softimage 和 AutoCAD 等。3D Studio MAX 功能强大，并较好地适应了 PC 用户众多的特点，被广泛运用于三维动画设计、影视广告设计、室内外装饰设计等领域。MAYA 是由 Alias/Wavefront 在工作站软件的基础上开发的新一代产品，造型和渲染俱佳，特别是其造型功能可谓出神入化。Softimage 是由 SGI 工作站移植到个人计算机上的重量级软件，功能十分强大，长于造型和渲染。AutoCAD 广泛用于建筑设计、机械设计和三维建模等工业设计领域。

4.2 GIF 动画的制作

GIF 就是图像交换格式(Graphics Interchange Format)，它制作简单，应用广泛，主要有以下几个特点：

（1）GIF 只支持 256 色以内的图像。

（2）GIF 采用无损压缩存储，在不影响图像质量的情况下，可以生成很小的文件。

（3）它支持透明色，可以使图像浮现在背景之上。

（4）GIF 文件可以制作动画，这是它最突出的一个特点。

GIF 文件的众多特点恰恰适应了 Internet 的需要，于是它成了 Internet 上最流行的图像格式，它的出现为 Internet 注入了一股新鲜的活力。

GIF 动画制作软件非常多，下面以 Ulead GIF Animator 5 为例进行讲解。

4.2.1 Ulead GIF Animator 5 基本操作

1. Ulead GIF Animator 5 工作界面

启动 Ulead GIF Animator 5，将出现一个“启动向导”对话框，如图 4-1 所示，可以选择“动画向导”或“空白动画”创建一个 GIF 动画，也可以打开现有的图像文件、影视文件或样本文件进行编辑。如果不想让 GIF Animator 每次启动时都出现该对话框，可以选择“下一次不显示这个对话框”选项。

在“启动向导”对话框中选择“空白动画”或关闭向导对话框，则显示 Ulead GIF Animator 5 窗口，如图 4-2 所示。Ulead GIF Animator 5 窗口主要包括菜单栏、工具栏、属性设置面板、绘图工具箱、工作区、帧面板和对象面板等。

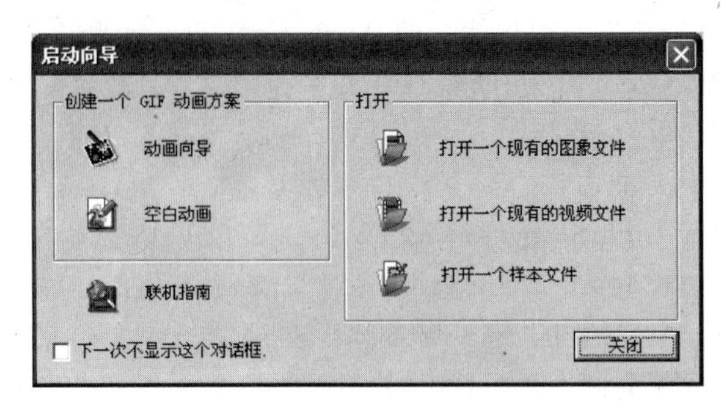

图 4-1 “启动向导”对话框

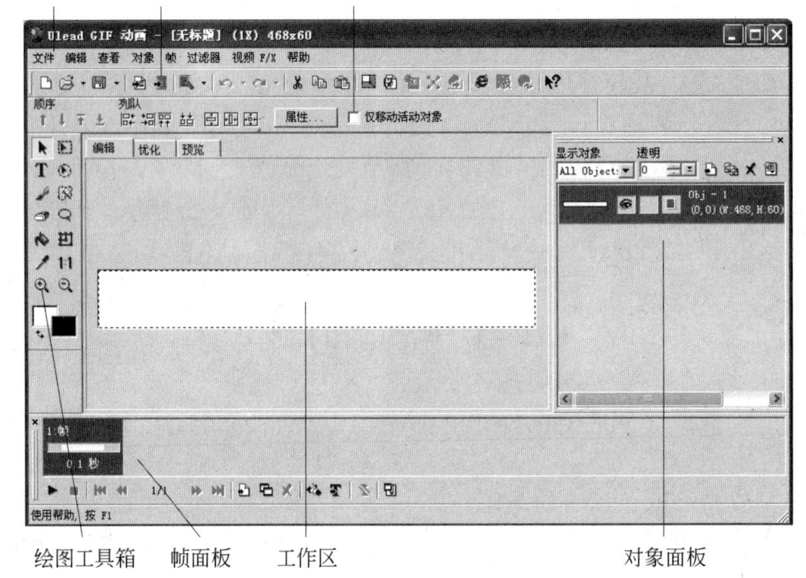

图 4-2 Ulead GIF Animator 5 窗口

(1) 菜单栏

包括“文件”、“编辑”、“查看”、“对象”、“帧”、“过滤器”、“视频 F/X”和“帮助”8 个菜单，分别完成从图像创建导入到图层滤镜和影视特殊效果的功能。

(2) 工具栏

Ulead GIF Animator 的工具栏上除了包含“新建”、“打开”、“保存”、“撤销”、“恢复”、“剪切”、“复制”、“粘贴”等标准的 Windows 应用程序按钮外，还有一些 Ulead GIF Animator 专用的按钮，其中最常用的是“添加图像”按钮和“添加视频”按钮，以及较为实用的“收藏图像编辑器”按钮。

- 添加图像：在当前层的后面加入一幅新的图像，新的图像是从外部文件获得的，如果插入的是一个 GIF 格式的动画文件，那么 Ulead GIF Animator 会自动把动画中的所有帧都插入到新的层，Ulead GIF Animator 根据动画的帧数相应地产生新层以容纳插入的图像，可以一次选择多幅图像一起插入到动画中。
- 加入视频：插入视频文件，如 avi、flc、mpg 等，Ulead GIF Animator 5 会自动把视

频文件中的所有帧都插入到 GIF 动画中。

- 收藏图像编辑器：Ulead GIF Animator 5 允许在编辑动画的同时，调用外部的图像设计软件，如 Photoshop、Illustrator 等，对所选的对象进行深入的编辑处理，这样就能利用别的图像工具的长处来弥补 Ulead GIF Animator 自身的某些缺陷。

(3) 绘图工具箱

窗口左边是绘图工具箱，使用工具箱，可以对图像进行修改，例如写字、填色等。

(4) 属性设置面板

用属性设置面板可以对选择的工具进行设置。

(5) 工作区

在工作区中可以查看 GIF 动画的结构，也可以针对每一幅 GIF 动画图像进行编辑。在工作区中提供了“编辑”、“优化”和“预览”三种工作模式，其中的优化功能，可以将图像优化成色彩数不同的 GIF 动画，相应的优化后的质量也会不同，同时还可以对优化的各种参数进行设置，在优化后程序还会报告优化的效果。

(6) 对象面板

窗口右边是对象面板，显示所有在动画作品中使用到的对象，每一个对象相当于一个图层，对象面板还提供多种实用的选项，使人们能够更好地管理和编辑这些对象。

(7) 帧面板

窗口下边是帧面板，帧相当于一个一个的小格，每一帧里可以放一幅图像，若将许多帧的图像连续播放就可以形成动画；帧面板的下边是一组命令按钮，用以播放图像、添加帧、删除帧和设置帧属性等。

2. 设置 GIF Animator

在使用 GIF Animator 时，先进行相关的参数设置，会使动画制作更加方便。执行“文件”|“参数选择”命令，出现“参数选择”对话框，其中共有 7 个选项卡，如图 4-3 所示。

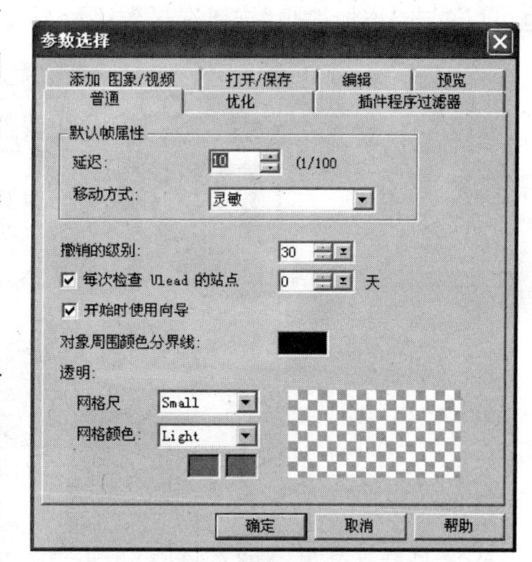

图 4-3 “参数选择”对话框

在“普通”选项卡中，可以对 GIF Animator 的默认帧属性等参数进行设置修改；在“添加图像/视频”选项卡中，可以设置在加入图像或视频时，是作为新的一帧还是加入到现在所在帧中；“优化”选项卡可以设置有关动画优化的参数；“插件程序过滤器”选项卡可以选择外挂滤镜；等等。

3. 使用动画向导制作 GIF 动画

利用 GIF Animator 提供的动画向导功能可以很方便地完成 GIF 动画制作。GIF Animator 实际上是把一系列的 GIF 图片压在一起而成为一个动态的图片文件的，那么这些 GIF 图片就是人们所说的素材，需要提前制作完成。制作的工具有很多，比如 Photoshop、Illustrator 和 Fireworks 等，素材准备好后就可以通过 GIF Animator 中的动画向导功能制作 GIF 动画了。

在这里用飞鸟的例子介绍动画向导的用法。先用 Photoshop 制作 4 幅大小为 170×145 的图像，文件名分别为“飞鸟 1. gif”、“飞鸟 2. gif”、“飞鸟 3. gif”和“飞鸟 4. gif”。

(1) 在启动程序时，选择 GIF Animator“启动向导”对话框中的“动画向导”选项，或者在程序启动以后执行“文件”|“动画向导”命令，出现“动画向导—设置画布尺寸”对话框，可以先设置画布尺寸为 170×145，如图 4-4 所示。

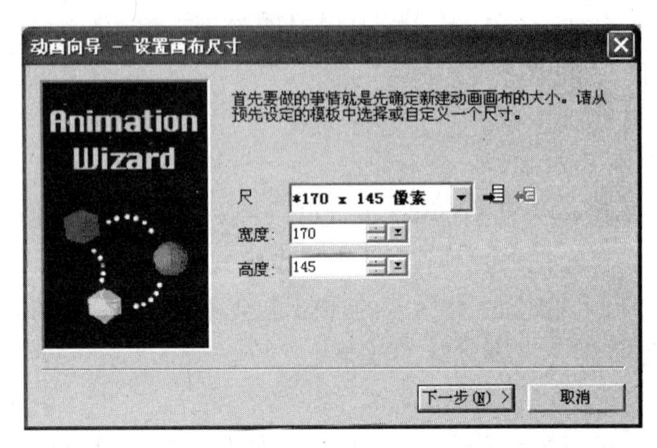

图 4-4 “动画向导—设置画布尺寸”对话框

(2) 单击“下一步”按钮，进入“动画向导—选择文件”对话框，如图 4-5 所示。单击“添加图像”按钮，进行图片素材的选择，可以一项一项地分别选择，也可以一次选择多项。当然也可以单击“添加视频”按钮选择数字影视文件。

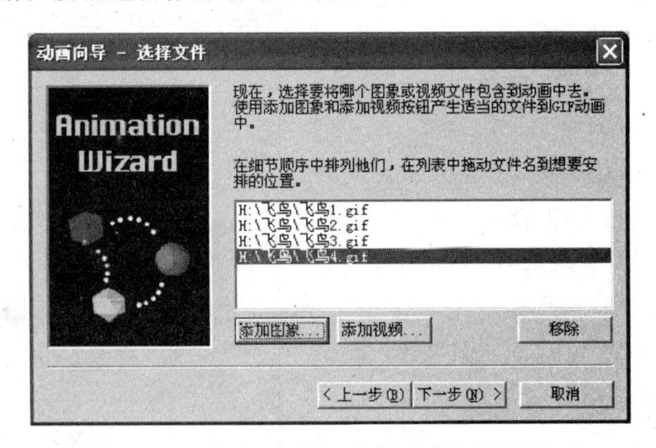

图 4-5 “动画向导—选择文件”对话框

(3) 选择完要导入的素材后，单击“下一步”按钮进入“动画向导—画面帧持续时间”对话框，如图 4-6 所示。在提示栏里面有很详细的解释，根据解释可设置每个帧的延迟时间，参数栏中输入的延迟时间以 1s/100 为单位，可以指定帧的速率，同时在下面的“演示”框中可以预览设置结果。

(4) 单击“下一步”按钮，出现“动画向导—完成”对话框，如图 4-7 所示。然后在单击“完成”按钮后，一个动画就制作完成了。

(5) 单击“完成”按钮，即可完成动画的制作，如图 4-8 所示。

(6) 单击“预览”选项卡，可以预览动画的效果，如图 4-9 所示。

(7) 执行“文件”|“保存”命令，将文件命名为“飞鸟”，保存格式为 uga。这样就非常容易

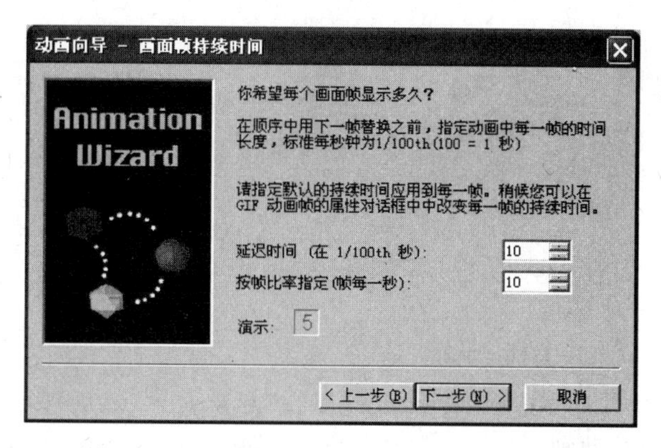

图 4-6 “动画向导—画面帧持续时间”对话框

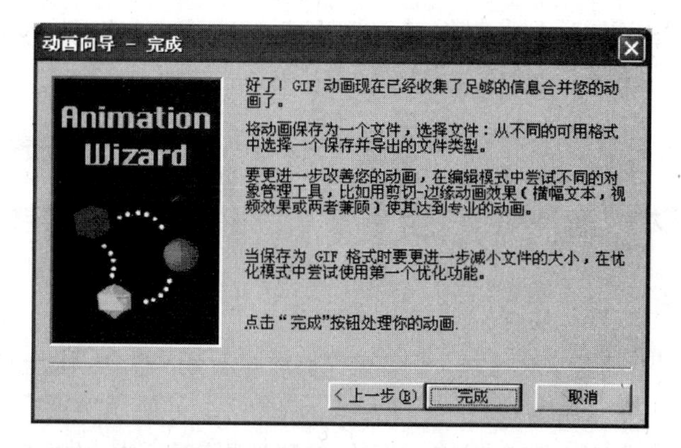

图 4-7 “动画向导—完成”对话框

图 4-8 使用动画向导制作的 GIF 动画

图 4-9　GIF 动画效果

地制作了一个鸟在振动翅膀飞翔的动画。

4. 用"新建"命令制作 GIF 动画

除了用动画向导建立 GIF 动画外，还可以在"启动向导"对话框中选择"空白动画"或用"新建"命令，制作 GIF 动画。

下面通过制作一个简单的动画 LOGO，再熟悉一下用 Ulead GIF Animator 5 制作 GIF 动画的基本方法。用 Photoshop 制作两幅大小为 200×80 的图像，文件名分别为 Lt1.jpg 和 Lt2.jpg，如图 4-10 所示。

图 4-10　图像 Lt1.jpg 和 Lt2.jpg

(1) 启动 Ulead GIF Animator 5，执行"文件"|"新建"命令，在出现的"新建"对话框中设置画布尺寸为 200×80 像素，画布外观为默认颜色(也可使用透明)，如图 4-11 所示。

(2) 执行"文件"|"参数选择"命令，出现"参数选择"对话框，在"添加图像/视频"选项卡中选择"插入为新建帧"选项，如图 4-12 所示。

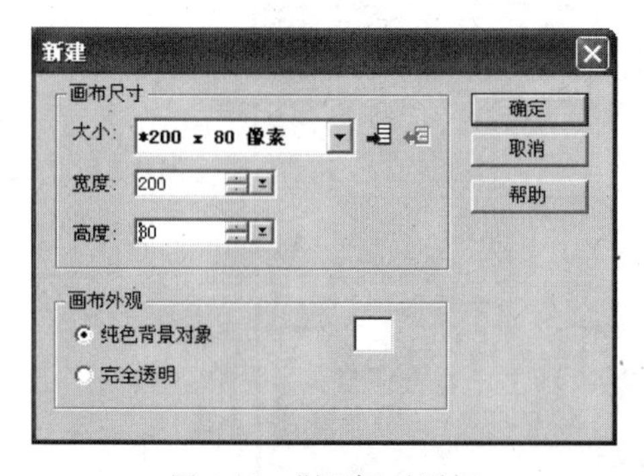

图 4-11　"新建"对话框

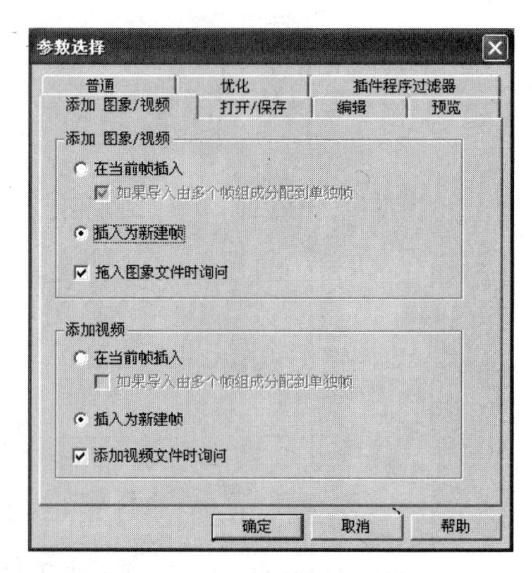

图 4-12　选择"插入为新建帧"选项

(3) 单击"加入图像"按钮，将图像 Lt1.jpg 添加到工作区，则在帧面板中会显示增加的一帧，在对象面板增加一个图层，显示该图像，如图 4-13 所示。

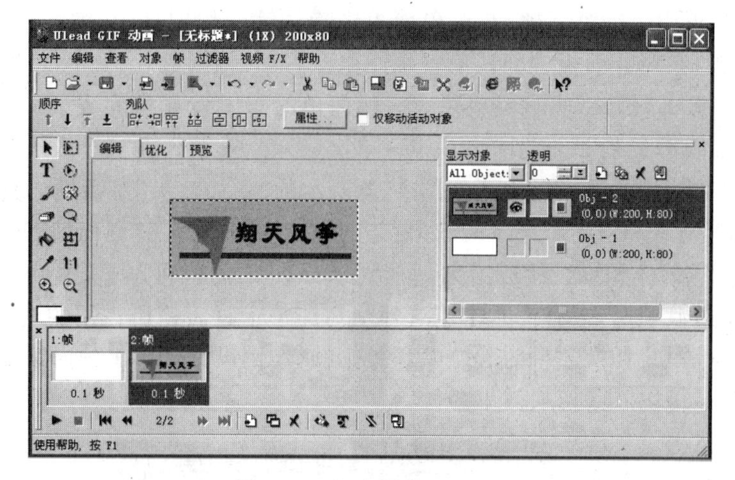

图 4-13　加入图像 Lt1.jpg

(4) 再次单击“加入图像”按钮，添加另一幅图像 Lt2.jpg，帧面板中会再增加一帧。每加入一个对象，Ulead GIF Animator 5 就会自动给其一个对象名，在对象面板中会显示某一时刻对象的状态和层的次序，如图 4-14 所示。在工作区或对象面板中双击可以修改对象属性，本例不修改对象属性，使用默认值。

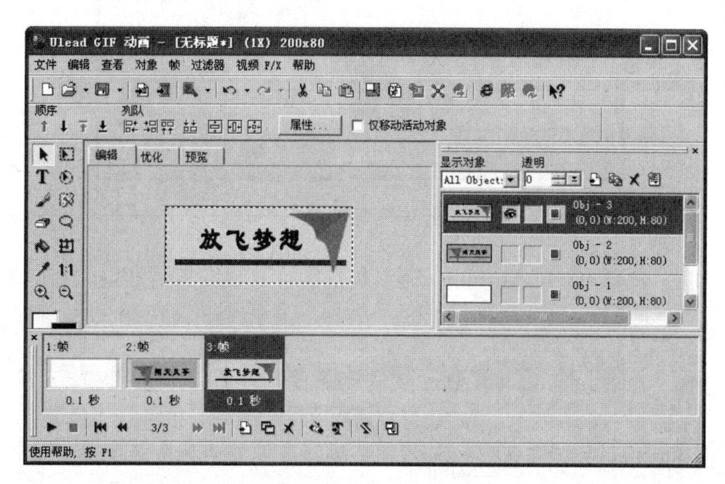

图 4-14　加入图像 Lt2.jpg

(5) 在帧面板中的第一帧是多余的，单击将其选中，然后再单击“删除帧”按钮将其删除，后面各帧自动前移。双击现在的第一帧，出现“画面帧属性”对话框，如图 4-15 所示，设置这一帧的持续时间为 300(单位为 1s/100)，即 3s。同样设第二帧的持续时间为 3s。

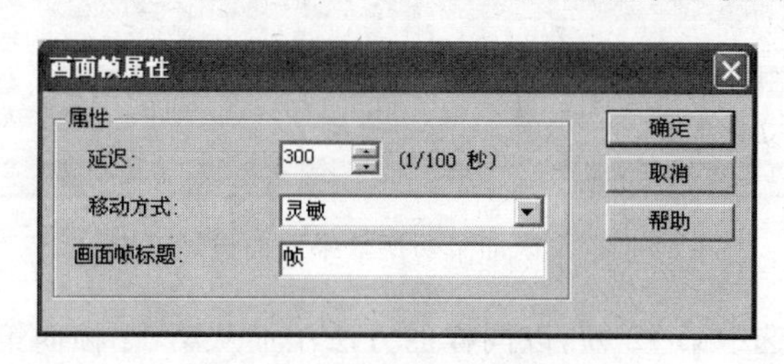

图 4-15　“画面帧属性”对话框

(6) 在帧面板中单击第一帧，在对象面板中确认第一幅图显示，第二幅图隐藏；单击帧面板中的第二帧，在对象面板中确认第一幅图隐藏，第二幅图显示。

(7) 在工作区的“预览”页预览成果。一幅简单的 GIF 动画就完成了。

(8) 下面继续增加效果。选择第一帧，单击菜单“视频 F/X”|F/X|Diamonds A-F/X(或选择一种喜欢的切换方式)，出现如图 4-16 所示的“添加效果”对话框。其中“画面帧”表示从一幅图切换到另一幅图所产生的效果要几幅图来实现，当然“画面帧”的值越大，效果也就越好，不过 GIF 的体积也会相应增大，一般在 5～10 之间就可以了，本例选择“10”帧；“延迟时间”为每个过渡帧所占用时间，本例选择“4”，即每个过渡帧所占用的时间为 0.04s；“原始帧”和“目标帧”设定切换效果的起始帧和目标帧，本例设置从第 1 帧向第 2 帧切换。在右边有一个预览窗，可以看到切换效果。

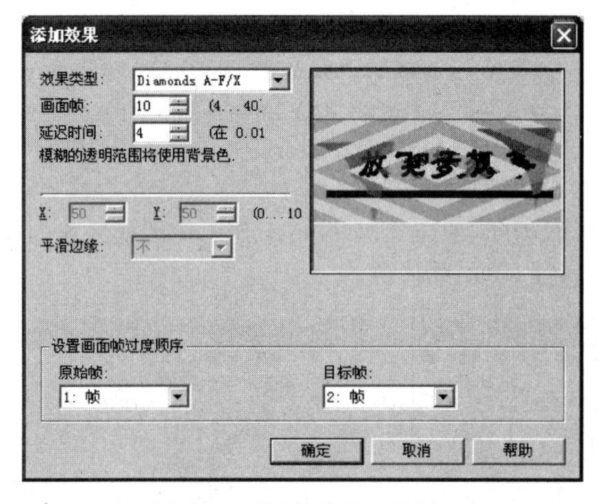

图 4-16 “添加效果”对话框

(9) 单击“确定”按钮，GIF Animator 会自动增加 10 帧(现在共有 12 帧)，生成相应的转换效果图，如图 4-17 所示。

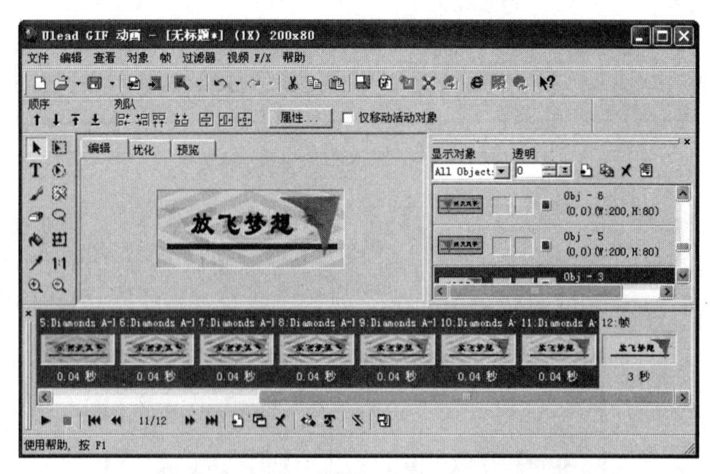

图 4-17 添加了切换效果后的设计窗口

(10) 在帧面板中选中第 12 帧，以同样的方法添加从第 12 帧向第 1 帧的切换效果。

(11) 制作完成，预览效果，将反复循环播放 GIF 动画，如图 4-18 所示。

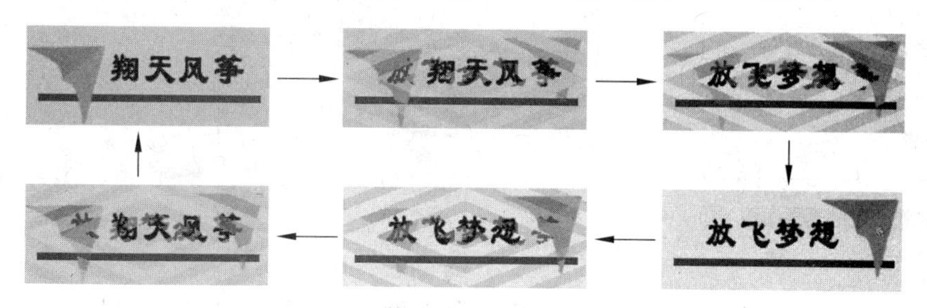

图 4-18　GIF 动画预览效果

(12) 保存文件。执行“文件”|“保存”命令，将文件命名为 logo，保存格式为 uga。

5. 优化 GIF 动画

在设计动画过程中，当帧数较多时，这个动画文件可能会较大，不适合于在网络上传播，所以 GIF Animator 中提供了对动画进行优化的功能。

打开 GIF 动画文件 logo. uga，在工作区选择“优化”选项卡，进入优化设置窗口，如图 4-19 所示。在这个窗口的左侧是原始图像，右侧是系统按照默认优化设置所优化的图像。另外有一个“颜色调色板”窗口，此窗口中显示了优化后图像中使用的颜色。

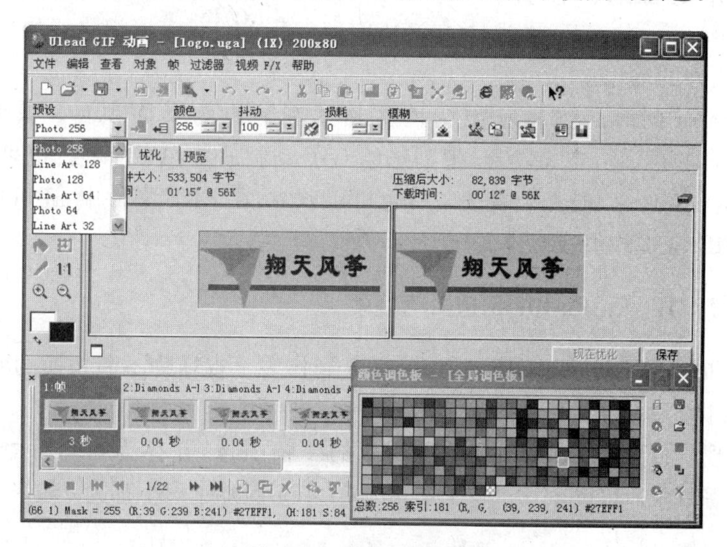

图 4-19　优化设置窗口

GIF Animator 中预设了 10 个方案，可以将图像优化成色彩数不同的 GIF 动画，相应的优化后的质量也是不同的。同时还可以对优化的各种参数进行设置，在优化后程序还会报告优化的效果。如果对优化的效果不满意，或者优化后所取得的大小不满意，可以进行有关像素的设置。

6. GIF Animator 支持的输出格式

在 GIF Animator 中，制作动画后，执行“文件”|“保存”命令，可保存为 uga 格式。uga 格式是 GIF Animator 自己开发的一种保留 GIF 动画信息的文件格式，当需要再次修改这个动态 GIF 的时候就可以打开这个文件，然后进行修改。

如果执行“文件”|“另存为”命令或执行“文件”|“导出”命令，可输出为多种文件格式，如

图 4-20 所示。

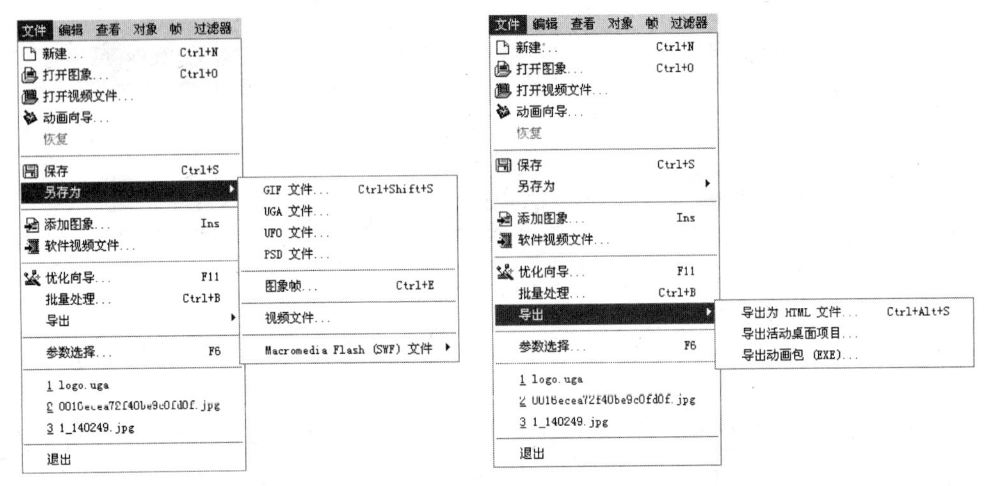

图 4-20　GIF Animator 支持的输出格式

当然,GIF Animator 最常用最主要的输出是把动画保存为标准的 GIF 格式,可以将它随意地插入网页及其他多媒体作品中。另外, GIF Animator 还支持 Photoimpact 的 UFO 格式,支持 Photoshop 的 PSD 格式,支持 MPEG、AVI、MOV 等影视格式的文件,以及 SWF 格式的 Flash 文件的输出。

GIF Animator 同时还支持输出为网页格式和输出为桌面项目。桌面项目利用了 Windows 中自带的桌面自定义功能,把动态的 GIF 动画放置在桌面上。也可以直接输出为可以执行的 EXE 文件,以便无须看图工具也可以欣赏,在 EXE 文件中,还可以带有声音,支持 WAV 和 MID 格式的声音文件。

4.2.2 Ulead GIF Animator 5 应用实例

下面介绍如何运用 Ulead GIF Animator 5 制作多个吉祥物不断切换的 GIF 动画。

1. 准备素材

用图像处理软件处理制作如图 4-21 所示的 4 幅图像,并存为透明背景的. gif 格式文件,4 幅图像分别为: Jt1. gif、Jt2. gif、Jt3. gif 和 Jt4. gif,尺寸大小都为 150×150 像素。

图 4-21　准备的素材

2. 制作动画

(1) 启动 Ulead GIF Animator 5,执行"文件"|"新建"命令,在出现的"新建"对话框中设置画布尺寸为 150×150 像素,"画布外观"选项设置为"完全透明"。

(2) 执行"文件"|"参数选择"命令,出现"参数选择"对话框,在"添加图像/视频"选项卡

中选择“在当前帧插入”选项，设置在加入图像或视频时是加入到现在所在帧而不是增加帧。

(3) 单击对象面板的“插入空白对象”按钮，在对象面板中插入一个空白对象 obj-1，在绘图工具箱中单击“椭圆形”选择工具，在工作区中建立一个圆形的选区，设置前景色为浅蓝色(R：120，G：221，B：255)，用绘图工具箱中的“填充工具”填充选区，则在对象 obj-1 中绘制了一个浅蓝色的圆形，如图 4-22 所示。

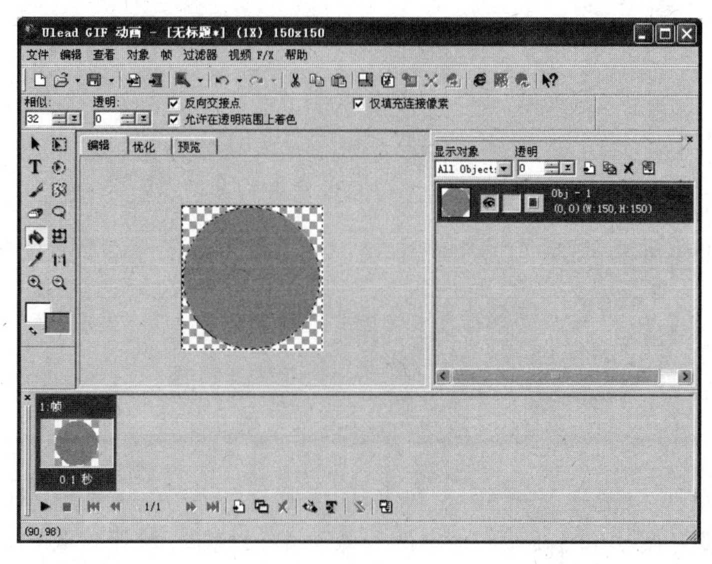

图 4-22 绘制圆形

(4) 单击“添加图像”按钮，导入图像 Jt1. GIF，并使用绘图工具箱中的变形工具调整其大小和位置，如图 4-23 所示。

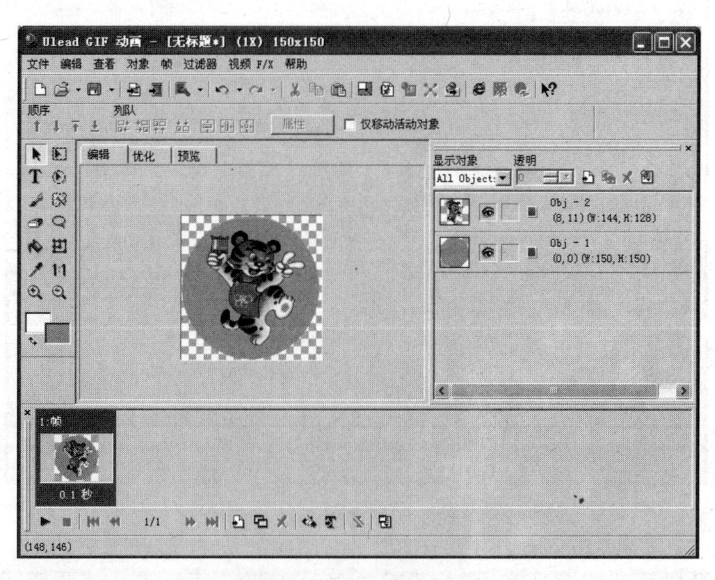

图 4-23 导入图像 Jt1. gif

(5) 用同样的方法分别导入图像 Jt2. gif、Jt3. gif 和 Jt4. gif，并适当地调整其大小和位置。由于在“参数选择”对话框中选择了“在当前帧插入”选项，所以所有对象都在第 1 帧中，如图 4-24 所示。

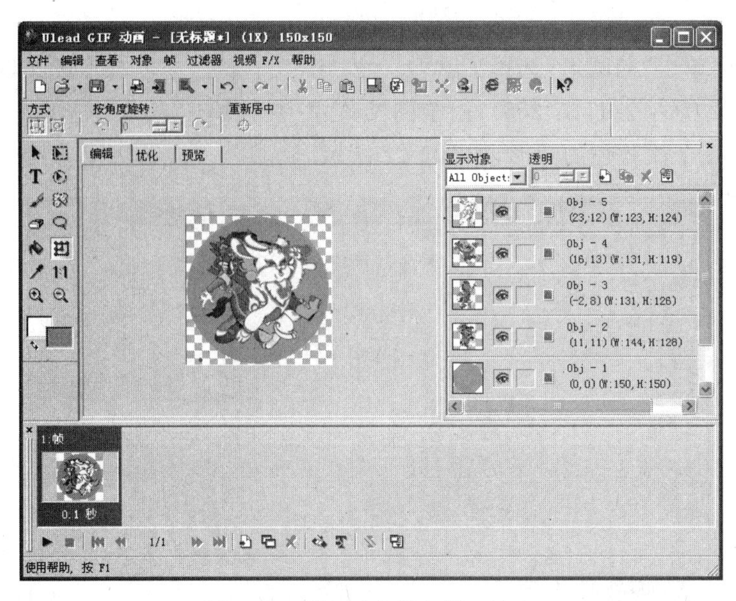

图 4-24　所有对象都在第 1 帧中

(6) 在帧面板中单击三次"相同帧"按钮，增加三个帧。在帧面板中单击选择第 1 帧，在对象面板中设置圆形和 Jt1. gif 对应的对象为显示状态，其他对象则隐藏，如图 4-25 所示。

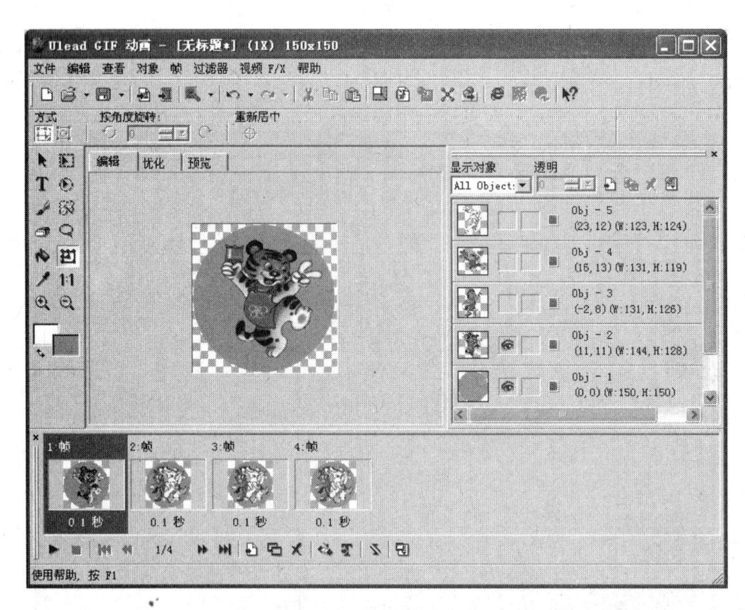

图 4-25　在对象面板设置对象的显示或隐藏状态

(7) 同样，设置第 2 帧圆形和 Jt2. gif 对象显示，其他隐藏；第 3 帧圆形和 Jt3. gif 对象显示，其他隐藏；第 4 帧圆形和 Jt4. gif 对象显示，其他隐藏。

(8) 单击选择第 1 帧，然后选择绘图工具箱中的文本工具 T，在工作区中单击，出现"文本条目框”对话框，输入“虎”字，参数设置如图 4-26 所示，单击“确定”按钮，即可建立一个文字对象，如图 4-27 所示。

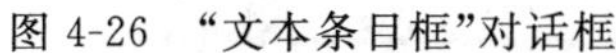
图 4-26 “文本条目框”对话框

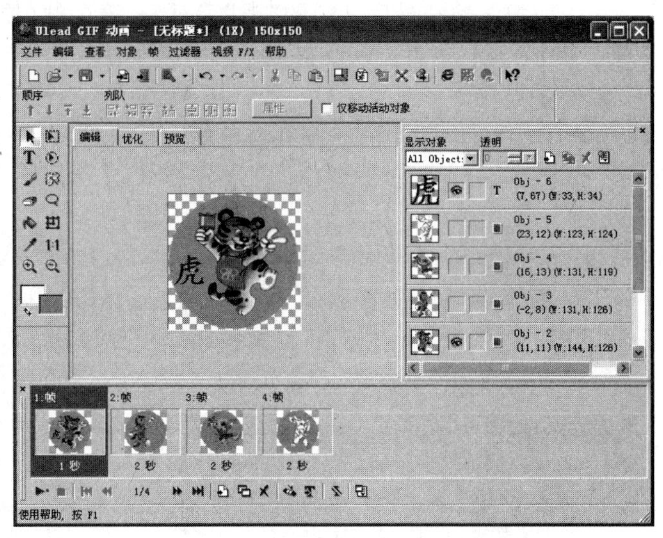

图 4-27 建立文字对象

(9) 用同样的方法分别在第 2～4 帧中输入“马”、“猴”和“兔”文字，然后在对象面板中将所有文字对象设置为隐藏状态。

(10) 双击第一帧，在“画面帧属性”对话框中设置“延迟”值为“100”，即 1s。类似地，设置第 2,3,4 帧的“延迟”值为“200”(2s)。

(11) 在帧面板中单击选择第 1 帧，单击“相同帧”按钮，复制一帧并将其拖到最后。这样第 1 帧和最后帧是相同的帧，延时各 1s，共 2s，其余各帧延时都为 2s，这样可以保证在动画循环播放的时候每个画面停留相同的时间(都是 2s)，使播放动画时衔接流畅。

(12) 单击工作区的“预览”选项卡演示动画。

(13) 回到“编辑”窗口，在帧面板中单击选择第 1 帧，单击“之间”按钮进行插值，在出现的对话框中，设置从第 1 到第 2 帧之间插入 5 帧，每个插入帧延时 0.1s，如图 4-28 所示。

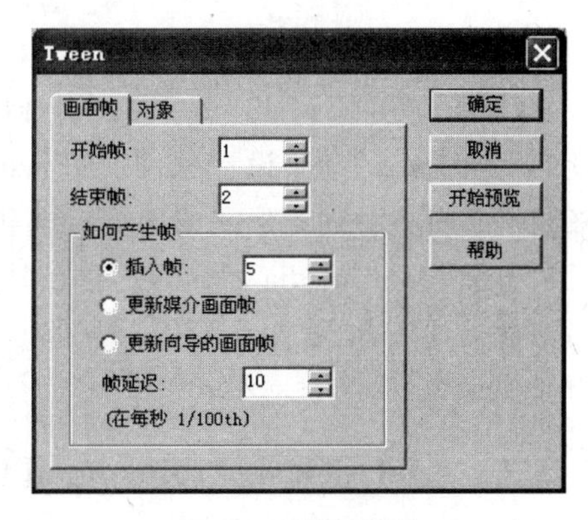

图 4-28 帧间插值

(14) 单击“确定”按钮，则在动画中插入了 5 个过渡帧，如图 4-29 所示。

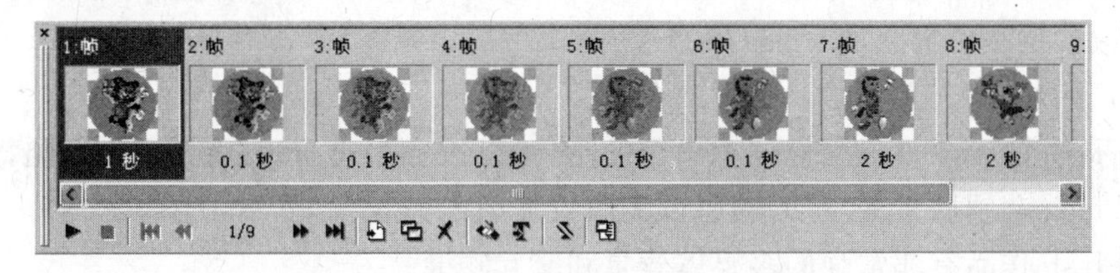

图 4-29 第 2～6 帧为插入的 5 个过渡帧

(15) 单击第 7 帧(插值前的第 2 帧)做相同的插值,在第 7 到第 8 帧之间插入 5 帧。以同样的方法,实现各图像之间的过渡。

(16) 将第 1 帧和最后一帧的"虎"字对象、第 7 帧(原第 2 帧)的"马"字对象、第 13 帧(原第 3 帧)的"猴"字对象以及第 19 帧(原第 4 帧)的"兔"字对象都设置为显示状态。至此制作基本完成。

(17) 预览效果无误后,优化并输出动态 GIF 动画,命名为 Jxw. gif。最终效果如图 4-30 所示。

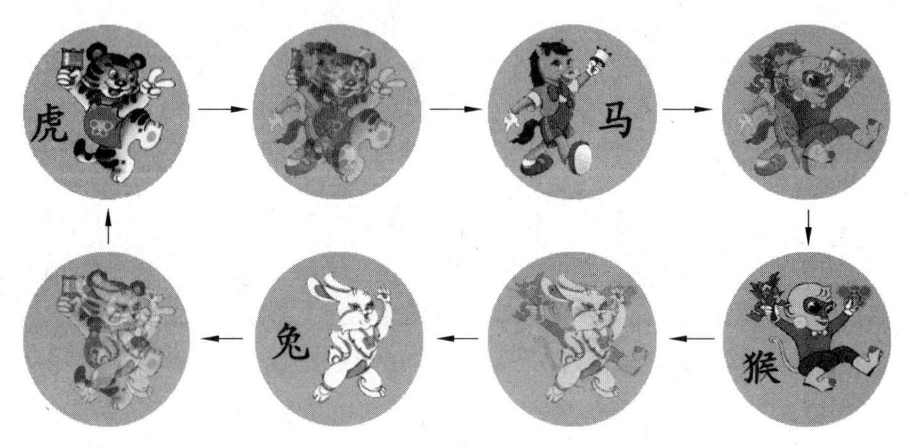

图 4-30　Jxw. gif 的动画效果

4. 3　Flash 动画基础

Flash 是美国 Macromedia 公司推出的交互式动画设计工具,它的精确概念是"基于矢量的具有交互的动画设计软件"。Flash 可以将音乐、声效和动画等各种元素融为一体,用来制作编辑各种动画形式的网页标志和网页广告,还可用来制作 MTV、游戏和网站。Flash 通常包括 Macromedia Flash,用于设计和编辑 Flash 文档,以及 Macromedia Flash Player,用于播放 Flash 文档。现在,Flash 已经被 Adobe 公司购买,最新版本为 Adobe Flash Professional CS5。

4.3.1　Adobe Flash Professional CS5 的文件格式与特点

Flash 文件有两种格式:fla 格式和 swf 格式。其中,fla 格式是 Flash 的源程序格式,打开文件能看到 Flash 的图层、库、时间轴和舞台,用户可以对动画进行编辑修改。swf 格式是 Flash 打包后的格式,这种格式的动画文件只用于播放,看不到源程序,不能对动画进行编辑和修改。网页中插入的 Flash 文件都是 swf 格式。

Flash 文件有以下特点:

(1) Flash 的 swf 格式文件体积出奇的小,可以边下载边演示,特别适合网络播放。

(2) Flash 动画属于矢量动画,可以无限放大而不失真。

(3) Flash 作品有非常强的多媒体效果和交互功能。

(4) Flash 有强大的面向对象的动作脚本语言,还能与数据库连接。

4.3.2 Flash Professional CS5 工作界面

Flash Professional CS5 启动后，首先显示的是开始页，如图 4-31 所示，通过它可以随意选择从哪个项目开始工作，方便访问最常用的操作。

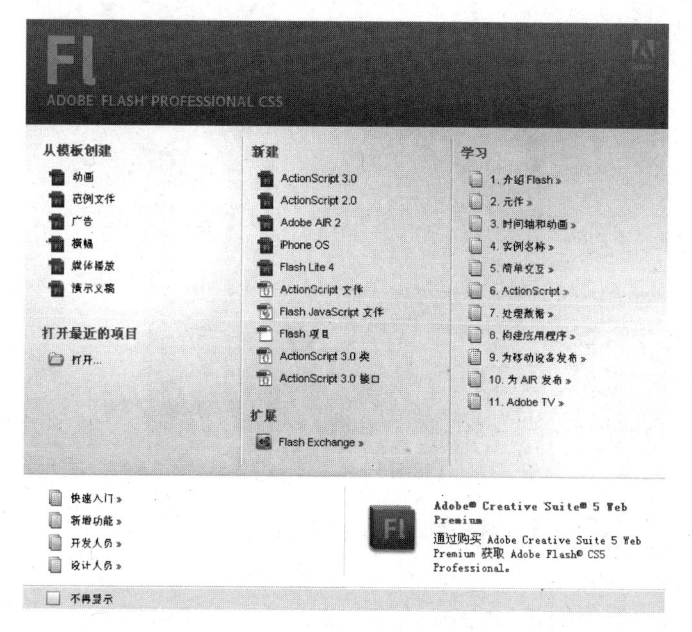

图 4-31　Flash 开始页

开始页分为三栏：

（1）从模板创建。

该栏中列出了创建文档的常用模板类型，从中选择一种模式，就可以快速选定该种类的文档。在下方的“打开最近的项目”栏中可以查看和打开最近使用过的文档。单击“打开”命令，将显示“打开文件”对话框，从中选择要打开的文件。

（2）新建。

从该栏中可以看到，在 Flash Professional CS5 中可以创建多种文档，包括：Flash 文件(ActionScript 3.0)、Flash 文件(ActionScript 2.0)、Adobe AIR2、iPhone OS、Flash lite4、ActionScript 文件、Flash 项目等。

（3）学习。

该栏列出了可供用来学习的栏目，单击其中某个栏目，即可进入具体学习内容。

如果想在下次启动 Flash Professional CS5 时不显示开始页，可以选择位于开始页左下角的“不再显示”复选框。

选择新建或打开 Flash 项目，便可进入 Flash Professional CS5 的用户界面。Flash Professional CS5 的主界面由菜单栏、场景、舞台、时间轴、功能面板组和工具箱等组成，如图 4-32 所示。

1. 菜单栏

菜单栏包括文件、编辑、视图、插入、修改、文本、命令、控制、调试、窗口和帮助共 11 组主

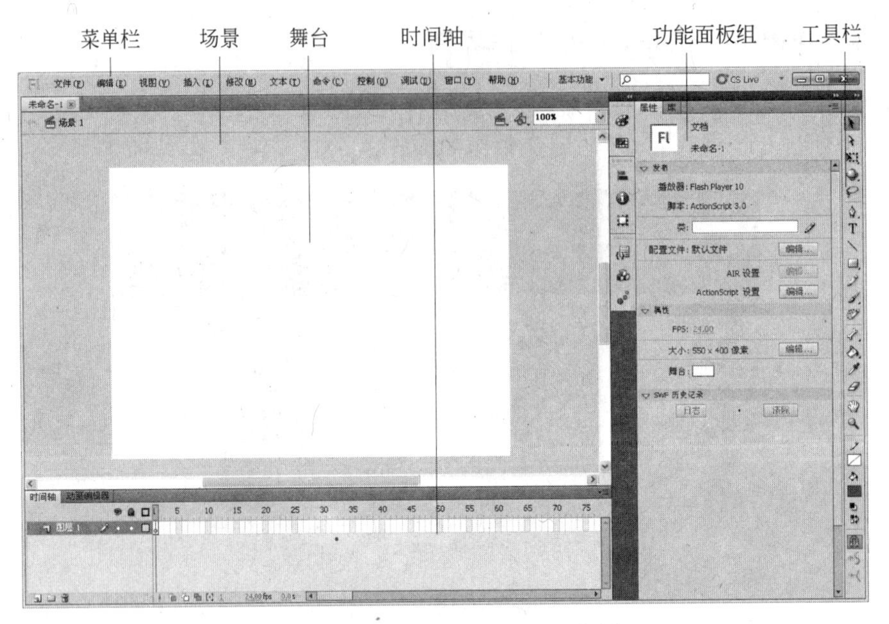

图 4-32　Flash Professional CS5 主界面

菜单，Flash 中的大部分操作都可以通过菜单栏实现。

2. 场景和舞台

在当前编辑的动画窗口中，把动画内容编辑的整个区域叫场景，可以在整个场景内进行图形的绘制和编辑工作，但是最终仅显示场景中白色区域中的内容，这个区域称为舞台，舞台之外灰色区域的内容是不显示的。

3. 工具栏

Flash Professional CS5 的工具箱位于窗口的右侧，在工具箱里，主要包括各种常用编辑工具。工具箱面板默认将所有功能按钮竖排起来，如果觉得这样的排列在使用时不方便，也可以向左拖动工具箱面板的边框，扩大工具箱。下面分别对工具箱中的各个工具做简要介绍：

（1）选择工具：用于选择各种对象。

（2）部分选择工具：可以通过选择对象来显示对象的锚点，通过调整对象的锚点或调整杆改变对象的外形。

（3）任意变形工具：用于对选定的对象进行形状的改变，可以旋转和缩放元件，也可以对元件进行扭曲、封套变形。该工具为多选按钮，在按钮上方按住左键，会打开选项组，可选择任意变形工具或渐变变形工具。

（4）渐变变形工具：主要对位图填充和渐变填充进行变形。

（5）3D 旋转工具：用于将对象沿 x、y、z 轴作任意旋转。

（6）3D 平移工具：用于将对象沿 x、y、z 轴作任意移动。

（7）套索工具：用于选择不规则的物件，被操作的对象必须处于“打散”状态。

（8）钢笔工具：主要用于编辑锚点，可以增加或删除锚点。该工具也包含一个选项组，里面还包括添加锚点工具、删除锚点工具、转换锚点工具。

(9) 文本工具：用于输入和编辑文本对象。

(10) 线条工具：用于绘制矢量直线。

(11) 矩形工具：用于绘制普通矩形，也可绘制圆形转角的矩形。该工具包含一个选项组，里面有椭圆工具、基本矩形工具、基本椭圆工具、多角星形工具。基本矩形工具和基本椭圆工具除了绘制形状外，还允许用户以可视化方式调整形状的属性。

(12) 铅笔工具：用于绘制任意线条，使用起来就像用铅笔在纸上作画一样。

(13) 刷子工具：刷子工具的功能和铅笔工具类似，使用起来就像使用毛笔在纸上作画一样。

(14) 喷涂刷工具：可以在指定区域内随机喷涂元件，特别适合添加一些特殊效果。

(15) Deco 工具：可以快速创建类似于万花筒的效果。

(16) 骨骼工具：可以向元件实例和形状添加骨骼。

(17) 绑定工具：可以调整形状对象的各个骨骼和控制点之间的关系。

(18) 颜料桶工具：用于填充对象的内部颜色，结合墨水瓶工具使用，可以对整个对象填充颜色。

(19) 墨水瓶工具：主要用于填充对象的外边框颜色，被操作的对象必须处于"打散"状态。

(20) 滴管工具：用于吸取指定位置的颜色，再将其填充到目标对象。

(21) 橡皮刷工具：用于擦除对象，被操作的对象必须处于"打散"状态。

(22) 手形工具：用于移动舞台，调整舞台的可见区域。

(23) 缩放工具：用于调整舞台的显示比例，可以放大或者缩小舞台。

默认情况下，将光标移至工具按钮上方，停留片刻，便会显示相应的工具提示，其中包含工具的名称和快捷键。要选择该工具，只需在英文输入状态下按下相应的快捷键即可。

4. "时间轴"面板

Flash Professional CS5"时间轴"面板位于舞台下方，用来安排动画内容的空间顺序和时间顺序，是控制影片流程的重要手段，也是动画和影视类软件中的重要概念。

5. 功能面板组

功能面板组是 Flash Professional CS5 中各种面板的集合。面板可以帮助查看、组织和更改文档中的对象。面板中的选项控制着元件、实例、颜色、类型、帧和其他对象的特征。要打开某个面板，只需在"窗口"菜单中选择与面板名称对应的命令即可。

大多数的面板带有选项菜单，单击面板右上角的按钮，可以打开该菜单，通过相应的菜单命令可以实现更多的附加功能。

4.3.3 Flash 动画的构成

Flash 动画通常由场景、时间轴、帧、图层、对象等元素构成，每种元素承担了一定的功能，它们与 Flash 动画设计是密不可分的。

1. 场景

从 Flash 的角度来说，可以把场景看做是舞台上所有静态和动态的背景、对象的集合，所有动画内容都会在场景中显示。一个 Flash 动画可由一个场景组成，也可由多个场景组成。一般简单的动画只需一个场景即可，但是一些复杂的动画，例如交互式的动画、设计多个主题的动画，通常需要建立多个场景进行设计，

2. 时间轴

时间轴是 Flash 的设计核心，如图 4-33 所示。时间轴左边是“层”操作区，动画在排列上的先后顺序用层来设定。时间轴右边是“帧”操作区，动画在时间上出现的先后顺序用帧来设定。时间轴中有一个红色的播放头，用来标识当前帧的位置。时间轴会随时间在图层与帧中组织并控制文件内容。

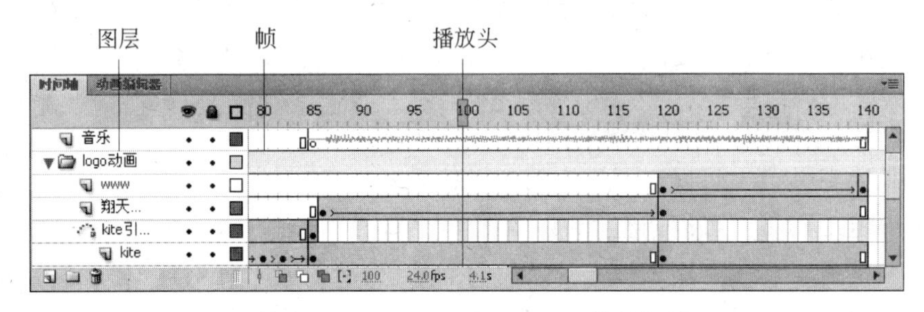

图 4-33　Flash Professional CS5 的时间轴

3. 帧

帧是 Flash 动画中的最小单位，类似于电影胶片中的小格画面，不同内容的帧串联组成了运动的动画。在时间轴中使用帧来组织和控制文档的内容。在时间轴中放置帧的顺序将决定最终内容的显示顺序。动画的播放速度称为帧频，以每秒播放的帧数(f/s)为单位。

Flash 中包括各种不同的帧，起着不同的作用。Flash Professional CS5 的帧的种类大致有：关键帧、空白关键帧、补间帧、属性关键帧和行为帧等。

(1) 关键帧：是一个对内容的改变起决定作用的帧，时间轴关键帧上标有黑色圆点，关键帧之间的画面由计算机根据关键帧的信息自动计算生成。

(2) 空白关键帧：是画面为空白的关键帧，时间轴空白关键帧上标有空心圆点，在空白关键帧引入对象或绘制对象，即转变为关键帧。

(3) 补间帧：创建动画时两个关键帧之间自动生成的帧。

(4) 属性关键帧：是在补间范围中为补间目标对象显示定义一个或多个属性值的帧，时间轴属性关键帧上标有黑色菱形。

(5) 行为帧：用于指定某种行为，在帧上有一个小写字母 a。

(6) 空白帧：时间轴上没有任何内容的帧。

4. 图层

如果说帧是时间上的概念，那么图层就是空间上的概念。图层就像一张张透明胶片，每张透明胶片上都有内容，将所有的透明胶片按照一定顺序重叠起来，就构成了整体画面。同样，Flash 图层中放置了组成 Flash 动画的所有对象，图层重叠起来构成了 Flash 影片，改变图层的排列顺序和属性可以改变影片的最终显示效果。

Flash 图层有 4 种类型：普通图层、运动引导层、遮罩层和文件夹图层。

(1) 普通图层：用来创建一般性动画，绘制和编辑对象。

(2) 运动引导层：用来绘制移动路径，使被引导层中的对象沿绘制的路径运动。

(3) 遮罩层：用来控制被遮罩层内容的显示。

(4) 文件夹图层：用来组织图层，文件夹中可以包含层，也可以包含文件夹。

5. 对象

Flash 动画的对象就是指构成动画的内容，包括形状、位图、文本、声音、影视以及元件等。通过在 Flash 中导入或创建这些对象，然后在时间轴中排列它们，就可以定义它们在 Flash 动画中扮演的角色及其变化。

(1) 形状：形状是一种可以在 Flash 中创建的图形对象，它属于矢量图形格式，形状对象在进行放大和缩小时，都不会产生失真。此外，矢量图形还具有体积小的特点，这也是 Flash 动画得以广泛传播的主要原因之一。

(2) 位图：Flash 支持位图图像的导入，允许将位图导入舞台或库面板中。将位图导入 Flash 时，该位图可以修改，并可用各种方式在 Flash 文档中使用它。执行"修改"|"位图"|"转换位图为矢量图"命令，可以将位图转换为矢量图形。

(3) 文本：文本就是 Flash 中显示的文字。Flash 中的文本对象包括静态文本、动态文本和输入文本。静态文本的内容和外观在创建时已经确定，并且不会发生改变；动态文本的内容并不确定，可在运行时动态更新，通常是将动态文本的字段实例设置为一个 ActionScript 变量，通过更改变量的值就可以更改文本内容；输入文本的内容在动画播放时由用户输入，使用户和 Flash 动画进行交互。

(4) 声音：Flash Professional CS5 提供多种使用声音的方式，可以使声音独立于时间轴连续播放，或使用时间轴将动画与音轨保持同步。另外，还可以向按钮添加声音，使按钮具有更强的互动性，甚至通过声音淡入淡出还可以使音轨更加优美。Flash 常用的声音格式包括 WAV 和 MP3 两种。

(5) 影视：Flash Professional CS5 支持影视播放，允许导入其他应用程序中的影视剪辑。Flash 支持多种影视格式，包括 MOV、AVI、MPG、MPEG、DV、DVI、ASF、WMV、FLV 等。可以将影视导入舞台或库中，以及对导入的影视进行编辑，设置影视的部署方式，影视播放组件的外观，也可以对导入的影视进行压缩，在清晰度和文件大小之间进行取舍。

(6) 元件：元件是存放在库中可以重复使用的对象，每个元件都有一个唯一的时间轴、舞台以及相关的图层。

4.3.4 Flash Professional CS5 基本操作

1. 新建 Flash 文件

打开 Flash Professional CS5 应用程序，然后在欢迎屏幕上单击"Flash 文件(ActionScript 3.0)"按钮或者单击"Flash 文件(ActionScript 2.0)"按钮，即可新建支持 ActionScript 3.0 脚本语言或支持 ActionScript 2.0 脚本语言的 Flash 文件。如果 Flash Professional CS5 已经打开，则可执行"文件"|"新建"命令，打开"新建文档"对话框，如图 4-34 所示，选择 ActionScript 3.0 选项或 ActionScript 2.0 选项，然后单击"确定"按钮。

2. 设置文档属性

Flash Professional CS5 舞台默认尺寸是 550×400 像素，默认背景颜色是白色。执行"修改"|"文档"|"文档属性"命令，出现"文档设置"对话框，如图 4-35 所示，单击"背景颜色"按钮，可以在颜色盒中选择新的背景颜色，这里设置背景颜色为浅灰色。同时，还可以在此修改舞台尺寸和动画播放的帧频等。

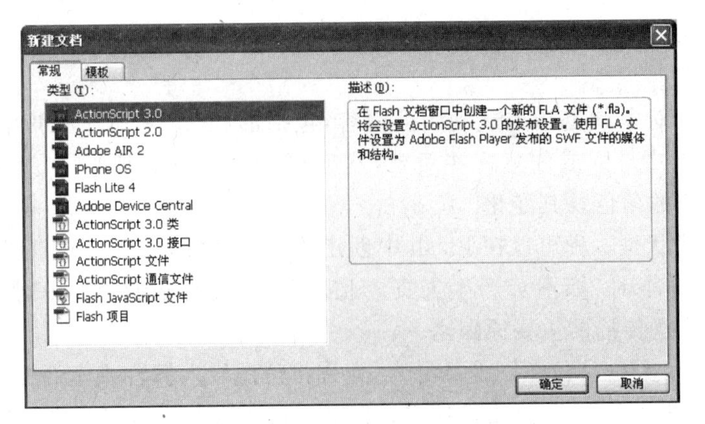

图 4-34　通过“新建文档”对话框创建文件

3. 制作图形对象

下面通过一个实例的制作过程，了解 Flash 的基本操作。本例制作了一个如图 4-36 所示的图形对象。

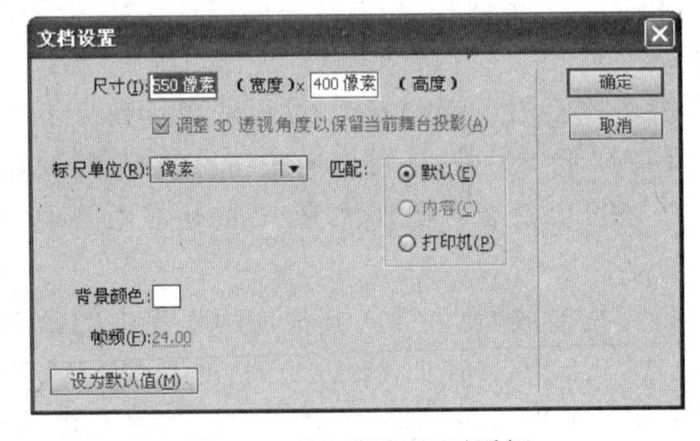

图 4-35　“文档设置”对话框

图 4-36　制作的图形对象

(1) 在工具箱中单击选中基本形状工具，设置填充颜色为橘黄色，笔触颜色为无色，在舞台上拖动鼠标绘制矩形，并在属性面板中设置矩形的“宽度”和“高度”分别是“180”和“40”，如图 4-37 所示。

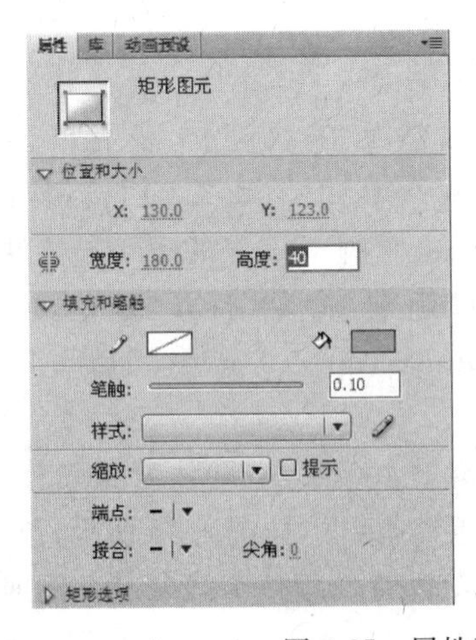

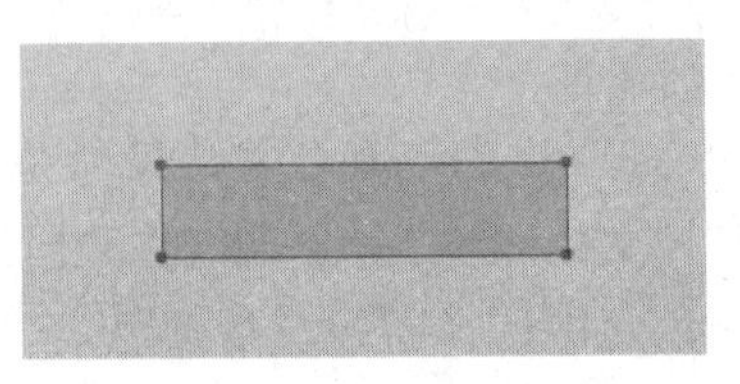

图 4-37　属性面板及绘制的矩形

(2) 在工具箱中选择选择工具选择矩形，此时矩形4角分别出现形状调节点，拖动某个形状调节点，改变矩形的边角半径，使之变为半圆形，如图4-38所示。

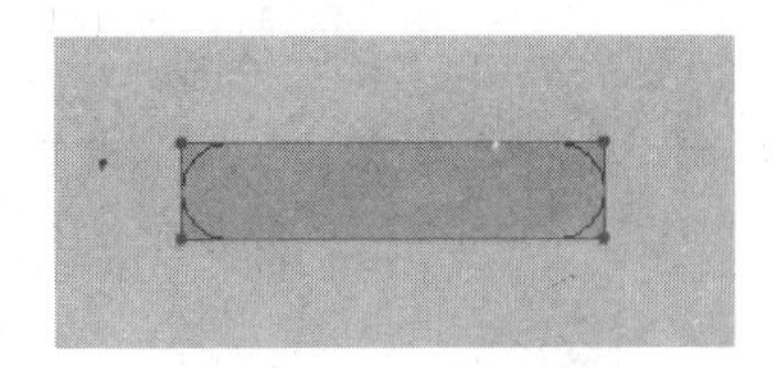
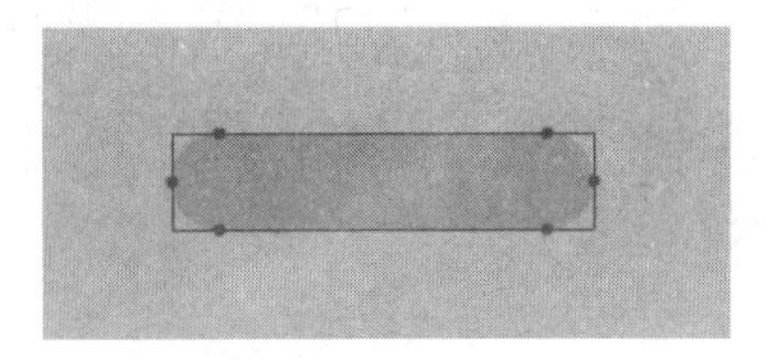

图4-38　调节矩形的边角半径

(3) 在工具箱中选择多边形工具，并在其属性面板上单击“选项”按钮，出现“工具设置”对话框，设置要绘制的多边形的“边数”为“3”，如图4-39所示。

(4) 设置填充颜色为白色，笔触颜色为无色，在工具箱中单击“对象绘制”按钮，在舞台上拖动鼠标绘制三角形，如图4-40所示。

图4-39　“工具设置”对话框

图4-40　绘制三角形

说明：Flash Professional CS5有两种绘图模式，一种是“合并绘制”模式，另一种是“对象绘制”模式。使用“合并绘制”模式绘图时，重叠的图形会自动进行合并，位于下方的图形将被上方的图形覆盖，当移开上方的图形时，下方的图形的重叠部分将被剪裁；而使用“对象绘制”模式绘图时，产生的图形是一个独立的对象，它们互不影响。

(5) 利用工具箱中的部分选择工具调整三角形的顶点，以改变三角形的形状，如图4-41所示。

(6) 在工具箱中选择选择工具选择三角形，先执行“编辑”|“复制”命令以及“编辑”|“粘贴到中心位置”命令复制一个三角形，按后执行“修改”|“变形”|“水平翻转”命令将复制的三角形做水平翻转，最后选择工具箱中的任意变形工具，将该三角形旋转并移动到适当的位置，如图4-42所示。

图4-41　改变三角形的形状

图4-42　复制、翻转、旋转并移动三角形

(7) 在工具箱中选择椭圆工具，设置填充颜色为无色，笔触颜色为白色，配合Shift键，绘制一个圆形，如图4-43所示。

(8) 选择这两个三角形和圆形，执行"修改"|"组合"命令，将其组合成一个对象，再选择工具箱中的任意变形工具，将该对象进行大小调整，并移动到合适位置上，如图 4-44 所示。

图 4-43　绘制圆形

图 4-44　调整对象

(9) 在工具箱中选择文本工具，设置文本填充颜色为白色，字体为楷体，字大小为 26，输入文字"软翅类"，如图 4-45 所示。至此，图形对象制作完毕。

图 4-45　输入文字

4. Flash 文件的保存、导出及发布

(1) 保存 Flash 文件。对于新建的 Flash 文件，建立完成需要保存。执行"文件"|"保存"命令，出现"另存为"对话框，如图 4-46 所示。输入文件名，单击"保存"按钮，可保存为 FLA 格式的文件。

图 4-46　"另存为"对话框

(2) 导出 Flash 文件。执行"文件"|"导出"|"导出图像"命令，出现"导出图像"对话框，如图 4-47 所示，可导出 SWF、AI、JPG、GIF、PNG 等格式的文件。本例因为是绘制了一个图形，所以可导出为 PNG 格式的文件。另外，也可以执行"文件"|"导出"|"导出影片"命令，导出 SWF、AVI、MOV 等格式的文件。

图 4-47 “导出图像”对话框

(3) 发布 Flash 文件。先执行“文件”|“发布设置”命令,出现“发布设置”对话框,如图 4-48 所示,进行格式的选择和参数的设置,然后执行“文件”|“发布”命令,可将其发布为 SWF、HTML、EXE 等格式的文件。

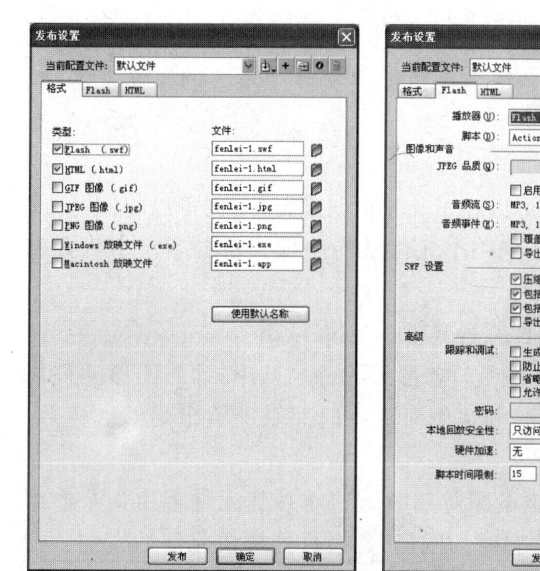

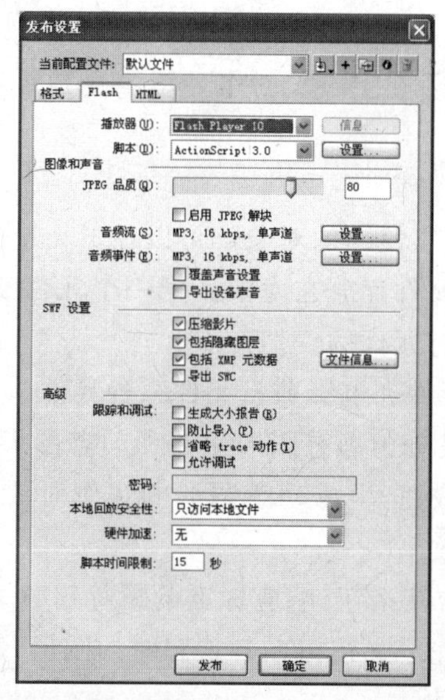

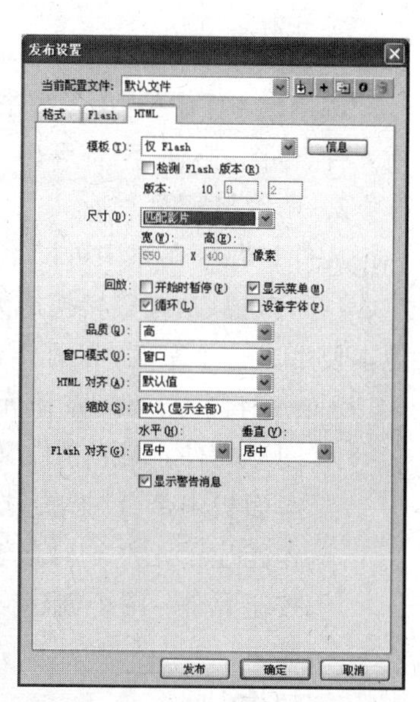

图 4-48 发布设置对话框中的“格式”、Flash 和 HTML 选项卡

5. 常用的 Flash 文件格式

Flash Professional CS5 支持多种文件格式,良好的格式兼容性使得用 Flash 设计的动画可以满足不同软硬件环境和场合的要求。常用的 Flash 文件格式有:

(1) FLA 格式

FLA 格式是 Flash Professional CS5 的源文件,可以在 Flash Professional CS5 中打开

和编辑的文件。

(2) SWF 格式

SWF 格式是 FLA 文件发布后的格式，也就是通常所说的“Flash 影片”或“Flash 动画”。SWF 格式的文件可以直接使用 Flash 播放器播放。

(3) AS 格式

AS 格式是 Flash Professional CS5 的 ActionScript 脚本文件，这种文件的最大优点就是可以重复使用。例如，可以将所有代码放在独立的 AS 文件中，如果其他项目要使用到类似的功能，只需直接调用这个 AS 文件中的代码即可。这样可以大大提高开发效率，减少代码的冗余程度。

(4) FLV 格式

FLV 格式是 FLASHVIDEO 的简称，FLV 是一种新的视频流媒体格式。由于它形成的文件极小、加载速度极快，使得网络观看影视文件成为可能，它的出现有效地解决了影视文件导入 Flash 后，使导出的 SWF 文件体积庞大，不能在网络上很好地使用等缺点。

(5) EXE 格式

EXE 格式是 Windows 的可执行文件，可以直接在 Windows 中运行。若将 Flash 动画发布为 EXE 格式，可以在没有安装 Flash 播放器的机器上观看。

4.3.5 库、元件与实例

1. 库

Flash 文件中的“库”存储了在 Flash 创作环境中创建或在文件中导入的媒体资源，包括元件、位图、影视、声音等。

2. 元件与实例

元件是存放在库中可以重复使用的对象。可以在 Flash 中创建元件，也可以将图片、文字、声音、影视、动画等转换成元件存放在库中。把一个元件从库中拖到舞台后产生的元件副本便生成一个实例，实例具有元件的一切特点。

Flash 有图形元件、按钮元件和电影剪辑元件三种元件。

- 图形元件：图形元件又分为静态图形元件和动态图形元件。其中，动态图形元件在库面板中带有“播放”按钮，生成动态图形的实例时要在时间轴上给出足够的帧数，才能显示元件的动态效果。
- 按钮元件：用于创建交互按钮，响应标准的鼠标事件。每个按钮元件都由 4 个帧组成，代表 4 种状态，应先定义按钮在各状态时的图形，然后再给按钮元件的实例分配动作。
- 电影剪辑元件：用来制作独立于主场景的动画片段，可以包括交互性控制、声音和其他电影剪辑的实例。

下面通过一个例子熟悉一下元件和实例。

(1) 执行“插入”|“新建元件”命令，出现“创建新元件”对话框，如图 4-49 所示。

(2) 单击“确定”按钮，进入创建元件的界面。设置填充颜色为红色，笔触颜色为无色，绘制一个圆形，则在“库”中显示一个元件：“元件 1”(默认名称)，如图 4-50 所示。

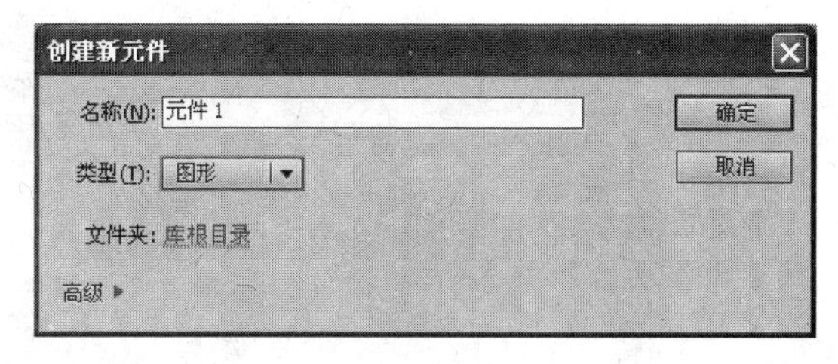

图 4-49 “创建新元件”对话框

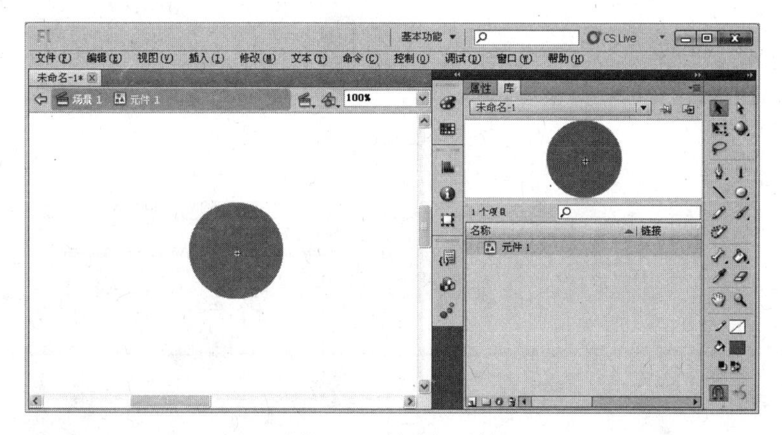

图 4-50 创建新元件

(3) 单击“场景 1”,回到场景中,将“库”中的“元件 1”拖动到舞台两次,便产生两个实例,如图 4-51 所示。

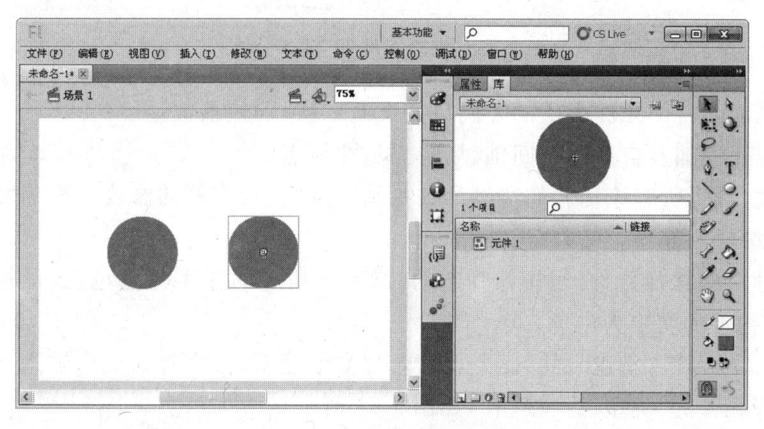

图 4-51 “元件 1”的两个实例

(4) 双击“库”中的“元件 1”,进入元件的编辑界面,改变“元件 1”的形状,返回“场景 1”即可发现,舞台中的两个实例都随之发生改变,如图 4-52 所示。

(5) 在舞台上用任意变形工具对其中的一个实例进行缩小和旋转操作,发现这个实例发生了变化,而元件则没有改变,如图 4-53 所示。

3. Flash 元件的特点

(1) 一个元件可以创建多个实例,系统只计算一个实例的长度,可以缩小文件。

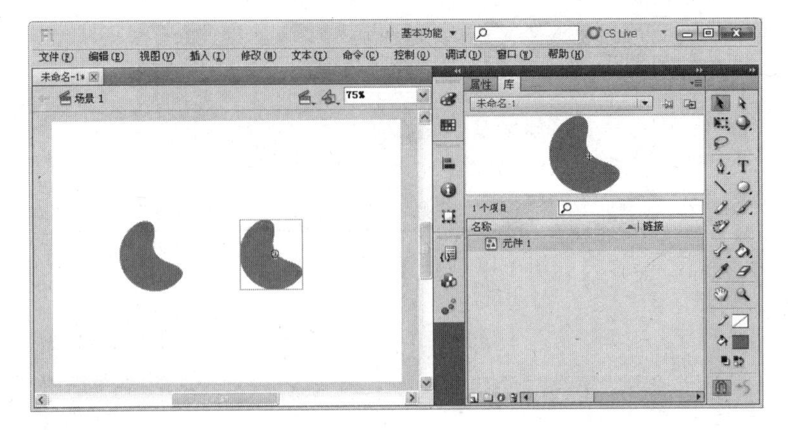

图 4-52　修改元件会影响实例

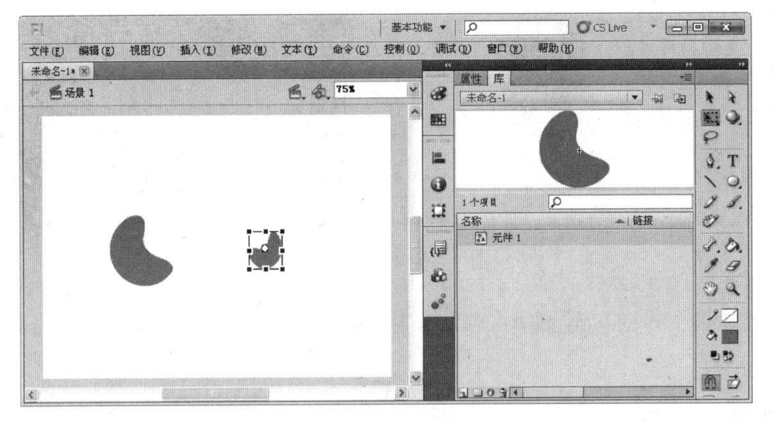

图 4-53　修改实例不会影响元件

(2) 浏览动画时由元件产生的实例只需下载一次，加快播放速度。

(3) 每个元件都有自己的时间轴、场景、层、注册点。

(4) 修改元件，所有该元件的实例都被更新。反之，对实例的修改不影响元件。

4. 创建按钮元件

下面创建一组按钮元件，当按钮弹起的时候，按钮上的文字为黑色，当鼠标指针经过按钮的时候，按钮上的文字为白色。

(1) 执行“插入”|“新建元件”命令，在弹出的“创建新元件”对话框中输入元件的名称为“bnt_1”，选择元件的“类型”为“按钮”，如图 4-54 所示。

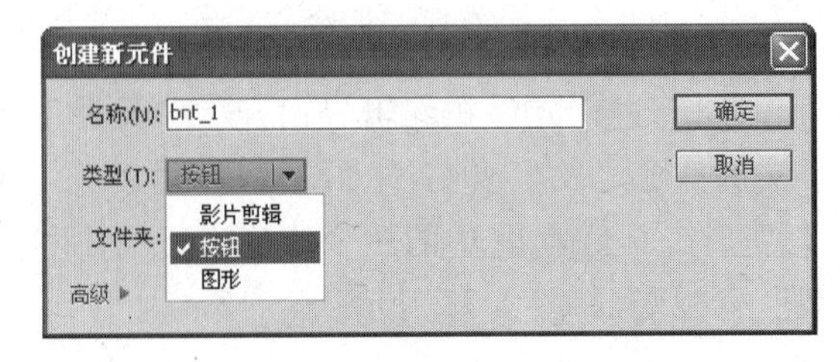

图 4-54　“创建新元件”对话框

(2) 单击“确定”按钮进入元件 bnt_1 的编辑状态。将“图层 1”重命名为“背景”，确认播放头位于时间轴的第 1 帧，即“弹起”帧，在舞台上绘制按钮的背景图案，然后在第 4 帧(“点击”帧)插入帧。这样就制作了按钮的背景，如图 4-55 所示。

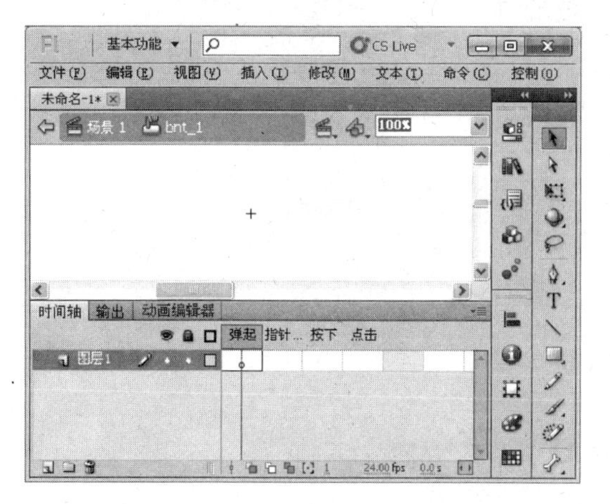

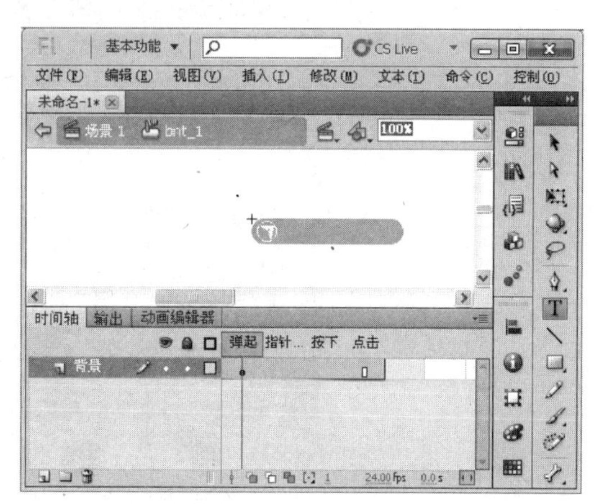

图 4-55　制作按钮的背景

(3) 在“背景”层的上方建立“文字”层，在第 1 帧上输入文字“软翅类”，颜色为黑色，如图 4-56 所示。

图 4-56　在“文字”层第 1 帧输入文字并设为黑色

(4) 在第 2 帧(“指针经过”帧)插入关键帧，将其中的文字颜色改为白色，如图 4-57 所示。至此，按钮元件 bnt_1 制作完成，当按钮弹起时，上面的文字为黑色，当指针经过按钮时，上面的文字则变为白色。

(5) 在“库”中单击选中 btn_1 元件，单击“库”面板右上角的▾≡按钮，在打开的菜单中选择“直接复制”命令，出现“直接复制元件”对话框，输入新元件的名称为“btn_2”，如图 4-58 所示，单击“确定”按钮，则生成与 btn_1 元件完全一样的 btn_2 元件。

(6) 分别将第 1 帧和第 2 帧上的文字“软翅类”改为“硬翅类”，如图 4-59 所示。这样就制作了一个新按钮。

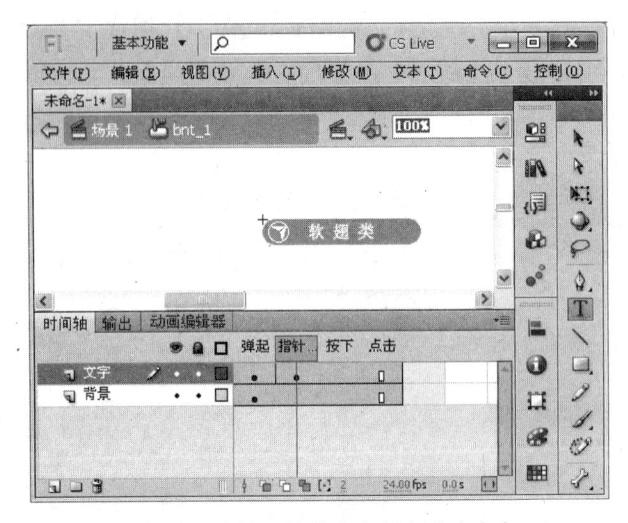

图 4-57　在第 2 帧将文字颜色改为白色

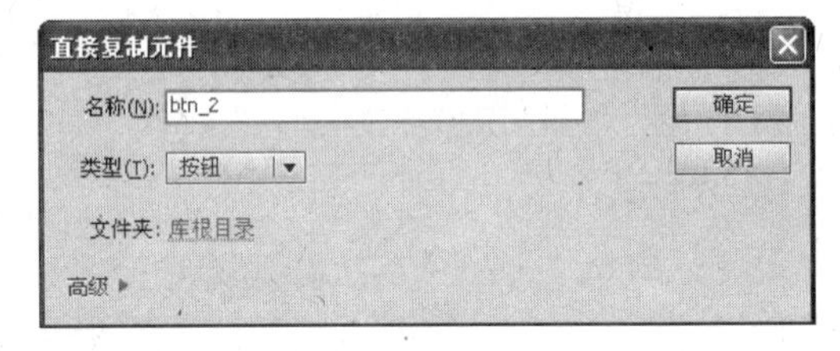

图 4-58　“直接复制元件”对话框

图 4-59　分别修改第 1 帧和第 2 帧上的文字

(7) 用(5)～(6)同样的步骤,可制作一系列类似的按钮。

4.3.6　Flash 基本动画创作

Flash Professional CS5 支持逐帧动画、补间动画、传统补间、补间形状以及反向运动与骨骼动画等多种类型的动画。另外,Flash Professional CS5 新增加的动画预设等功能,为创建动画提供了极大的方便。

1. 逐帧动画

逐帧动画每一帧或每隔几帧更改舞台内容,它适合于图像按顺序变化而不仅是在舞台上移动的动画。逐帧动画是只有关键帧没有补间的动画,既可以所有的帧都是关键帧,也可以在关键帧之间插入几个普通帧,使前一个相邻关键帧的内容延长显示。逐帧动画的优点是能自由地制作动画片段,缺点是制作过程非常麻烦,如果帧频是12f/s,那么1秒钟要绘制12个画面。

下面用逐帧动画的方法制作一个逐个显示文字并划线的动画。

(1) 新建一个Flash文件,命名为“逐帧动画”。

(2) 选择文本工具,在舞台上输入“翔天风筝”字样,在“属性”面板中设置字体为楷体,字体大小为30,颜色为黑色,执行“修改”|“分离”命令,将文本分离;选择线条工具,在“属性”面板中设置笔触颜色为蓝色,笔触高度为8,在“翔天风筝”文字下方画一个线条,如图4-60所示。

图4-60 “翔天风筝”字样

(3) 选择时间轴的第2帧,插入一个关键帧,选择橡皮刷工具,将线条的右侧擦去一部分(约为矩形长度的1/11)。用同样的方法,分别选择时间轴的第3～12帧,插入关键帧,逐渐将整个线条擦掉。

(4) 选择时间轴的第14帧,插入一个关键帧,将“筝”字删除。用同样的方法,分别选择时间轴的第16、18、20帧,插入关键帧,依次将“风”、“天”、“翔”字样删除。这时的时间轴如图4-61所示。

(5) 选中时间轴上的第1～20帧,执行“修改”|“时间轴”|“翻转帧”命令,将各帧的顺序翻转,如图4-62所示。

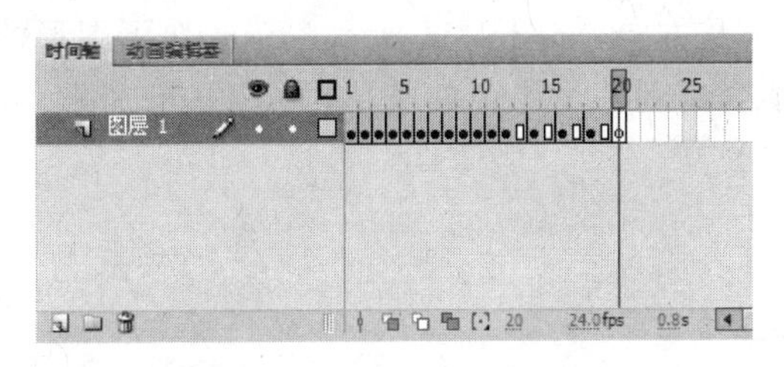

图4-61 逐帧动画的时间轴

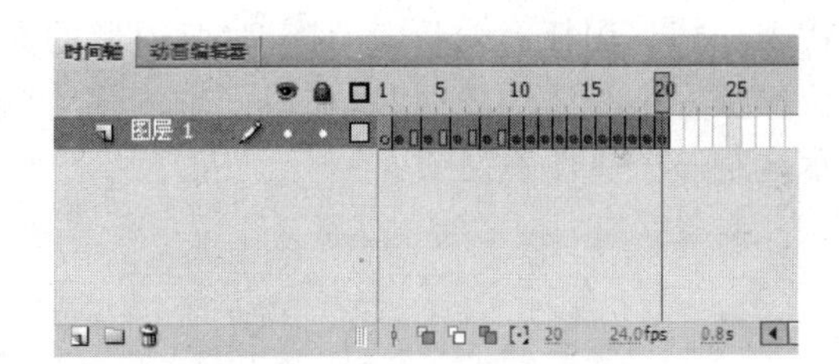

图4-62 翻转后的时间轴

(6) 执行“控制”|“测试影片”命令,可以看到逐个出现文字并在文字下划线的效果,如图4-63所示。

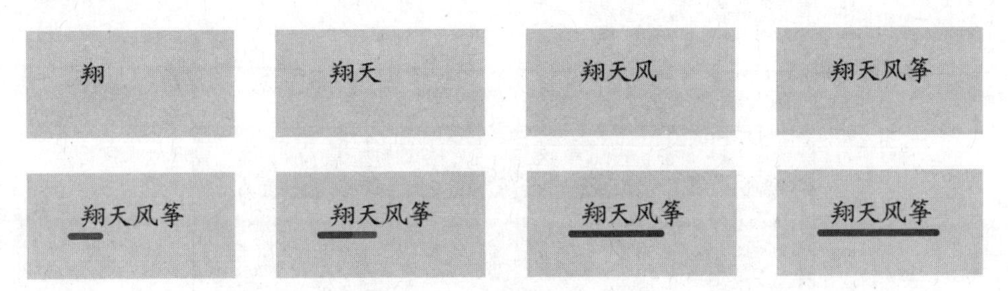

图4-63 逐帧动画的效果

说明：如果对文字再执行一次“修改”|“分离”命令，对每一个文字逐渐擦除，然后再进行翻转帧，可制作一个显示文字书写过程的逐帧动画。

2. 补间动画

补间是通过为一个帧中的对象属性指定一个值，并为另一个帧中的相同属性指定另一个值创建的动画。Flash 会计算这两个帧之间该属性的值，从而在两个帧之间插入补间属性帧。使用补间动画可设置对象的位置和 Alpha 透明度等属性，对于由对象的连续运动或变形构成的动画很有用。另外，补间动画在时间轴中显示为连续的帧范围，默认情况下可以作为单个对象进行选择。

补间动画的补间范围是时间轴中的一组帧，它在舞台上对应的对象的一个或多个属性可以随着时间而改变。在每个补间范围中，只能对舞台上的一个对象进行动画处理，此对象称为补间范围的目标对象。

属性关键帧是在补间范围中为补间目标对象显示定义一个或多个属性值的帧。用户定义的每个属性都有它自己的属性关键帧。

在 Flash CS5 中，可补间的对象类型包括影片剪辑、图形和按钮元件以及文本字段。

下面用补间动画的方法制作一个风筝图形沿路径飞入并逐渐变小的动画。

(1) 新建一个 Flash 文件，命名为“补间动画”。

(2) 将制作好的图形“kite.png”导入，并放在舞台右下角的工作区中，如图 4-64 所示。将该图形转换为图形元件。

(3) 右击时间轴的第 40 帧，在出现的快捷菜单中选择“插入帧”命令，右击第 1～40 帧中的任意一帧，在出现的快捷菜单中选择“创建补间动画”命令创建补间动画。

(4) 单击将播放头定位于第 40 帧，将图形元件的实例拖动到舞台左上角的适当位置，则在舞台上沿着拖动的方向出现一条直线，即补间运动路径，直线上还有一些点，每一个点代表一帧。用任意变形工具改变图形的大小及方向，如图 4-65 所示。在改变了图形的位置及大小等属性的同时，在时间轴的第 40 帧会出现一个黑色的菱形，如图 4-66 所示，表示这是一个属性关键帧。

图 4-64　将图形“kite.png”导入工作区

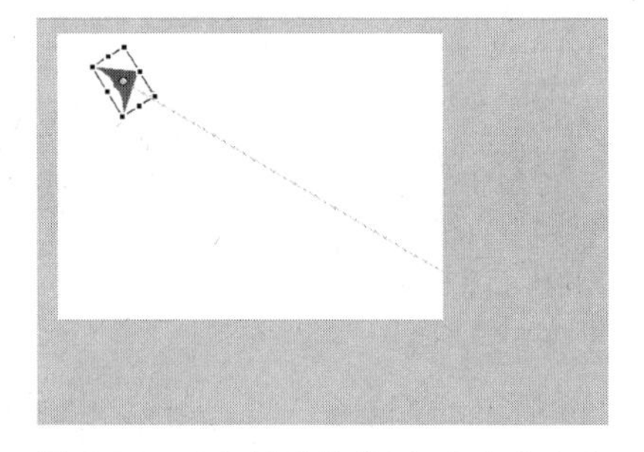

图 4-65　改变图形的位置、大小和方向

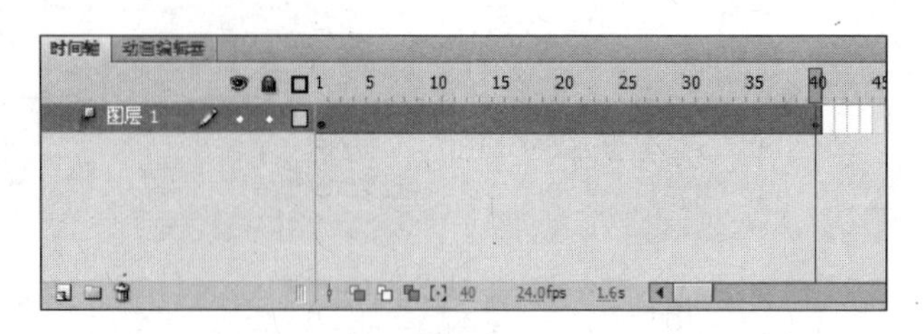

图 4-66　第 40 帧成为属性关键帧

(5) 用选择工具调整补间的运动路径，如图 4-67 所示。

(6) 将播放头定位于第 25 帧，用任意变形工具改变图形的方向，使其与运动路径的方向一致，如图 4-68 所示。用同样的方法，分别在第 30 帧、第 35 帧调整图形的方向，这样第 25 帧、第 30 帧和第 35 帧都成为属性关键帧，如图 4-69 所示。

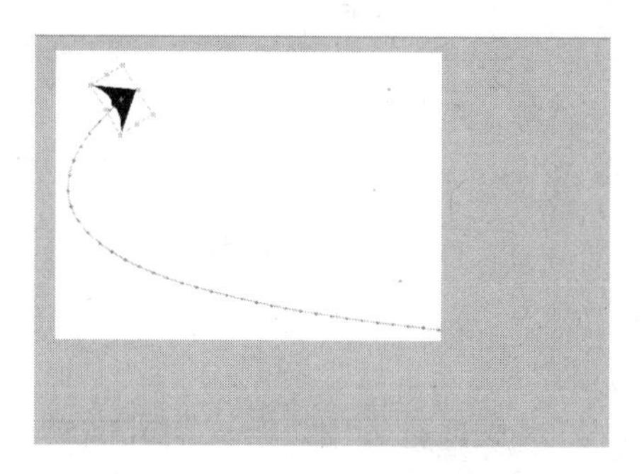

图 4-67　调整补间的运动路径

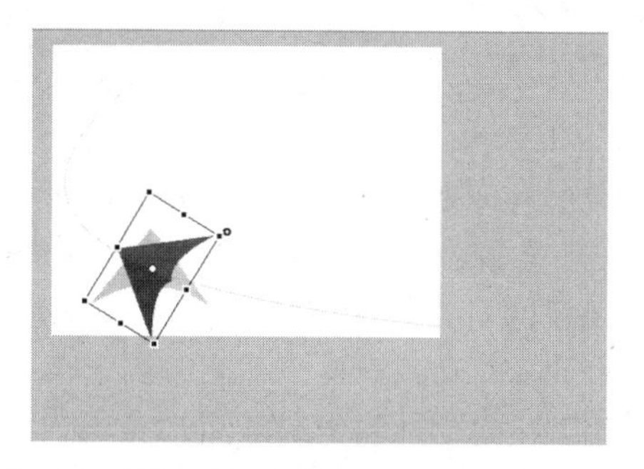

图 4-68　调整图形的方向

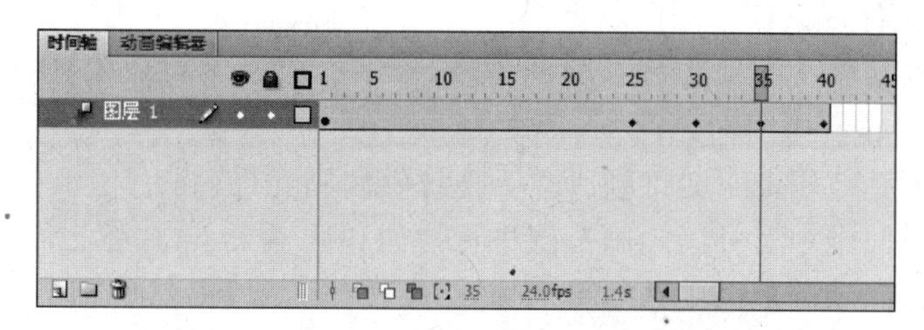

图 4-69　第 25 帧、第 30 帧和第 35 帧成为属性关键帧

(7) 至此，补间动画制作完成，动画的过程如图 4-70 所示。

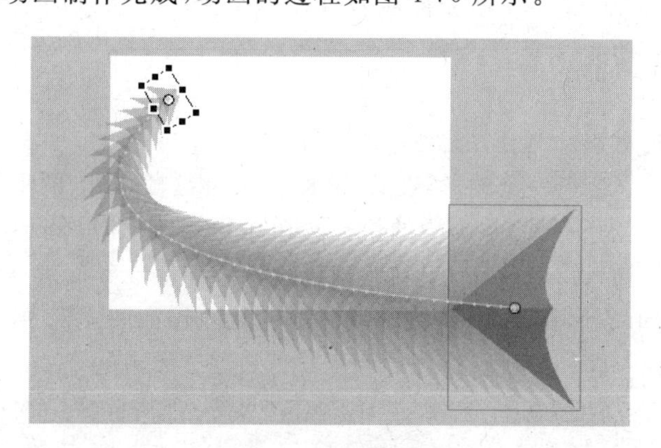

图 4-70　动画的过程

(8) 执行"控制"|"播放"命令，可以看到风筝图形沿路径飞入并逐渐变小的动画效果，如图 4-71 所示。

3. 传统补间

传统补间与补间动画类似，创建起来比补间动画复杂，但可以实现一些补间动画不能实现的特定效果。

在 Flash Professional CS5 中引入补间动画，功能强大且易于创建，它提供了更多的补间控制，而传统补间提供了一些用户可能希望使用的某些特定功能。

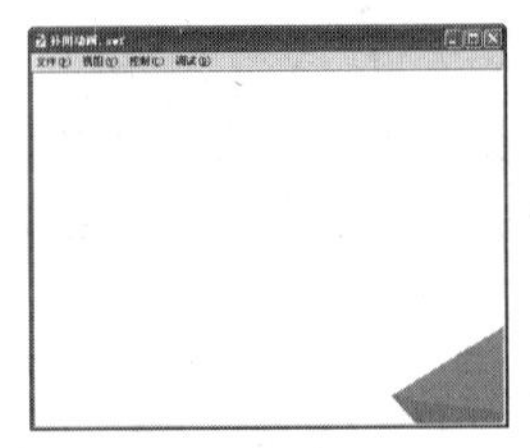
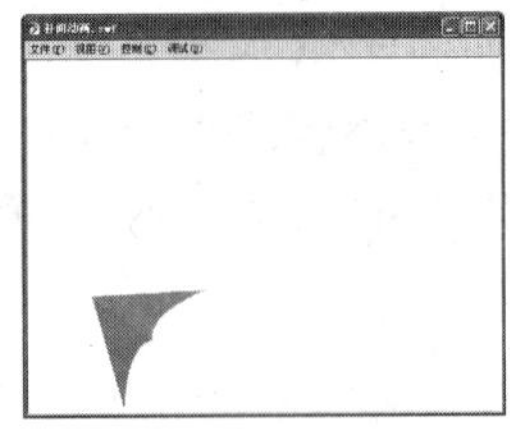
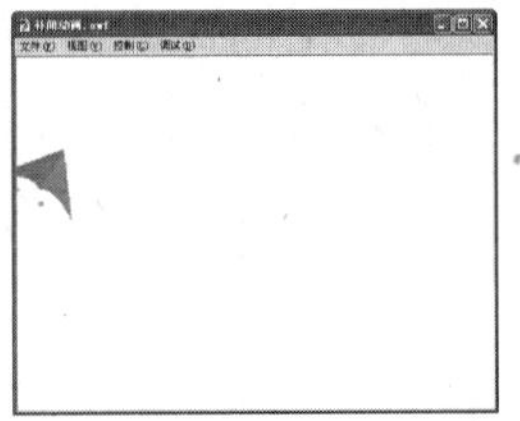
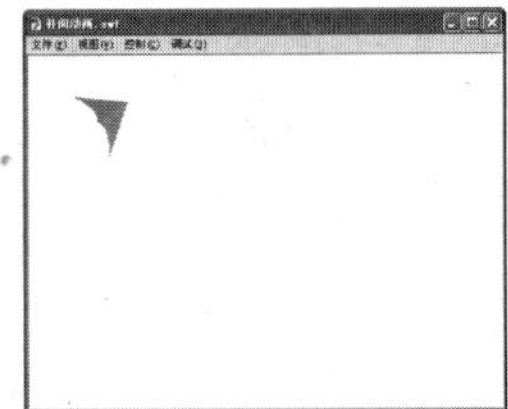

图 4-71　动画的测试效果

传统补间和补间动画之间的主要差异包括：

(1) 传统补间使用关键帧，关键帧是显示对象的新实例的帧。补间动画只能具有一个与之关联的对象实例，并使用属性关键帧而不是关键帧。

(2) 补间动画在整个补间范围上由一个目标对象组成。

(3) 补间动画和传统补间都只允许对特定类型的对象进行补间。若应用补间动画，则在创建补间时会将所有不允许的对象类型转换为影片剪辑，而应用传统补间会将这些对象类型转换为图形元件。

(4) 补间动画会将文本视为可补间的类型，而不会将文本对象转换为影片剪辑。传统补间会将文本对象转换为图形元件。

(5) 在补间动画范围上不允许帧脚本。传统补间则允许帧脚本。

(6) 可以在时间轴中对补间动画范围进行拉伸和调整大小，并将它们视为单个对象。

(7) 若要在补间动画范围中选择单个帧，必须按住 Ctrl 键，然后单击帧。

(8) 可以使用补间动画来为 3D 对象创建动画效果，而传统补间无法创建。

(9) 只有补间动画才能保存为动画预设。

(10) 对于补间动画，无法交换元件或设置属性关键帧中显示的图形元件的帧数，而传统补间可以实现这些功能。

4. 补间形状

补间形状动画是常用于制作图形变化的动画类型。

例如：在第 1 帧中绘制一个圆形，在第 20 帧插入关键帧，删除圆形后绘制一个正方形，右击第 1～20 帧中的任意一帧，在出现的快捷菜单中选择“创建补间形状”命令，Flash 会自动在第 1～20 帧之间插入形状来创建动画，这样就可以在播放补间形状动画中，看到形状逐渐过渡的过程，从而形成形状变化的动画，动画的变化轨迹如图 4-72 所示。

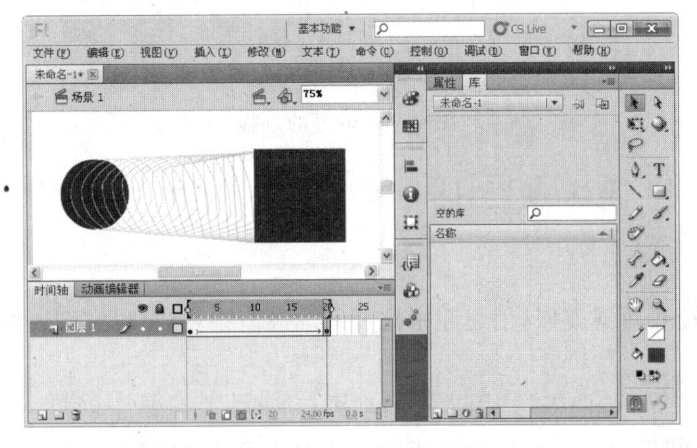

图 4-72　补间形状动画的变化轨迹

执行“控制”|“播放”命令，可以看到从圆形变成正方形的动画效果，如图 4-73 所示。

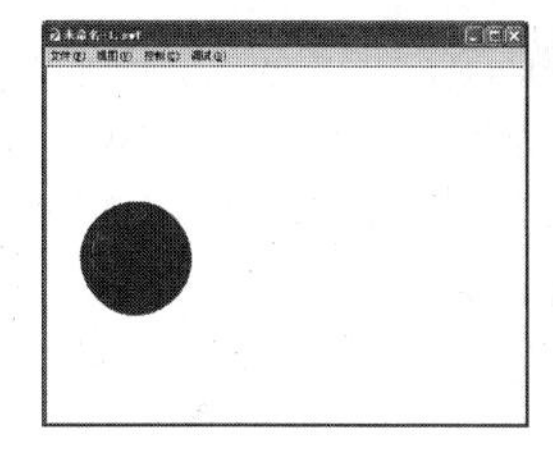
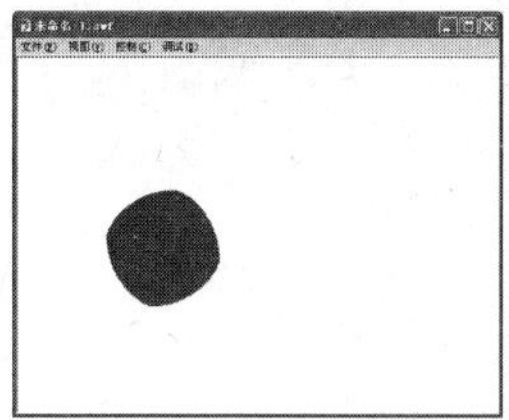

图 4-73　补间形状动画的测试效果

补间形状可以实现两个形状之间的大小、颜色、形状和位置的相互变化。这种动画类型只能使用形状对象作为形状补间动画的元素，其他对象（例如实例、元件、文本、组合等）必须先分离成形状才能应用到补间形状动画中。

5. 动画预设

Flash Professional CS5 新增加动画预设功能，把一些做好的补间动画保存为模板，并将它应用到其他对象上。“动画预设”面板如图 4-74 所示。同时，Flash Professional CS5 还自带有 32 项动画效果，它们都放在默认预设中，单击“默认预设”旁边的小三角形，文件夹将打开，单击其中任意一个动画，在上面的小窗口中将出现相应的动画效果，如图 4-75 所示。

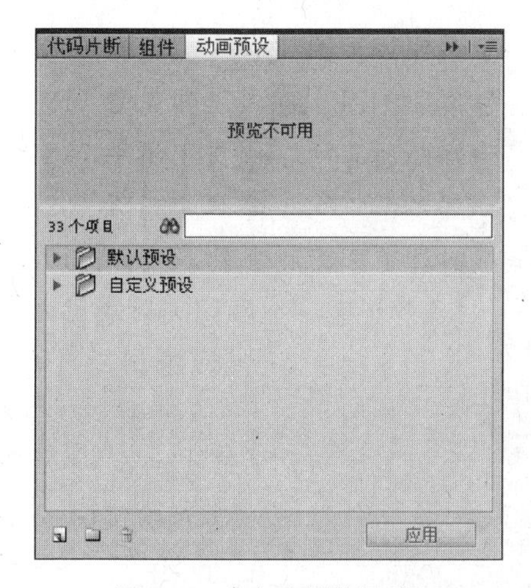

图 4-74　“动画预设”面板

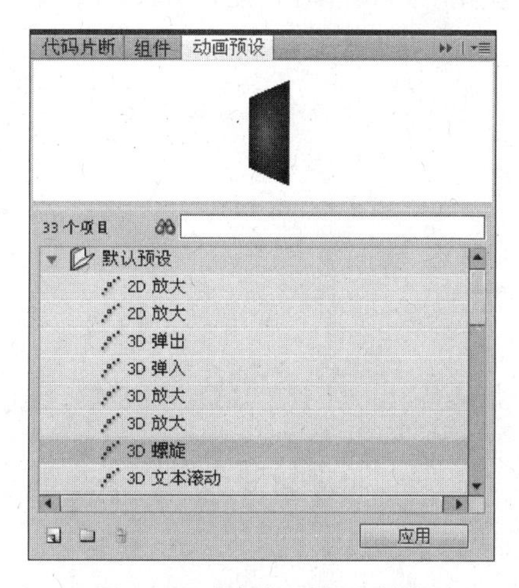

图 4-75　“默认预设”文件夹

下面将已做好的补间动画存为预设，来说明动画预设功能的用法：

(1) 打开 Flash 文件：“补间动画. fla”，单击选中舞台上的对象：风筝图形。

(2) 单击“动画预设”面板下方的“将选区存为预设”按钮，出现“将预设另存为”对话框，在其中输入预设名称：“沿路径飞入”，如图 4-76 所示。

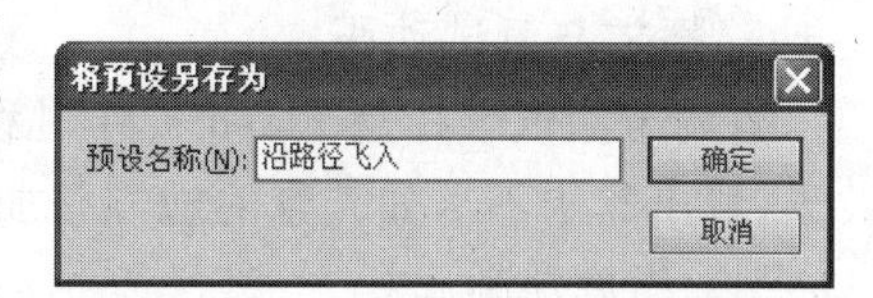

图 4-76　“将预设另存为”对话框

(3) 单击“确定”按钮，在“动画预设”面板的“自定义预设”文件夹中就会出现动画预设项：沿路径飞入，如图 4-77 所示。

(4) 执行“文件”|“新建”命令，新建一个 Flash 文件，导入一幅风筝图片“Kite. gif”，用任意变形工具将其旋转、改变大小并拖动到舞台右下角的工作区中。

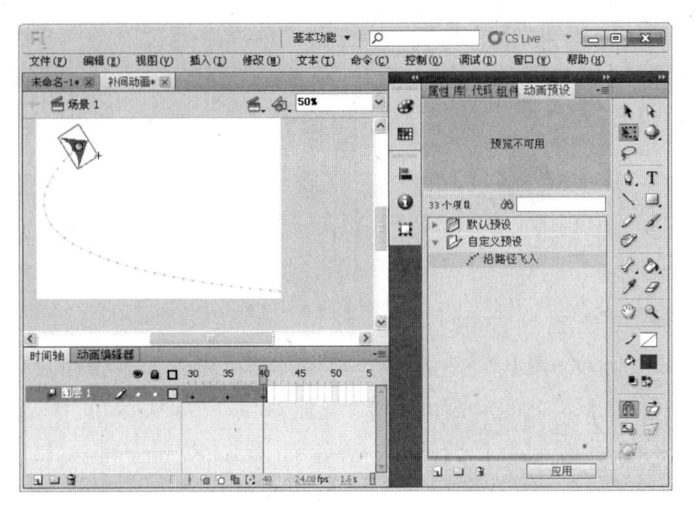

图 4-77　自定义动画预设

(5) 将该图片转换为影片剪辑元件。

(6) 选择自定义的动画预设"沿路径飞入",单击"动画预设"面板下方的"应用"按钮,则会将它应用到风筝对象上,如图 4-78 所示。

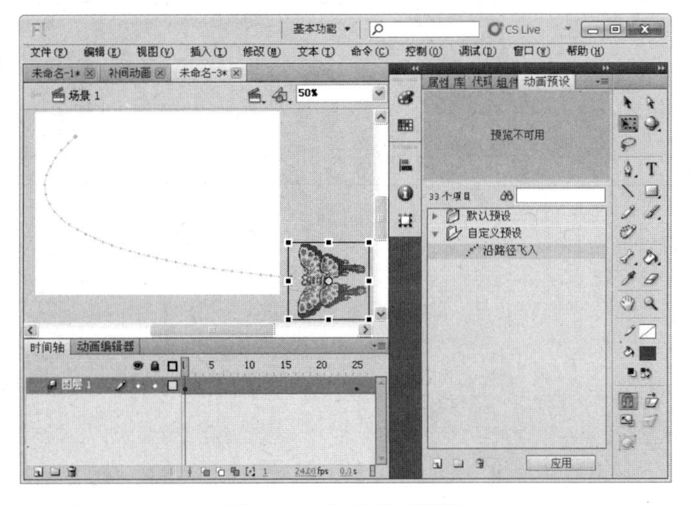

图 4-78　应用动画预设

(7) 执行"控制"|"播放"命令,可以看到风筝沿路径飞入并逐渐变小的动画效果。

6. 播放与测试动画

播放与测试影片是 Flash 创作过程中不可缺少的环节,可以在播放过程中观察动画的效果,找出其中不尽如人意的地方并加以改正。

(1) 播放动画。

执行"控制"|"播放"命令(或者按下 Enter 键),将在播放头指示的当前帧开始播放动画。要暂停播放场景,可以按下 Esc 键,或单击时间轴中的任意帧即可。播放场景时,播放头按照预设的帧速在时间轴中移动,顺序显示各帧内容产生动画效果。在默认情况下,动画在播放到最后一帧后停止。如果想重复播放,可以执行"控制"|"循环播放"命令,动画结束

后将从第一帧开始继续播放。通过播放器测试影片播放动画不支持按钮元件和脚本语言的交互功能，无法使用按钮，也无法交互控制影片。

(2) 测试动画。

执行“控制”|“测试影片”|“测试”命令，可打开 Flash Play(播放器)来测试影片。通过播放器测试影片时，Flash 软件会自动生成 SWF 文件，并且将 SWF 动画文件放置在当前 Flash 文件所在的文件夹中，然后在 Flash Play 中打开影片，并附加相关的测试功能。如果只想测试当前场景，则可以执行“控制”|“测试场景”命令。

4.3.7 运动引导层动画与遮罩动画

1. 运动引导层动画

运动引导层动画是一种图层特效动画，它是使对象沿着特定的轨迹进行运动的动画，这个特定的轨迹又称为固定的路径或运动引导线。在运动引导层动画制作中至少需要两种图层，一个是位于上方的用于绘制运动轨迹的运动引导层；一个是位于下方的运动对象所处的图层，运动引导层是起辅助作用的图层，在最终生成的动画中将不会显示出来。

下面通过一个简单例子说明创建运动引导层动画的过程：

(1) 新建一个 Flash 文件。

(2) 在舞台上绘制一个圆形，并将其转换为元件。在第 25 帧插入一个关键帧，然后在第 1 帧与第 25 帧之间创建传统补间，如图 4-79 所示。

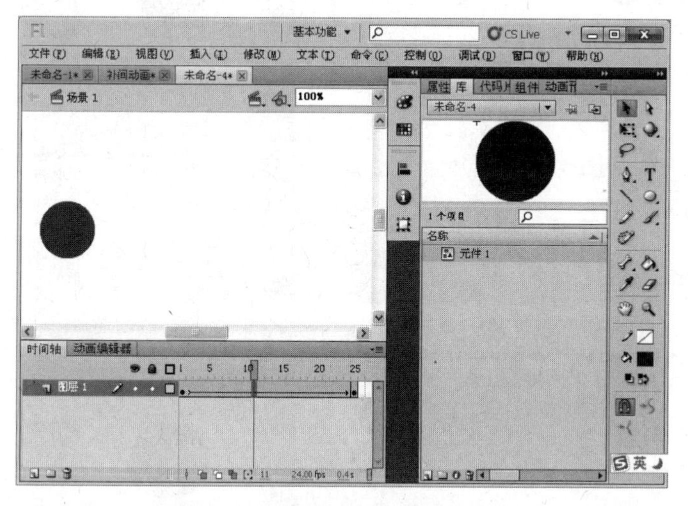

图 4-79　绘制圆形并创建传统补间

(3) 右击“时间轴”面板的图层 1，在出现的快捷菜单中选择“添加传统引导图层”命令，创建一个引导层，然后在该层上绘制一条直线，则圆形自动吸附到直线上，如图 4-80 所示。

(4) 将直线调整为曲线，在图层 1 上单击选中开始关键帧，将圆形放到曲线的一个端点上，然后单击选中结束关键帧，将圆形放到曲线的另一个端点上，如图 4-81 所示。这样就创建了一个圆都沿着曲线路径移动的动画。

(5) 保存动画文件为“运动引导层动画. fla”。

说明：利用引导层制作对象沿引导线运动需要满足三个要求：

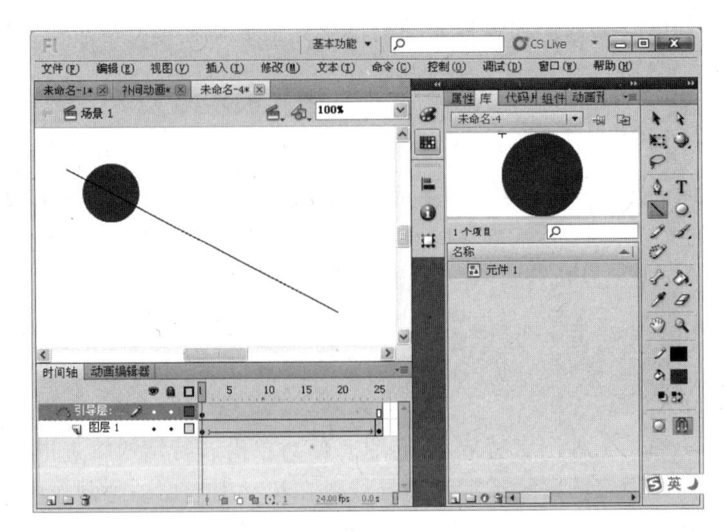

图 4-80　绘制直线

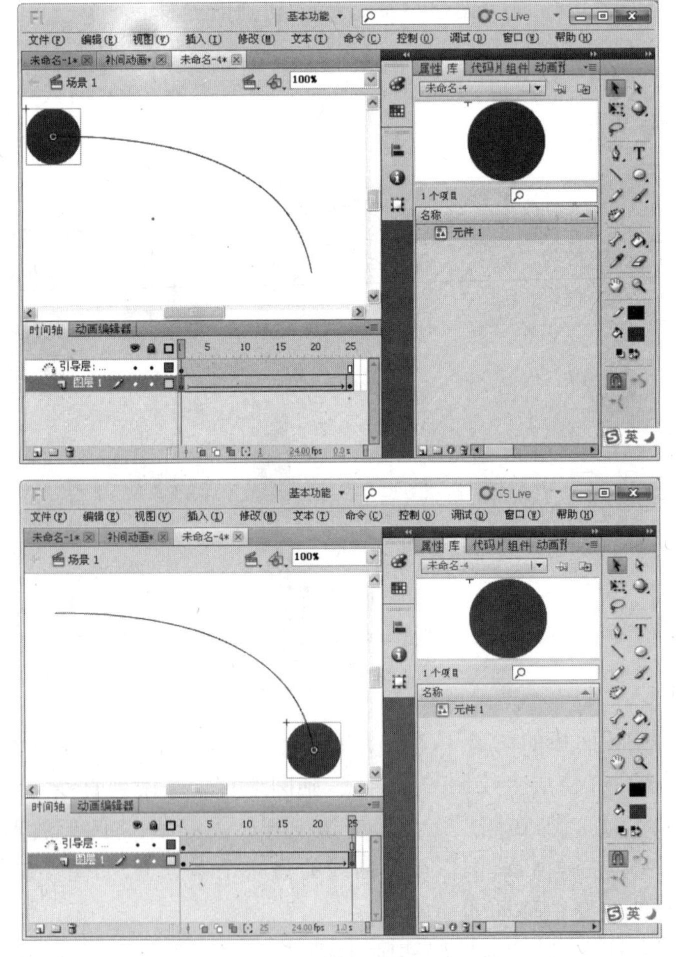

图 4-81　在开始关键帧和结束关键帧中分别将圆形放到曲线的两个端点上

- 对象已经为其开始关键帧和结束关键帧之间创建补间动画。
- 对象的中心必须放置在引导线上。
- 对象不可以是形状。

2. 遮罩动画

遮罩动画也是一种图层特效动画，通过它可以创建很多变化多样的动画，制作出不同寻常的效果。在 Flash 软件中，创建遮罩动画至少需要两个图层才能实现，一个是位于上方的图层，称为遮罩层；另外一个是位于遮罩层下方的图层，称为被遮罩层，在“时间轴”面板中，一个遮罩层下可以包括多个被遮罩层。遮罩层如同一个窗口，通过它可以看到下方被遮罩层中的区域对象，而被遮罩层区域外的对象将不会显示。

下面通过一个例子来了解遮罩层以及创建遮罩动画的方法：

(1) 准备两个图片素材：“放风筝－1.jpg”和“放风筝－2.jpg”，尺寸都是 550×400。

(2) 新建一个 Flash 文件。将图片“放风筝－1.jpg”导入舞台；将图片“放风筝－2.jpg”导入到“库”中备用。

(3) 单击时间轴下方的“新建图层”按钮，在时间轴上“图层 1”的上方建立一个新的图层“图层 2”，然后在“图层 2”中绘制一个圆形，如图 4-82 所示。

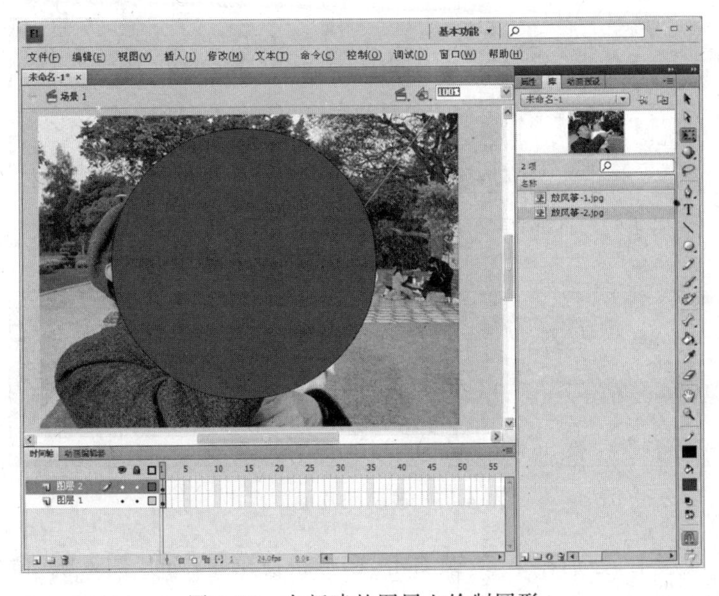

图 4-82　在新建的图层上绘制圆形

(4) 右击“图层 2”，在出现的快捷菜单中选择“遮罩层”选项，则“图层 2”变成了遮罩层，而“图层 1”称为被遮罩层，遮罩的效果如图 4-83 所示。建立遮罩后，遮罩层和被遮罩层将被锁定，禁止编辑。

(5) 为了建立遮罩动画，先右击“图层 2”，在出现的快捷菜单中去掉“遮罩层”选项，使“图层 2”和“图层 1”都变成普通图层，然后建立新的图层：“图层 3”，并将图片“放风筝－2.jpg”从“库”中拖动到舞台上，如图 4-84 所示。

(6) 将“图层 3”拖动到“图层 1”的下面，如图 4-85 所示，使“放风筝－2.jpg”位于“放风筝－1.jpg”的下面一层。

图 4-83　遮罩的效果

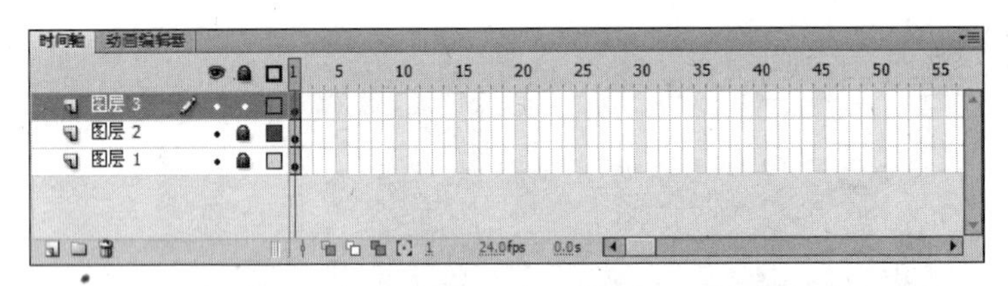

图 4-84　将“图层 2”和“图层 1”变成普通图层并新建“图层 3”

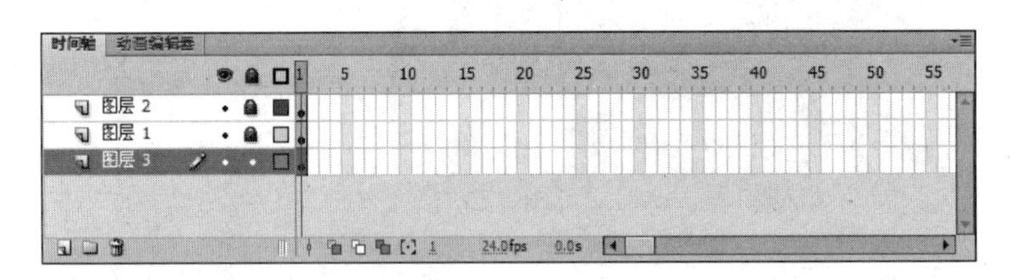

图 4-85　改变图片叠放次序

(7) 在三个图层中，分别在第 50 帧右击，选择快捷菜单中的“插入帧”命令，将“图层 1”的第 1 帧拖动到第 20 帧，然后在第 30 帧插入关键帧，如图 4-86 所示。

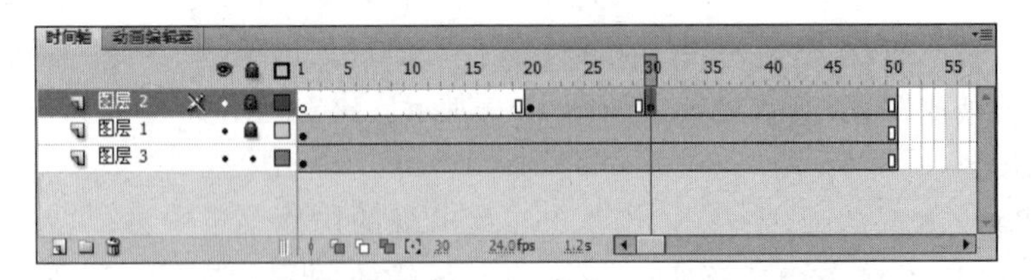

图 4-86　在时间轴上插入帧、关键帧及调整关键帧位置

(8) 将“图层 2”的第 20 帧中的图片调整成很小，变成一个点，将第 30 帧中的图像调整成很大，使其覆盖整个舞台，并在这两个关键帧之间创建形状补间，如图 4-87 所示。

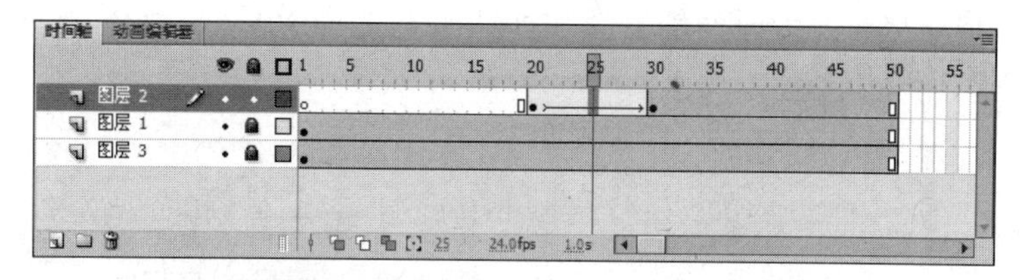

图 4-87　在第 20 帧和第 30 帧之间创建形状补间

(9) 将“图层 2”设置为遮罩层，如图 4-88 所示。

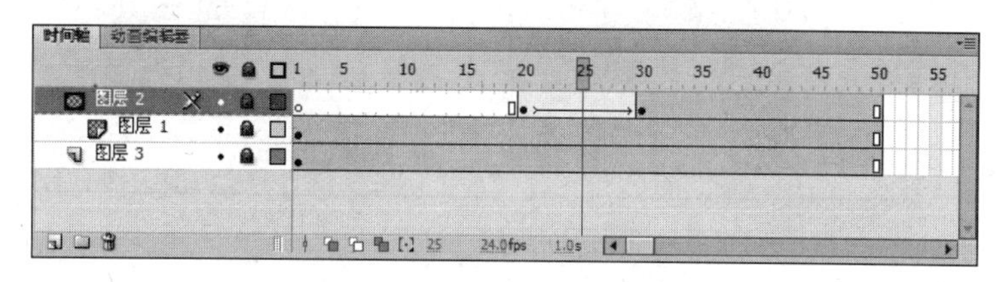

图 4-88　将“图层 2”设置为遮罩层

(10) 执行“控制”|“播放”命令，观看播放效果，如图 4-89 所示。

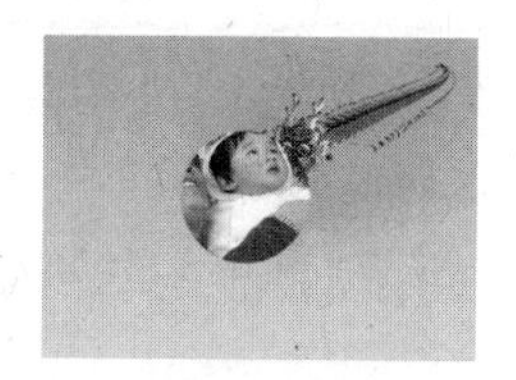

图 4-89　用遮罩制作的图片切换的动画效果

(11) 将文件保存为：“遮罩动画.fla”。

遮罩层上的遮罩项目可以是填充形状、文字对象、图形元件的实例或影片剪辑。可以将多个图层组织在一个遮罩层下创建复杂的效果。

对于用做遮罩的填充形状，可以使用补间形状；对于类型对象、图形实例或影片剪辑，可以使用补间动画。另外，当使用影片剪辑实例作为遮罩时，可以让遮罩沿着运动路径运动。一个遮罩层只能包含一个遮罩项目，并且遮罩层不能应用在按钮元件内部，也不能将一个遮罩应用于另一个遮罩。

4.3.8　Flash 动画制作实例

下面介绍一个伴随着音乐多幅图片不断切换，透明竖条不断摆动的动画的制作方法。为了方便介绍，这里采用三幅图片，多幅图片的制作方法与此相同。

(1) 建立一个 flash 文件，将准备好的三幅图片“放风筝 01.jpg”、“放风筝 02.jpg”、“放风筝 03.jpg”和 1 个音乐文件“music1.mp3”都导入“库”中。

(2) 新建一个视频剪辑元件“放风筝”，将图片“放风筝 01.jpg”拖到该视频剪辑元件的舞台上，并将其转换为图形元件：“元件 1”。执行“窗口”|“对齐”命令，在出现的“对齐”面板中，先单击“相对于舞台分布”按钮，然后分别单击“水平中齐”按钮和“垂直中齐”按钮，使图片居于舞台中央。

(3) 双击视频剪辑元件时间轴上的"图层 1",将其命名为"放风筝 1",在时间轴的第 30 帧插入帧,如图 4-90 所示。

图 4-90 视频剪辑元件的"放风筝 1"图层

(4) 新建一个图层,命名为"放风筝 2",在其第 20 帧插入关键帧,将图片"放风筝 02.jpg"拖到舞台上,使其居于舞台中央,并将其转换为图形元件"元件 2",在第 60 帧插入帧,如图 4-91 所示。

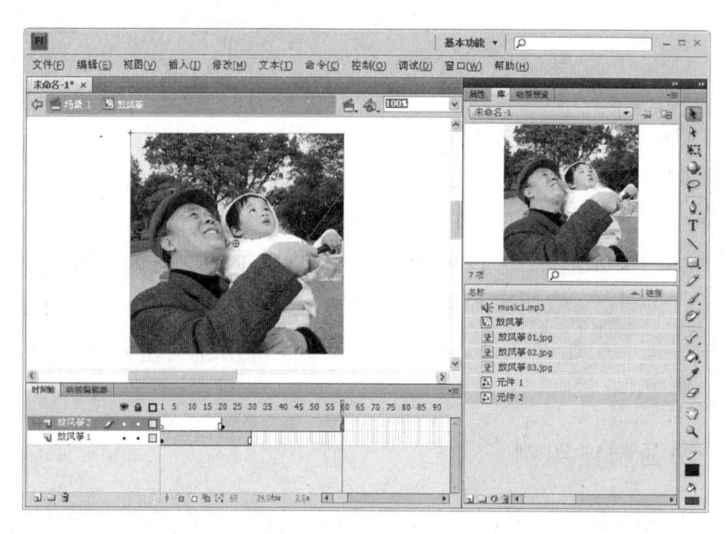

图 4-91 视频剪辑元件的"放风筝 2"图层

(5) 在"放风筝 2"图层的第 30 帧插入一个关键帧,单击选中该帧舞台上的图片,将"属性"面板"样式"列表中的 Alpha 的值设为 0%,使其透明,如图 4-92 所示。

(6) 在两个关键帧之间插入传统补间,这样"放风筝 2"图层就由透明逐渐变成不透明,实现从"放风筝 01.jpg"图片向"放风筝 02.jpg"图片的切换,如图 4-93 所示。

(7) 以同样的方法,建立图层"放风筝 3",如图 4-94 所示。

(8) 再新建一个图层"放风筝 1a",在第 80 帧插入一个关键帧,将"元件 1"放在舞台中

图 4-92　在关键帧中将图片设置为透明

图 4-93　在两个关键帧之间插入传统补间

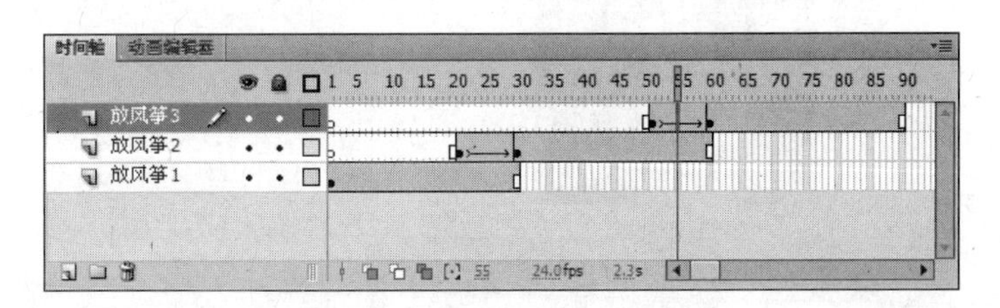

图 4-94　建立图层“放风筝 3”

央，在第 90 帧插入一个关键帧，设置该图层由透明逐渐变成不透明，如图 4-95 所示。至此视频剪辑元件“放风筝”创建完毕。

(9) 回到场景 1 中，将“图层 1”重命名为“放风筝”，将视频剪辑元件“放风筝”拖到舞台上。新建图层“矩形 1”，在舞台上绘制填充色为白色，没有笔触颜色的矩形，并将该矩形转换为图形元件“矩形”，如图 4-96 所示。

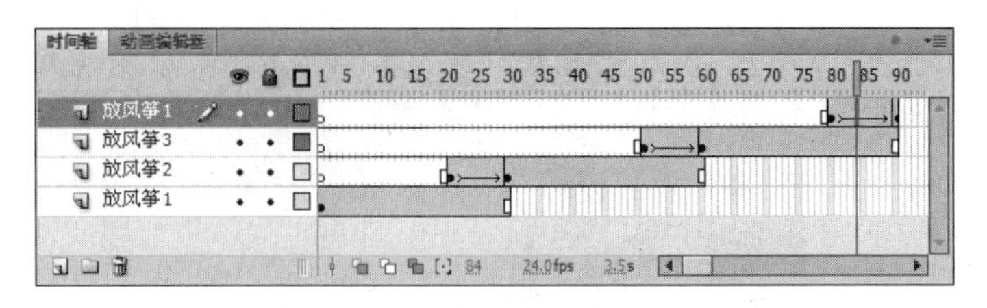

图 4-95　建立图层“放风筝 1a”

图 4-96　绘制矩形并转换成元件

(10) 单击选中舞台上的矩形，将“属性”面板“样式”列表中的 Alpha 的值设为 50%，使其变为半透明，如图 4-97 所示。

图 4-97　将元件设置成半透明

(11) 分别在两个图层的第 40 帧插入帧，在图层“矩形 1”中创建补间动画，将播放头位于第 10 帧，将舞台上的矩形拖到图片的左边；将播放头位于第 30 帧，将矩形拖到图片的右边；将播放头位于第 40 帧，将矩形拖到一开始的位置，这样就在第 10 帧、第 30 帧和第 40 帧出现了三个属性关键帧，如图 4-98 所示。这样就建立了一个半透明的竖条从中间移动到左边，再移动到右边，然后回到中间的动画。

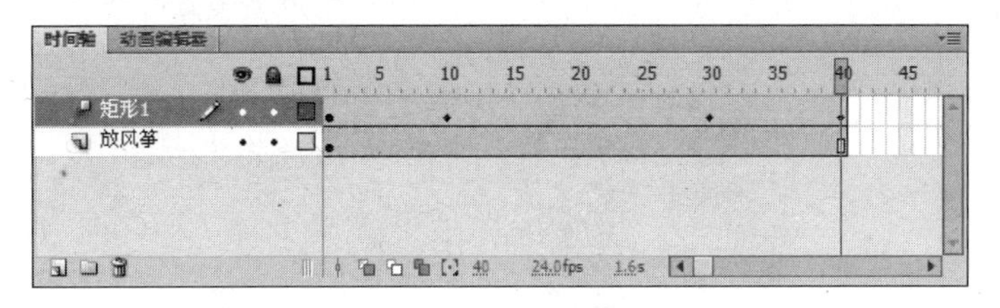

图 4-98　设置属性关键帧

(12) 新建图层“矩形 2”，将“矩形”元件拖到舞台上，改变其宽度，设置为半透明，建立一个竖条从左边移动到右边，然后回到左边的动画；新建图层“矩形 3”，将“矩形”元件拖到舞台上，改变其宽度，设置为半透明，建立一个竖条从中间移动到右边，再移动到左边，然后回到中间的动画，如图 4-99 所示。

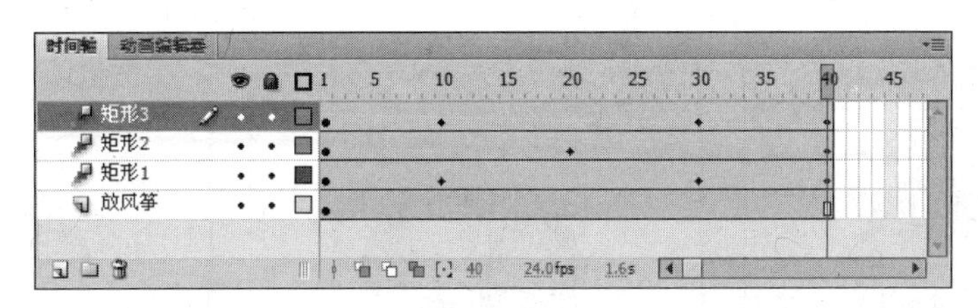

图 4-99　在“矩形 2”和“矩形 3”图层上创建动画

(13) 新建一个“遮罩”图层，在舞台上绘制一个圆形，如图 4-100 所示。

(14) 将图层“遮罩”设置为制作层，分别右击“矩形 1”、“矩形 2”及“放风筝”图层，在出现的快捷菜单中选择“属性”命令，弹出“图层属性”对话框，设置图层属性为“被遮罩”，如图 4-101 所示。

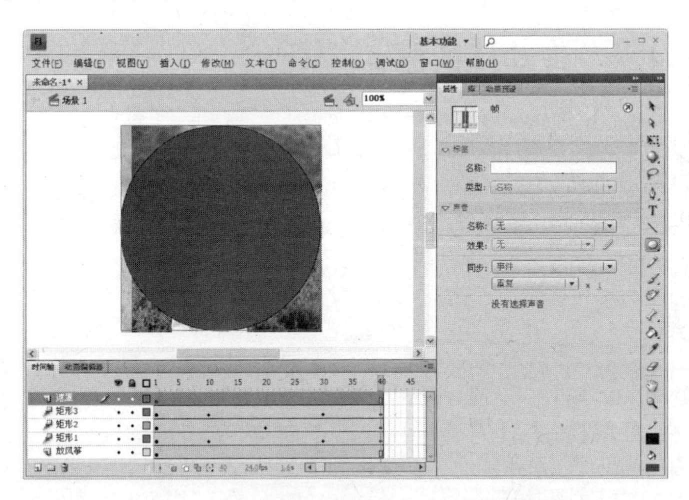

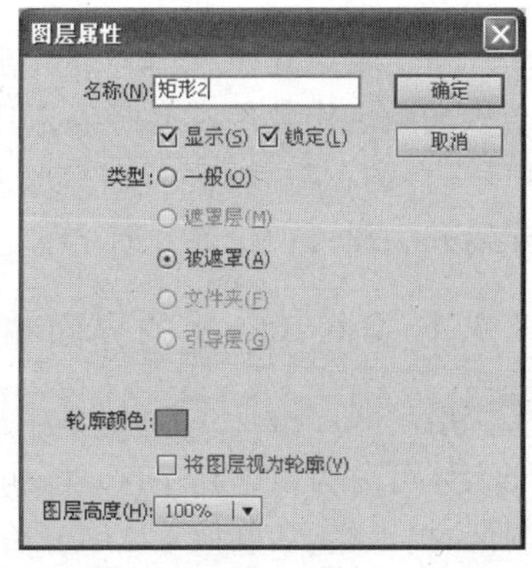

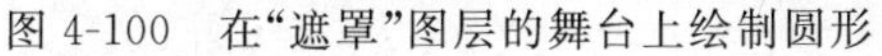

图 4-100　在“遮罩”图层的舞台上绘制圆形　　图 4-101　设置图层属性为“被遮罩”

(15) 右击“遮罩”图层，在快捷菜单中选择“显示遮罩”命令，如图 4-102 所示。

(16) 执行“控制”|“测试影片”|“测试”命令，测试效果如图 4-103 所示。

图 4-102　显示遮罩

图 4-103　测试效果

(17) 将文件保存为“放风筝.fla”。

4.4　三维动画的制作

由于复杂光照、纹理模拟、动画控制技术和三维几何造型技术的迅速发展，使得计算机三维动画制作软件应运而生。其中 3ds max 较为流行，它是美国 Autodesk 公司开发的基于 PC 平台的三维动画制作软件，现已广泛应用于广告、影视、工业设计、多媒体制作、辅助教学以及工程可视化等方面。下面以 3ds max 9 为例介绍 3ds max 的使用方法。

4.4.1　3ds max 9 的界面布局

启动 3ds max 9 后，屏幕中出现 3ds max 9 的应用程序窗口。3ds max 9 的界面按其功能大体可分为以下几个区：标题栏、菜单栏、工具栏、视图区、命令面板、视图控制区、动画控制区、提示栏、状态栏和 MAX 脚本监听器，如图 4-104 所示。

1. 菜单栏

3ds max 9 提供了 14 组主菜单：

(1) 文件(File)

该菜单主要用于文件的新建、保存和打开等常规操作，另外还可以通过导入(Import)、

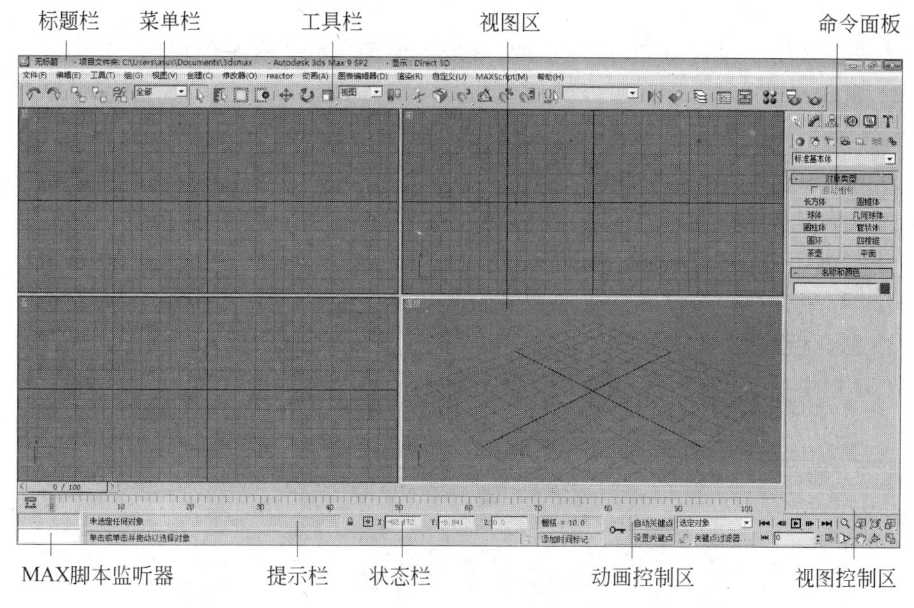

图 4-104 3ds max 窗口

导出(Export)功能实现不同三维软件之间的模型调用。

(2) 编辑(Edit)

该菜单主要用于选择、复制和删除对象等操作。

(3) 工具(Tools)

该菜单主要用于精确的几何变换、调整对象间的对齐、镜像和阵列等空间位置调整操作。

(4) 组(Group)

用于对组操作进行设置和管理。组操作是一种常见的操作,可以将两个或多个对象定义成一个组集,将其作为一个对象进行操作,如可以方便地对组进行移动、旋转等几何变换。组允许嵌套定义,可以将多个组再定义为更高一级的组。

(5) 视图(Views)

该菜单用于执行与视图有关的操作,如保存激活的视图、设置视图的背景图像、更新背景图像和重画所有视图等。

(6) 创建(Create)

这个菜单包括所有可创建的对象命令,并与创建面板上的选项相对应。

(7) 修改器(Modifiers)

该菜单包含所有用于修改对象的编辑器,例如编辑样条线修改器、编辑网格修改器和设置 UV 坐标贴图的修改器等。

(8) 动画(Animation)

该菜单包括所有的动画工具,主要用于对动画的运动形状进行设置和约束。

(9) 反应器(Reactor)

该菜单用于对 Reactor 高级动力学系统进行设置。

(10) 图表编辑器(Graph Editors)

该菜单主要用来通过对象运动功能曲线对对象的运动进行控制。

(11) 渲染(Rendering)

该菜单主要用于设置渲染、环境特效、渲染效果等与渲染有关的操作。

(12) 自定义(Customize)

该菜单为用户提供了多种自己定义操作界面的功能。

(13) MAX 脚本(MAXScript)

通过该菜单可以应用脚本语言进行编程,以实现 3ds max 操作的功能。

(14) 帮助(Help)

用于提供软件使用帮助和软件注册等相关信息。

2. 主工具栏

主工具栏集中了 3ds max 大部分常用功能的快捷命令按钮,如图 4-105 所示。

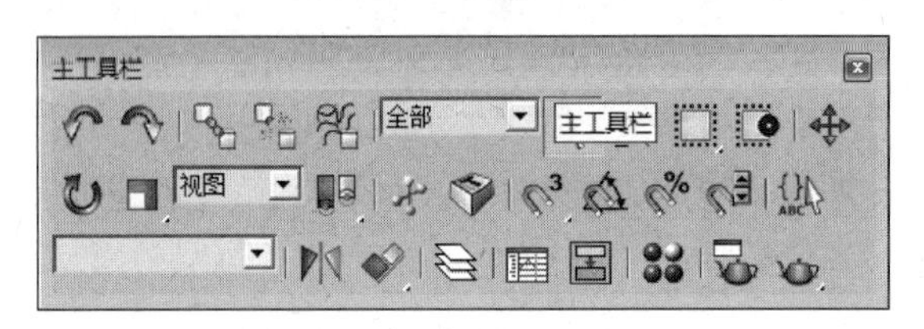

图 4-105　3ds max 主工具栏

3ds max 9 的命令按钮非常直观,可以通过图标快速识别出其用途,若不能辨别其功能,只要将光标在按钮上停留几秒钟,就会出现该按钮的功能提示。

图 4-106　3ds max 命令面板

主工具栏可以用鼠标进行移动,当鼠标移动到工具栏的空白处时,光标就会成为手掌形状,此时拖动主工具栏,就会随光标的移动而移动。

3. 命令面板

在 3ds max 9 工作界面的右侧是命令面板,如图 4-106 所示。命令面板内包含大量的建立和编辑对象的工具,也包含为对象设置动画和屏幕显示等方面的设置。3ds max 9 共包含 6 个命令面板,从左到右依次为:创建命令面板、修改命令面板、层级命令面板、运动命令面板、显示命令面板和工具命令面板。每个命令面板都由三个区域组成。面板顶部是一组按钮,用于访问不同类型的命令;按钮下面是子命令类型的下拉列表;下拉列表下方是命令卷展栏,命令和参数均在这个区域中。

(1) 创建(Create)命令面板

用于显示和创建各种模型对象。面板中包含建模、修改和显示等命令,并可通过下面的卷展栏对操作命令的具体选项进行设置。创建命令面板中包含几何体(Geometry)、图形(Shapes)、灯光(Lights)、摄像机(Cameras)、辅助对象(Helper)、空间扭曲(Space Warp)和系统(System) 7 种物体种类。

(2) 修改(Modify)命令面板

用于存取和改变被选定物体的参数。可以使用不同的调整器,如弯曲或扭曲调整几何体。

(3) 层级(Hierarchy)命令面板

用于创建反向运动和产生动画的几何体的层次结构。该面板提供了链接多个对象的功能,通过对象间的链接,可以建立对象间的父子关系或更为复杂的层级关系。

(4) 运动(Motion)命令面板

用于将一些参数或轨迹运动控制器赋给一个物体,也可将一个物体的运动路径转变为样条曲线,或将样条曲线转变为一个路径。

(5) 显示(Display)命令面板

用于控制 3ds max 的任意物体的显示,包括隐藏、消除隐藏和优化显示等。

(6) 工具(Utilities)命令面板

它提供了多种相关程序,是 3ds max 的二次开发工具接口,主要用于进行动画相关的设置。在命令面板中选定一个命令时,该命令按钮将变为绿色,表示该命令已被激活。

4. 视图区

视图区是 3ds max 中主要的工作区域,是主要的设计场所。在系统默认状态下,视图区共划分为 4 个相等面积的视图,如图 4-107 所示,分别为顶视图(Top)、前视图(Front)、左视图(Left)和透视图(Perspective)。在视图区中单击某个视图,该视图四周的边框显示为黄色,表示该视图为当前工作视图。

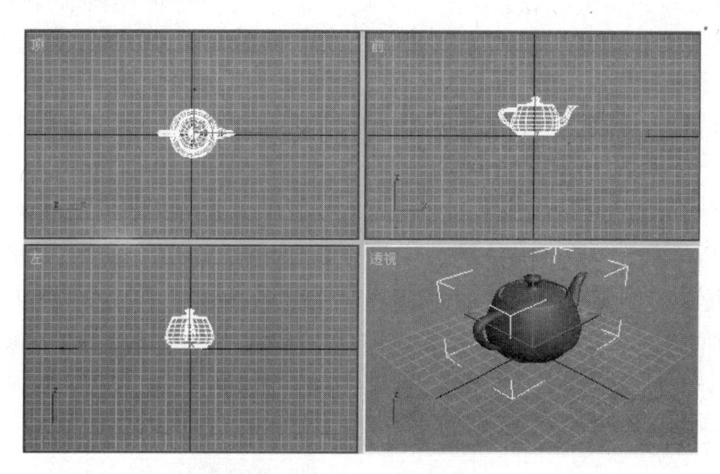

图 4-107　3ds max 视图区

透视图一般用来创建物体和观察物体的形状,而如果要对物体进行移动、旋转和缩放等操作,一般在其他三个视图中进行。

5. 状态栏和提示行

状态栏和提示行如图 4-108 所示。

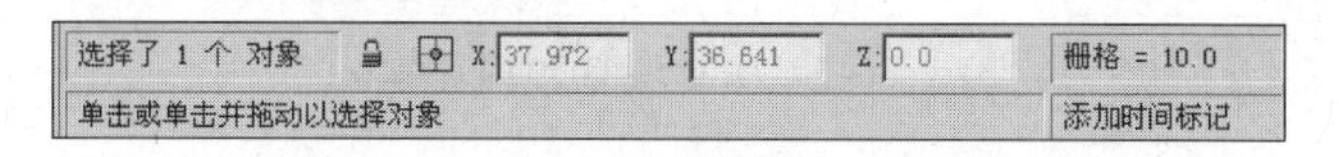

图 4-108　3ds max 的状态栏和提示行

(1) 状态栏显示当前所选择的对象数目、坐标位置和目前视图的网格单位等内容。在状态栏中还可以锁定所选的对象,以防误选其他对象。

(2) 提示行使用简单明了的语言提示用户在当前选择工具的状态下应该做什么,以及有关的模式设置方式。

6. 动画控制区

动画控制区如图 4-109 所示，包括动画时间滑块条、动画按钮和一组控制动画播放的按钮，主要用于进行动画的记录、动画帧的选择、动画的播放以及动画时间的控制。

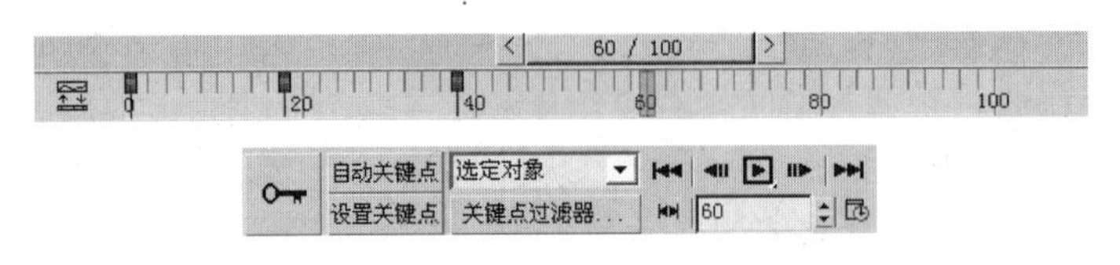

图 4-109　3ds max 的动画控制区

7. 视图控制区

视图控制区由 8 个视图调整控制按钮组成，如图 4-110 所示，使用这些视图调整控制按钮，可以改变场景的观察效果，但并不改变场景中的物体位置。其功能包括缩放、平移和旋转等。

(1) 缩放(Zoom)按钮：单击此按钮，在任意视图窗口中按下鼠标不放，上下拖动可以拉近或者拉远视图，但只作用于当前视图窗口。

(2) 全缩放(Zoom All)按钮：功能与缩放按钮类似，只不过在当前视图窗口变动时其他三个窗口也随之变动。

(3) 选定视图缩放(Zoom Extents)按钮：缩放某个选定视图中的对象。

(4) 全视图缩放(Zoom Extents All)按钮：功能同上，但该命令可使其他三个视图也变化。

(5) 局部缩放(Region Zoom)按钮：在当前视图中缩放所选取的部分视图。

(6) 平移(Pan)按钮：在不改变缩放比例的情况下移动视图。

(7) 弧线旋转(Arc Rotate)按钮：单击该按钮，当前视图窗口中会出现一个黄色旋转方向指示圈，在当前视图中的任何地方按住鼠标，可以绕第一个创建物体的中心旋转。

(8) 最小视图/最大视图切换(Min/Max Toggle)按钮：单击该按钮，当前视图会最大化显示，再次单击则恢复原状。

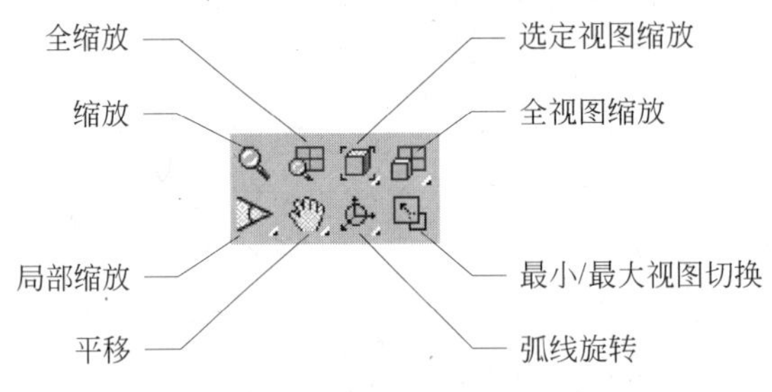

图 4-110　3ds max 的视图控制区

4.4.2　创建 3D 动画的基本过程

1. 建模

基本模型是创建 3ds max 动画的基础。无论多么复杂的三维动画，都可以由一些简单的模型经过组合加工得到。利用创建命令面板中的按钮创建二维形体模型或三维几何体模型。可以在创建命令面板中设置模型的创建参数，也可以在修改命令面板中对选定模型的参数进行修改。

2. 贴图与材质

材质是指物体的表面在渲染时所表现出来的性质。它主要体现在物体的环境色(Ambient)、漫射色(Diffuse)、高光色(Specular)、透明度(Opacity)、反光度(Specular Highlights)、自发光(Self-illumination)等性质上。材质的编辑主要靠材质编辑器(Material Editor)来完成。为了使物体表面具有纹理效果，需要为材质赋予某种图像，称作贴图(Map)。可以使用.jpg 等类型的图像进行贴图。

3. 灯光

灯光在 3ds max 中非常重要，它本身不能被渲染出来，主要用来烘托和影响周围物体表面的光泽、色彩和亮度。

在 3ds max 中，如果没有使用光源，默认状态下提供两盏灯光，一个位于场景的左上方，一个位于场景的右上方，用来照亮场景。一旦在场景中创建了任何类型的灯光，则这两个默认的灯光就会自动关闭。

创建面板的"灯光"子面板提供了 5 种灯光类型：泛光灯(Omni)、目标聚光灯(Target Spot)、自由聚光灯(Free Spot)、目标平行光(Target Direct)和自由平行光(Free Direct)。其中泛光灯是一种向所有方向照射的灯光。

4. 动画制作

在进行动画制作时，必须理解帧的概念。在 3ds max 中进行动画制作时，只需要设置动画的主要画面(关键帧)，关键帧之间的过渡由计算机来完成，最后形成一个连续的动画。

3ds max 中的动画制作，可以单击动画控制区的自动关键点按钮，通过拖动屏幕下方的时间滚动条 <| 60 / 100 |> 设置关键帧来完成。

5. 渲染

渲染就是由 3ds max 自动对用户所创建的场景进行计算，包括物体的明暗、物体的材质和背景、物体的运动特性等。通过渲染可以生成最终的动画和图形文件。

4.4.3 利用 3ds max 9 创建 3D 动画

本节着重讲述动画操作技巧，并且综合运用建模、摄像机的创建及调整、材质的设置及调整、粒子系统的设置等几个方面来调节动画。通过本节的学习，读者可以掌握使用 3ds max 9 的制作流程，了解 3ds max 9 制作的基本过程，并掌握 3ds max 9 的设计方法。

1. 创建模型

(1) 运行 3ds max 9 程序，在创建面板中选择"圆环"，如图 4-111 所示。

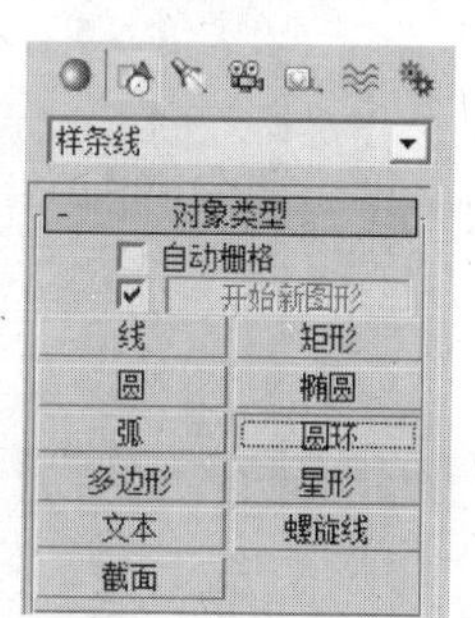

图 4-111 选择圆环

(2) 在"前"视图中拖动鼠标，创建圆环，如图 4-112 所示。

(3) 在创建面板中设置参数，半径 1 为 68，半径 2 为 58。

(4) 选择修改命令面板，在修改命令列表中选择"倒角"命令，并设置参数如图 4-113 所示。

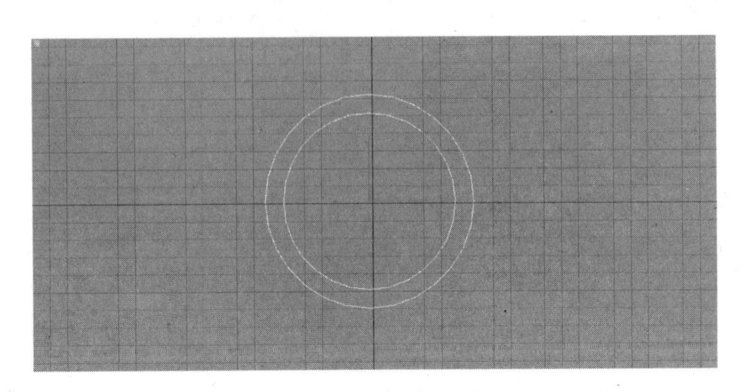

图 4-112　创建圆环

图 4-113　设置倒角参数

(5) 打开创建命令面板,单击“球体”,在“前”视图中创建一个圆球,设置圆球的半径为 5.5,位置如图 4-114 所示。

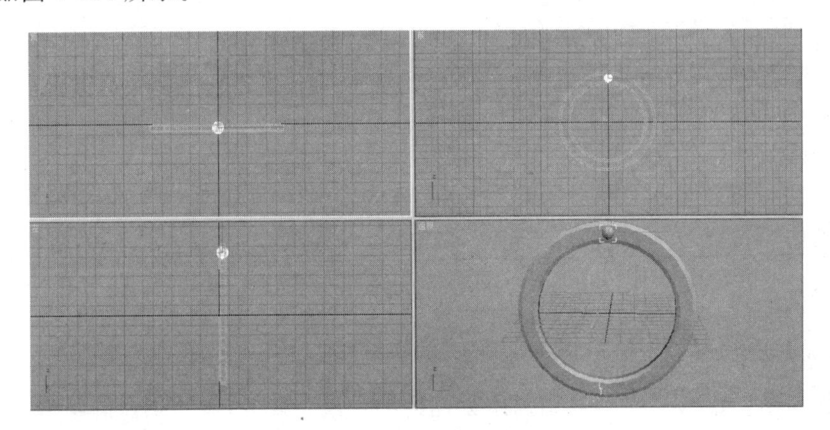

图 4-114　创建圆球

(6) 选择“圆球”,并切换到层次命令面板,再单击“仅影响轴”按钮,如图 4-115 所示。

(7) 在“前”视图中,将轴心点移动到中心位置,如图 4-116 所示。

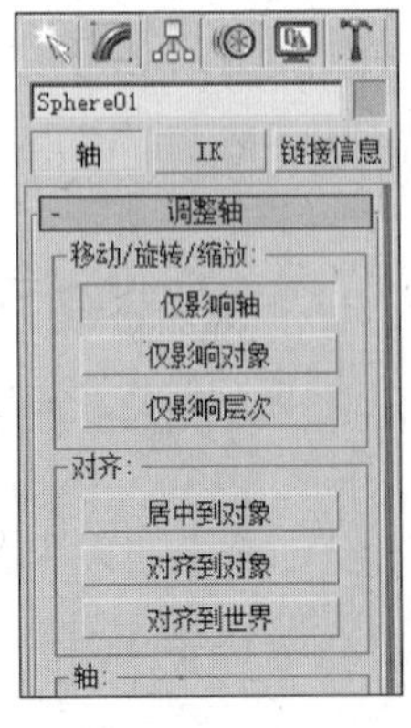

图 4-115　调整轴心

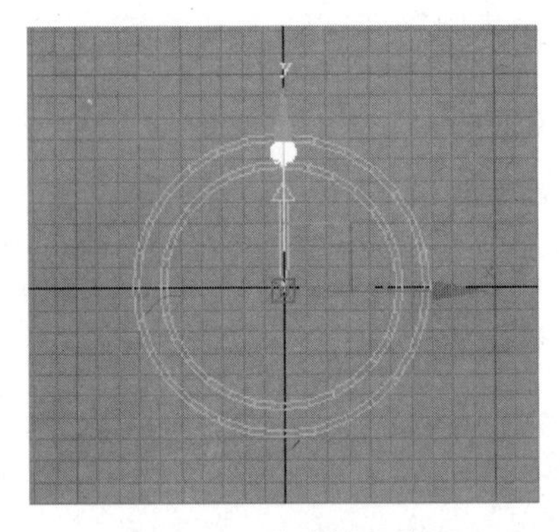

图 4-116　移动轴心位置

(8) 单击“仅影响轴”按钮,执行“工具”|“阵列”命令,弹出“阵列”对话框,如图 4-117 所示。

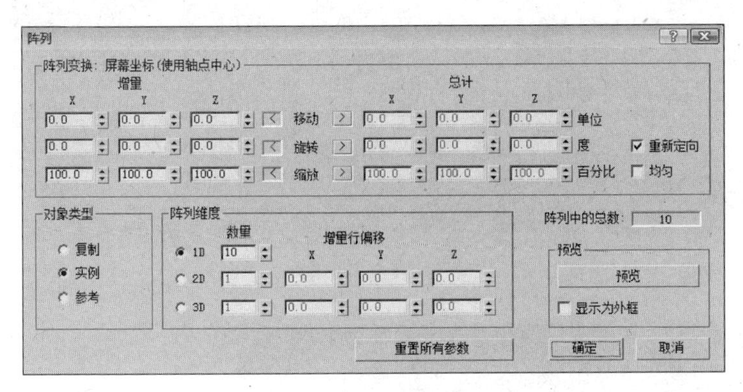

图 4-117 “阵列”对话框

(9) 设置其中的参数如图 4-118 所示,得到如图 4-119 所示的效果。

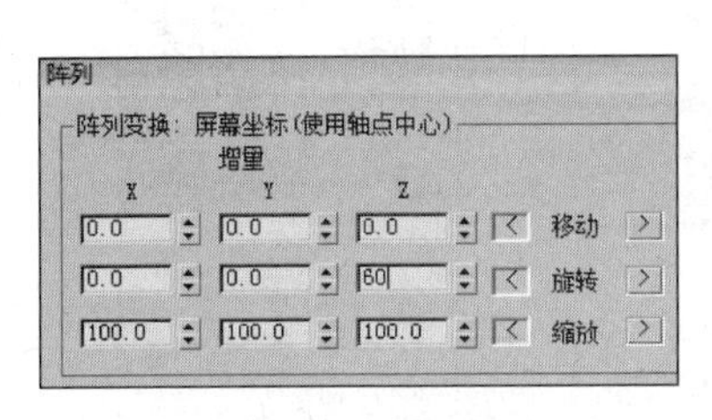

图 4-118 阵列参数

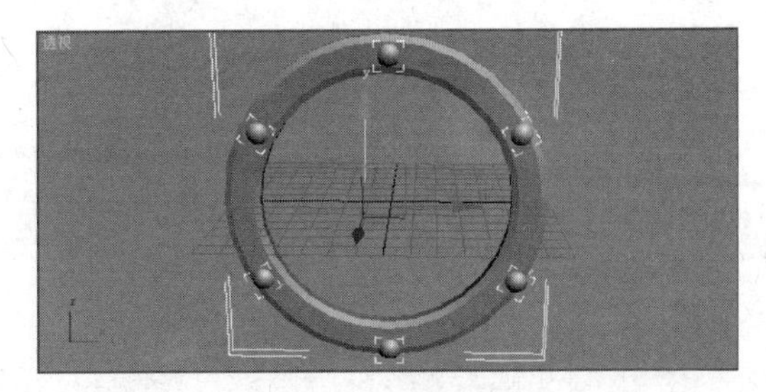

图 4-119 阵列结果

(10) 选择场景内的所有物体,单击主菜单栏的“组”菜单中的“成组”菜单,将所有物体集合成一个群组,并在弹出的“组”窗口中将其命名为“圈 1”,如图 4-120 所示。

(11) 选中“圈 1”群组,单击“选中并均匀缩放”工具按钮,在“前”视图中,按下鼠标左键进行等比例缩放的同时按住键盘上的 Shift 键,打开如图 4-121 所示窗口,将复制副本数改为“2”。

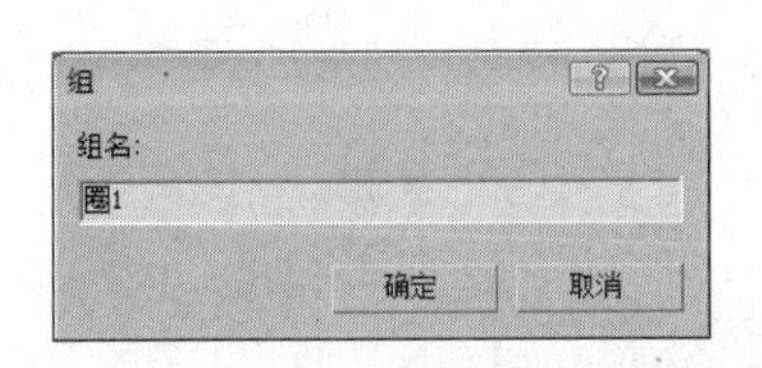

图 4-120 设置群组

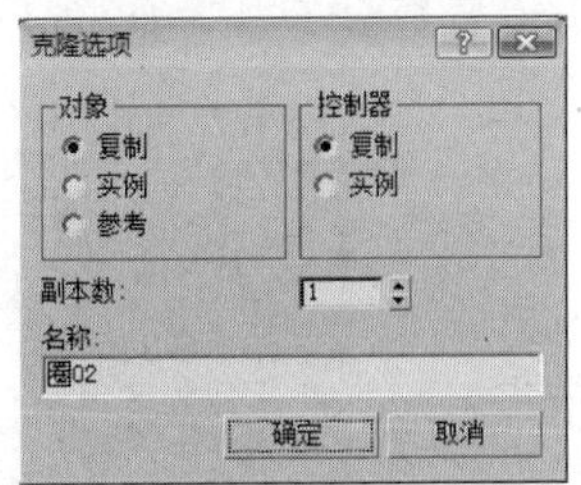

图 4-121 复制群组

(12) 切换到创建面板,打开“图形”命令面板,选择“样条线”中的“圆”,在圆环的最内侧创建一个“圆”,并调整圆的大小使与圆环中的最内侧一样大,如图 4-122 所示。

(13) 单击创建面板中的“图形”命令面板中的“文本”按钮,在其中的“文本”命令参数空白框中输入“风筝故事”,大小为“10”,然后在“前”视图中用鼠标左键单击创建文字,如图 4-123 所示。

(14) 切换到修改命令面板,选中“风筝故事”文本,施加“编辑样条线”修改器,如图 4-124 所示。

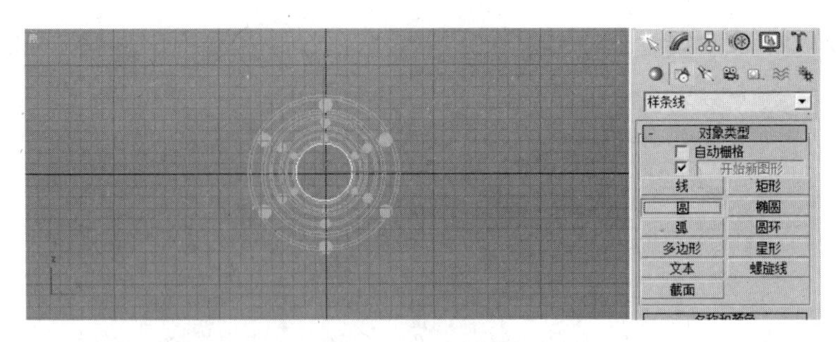

图 4-122　创建圆

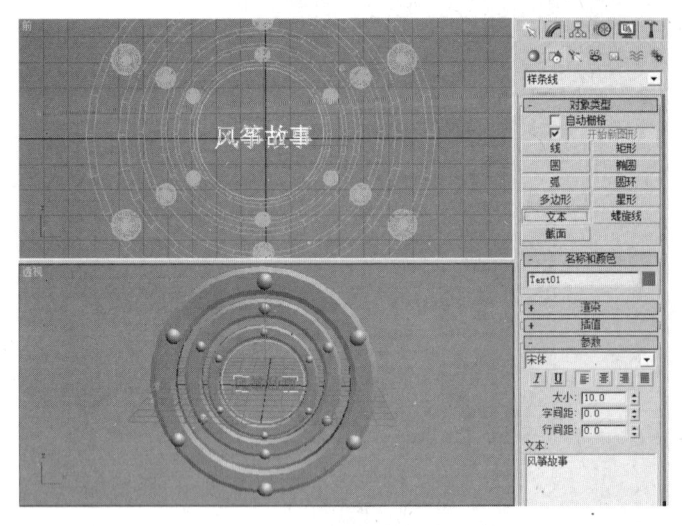

图 4-123　创建文本

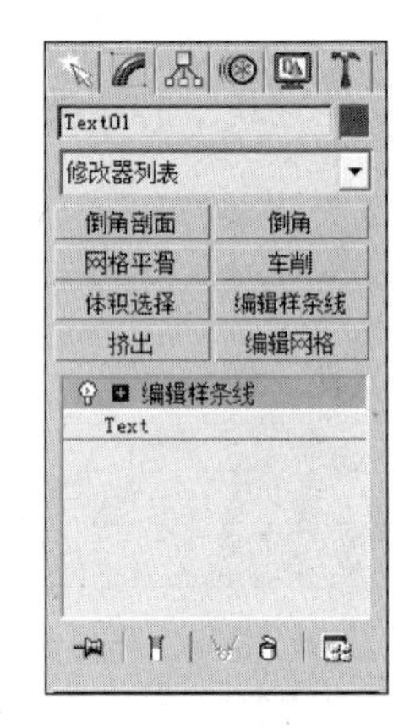

图 4-124　施加编辑样条线修改器

（15）在“几何体”卷展栏面板中单击“附加”按钮。

（16）在“前”视图中，单击“圆”，将文字与圆连接在一起，并在修改命令面板中施加“挤出”修改器，设置数量为“8”，如图 4-125 所示。

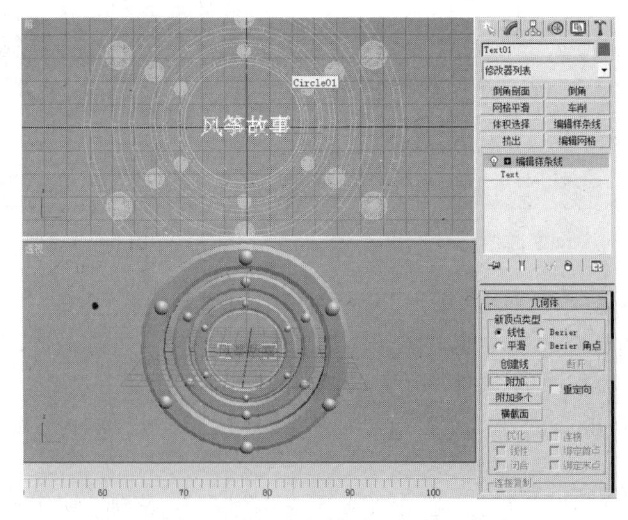

图 4-125　连接两个物体并施加挤出修改器

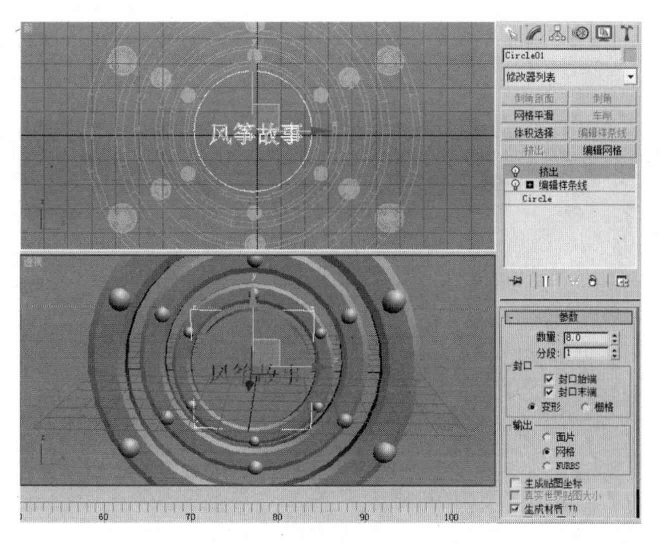

图 4-125 （续）

2. 材质设计

（1）打开材质编辑器，选择一个空白材质球，在“贴图”卷展栏中单击“漫反射颜色”右侧的 None 按钮，如图 4-126 所示。

（2）在弹出的“材质/贴图浏览器”中选择“位图”，如图 4-127 所示。

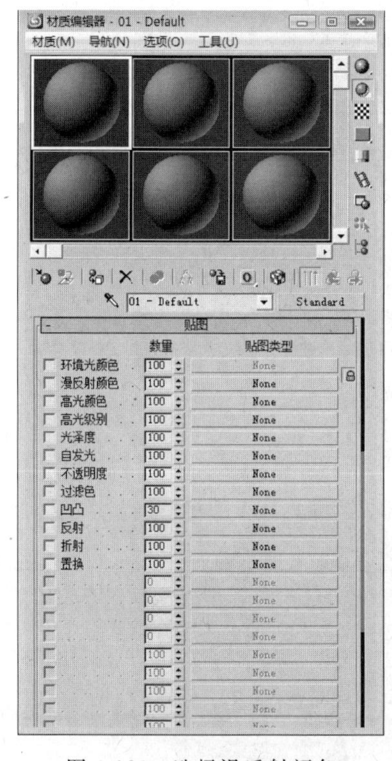

图 4-126 选择漫反射颜色

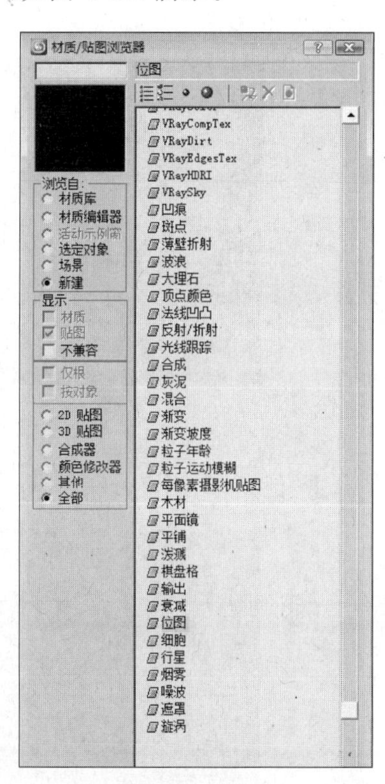

图 4-127 选择位图

（3）在打开的贴图路径中选择贴图照片，如图 4-128 所示。

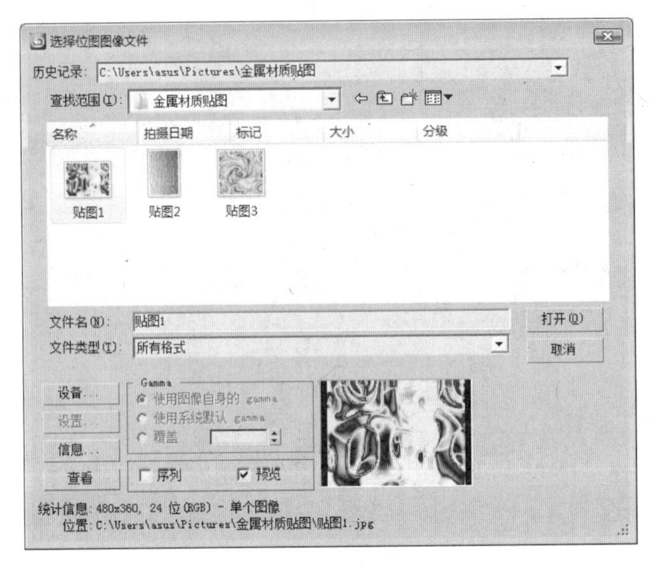

图 4-128　选择合适的贴图文件

(4) 将设计好的材质赋予“圈 1”,使用该方法依次给“圈 2”、“圈 3”设计材质。

3. 灯光和摄像机

(1) 切换到创建面板中,单击“灯光”命令面板,单击“目标聚光灯”按钮,设置主光源,位置如图 4-129 所示。

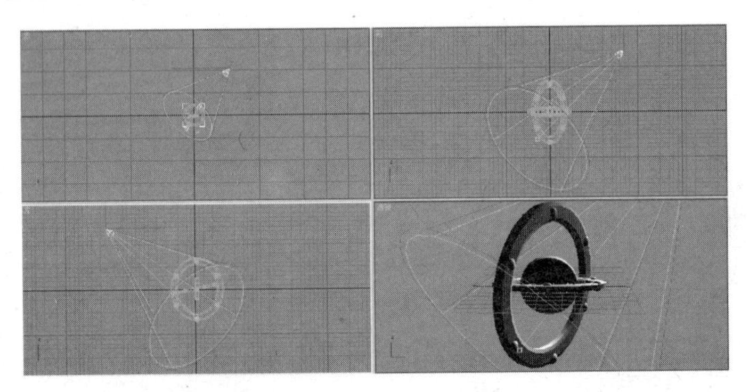

图 4-129　设计主光源

(2) 单击“泛光灯”按钮,设置辅助光晕,位置如图 4-130 所示。

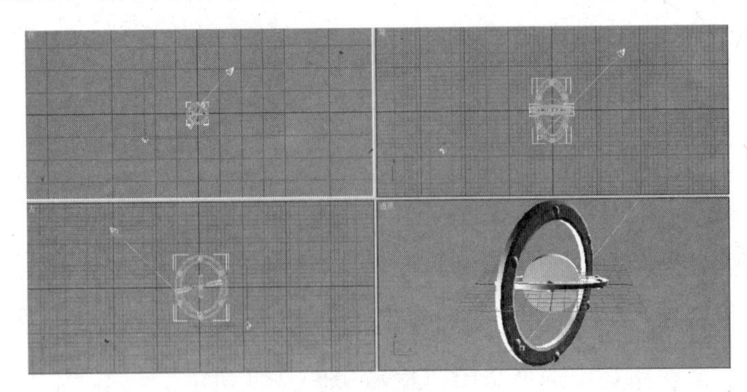

图 4-130　设置辅助光晕

(3) 单击“泛光灯”按钮，设置运动光晕，命名为“运动光”，如图 4-131 所示。

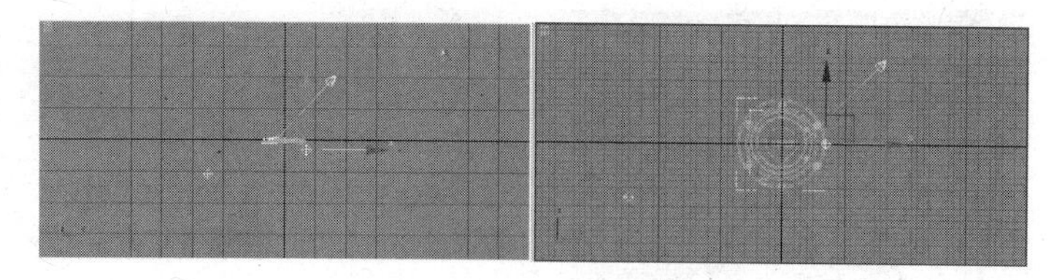

图 4-131　设计“运动光”光晕

(4) 执行“渲染”|Video Post 命令，弹出的 Video Post 对话框如图 4-132 所示。

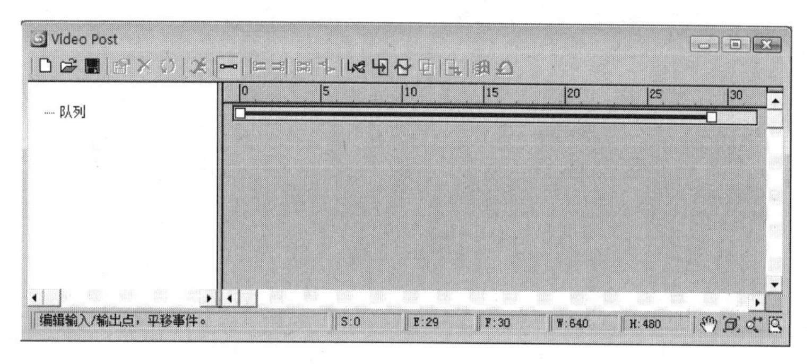

图 4-132　Video Post 对话框

(5) 单击“添加场景事件”按钮，在弹出的“添加场景事件”对话框中进行设置，如图 4-133 所示。

(6) 在 Video Post 对话框中单击“添加图像过滤事件”按钮，在弹出的“编辑过滤事件”对话框里选择“镜头效果光斑”，如图 4-134 所示。

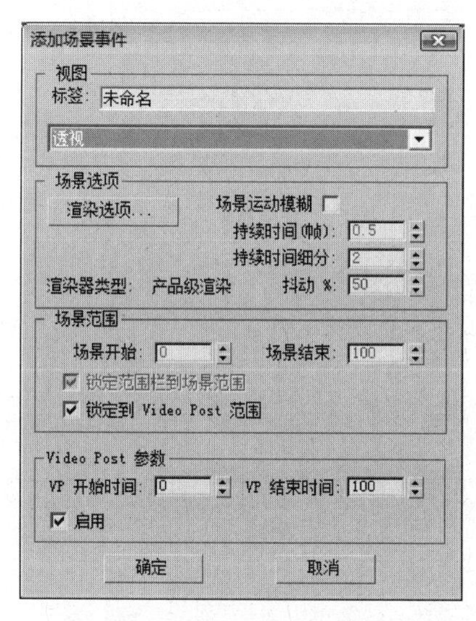

图 4-133　添加场景事件

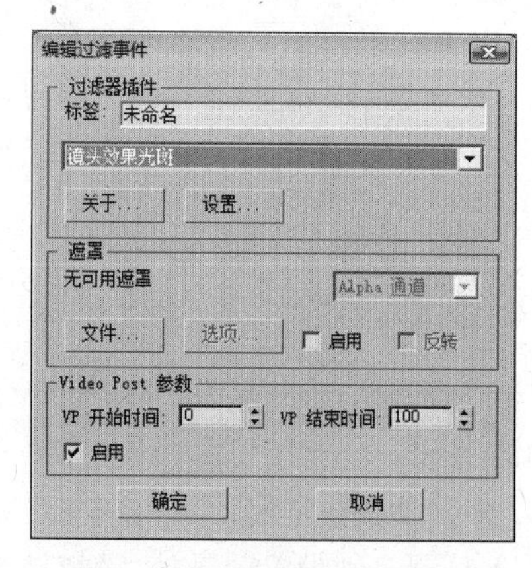

图 4-134　设置镜头效果光斑

(7) 单击“编辑过滤事件”对话框中的“设置”按钮，打开“镜头效果光斑”对话框，如图 4-135 所示。

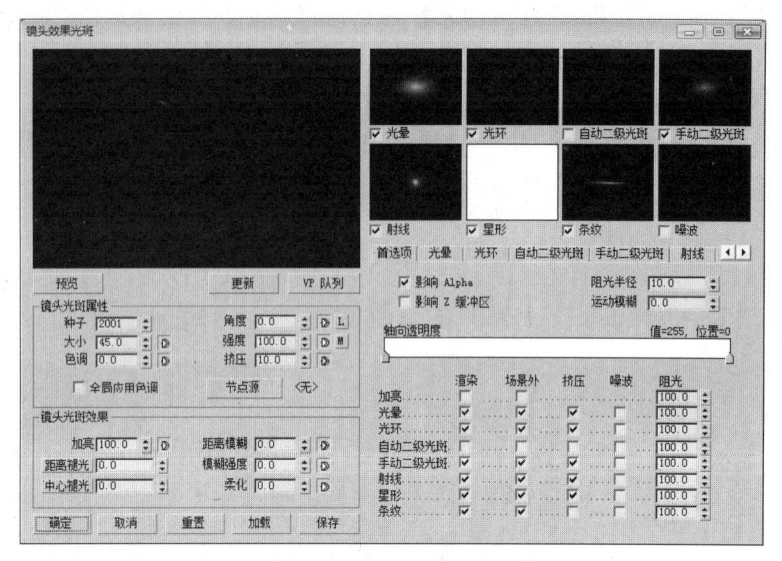

图 4-135　设置参数

(8) 单击“预览”和“VP 队列”按钮，并选择“节点源”，选择“运动光”光晕，如图 4-136 所示。

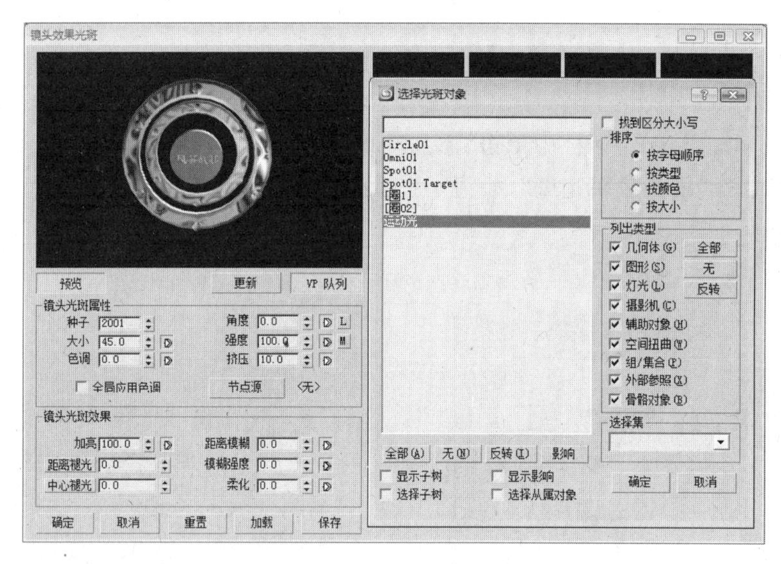

图 4-136　设置运动光晕参数

(9) 切换到创建面板中的“摄像机”命令面板，单击“目标摄像机”，设置摄像机，位置如图 4-137 所示。

4. 添加动画和特效

(1) 打开自动设置关键帧，设置结束帧为 100，将时间滑块滑动到 100 帧，选择所有的“圈”，然后关闭自动设置关键帧，如图 4-138 所示。

(2) 选择“运动光”光晕，单击“自动设置关键帧”，将滑块拖动到 100 帧，并将“运动光”光源的位置移动到另外一端，如图 4-139 所示。

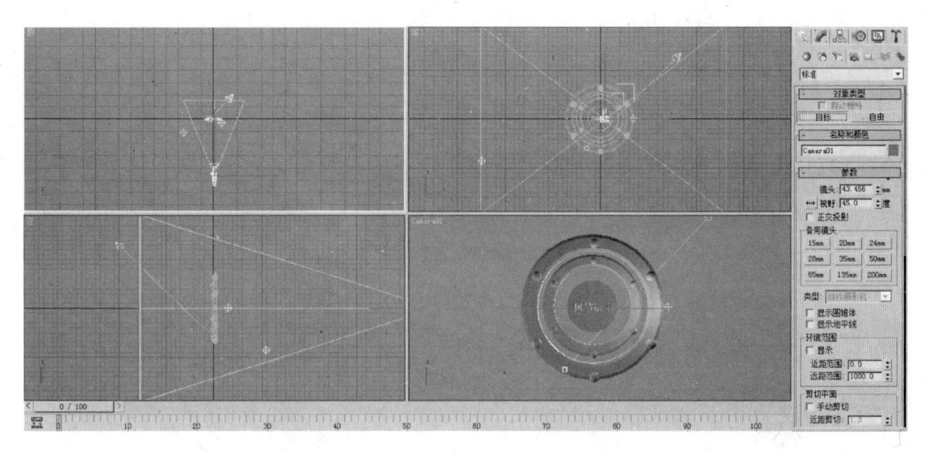

图 4-137　创建摄像机

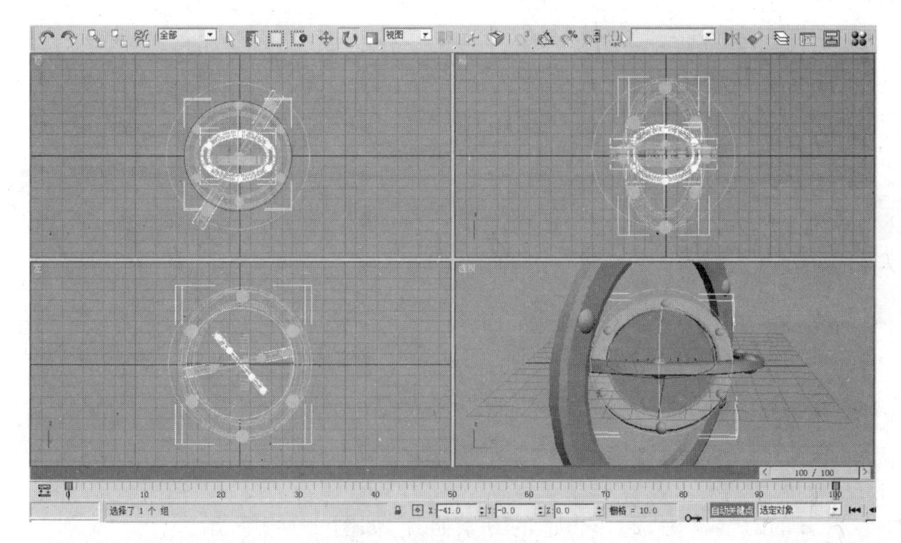

图 4-138　设置圆环动画

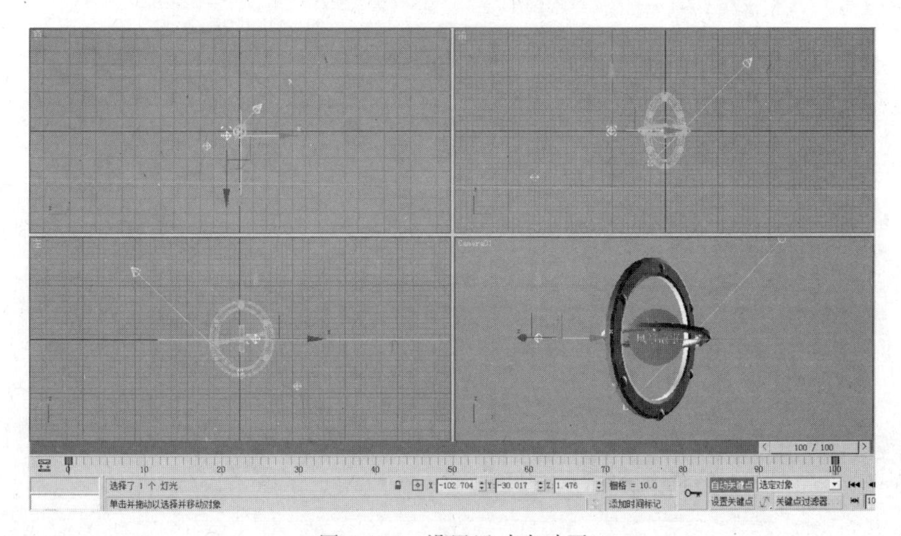

图 4-139　设置运动光动画

5. 添加背景照片

(1) 单击“渲染”主菜单中的“环境”菜单项，打开“环境和效果”对话框，如图 4-140 所示。

(2) 单击“公用参数”中的“无”按钮，打开“材质/贴图浏览器”对话框，选择其中的“位图”，如图 4-141 所示。

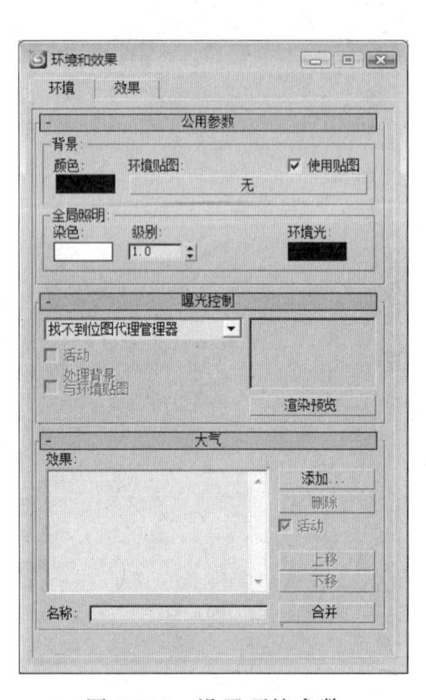

图 4-140　设置环境参数

图 4-141　设置环境位图

(3) 在打开的对话框中，选择合适的背景照片，如图 4-142 所示。

图 4-142　选择环境贴图

6. 渲染输出

(1) 执行“渲染”|“渲染”命令，打开“渲染场景”对话框，如图 4-143 所示。

(2) 选择渲染“活动时间段”，并设置合适的窗口大小，在“渲染输出”选项中设置文件的路径和名称，然后单击“渲染”按钮，进行渲染，得到最终效果，渲染过程如图 4-144 所示。

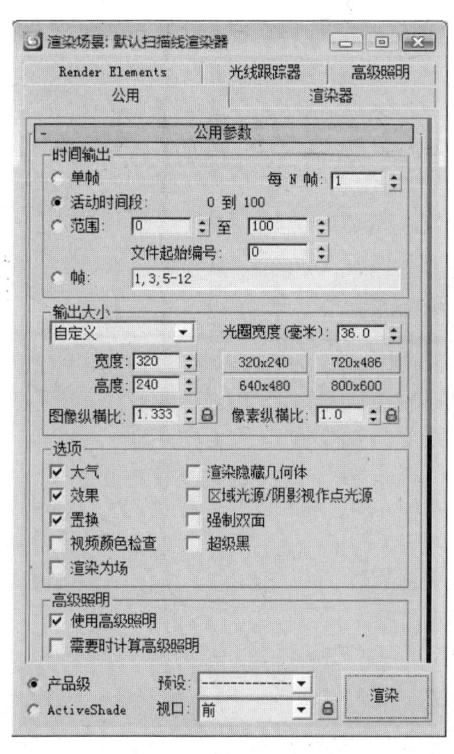

图 4-143 设置渲染参数

图 4-144 渲染动画过程

本章小结

本章首先介绍了动画的基本概念、计算机动画的主要技术与制作方法，然后分别通过实例介绍了 GIF 和 Flash 二维动画的制作方法，以及用 3ds max 9 制作三维动画的基本流程。

GIF 动画以其制作简单、使用广泛，在网页动画中的地位无可替代。Flash 是二维动画软件中的后起之秀，它已无可争议地成为最优秀交互动画的制作工具，并迅速流行起来。Flash 使用矢量图形制作动画，具有缩放不失真、文件体积小、适合在网上传输等特点，已成为交互式矢量动画的标准。3ds max 是美国 Autodesk 公司开发的基于 PC 平台的三维动画制作软件，现已广泛应用于广告、影视、工业设计、多媒体制作、辅助教学以及工程可视化等方面。

习　题

1. 什么是动画？什么是计算机动画？请简述计算机动画与影视的相同点与不同点。
2. 计算机动画制作的方法有哪几种？
3. 常用的二维动画制作的软件有哪些？各有什么特点？
4. 试述 3ds max 的主要功能以及主要的应用领域。
5. 制作几幅图片不断切换的动画。
6. 制作一个大雁飞的 Gif 动画。
7. 制作一个显示文字书写过程的动画。
8. 运用遮罩制作两幅图片进行切换的动画。
9. 制作一个光线在文字上扫过的动画。
10. 制作一个地球转动效果的动画。
11. 制作一个按钮带有动画效果的导航条。
12. 中文版 3ds max 9 的工作界面主要包括哪几部分？其作用分别是什么？
13. 简述创建 3D 动画的基本过程。
14. 制作一个文本动画，要求使用“波浪”动画。
15. 用 3ds max 制作一个“欢迎使用”字样伴随着灿烂星空的文字动画。

第 5 章　多媒体作品的设计与制作

本章学习目标

- 了解多媒体作品的应用领域、基本模式和制作过程。
- 理解创意设计的基本理念。
- 了解有关多媒体作品的版权问题。
- 掌握用 PowerPoint 制作演示文稿的基本方法。
- 掌握用 Flash CS5 设计制作多媒体作品的基本方法。

5.1　多媒体作品及制作过程

随着社会的发展和多媒体技术的广泛应用，人们对信息的表现形式投入更多的关注。形式丰富的多媒体作品，以其生动精彩的表现力，使人产生极深的印象。一个典型的多媒体作品可以是文本、图片、计算机图形、动画、声音、影视的任何几种的组合，当然不是简单的组合，而是建立逻辑连接，集成一个系统，多媒体作品的最大特点是交互性。人们通常看的电视节目、电影、录像、VCD 光盘也是多种媒体的组合，但无法参与进去，只能根据编剧和导演编制完成的节目去听去看。多媒体作品则不同，它可以让人们参与，人们可以通过操作去控制整个过程。交互性是多媒体作品与影视作品等其他作品的主要区别。多媒体作品是通过硬件和软件及用户的参与这三方面来共同实现的。

5.1.1　多媒体作品的应用领域

随着社会的进步，计算机的普及，多媒体已逐渐渗透到各个领域，社会对多媒体的需求越来越大，对多媒体相关技术的要求也越来越高，是社会的进步推动了多媒体的发展。多媒体作品大体上有如下几个方面的应用：

(1) 用于公共展示场合。虽然多媒体演示很难替代人们去展览馆或博物馆欣赏好的展品，但它能非常形象、直观地展示一个展品，人们可以通过多媒体的演示，形象地了解展品，而不需要专人去讲解。

(2) 用于教学领域。这是一个大有可为的领域，学校的教师通过多媒体可以非常形象直观地讲述清楚过去很难描述的课程内容，而且学生可以更形象地去理解和掌握相应教学内容。学生还可以通过多媒体进行自学、自考等。除学校外，各大单位、公司培训在职人员或新员工时，也可以通过多媒体进行教学培训、考核等，非常形象直观，同时也可解决师资不足的问题。

(3) 用于产品展示。多媒体作品为商家提供了一种全新的广告形式，商家通过多媒体作品可以将产品表现得淋漓尽致，客户则可通过多媒体作品随心所欲地观看广告，直观、经济、便捷，效果非常好。这种方式可用于多种行业，多媒体作品使产品的广告形式更活泼、更有趣、更容易让人接受。

(4) 用于各种活动。对于会议等各种活动，如果事前将准备好的内容制作成多媒体作品，有视频、音频、动画等非常形象的讲解和演示，活动将开展得非常生动，如果将活动的情况、花絮等制成多媒体纪念光盘加以保留，将非常有意义。

(5) 用于网上多媒体。随着互联网的发展，多媒体技术在互联网上越来越普及，一个有声音、动态的页面比静态的只有文字和图片的页面更能引起人们的注意，更具吸引力。网上多媒体可以充分发挥多媒体的作用。

(6) 用于游戏。游戏本身就是多媒体，寓教于乐，更容易被接受。

5.1.2 多媒体作品的基本模式

多媒体作品不论应用在什么领域，不外乎以下三种基本模式。

1. 示教型模式

示教型模式的多媒体产品主要用于教学、会议、商业宣传、影视广告和旅游指南等场合。该模式具有如下特点：

(1) 具有外向性。以展示、演播、阐述、宣讲等形式向使用者、观众或听众展开。

(2) 具有很强的专业性和行业特点。例如，用于教学的产品注重概念的解答、现象的阐述、定义和定理的强调等内容；而会议演讲则侧重于会议内容简介、观点的阐述和论证等。

(3) 具有简单而有效的可操控性。使用者不需要进行专门培训，就可轻松运用多媒体产品。

(4) 适合大屏幕投影。作品界面色彩的设计与搭配充分考虑银幕投影的特点，其输出分辨率符合投影机的技术指标。

(5) 产品通常配有教材或广告印刷品。

2. 交互型模式

交互型模式的多媒体作品主要用于自学，安装到计算机中以后，使用者与计算机以对话形式进行交互式操作。该作品具有如下特点：

(1) 具有双向性。一方面作品向使用者展示多媒体信息；另一方面由使用者向作品提问或进行控制，即产品与使用者之间互相作用。

(2) 具有众多而有效的操作形式。使用者需简单地学习有关使用方法。

(3) 多采用自学类型，使用者在家中即可使用。

(4) 显示模式适合计算机显示器，以标准模式(640×480 像素、800×600 像素、1024×768 像素或更高分辨率)显示多媒体信息。

(5) 界面色彩的设计与搭配比较自由，以清晰、美观为主。

(6) 配有大量习题或提问，使用者可有选择地进行解答。若回答有误，将识别错误并公布答案和得分。

(7) 具有很强的通用性，通常采用商品化包装，并附有使用说明书。

3. 混合型模式

混合型模式介于示教型模式和交互型模式之间，兼备二者的特点。混合型模式的显著特征是功能齐全、数据量大。混合型模式的作品在制作上也有其特点，主要表现在以下几个方面：

(1) 按照主题划分存储单元。例如，一片光盘一个主题，尽管有时光盘装载的信息量并未饱和。

(2) 作品可根据需要装配不同的功能模块,以实现不同的功能。

(3) 根据使用环境的不同,定制不同版本的产品。

5.1.3 多媒体作品的制作过程

1. 作品创意

多媒体产品的创意设计是非常重要的工作,从时间、内容、素材,到各个具体制作环节、程序结构等,都要事先周密筹划。作品创意主要有以下各项工作:

(1) 确定作品在时间轴上的分配比例、进展速度和总长度。

(2) 撰写和编辑信息内容,包括教案、讲课内容、解说词等。

(3) 规划用何种媒体形式表现何种内容,包括界面设计、色彩设计、功能设计等。

(4) 界面功能设计,包括按钮和菜单的设置、互锁关系的确定、视窗尺寸与相互之间的关系等。

(5) 统一规划并确定媒体素材的文件格式、数据类型、显示模式等。

(6) 确定使用何种软件制作媒体素材。

(7) 确定使用何种平台软件。如果采用计算机高级语言编程,则要考虑程序结构、数据结构、函数命名及其调用等问题。

(8) 确定光盘载体的目录结构、安装文件,以及必要的工具软件。

在作品创意阶段,工作的特点是细腻、严谨。任何小的疏忽,都有可能使后续的开发工作陷入困境,有时甚至要从头开始。

2. 编写脚本

经过创意阶段以后,将全部创意、进度安排和实施方案形成文字资料,并根据详细的实施方案制作脚本。

多媒体脚本设计应做到如下几点:

(1) 规划出各项内容显示的顺序和步骤。

(2) 描述期间的分支路径和衔接的流程。

(3) 兼顾系统的完整性和连贯性。

(4) 既要考虑到整体结构,又要善于运用声、文、画、影、物多重组合达到最佳效果。

(5) 注意交互性和目标性。

(6) 根据不同的应用系统运用相关的领域知识和指导理论。

3. 素材加工与媒体制作

多媒体素材的加工与制作,是最为艰苦的开发阶段,非常费时。在此阶段,要和各种软件打交道,要制作图像、动画、声音及文字素材。在素材加工与媒体制作阶段,要严格按照脚本的要求进行工作。其主要工作如下:

(1) 录入文字,并生成纯文本格式的文件,如".txt"格式。

(2) 扫描或绘制图片,并根据需要进行加工和修饰,然后形成脚本要求的图像文件。

(3) 按照脚本要求,制作规定长度的动画或视频文件。在制作动画过程中,要考虑声音与动画的同步、画外音区段内的动画节奏、动画衔接等问题。

(4) 制作解说和背景音乐。按照脚本要求,将解说词进行录音,可直接从光盘上经数据变换得到背景音乐。在进行解说音和背景音混频处理时，要保证恰当的音强比例和准确的时间长度。

(5) 利用工具软件，对所有素材进行检测。对于文字内容，主要检查用词是否准确、有无纰漏、概念描述是否严谨等；对于图片，则侧重于画面分辨率、显示尺寸、彩色数量、文件格式等方面的检查；对于动画和音乐，主要检查二者时间长度是否匹配、数字音频信号是否有爆音、动画的画面调度是否合理等项内容。

(6) 数据优化。这是针对媒体素材进行的，其目的是减少各种媒体素材的数据量，提高多媒体产品的运行效率，降低光盘数据存储的负荷。

(7) 制作素材备份。素材的制作要花费很多心血和时间，应多复制几份保存，否则会因一时疏忽而导致文件损坏或丢失。

4. 编制程序

在多媒体产品制作的后期阶段，要使用高级语言进行编程，以便把各种媒体素材进行组合、连接与合成。与此同时，通过程序实现全部控制功能，其中包括：

(1) 设置菜单结构。主要确定菜单功能分类、鼠标单击菜单模式等。

(2) 确定按钮操作方式。

(3) 建立数据库。

(4) 界面制作，包括窗体尺寸设置、按钮设置与互锁、媒体显示位置、状态提示等。

(5) 添加附加功能。例如，趣味习题、课间音乐欣赏、简单小工具、文件操作功能等。

(6) 打印输出重要信息。

(7) 帮助信息的显示与联机打印。

程序在编制过程中，通常要反复进行调试，修改不合理的程序结构，改正错误的数据定义和传递方式，检查并修正逻辑错误等。

5. 成品制作及包装

无论是多媒体程序，还是多媒体模块，最终都要成为成品。成品是指具备实际使用价值、功能完善而可靠、文字资料齐全、具有数据载体的产品。成品的制作大致包括以下内容：

(1) 确认各种媒体文件的格式、名字及其属性。

(2) 进行程序标准化工作，包括确认程序运行的可靠性、系统安装路径自动识别、运行环境自动识别、打印接口识别等内容。

(3) 系统打包。打包是指把全部系统文件进行捆绑，形成若干个集成文件，并生成系统安装文件和卸载文件。

(4) 设计光盘目录的结构，规划光盘的存储空间分配比例。如果采用文件压缩工具压缩系统数据，还要规划释放的路径和考虑密码的设置问题。

(5) 制作光盘。需要低成本制作时，可采用 5in 的 CD-R 激光盘片；CD-RW 可读写激光盘片的成本略高于 CD-R 盘片，但由于 CD-RW 盘片可重新写入数据，因此为修改程序或数据提供了方便。

(6) 设计包装。任何产品都需要包装，它是所谓“眼球效应”的产物。当今社会越来越重视包装的作用，包装对产品的形象有直接影响，甚至对产品的使用价值也起到不可低估的作用。设计优秀的包装并非易事，需要专业知识和技巧。

(7) 编写技术说明书和使用说明书。技术说明书主要说明软件系统的各种技术参数，包括媒体文件的格式与属性、系统对软件环境的要求、对计算机硬件配置的要求、系统的显示模式等；使用说明书主要介绍系统的安装方法、寻求帮助的方法、操作步骤、疑难解答、作者信息，以及联系方法等。

5.1.4 多媒体创意设计

多媒体技术是一门科学，多媒体制作是一种计算机专业知识，多媒体创意则是一个涉及美学、实用工程学和心理学的问题。以前人们往往只注重解决最基本、最现实的问题，对创意设计并不重视。但随着社会的发展、科学技术的进步和人们对美、对功能的追求，创意设计的作用和影响越来越不可忽视，所谓"七分创意、三分做"，形象地说明了创意的重要性。

1. 创意设计的作用

多媒体创意设计是制作多媒体作品最重要的一环，是一门综合学科。其主要作用是：

(1) 作品更趋合理化。程序运行速度快、可靠，界面设计合理，操作简便而舒适。

(2) 表现手段多样化。多媒体信息的显示富于变化，并且同媒体间的关系协调，错落有致。

(3) 风格个性化。作品不落俗套，具有强烈的个性。

(4) 表现内容科学化。多媒体作品提供的信息要符合科学规律，阐述要准确、明了，概念要清晰、严谨。

(5) 作品商品化。作品开发的目的是为了应用，在创意设计中，商品化设计的比重很大。没有完美的商品化设计，就得不到消费者应有的重视。

2. 创意设计的具体体现

多媒体创意设计工作繁多而细致，主要表现在以下几个方面：

(1) 在平面设计理念的指导下，加工和修饰所有平面素材，例如图片、文字、界面等。

(2) 文字措辞具有感染力和说服力，语言流畅、准确。

(3) 动画造型逼真、动作流畅、色彩丰富、画面调度专业化。

(4) 声音具有个性，音乐风格幽雅，编辑和加工符合乐理规律。

(5) 界面亲切、友好，画面背景和前景色彩庄重、大方，搭配协调。

(6) 提示语言礼貌、生动，文字的字体、字号与颜色适宜。

(7) 操作模式尽量符合人们的习惯。

3. 创意设计的实施

在进行创意设计时，主要完成技术设计、功能设计和美学设计三个方面的工作：

(1) 技术设计是指利用计算机技术实现多媒体功能的设计。其内容包括：规划技术细节，设计实施方法，对技术难点提出解决方案。

(2) 功能设计是指利用多媒体技术规划和实现面向对象的控制手段。主要内容包括：规划多媒体产品的功能类型和数量，完成菜单结构设计和按钮功能设计，实现系统功能调用和数据共享，避免功能重叠和交叉调用，处理系统错误，增加附加功能，改善产品形象。

(3) 美学设计是指利用美学观念和人体工程学观念设计产品。主要解决的问题是：界面布局与色调，界面的视觉冲击力和易操作性，媒体个性的表现形式，设计媒体之间的最佳搭配方式和空间显示位置，产品光盘装潢设计和外包装设计，使用说明书和技术说明书的封面设计、版式设计。

以上三项设计涉及的专业知识比较广泛，需要设计群体的共同努力才能完成。在设计过程中，应广泛征求使用者各方面的意见，不断修改和完善设计方案，使多媒体产品更具有科学性，更贴近使用者的要求。

5.1.5 多媒体作品的版权

多媒体作品的著作权也称版权，是作品的创作者对其作品所享有的专有权利。版权是公民、法人依法享有的一种民事权利，属于无形财产权。在不触犯版权的情况下合理使用多媒体产品可以促进作品的广泛传播，在著作权法规定的某些情况下使用作品时，可以不经著作权人许可，不向其支付报酬，但应当指明作者姓名、作品名称，并且不得侵犯著作权人依照著作权法享有的其他权利。这是法律规定的对著作权的一种限制情况。

我国著作权法规定的"合理使用"包括以下几种情形：

(1) 为个人学习、研究或者欣赏，使用他人已经发表的作品。

(2) 为介绍、评论某一作品或者说明某一问题，在作品中适当引用他人已经发表的作品。

(3) 为报道时事新闻，在报纸、期刊、广播电台、电视台等媒体中不可避免地再现或者引用已经发表的作品。

(4) 报纸、期刊、广播电台、电视台等媒体刊登或者播放其他报纸、期刊、广播电台、电视台等媒体已经发表的关于政治、经济、宗教问题的时事性文章，但作者声明不许刊登、播放的除外。

(5) 报纸、期刊、广播电台、电视台等媒体刊登或者播放在公众集会上发表的讲话，但作者声明不许刊登、播放的除外。

(6) 为学校课堂教学或者科学研究，翻译或者少量复制已经发表的作品，供教学或者科研人员使用，但不得出版发行。

(7) 国家机关为执行公务在合理范围内使用已经发表的作品。

(8) 图书馆、档案馆、纪念馆、博物馆、美术馆等为陈列或者保存版本的需要，复制本馆收藏的作品。

(9) 免费表演已经发表的作品，该表演未向公众收取费用，也未向表演者支付报酬。

(10) 对设置或者陈列在室外公共场所的艺术作品进行临摹、绘画、摄影、录像。

(11) 将中国公民、法人或者其他组织已经发表的以汉语言文字创作的作品翻译成少数民族语言文字作品在国内出版发行。

(12) 将已经发表的作品改成盲文出版。

上述规定适用于对出版者、表演者、录音录像制作者、广播电台、电视台的权利的限制。

5.2 用 PowerPoint 制作演示文稿

PowerPoint 是一个容易掌握、演示效果好、具有简单控制功能、被普遍使用的软件，使用该软件制作的多媒体演示作品主要用于会议交流、多媒体教学、汇报报告、广告宣传等领域。PowerPoint 可以把文字、图形、图像、音频、视频、动画等几乎全部的多媒体对象组合起来。其控制功能包括：实现顺序翻页、演示页之间的转向、通过对象制作按钮，可以访问因特网、运行 Windows 环境中的应用程序等。

5.2.1 演示文稿的设计

为宣传风筝文化，下面以“风筝传奇”为主题，通过文字、图形、图像、声音、视频以及动画等媒体形式，用 PowerPoint 制作一个演示文稿，介绍风筝的起源、风筝的流派、世界风筝都、风筝之最和风筝精品等方面的情况，展示风筝的魅力和传奇。该演示文稿可以由讲演者按照顺序播放，也可以由读者进行交互式浏览。

1. 信息框架设计

按照创意和设计，规划系统结构和各部分逻辑关系，首先对信息分类，然后对信息分层次，最后确定各部分的任务和目标。“风筝传奇”演示文稿的信息框架如图 5-1 所示。

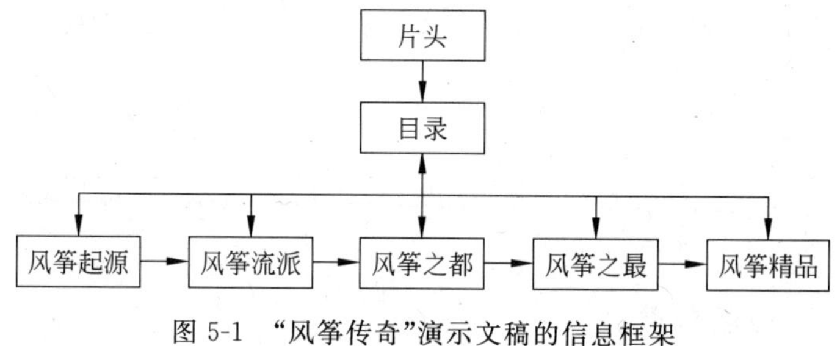

图 5-1 “风筝传奇”演示文稿的信息框架

2. 文档设计

确定了信息框架之后，开始文档的设计与编写，给每一项任务和目标确定显示内容。应确保所有文档整体风格的一致性和逻辑结构的一致性。

3. 背景设计

如何使演示文稿的背景的视觉效果更为舒适，更能烘托主题，是制作背景需要考虑的问题。PowerPoint 背景一般采用三种模式：

(1) 采用单一颜色或颜色过渡。

(2) 采用 PowerPoint 自带的花纹图案。

(3) 采用经过加工的图片。

本例采用了单一颜色和一系列图片作为演示文稿的背景，图片的风格一致，又根据具体的内容有所不同。

4. 导航和交互设计

为了便于用户浏览，本作品制作了一个目录页，可以通过目录进入某一个条目，每一个页面有一组按钮，可以前后翻页，也可以随时返回目录页。在演示文稿播放过程中，可以通过 PowerPoint 中的一些控制功能来控制播放顺序。

5.2.2 素材的加工与制作

1. 文字的整理与应用

演示文稿中需要的文字，用 Word 等软件录入或用扫描仪扫描等方式形成文本文件，对于少量的文字，也可以在演示文稿制作过程中直接录入。

在多媒体作品中，为了加强作品的艺术效果，经常会用到一些常用字库里没有的特殊字体，这类字体可以从网上下载，然后复制到“C:\Windows\Fonts”目录下，即可使用。本作品中采用的特殊字体为“长城古印体繁”，如图 5-2 所示。

2. 图形图像素材的制作

对于特殊字体，没有安装该字体的系统将无法显示，可以用 Photoshop 等图像处理软件将其保存为图片，然后应用到多媒体作品中。

演示文稿中用到的背景、图片等素材，可以用 Illustrator、Photoshop 等图形图像处理软件进行加工处理，形成.AI、.JPEG、.GIF 以及.PNG 等格式的文件。

图 5-2　长城古印体繁

3. 视频文件的制作

用 Premiere 等视频处理软件可以制作数字视频，并导出为.AVI、.MPG、.MOV 等格式的视频文件。

4. 动画素材的制作

对于作品中用到的动画素材，可以用 Flash 制作的.SWF 文件以及相关软件制作的 GIF 动画文件等。

5.2.3 创建演示文稿文件

1. 创建幻灯片

(1) 启动 PowerPoint 后，将创建第 1 张幻灯片，默认为空白的标题幻灯片，如图 5-3 所示。

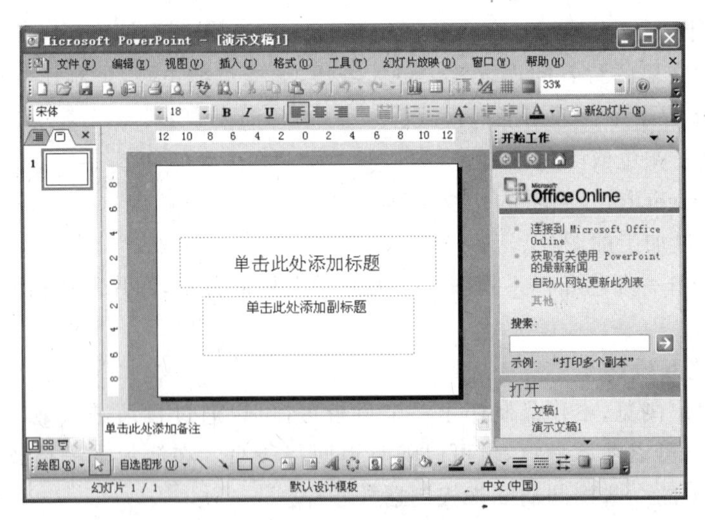

图 5-3　空白的标题幻灯片

(2) 选择幻灯片的版式。执行“格式”|“幻灯片版式”命令，在工作窗口右侧打开“幻灯片版式”面板，选择“标题和内容”版式，如图 5-4 所示。

(3) 单击标题占位符并输入“风筝传奇”，建立标题，如图 5-5 所示。

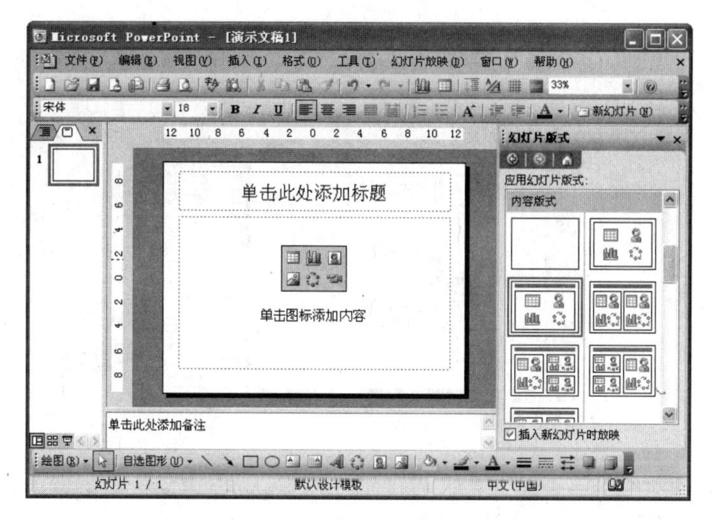

图 5-4 “标题和内容”版式

图 5-5 输入标题

(4) 在幻灯片上单击“插入图片”图标，在弹出的“插入图片”对话框中，找到“放风筝图案.png”图片文件，将其插入，如图 5-6 所示。这样就很容易地建立起了一张演示文稿的封面幻灯片。

(5) 执行“文件”|“保存”命令，将演示文稿保存为“风筝传奇.ppt”文件。

2. 插入新幻灯片

(1) 执行“插入”|“新建幻灯片”命令，将为演示文稿插入一张空白的普通幻灯片，如图 5-7 所示。

(2) 添加标题“风筝的起源”，并将准备好的文本内容添加到文本框中，如图 5-8 所示。

3. 设置幻灯片背景

把第 1 张幻灯片设置为单一颜色的背景，为第 2 张幻灯片添加用 Photoshop 制作的背景。

(1) 单击选中第 1 张幻灯片，执行“格式”|“背景”命令，在弹出的“背景”对话框中单击背景颜色框，如图 5-9 所示。

图 5-6 插入图片

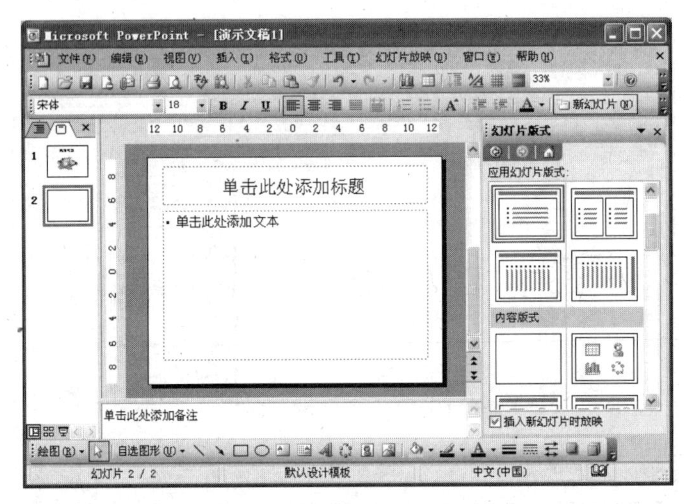

图 5-7 空白的普通幻灯片

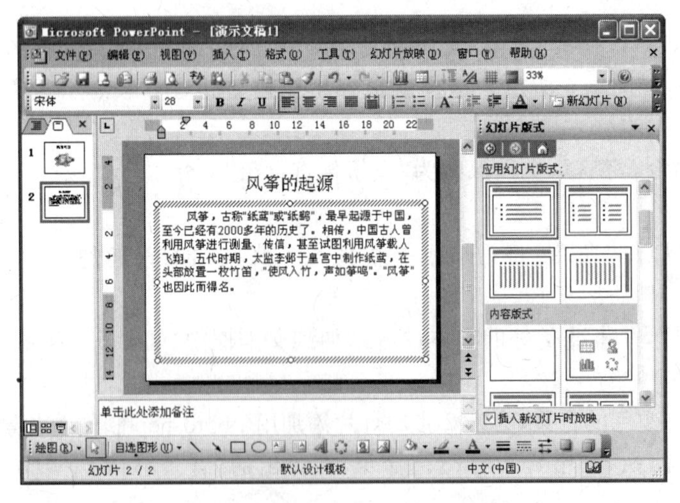

图 5-8 为幻灯片添加标题和内容

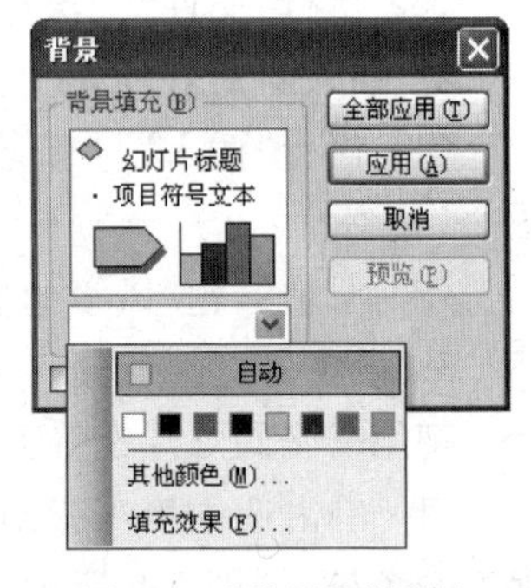

图 5-9 “背景”对话框

(2) 在背景颜色下拉菜单中选择“其他颜色”选项，弹出“颜色”对话框，并选择“自定义”选项卡，分别将 R、G、B 设置为 238、239、233，如图 5-10 所示。

(3) 在“颜色”对话框中单击“确定”按钮，然后在“背景”对话框中单击“应用”按钮，即可为第 1 张幻灯片的背景设置颜色。

(4) 单击选中第 2 张幻灯片，选择“格式”|“背景”命令，在弹出的“背景”对话框中单击背景颜色框，然后选择“填充效果”选项，打开“填充效果”对话框，如图 5-11 所示。

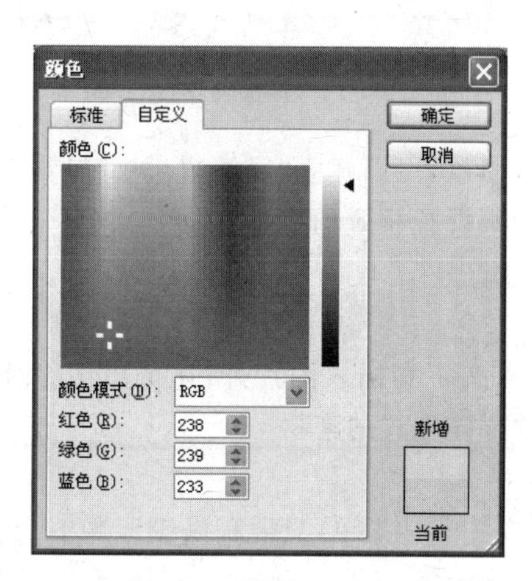

图 5-10 “颜色”对话框

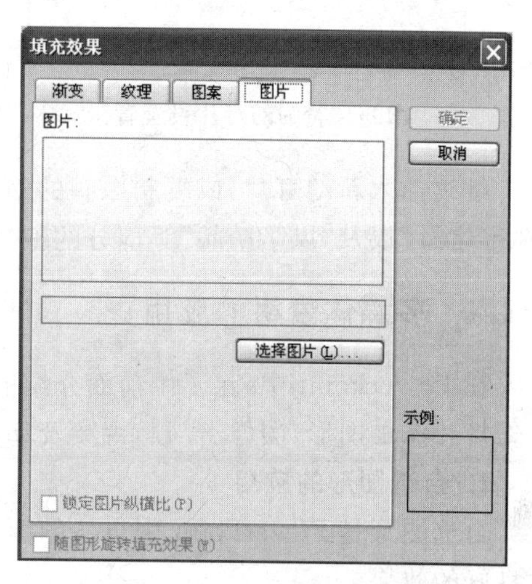

图 5-11 “填充效果”对话框

(5) 在“填充效果”对话框的“图片”选项卡中单击“选择图片”按钮，打开“选择图片”对话框，如图 5-12 所示。

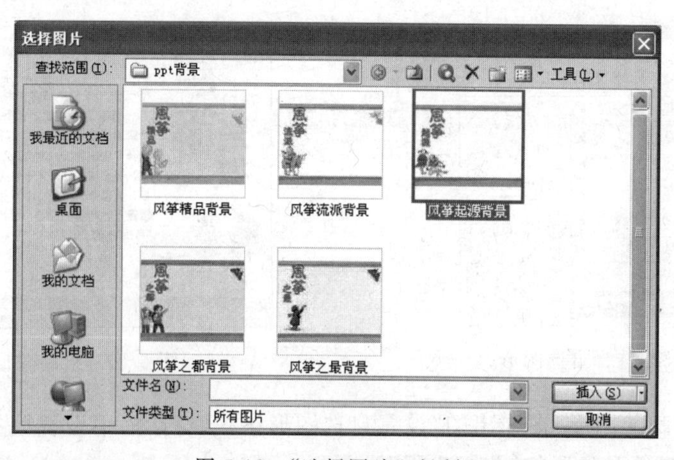

图 5-12 “选择图片”对话框

(6) 选择“风筝起源背景.jpg”图片后，依次单击“选择图片”对话框的“插入”按钮、“填充效果”对话框的“确定”按钮以及“背景”对话框的“应用”按钮，则该图片就应用到第 2 张幻灯片中，作为幻灯片的背景，如图 5-13 所示。

(7) 调整幻灯片标题和正文文本框的大小并将其移动到合适的位置，如图 5-14 所示。这样就建立了一张关于风筝起源的幻灯片。

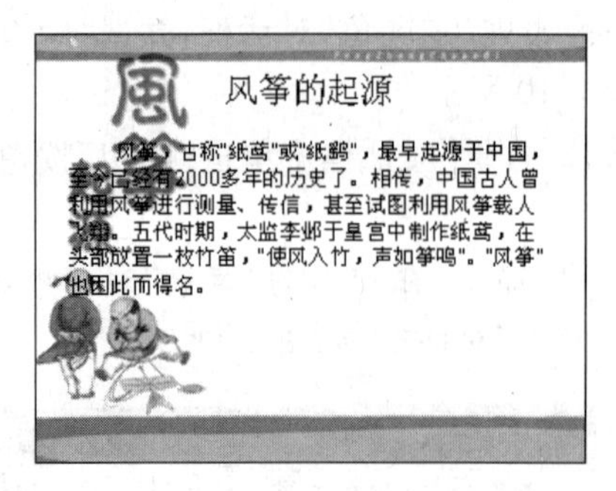

图 5-13　为幻灯片设置背景

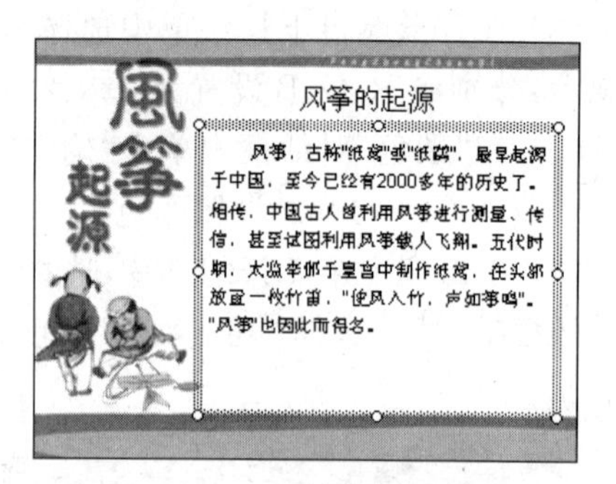

图 5-14　调整文字的位置

继续插入新幻灯片，或复制原有的幻灯片进行修改，可以建立"风筝流派"、"风筝之都"、"风筝之最"以及"风筝精品"等部分的幻灯片，并为其设置相应的背景。

5.2.4　多媒体素材的应用

在 PowerPoint 中，除了用前面介绍的方法输入文字和插入图片外，还可以用多种方法为幻灯片添加图形、图像、音频、视频及动画等多种媒体形式的素材。

1. 自选图形的应用

自选图形是 PowerPoint 中自备的图形，绘制方法非常简单，只要稍微设置一下，就能产生良好的效果。

(1) 单击底部绘图工具栏的"自选图形"按钮，选择"基本形状"选项，在图形中选择"圆角矩形"。然后用鼠标在幻灯片标题的下方画出一个长条的圆角矩形，如图 5-15 和图 5-16 所示。

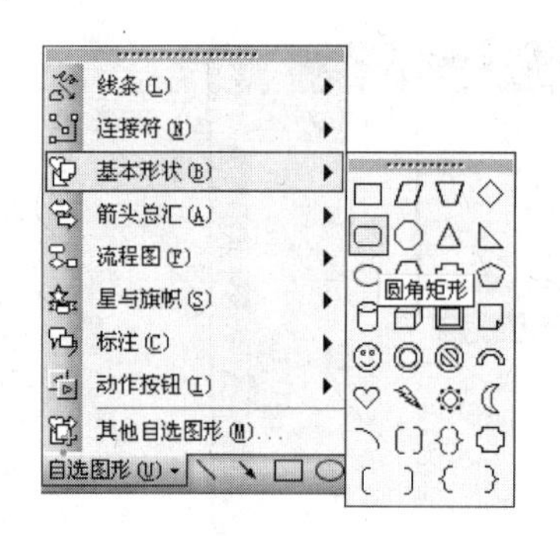

图 5-15　选择自选图形

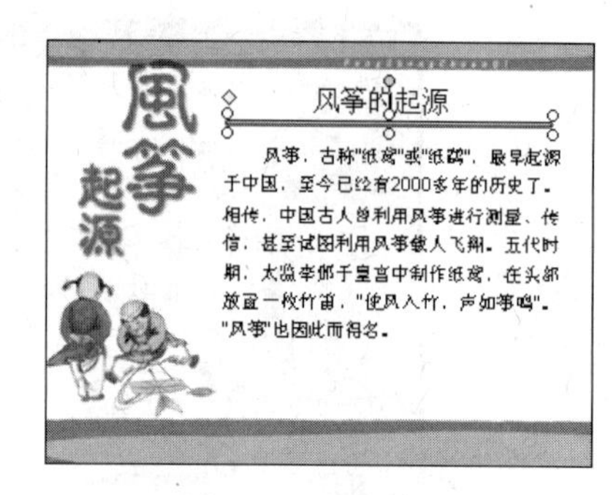

图 5-16　绘制图形

(2) 双击绘制的图形，在弹出的"设置自选图形格式"对话框中设置填充颜色为浅灰色，线条颜色为"无线条颜色"，如图 5-17 所示。

(3) 设置好的图形是一条两端带圆角的线条，效果如图 5-18 所示。

(4) 将绘制好的线条复制到其他幻灯片中。

2. 插入图片

选择"插入"|"图片"|"来自文件"命令，在弹出的"插入图片"对话框中选择一个图片文件"北京风筝. gif"，单击"插入"按钮将其插入到幻灯片中，调整图片的大小和位置，如图 5-19 所示。用同样的方法在其他幻灯片中插入图片。

图 5-17 “设置自选图形格式”对话框

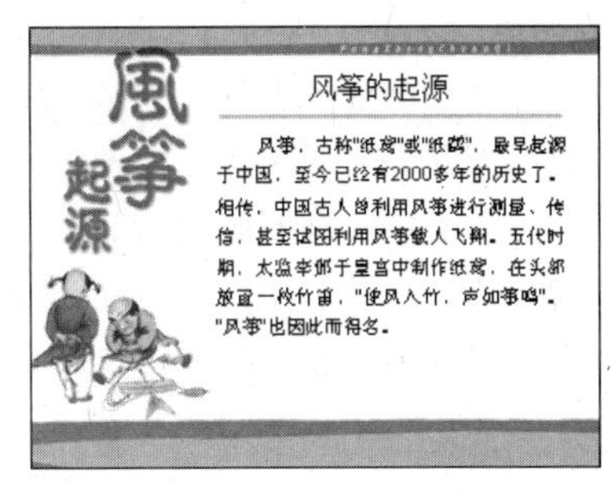

图 5-18 两端带圆角的线条

图 5-19 插入图片

3. 音频的应用

执行“插入”|“影片和声音”|“文件中的声音”命令，在弹出的“插入声音”对话框中选择“解说.mp3”文件，单击“确定”按钮后，系统出现“您希望在幻灯片放映时如何开始播放声音?”的询问画面，如图 5-20 所示。单击“自动”按钮，当播放到该幻灯片时自动开始播放声音；而如果单击“在单击时”按钮，则当播放到该幻灯片时不会自动开始播放声音，单击声音图标后，才开始播放。单击按钮后，幻灯片页面上会出现一个声音图标🔈，如图 5-21 所示。如果选择自动播放，最好将小喇叭图标拖动到幻灯片页面的外面，以便在幻灯片播放时只听

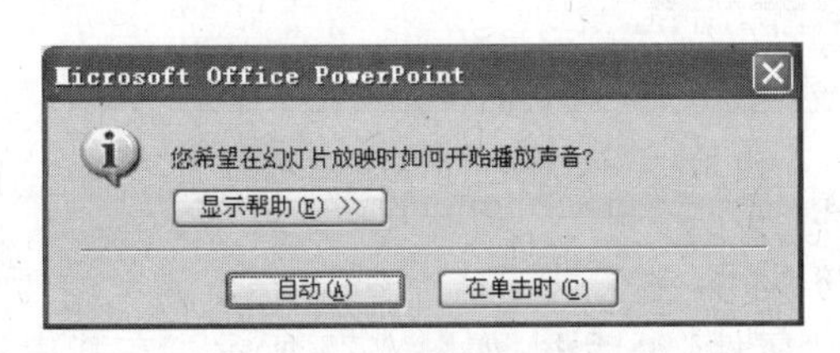

图 5-20 插入声音系统询问画面

图 5-21 幻灯片页面上会出现声音图标

到声音标图标不可见。

4. 视频的应用

多种格式的视频文件可以应用在 PowerPoint 中，如 AVI、MPG、MPEG、WMV、ASF、DVR 等格式。

(1) 与声音的插入类似，执行“插入”|“影片和声音”|“文件中的影片”命令，在弹出的“插入影片”对话框中选择“最大的风筝.mpg”视频文件。

(2) 在系统显示询问画面中选择“在单击时”，将视频插入幻灯片中，调整视频画面的大小和位置，如图 5-22 所示。当 PowerPoint 播放到该幻灯片时不播放视频，单击鼠标后才播放。

(3) 以同样的方法将“最长的风筝.mpg”视频文件插入幻灯片中，如图 5-23 所示。

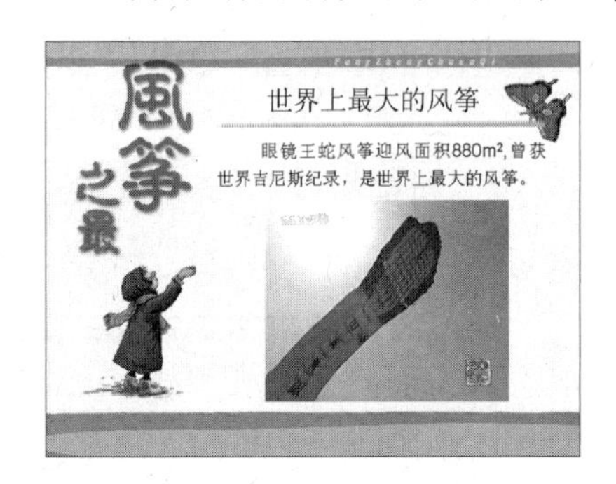

图 5-22　将“最大的风筝.mpg”视频插入幻灯片中

图 5-23　将“最长的风筝.mpg”视频插入幻灯片中

说明：在插入声音和视频文件时，采用了一种关联方式，并没有真正放到 PowerPoint 中。如果不小心删除了或更换了路径和文件名，将无法播放该文件。

5. 插入动画

在 PowerPoint 中，插入一个 GIF 格式动画的方法跟插入一般的图片一样，执行“插入”|“图片”|“来自文件”命令即可插入。GIF 动画被插入页面之后，与图片处理相同，可改变其尺寸、位置，进行旋转、翻转和复制等操作。下面主要介绍 Flash 动画的插入。

(1) 执行“视图”|“工具箱”|“控件工具箱”命令，打开控件工具箱，如图 5-24 所示。

(2) 单击“其他控件”图标，在弹出的可选项中选择 Shockwave Flash Object 选项，如图 5-25 所示。

图 5-24　控件工具箱

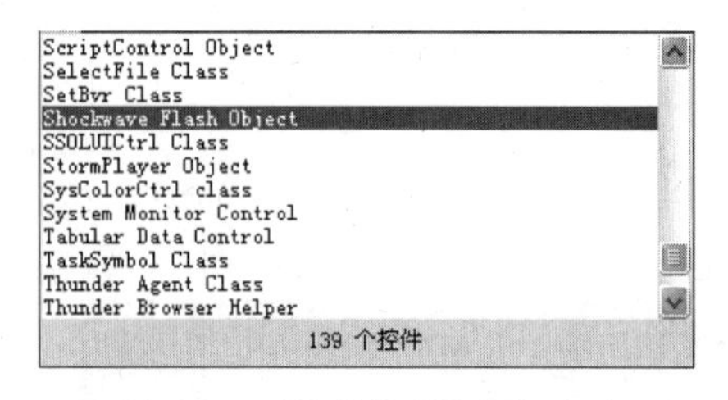

图 5-25　“其他控件”中的选项

(3) 在幻灯片中画出一个矩形框，如图 5-26 所示。

(4) 右击此矩形框选择“属性”命令，打开“属性”对话框，如图 5-27 所示。在其中的 Movie 栏中输入 Flash 电影的完整路径和名称：“H:\风筝精品.swf”，将 EmbedMovie 属性设置成“True”,表示把 Flash 电影嵌入演示文稿。

图 5-26　幻灯片中画出一个矩形框

图 5-27　“属性”对话框

(5) 单击左下角的“从当前幻灯片开始幻灯片放映”按钮▣,放映幻灯片,则开始播放插入的 Flash 动画,一系列精品风筝图片从右往左滚动,效果如图 5-28 所示。

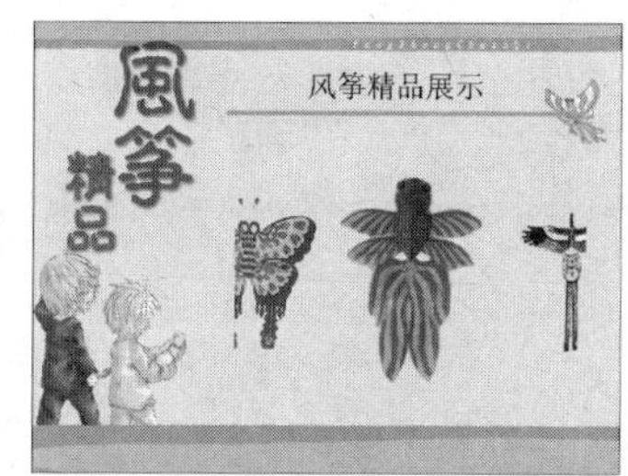

图 5-28　Flash 动画在 PowerPoint 中的播放效果

5.2.5　创建动画幻灯片

在 PowerPoint 中,可以设置幻灯片的切换效果,对于幻灯片上的文本、形状、声音、图像或者其他对象,可以添加动画效果,以达到突出重点、控制信息流程、提高演示文稿生动性的目的。

1. 预设动画效果的设置

在 PowerPoint 中,预设了一些动画,可以很方便地选用。

(1) 单击左下角的“幻灯片浏览视图”按钮▣,转换成幻灯片浏览视图,选择从第 2 张到最后一张的所有幻灯片,如图 5-29 所示。

(2) 执行“幻灯片放映”|“动画方案”命令,在“幻灯片设计”对话框中的列表框内,选择所要应用的动画方式。在这些动画方式中,不同的动画所适用的对象也不同。将鼠标指针指向一种动画方式,会显示出提示信息说明它针对的对象,如图 5-30 所示。

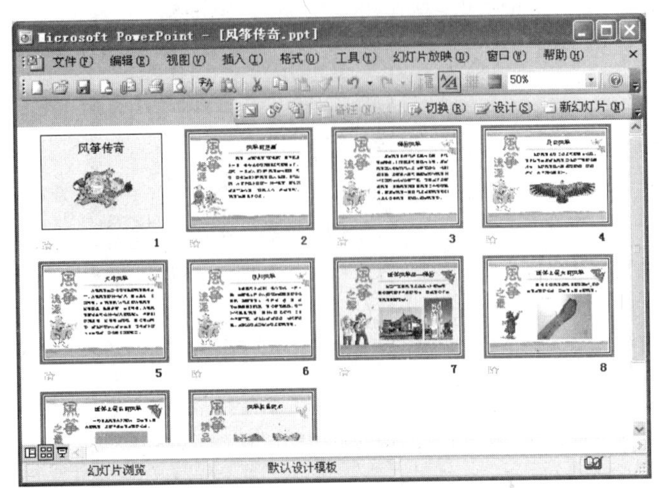

图 5-29　幻灯片浏览视图

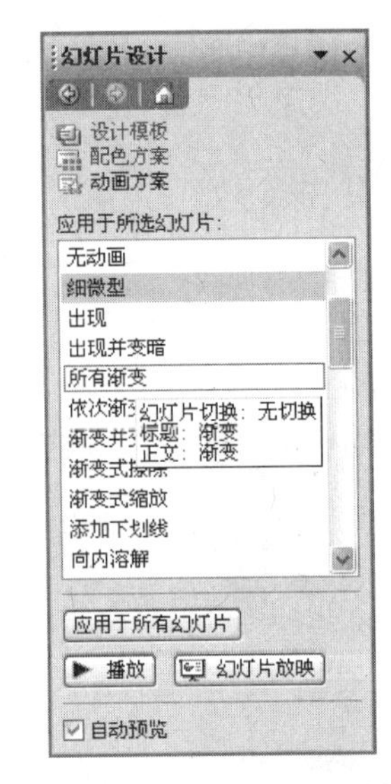

图 5-30　“幻灯片设计”对话框

(3) 选择“所有渐变”样式，对所选幻灯片的标题和正文设置“渐变”效果，如图 5-31 所示。

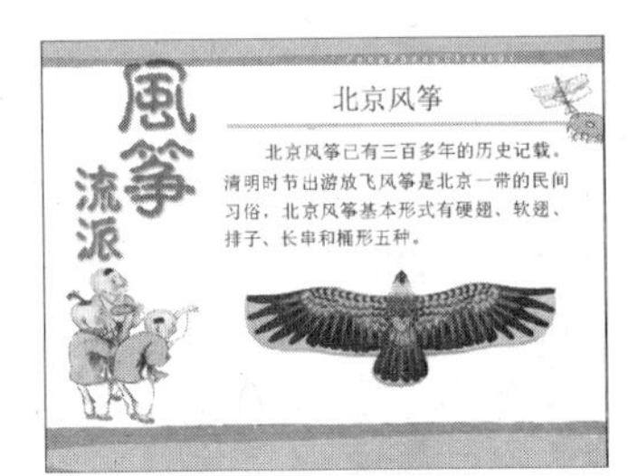

图 5-31　“渐变”动画效果

需要说明的是，预设动画效果只对版式占位符中的标题和正文起作用，而对插入的文本框以及其他图形、图像等对象不起作用。

2. 自定义动画效果的设置

如果不满足于预设动画的样式，可以设置特殊的动画效果。

(1) 选择标题下方的线条(圆角矩形)，执行“幻灯片放映”|“自定义动画”命令，打开“自定义动画”对话框，单击“添加效果”按钮，在出现的菜单中选择“进入”|“擦除”命令，并设置：“开始”选项为“之后”，“方向”选项为“自左侧”，“速度”选项为“快速”，设置过程如图 5-32 所示。这样就设置了一个线条从左往右的画线效果。

(2) 类似地，可设置风筝从下方飞入的动画效果，如果要让风筝的飞入和画线同时进行，可设置风筝动画的“开始”选项为“之前”。动画效果如图 5-33 所示。

3. 设置幻灯片的切换方式

(1) 单击左下角的“幻灯片浏览视图”按钮田，转换成幻灯片浏览视图，选择要设置切换效果的 1 张或多张幻灯片。

(2) 执行“幻灯片放映”|“幻灯片切换”命令，打开“幻灯片切换”对话框，选择一种切换方式，并对切换速度、切换时的声音以及换片方式进行设置，如图 5-34 所示。

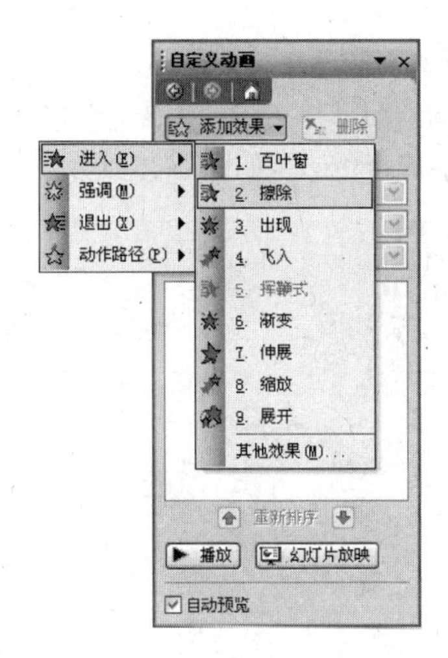
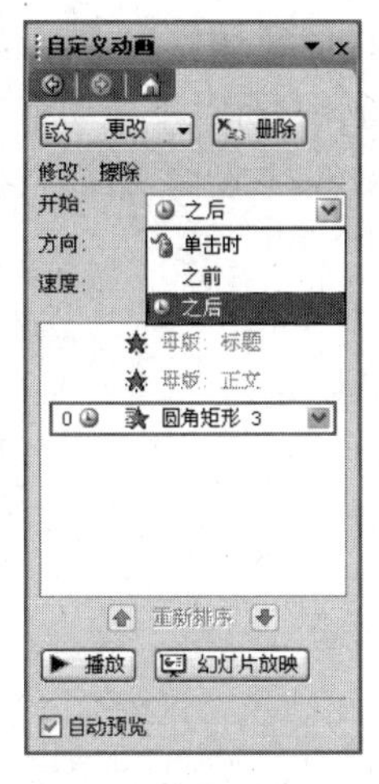
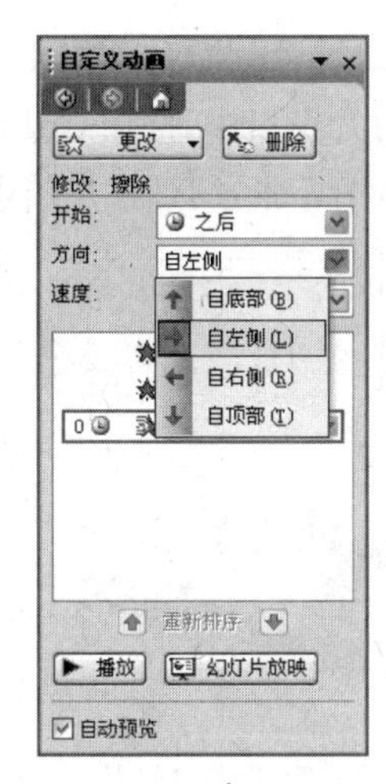
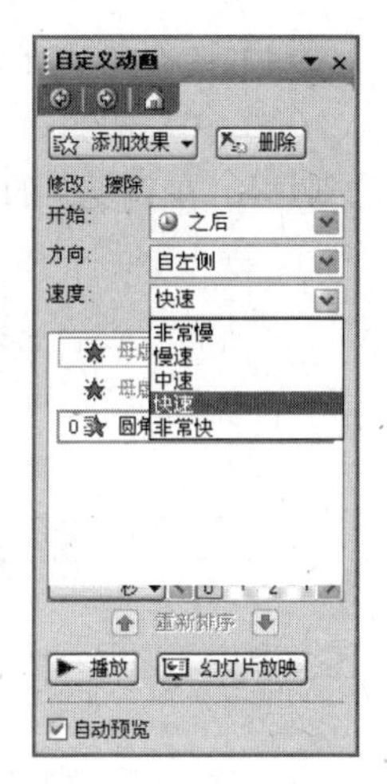

图 5 32 “擦除”动画效果的设置过程

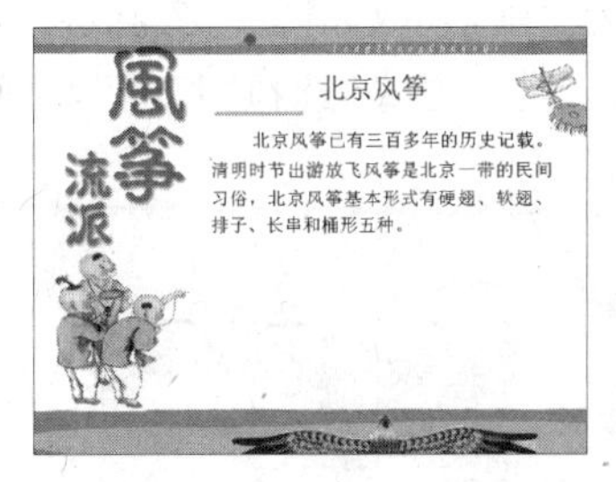
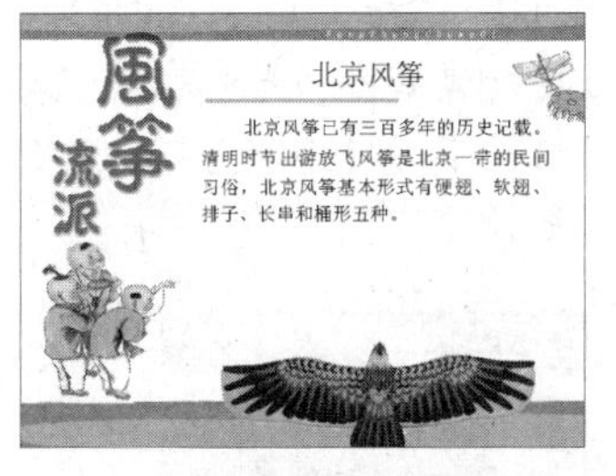
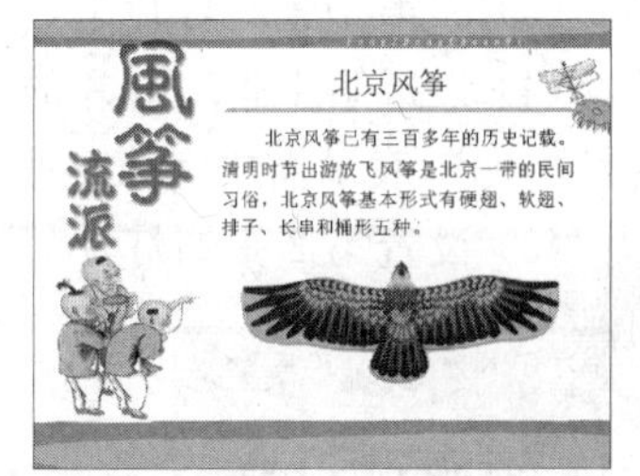

图 5-33 画线和风筝的飞入同时进行的动画效果

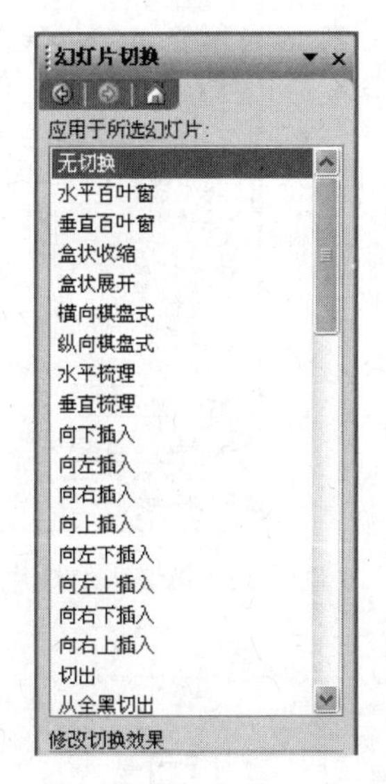
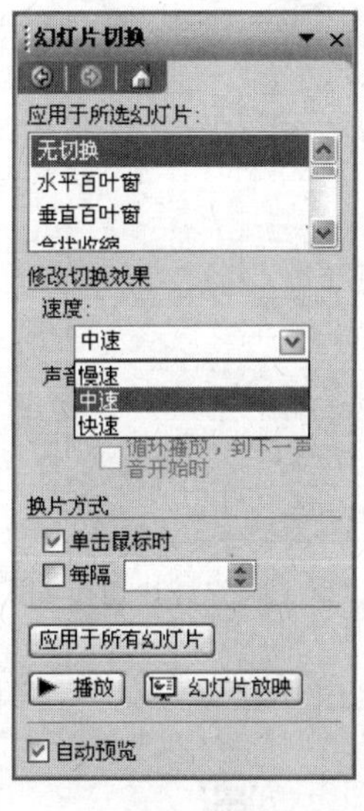
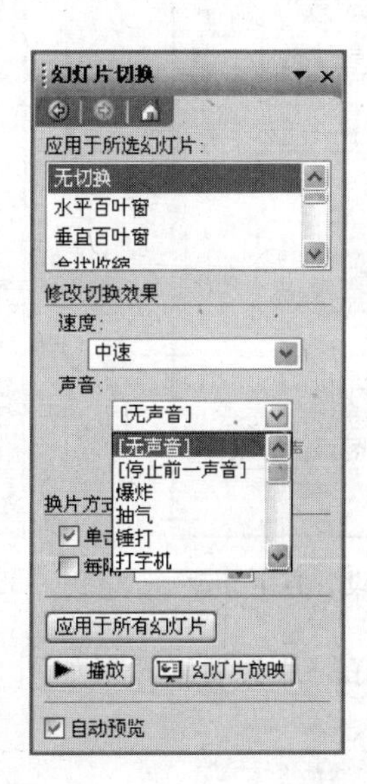

图 5-34 幻灯片切换方式的设置

4. 制作片头动画

下面结合自定义动画和幻灯片切换制作演示文稿的片头动画。动画的过程是图案从左上角飞入，然后出现“风筝传奇”文字，文字本身是一个 Flash 动画，上面每隔一段时间有光从上往下扫过。这个片头动画由两张幻灯片完成。

(1) 选择第 1 张幻灯片，将标题删除，将图案调整到适当位置，如图 5-35 所示。

(2) 在左侧的幻灯片窗口中，按住 Ctrl 键用鼠标往下拖动第 1 张幻灯片，复制产生一张相同的幻灯片，在新复制的(第 2 张)幻灯片中插入 Flash 动画文件“风筝传奇.swf”，如图 5-36 所示。

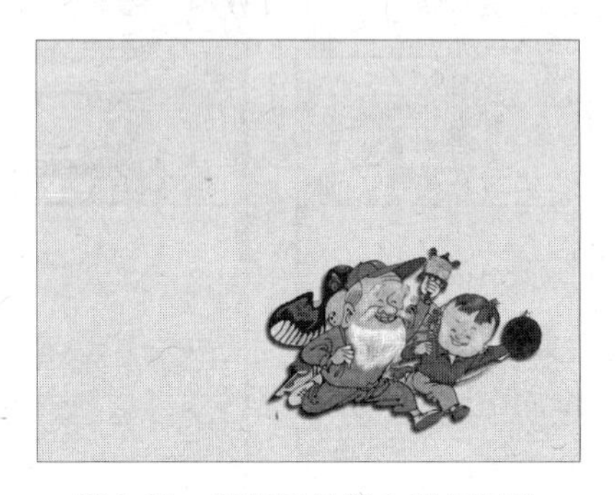

图 5-35　调整后的第 1 张幻灯片

图 5-36　插入 Flash 动画的第 2 张幻灯片

(3) 在第 1 张幻灯片中，设置图案从左上角飞入的自定义动画，参数如图 5-37 所示。

(4) 设置第 1 张幻灯片的切换方式如图 5-38 所示。其中“换片方式”选择“每隔”，时间为“00:00”，表示播放完第 1 张幻灯片后马上切换到第 2 张幻灯片中。

(5) 设置第 2 张幻灯片的切换方式如图 5-39 所示。

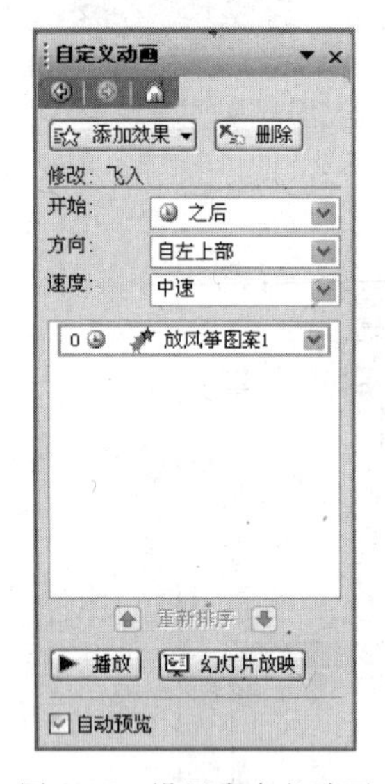

图 5-37　设置自定义动画

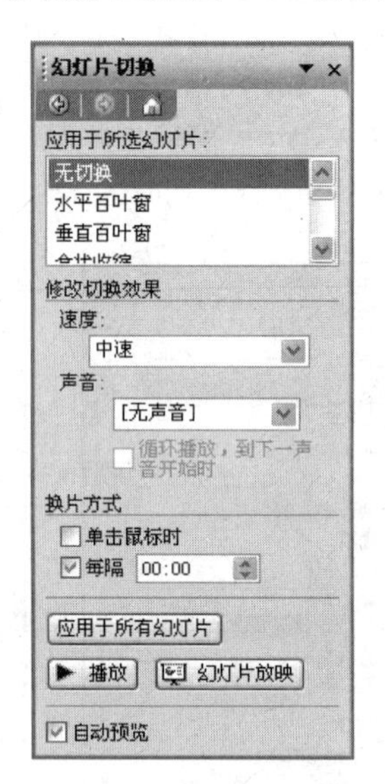

图 5-38　第 1 张幻灯片切换方式

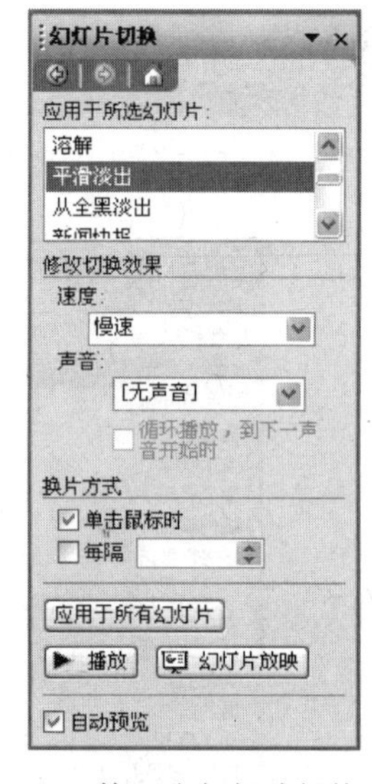

图 5-39　第 2 张幻灯片切换方式

制作好的片头动画效果如图 5-40 所示。

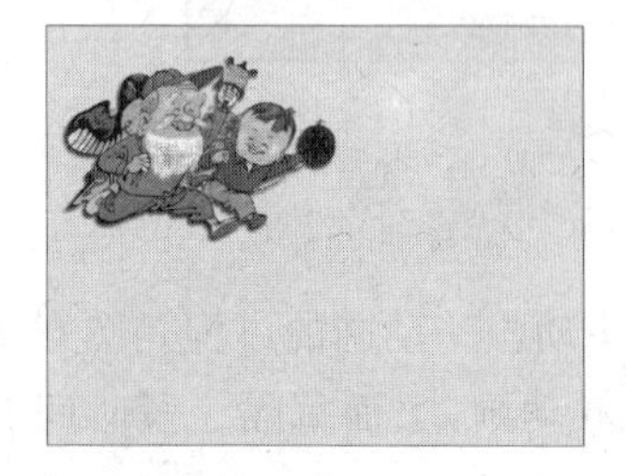

图 5-40　片头动画效果

5.2.6 演示文稿的交互设计

1. 设置放映方式

演示文稿以什么样的方式播放，是设计制作演示文稿的重要环节。

执行“幻灯片放映”|“设置放映方式”命令，打开“设置放映方式”对话框，如图 5-41 所示。可根据不同的需要对放映方式进行设置。

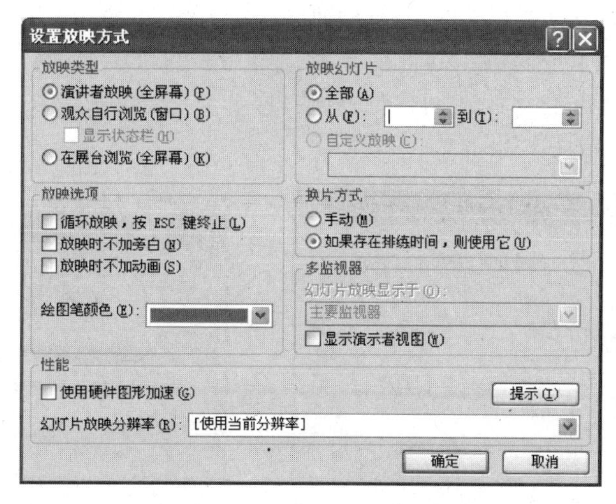

图 5-41 “设置放映方式”对话框

(1) 演示文稿主要用于帮助演讲，如果作为会议上使用，可以选择“演讲者放映(全屏幕)”方式。这样演讲者就可以根据自己的节奏人工放映幻灯片，控制动画效果或者选择播放幻灯片的次序。

(2) 如果演示文稿由观众自动操作，可以选择“观众自行浏览(窗口)”。如果选择了“观众自行浏览(窗口)”，观众可以在标准窗口中进行观看。此时窗口仍有菜单和命令，这些菜单和命令都是用于播放演示文稿的，观众可以选择“浏览”菜单的“前进”、“倒退”或“定位”命令控制幻灯片，也可以按 Page Down 或 Page Up 键使幻灯片前进或后退。

(3) 如果需要幻灯片自行播放，如幻灯片展示的位置无人看管，可以选择“在展台浏览(全屏幕)”方式。使用此方式之前，必须为演示文稿设置排练时间，否则演示文稿将永远停止在第 1 张幻灯片。

(4) 播放演示文稿时，可以播放文稿的全部内容，也可以播放从第几张开始，到第几张结束的部分内容。

(5) 如果已为演示文稿设置了排练时间，可以在放映时确定是否使用排练时间。如果不使用排练时间，选择“手动”单选按钮。如果使用排练时间，选择“如果存在排练时间，则使用它”单选按钮。

(6) 单击“确定”按钮，回到幻灯片视图，此时如果放映演示文稿，就可以按照设置的放映方式播放。

2. 创建自定义放映

创建自定义放映时，把演示文稿分成几组，可有选择性地播放文稿的内容。

(1) 执行“幻灯片放映”|“自定义放映”命令，打开“自定义放映”对话框，然后单击“新

建”按钮，打开“定义自定义放映”对话框，如图 5-42 所示。

(2) 在“定义自定义放映”对话框中，“在演示文稿中的幻灯片”列表中列出了演示文稿中的所有幻灯片，“在自定义放映中的幻灯片”列表中，显示选择作为自定义放映的幻灯片。在“在演示文稿中的幻灯片”列表中选择第 3 张幻灯片“风筝的起源”，单击“添加”按钮，将其添加到“在自定义放映中的幻灯片”列表中。

(3) 在“幻灯片放映名称”文本框中输入自定义放映的名称：“风筝的起源”。单击“确定”按钮，回到“自定义放映”对话框，即可创建一个名为“风筝的起源”的自定义放映。

(4) 在“自定义放映”对话框中，再次单击“新建”按钮，依照上述步骤创建其余的自定义放映。本例按照主题共创建了 5 个自定义放映，这 5 个自定义放映在“自定义放映”对话框中列出，如图 5-43 所示。

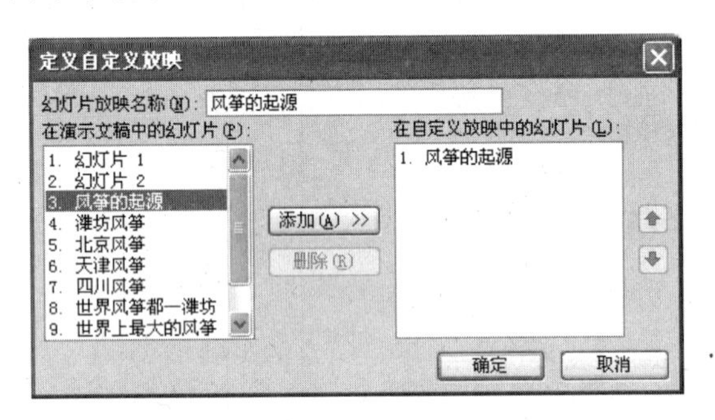

图 5-42 “定义自定义放映”对话框

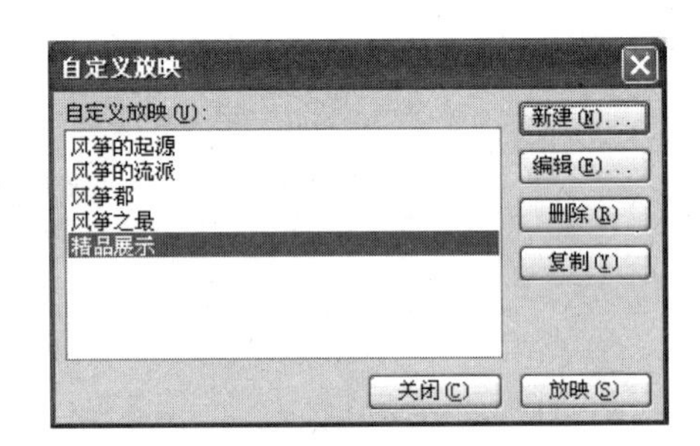

图 5-43 “自定义放映”对话框

3. 创建摘要幻灯片

摘要幻灯片是演示文稿内容的分类和浓缩，在这张幻灯片上列出了演示文稿的主要内容。

(1) 在幻灯片浏览视图中，按住 Ctrl 键，用鼠标选择每个自定义放映的第一张幻灯片，如图 5-44 所示。

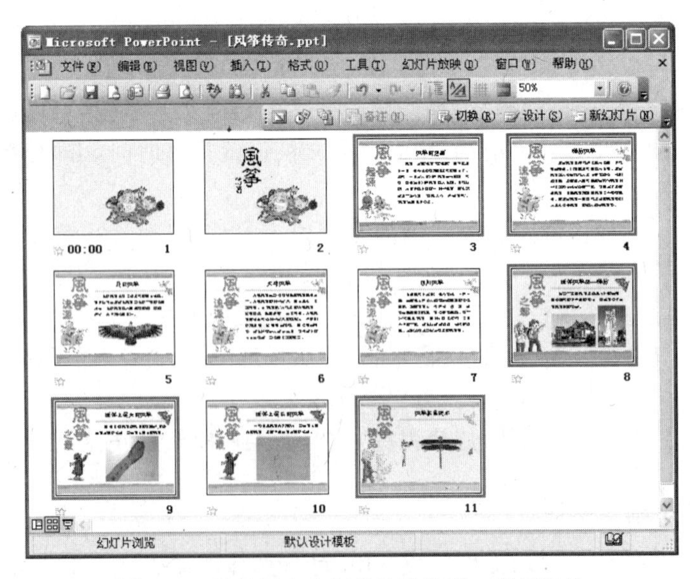

图 5-44 选择每个自定义放映的第一张幻灯片

(2) 在“幻灯片浏览”工具栏中单击“摘要幻灯片”按钮，系统将会自动生成一张新幻灯片，即摘要幻灯片，这张摘要幻灯片会自动插入演示文稿中第一个自定义放映的前面，如图 5-45 所示。

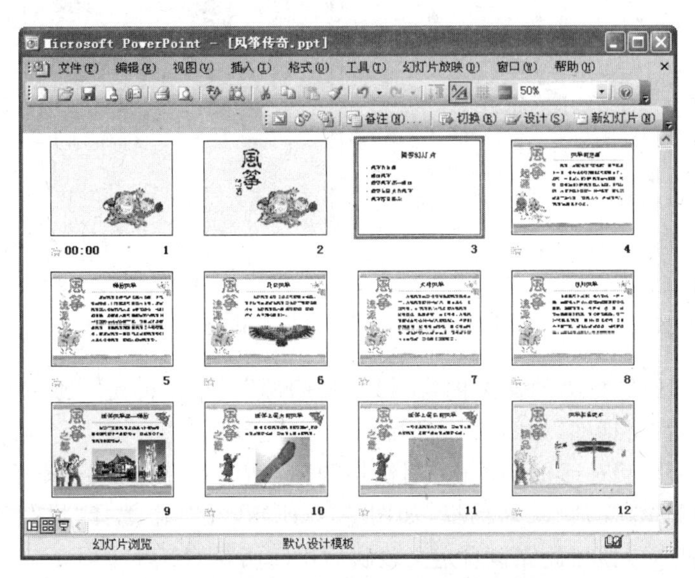

图 5-45　自动生成一张带项目符号标题的新幻灯片

(3) 每一个自定义放映的第 1 张幻灯片的标题，将成为摘要幻灯片中的一项内容，并带有项目符号，如图 5-46 所示。

(4) 设置摘要幻灯片的背景，删除标题，对部分项目的内容进行修改，并将文字内容移动到适当位置，如图 5-47 所示。

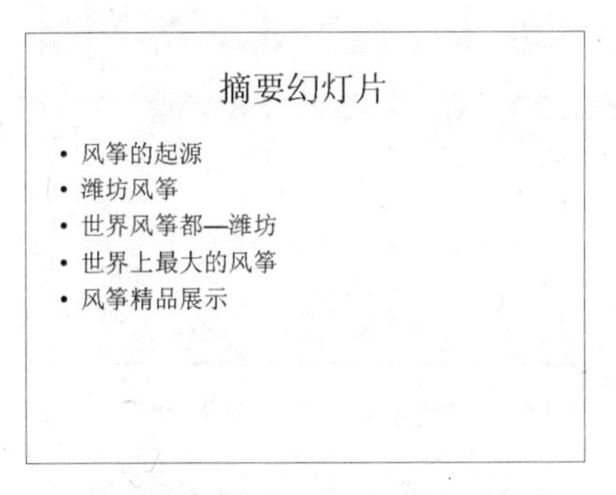

图 5-46　新生成的摘要幻灯片

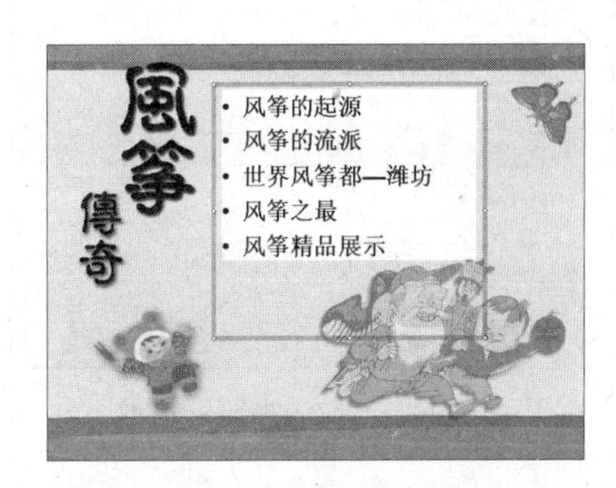

图 5-47　设置背景并修改文本

(5) 选择摘要幻灯片的文字内容，执行“格式”|“项目符号和编号”命令，打开“项目符号和编号”对话框，从中选择一种项目符号，并设置颜色为红色，单击“确定”按钮，即可更改项目符号及其颜色，如图 5-48 所示。这样，就完成了摘要幻灯片的创建和设置。

4. 用动作设置制作议程幻灯片

通过对摘要幻灯片进行动作设置，可以制作议程幻灯片，每一个议程或内容要点都连接着一个自定义放映，使用议程幻灯片，可以跳转到演示文稿的有关内容，当放映完该部分内容后还可以自动返回到议程幻灯片。议程幻灯片也可以用做 Internet 上的主页。

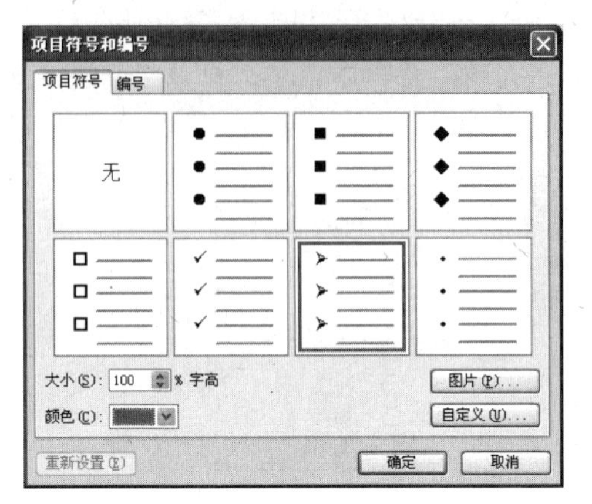

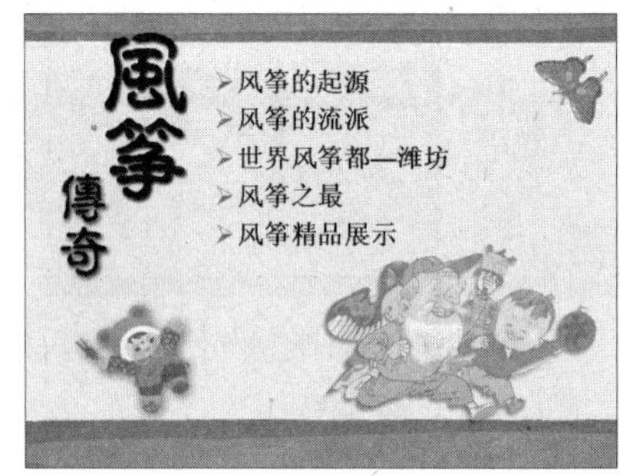

图 5-48　更改项目符号及其颜色

（1）选择摘要幻灯片中的文本内容“风筝的起源”，执行“幻灯片放映”|“动作设置”命令，打开“动作设置”对话框，如图 5-49 所示。

（2）在“动作设置”对话框中单击“超链接到”选项，在其下的列表框中选择“自定义放映”，打开“链接到自定义放映”对话框，如图 5-50 所示，在其中选择“风筝的起源”，并勾选“放映后返回”选项，以便播放完该自定义放映后返回摘要幻灯片页面。

图 5-49　“动作设置”对话框

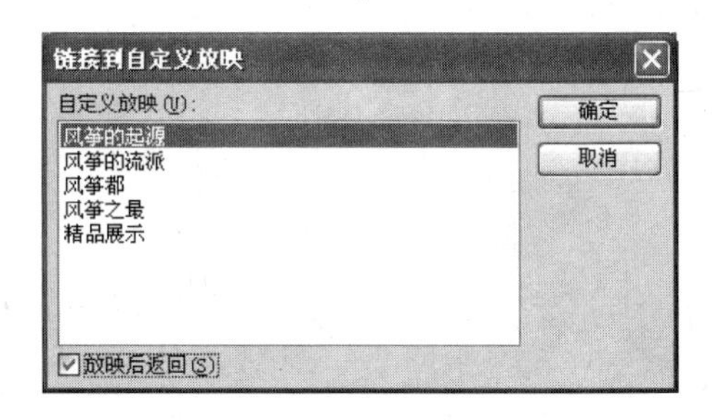

图 5-50　“链接到自定义放映”对话框

（3）单击“确定”按钮，即可为“风筝的起源”建立超链接，如图 5-51 所示，链接的文字下面出现了一条下划线。如果想更改链接文字的颜色，可通过编辑“幻灯片配色方案”进行更改。

（4）用同样的方法可以对其他项目的文字与自定义放映之间建立超链接。对全部文字项目建立完超链接后，就制作完成了议程幻灯片，如图 5-52 所示。如果要去掉链接文字的下划线，可以分别将每一项文字内容输入到一个新插入的文本框中，然后对文本框建立超链接；也可以在文字上添加一个动作按钮，然后将按钮设置为透明。

（5）执行“幻灯片放映”|“幻灯片切换”命令，在“幻灯片切换”对话框中，把“换片方式”中的“单击鼠标时”和“每隔”两个选项设置成不勾选，以免误操作单击页面时翻页。

图 5-51　为“风筝的起源”文字建立超链接

图 5-52　议程幻灯片

5. 添加动作按钮

PowerPoint 还提供了一组动作按钮，包含了常见的形状，可以将动作按钮添加到演示文稿中，这些按钮都是预先定义好的，如“后退”、“前进”、“开始”、“结束”、“上一张”等，当然也可以在设置时对超链接重新定义。

下面给除封面和议程幻灯片外的每一张幻灯片添加“后退”、“前进”和“返回”三个按钮。在操作时，不需要为每一张幻灯片单独添加，可以新建一个母版，在母版上添加按钮，然后将版式应用到需要添加按钮的幻灯片上即可。

(1) 执行“视图”|“母版”|“幻灯片母版”命令，进入幻灯片母版视图，如图 5-53 所示。

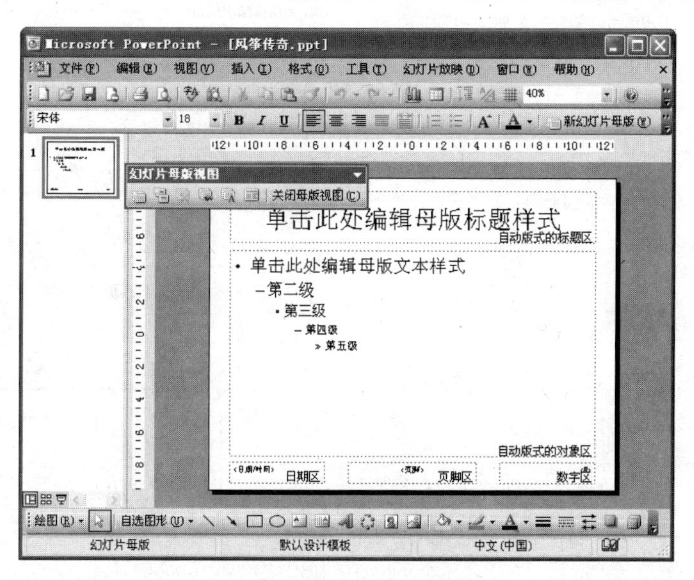

图 5-53　幻灯片母版视图

(2) 在“幻灯片母版视图”面板上单击“插入新幻灯片母版”按钮▢，新建一个幻灯片母版，如图 5-54 所示。

(3) 执行“幻灯片放映”|“动作按钮”命令，出现动作按钮列表，如图 5-55 所示，选择“后退或前一项”动作按钮◁，然后在幻灯片母版上绘制按钮，弹出“动作设置”对话框，如图 5-56 所示，保持“超链接到”选项的默认项：“上一张幻灯片”，单击“确定”按钮。

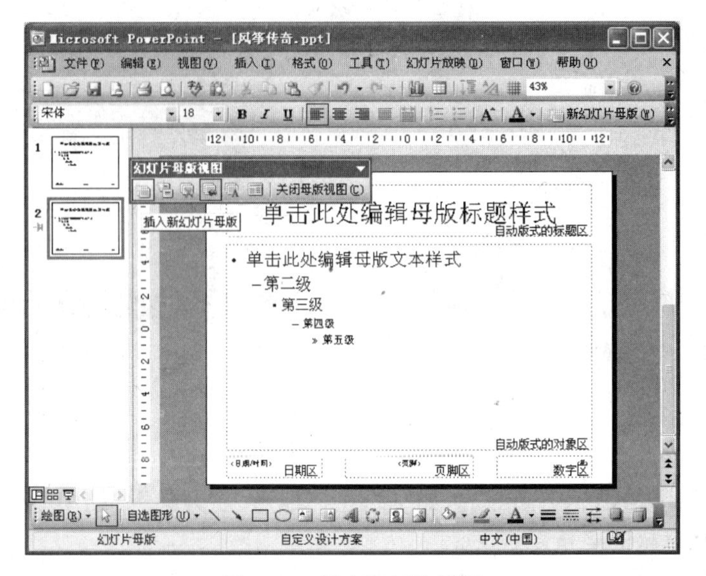

图 5-54　新建幻灯片母版

图 5-55　动作按钮列表

图 5-56　“动作设置”对话框

(4) 执行“幻灯片放映”|“动作按钮”命令，单击“前进或下一项”动作按钮▷，在幻灯片母版上绘制按钮，保持“动作设置”对话框的“超链接到”选项的默认项：“下一张幻灯片”，单击“确定”按钮。

(5) 再次执行“幻灯片放映”|“动作按钮”命令，单击“上一张”动作按钮，在幻灯片母版上绘制按钮，“动作设置”对话框的“超链接到”选项的默认项为“最近观看的幻灯片”，单击选择“幻灯片”项，单击“确定”按钮，在弹出的“超链接到幻灯片”对话框中选择“幻灯片 3”(议程幻灯片)，如图 5-57 所示。

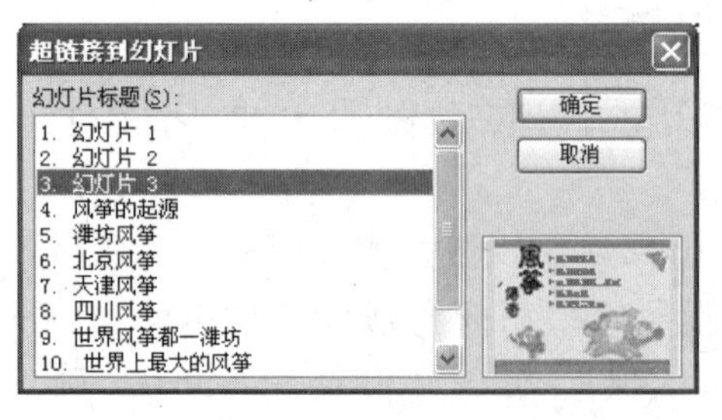

图 5-57　“超链接到幻灯片”对话框

(6) 建立好的幻灯片面板如图 5-58 所示。建立新幻灯片母版，就建立了一个自定义的版式设计方案。

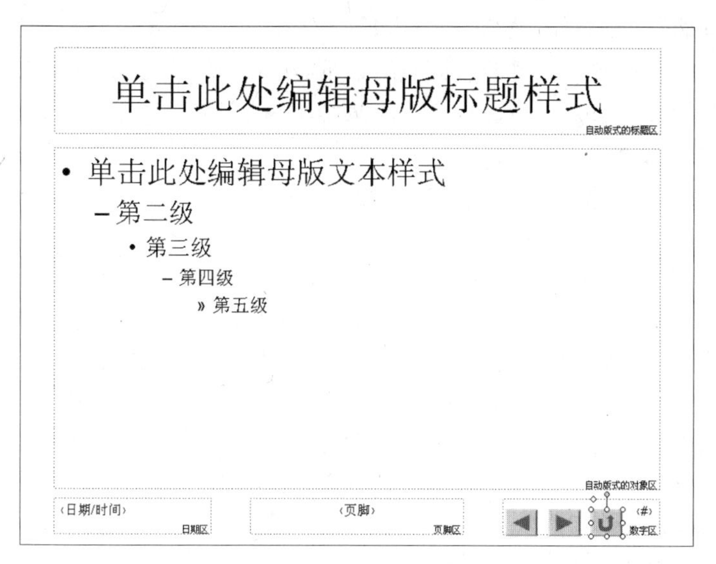

图 5-58　建立好的幻灯片面板

(7) 单击"关闭母版视图"按钮，返回到"普通"视图，选择从第 4 张幻灯片开始后面的所有幻灯片，执行"格式"|"幻灯片设计"命令，打开"幻灯片设计"面板，单击选择刚建立的带有三个按钮的版式，该版式即应用到所选的幻灯片中，如图 5-59 所示。

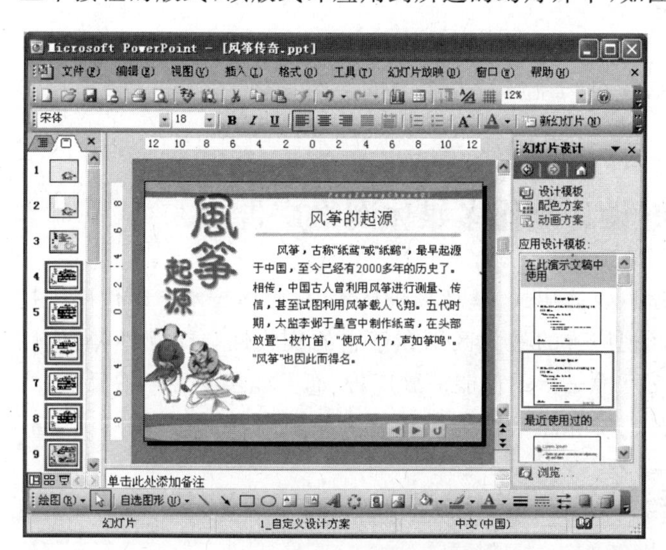

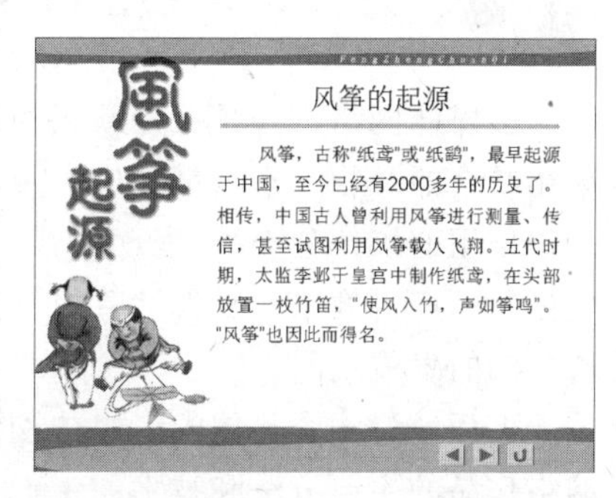

图 5-59　将新建母版的版式应用到所选的幻灯片中

5.2.7　演示文稿的播放模式

为了使 PowerPoint 演示文稿能够被其他软件调用，或者在使用演示文稿时，能够直接启动，需要对 PowerPoint 演示文稿的播放模式进行设置。

1. 结束模式的设置

PowerPoint 演示文稿的默认结束模式是：最后一个演示页结束后，不立即停止演播，而是显示黑色画面，并提示“放映结束，单击鼠标退出”。

执行“工具”|“选项”命令，打开“选项”对话框，选中“视图”选项卡，单击“以幻灯片结束”选项，使其失效。修改模式后，最后一个演示页结束后，立即退出。

2. 播放模式的设置

PowerPoint 演示文稿的播放模式分为“进入编辑”和“直接演播”两种，其播放模式与文件格式有关。当采用默认的 PPT 格式保存演示文稿时，双击文件名时，进入编辑状态；若使用 PPS 格式保存演示文稿，则在双击该文件名时，将直接演播。

保存演示文稿时，执行“文件”|“另存为”命令，在“另存为”对话框的“保存类型”列表框中选择“PowerPoint 放映(*.pps)”选项，可将演示文稿保存为 PPS 格式，也可直接把 PPT 格式文件的扩展名“.ppt”改为“.pps”。

如果希望编辑 PPS 格式的演示文稿，先启动 PowerPoint，然后选择“文件”|“打开”命令，打开该格式文件即可。

3. 演示文稿的放映

PowerPoint 提供了多种控制幻灯片放映的方式：

(1) 从首张幻灯片开始放映：按 F5 键等。

(2) 从当前幻灯片开始放映：单击“从当前幻灯片开始幻灯片放映”按钮等。

(3) 向后播放：单击鼠标左键。

(4) 向前返回：按 Page Up 键等。

(5) 结束放映：按 Esc 键等。

另外，在演示文稿的放映过程中，还可利用屏幕左下方的一组按钮：来控制播放和操作。

5.3 用 Flash 设计制作多媒体网络广告

多媒体网络广告是一种新兴的信息媒体形式，是计算机技术、多媒体技术与现代广告技术相结合的产物。它与平面广告及影视广告的最大区别在于它的集成性与交互性，集成性是指使用的媒体种类多，表现力强，交互性是指不仅能播放广告，而且能接受客户的反馈，产生更好的广告效果。随着计算机硬件技术和网络通信技术的不断提高，网络多媒体广告有着广阔的发展空间。

下面通过一个具体的多媒体网络广告的设计与实现，介绍用 Flash 开发与实现多媒体网络作品的主要方法和技术。

5.3.1 创意与设计

为实现网络多媒体广告效果，设想用 Flash 作品全面展示“翔天风筝”的主题。设计思路为：首先显示一个片头(piantou.swf)动画，单击片头中的“进入”按钮引出主页(main.swf)的显示，在主页的导航条中放置几个按钮，单击不同按钮可以分别进入首页(zhuye.swf)、公司简介(jianjie.swf)、产品种类(zhonglei.swf)、视频展示(shipin.swf)和联系留言(lianxi.swf)

等栏目,并可以控制背景音乐的打开和关闭。

1. 信息框架设计

搭建信息框架是网络多媒体广告进行具体设计的第一步,主要任务是规划系统结构和各部分逻辑关系。大致有三个步骤:首先对信息分类,然后对信息分层次,最后确定各部分的任务和目标。图 5-60 列出了"翔天风筝广告"网站的信息框架。

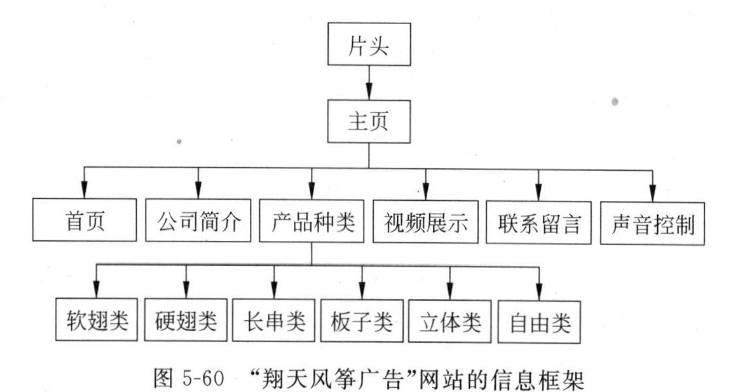

图 5-60 "翔天风筝广告"网站的信息框架

2. 文档设计

确定了信息框架之后,开始文档的设计与编写,给每一项任务和目标确定显示内容。应确保所有文档整体风格的一致性和逻辑结构的一致性。

3. 用户界面设计

多媒体产品的特点主要表现在交互性、可控制性、实时性、动态性等方面,在用户界面设计中要充分体现这些特性。另外,还要具有使用方便、以人为本、视觉效果好、链接标志统一的特点。

4. 导航和交互设计

方便的导航系统可以使用户随心所欲地浏览作品的全部信息,并能随时返回主页。需要特别注意的是,一个内容的链接层数不要超过三次,本例的链接层数为两层。认真设计导航系统,仔细检验所有链接,使导航系统成为用户主动选择和浏览信息的好帮手。

交互功能除了路径导航外,还包括媒体控制、音量控制、视频控制等,在设计中要使按钮和控件的功能清晰,易于识别,风格统一。

5.3.2 素材的加工与制作

1. 文字的整理

多媒体网站中需要的文字,用 Word 等软件录入或用扫描仪扫描等方式形成.TXT 等格式的文本文件,对于少量的文字,也可以在网站制作过程中直接录入。

2. 图形图像素材的制作

多媒体网站中用到的图形、图像等素材,用 Illustrator、Photoshop 等图形图像处理软件进行加工处理,形成.AI、.JPEG、.GIF 以及.PNG 等格式的文件。

3. 视频文件的制作

用 Premiere 等视频处理软件制作数字视频,并导出为.FLV 格式文件。

4. 动画素材的制作

对于多媒体网站中用到的动画素材，可以用 Flash 预先制作.SWF 文件供调用，也可建立.FLA 文件以及在其中创建元件，以复制或外部库元件的方式引用。

5.3.3 ActionScript 基础

在前面介绍的简单的 Flash 动画中，播放顺序是按照时间轴从头到尾进行顺序播放的，用户只能作为一个旁观者观看动画，不能参与其中控制动画。而作为一个用 Flash 制作的多媒体网络作品，交互式动画是不可缺少的，可以人为地控制动画的播放形式。

交互是多媒体作品的重要特征，是 Flash 动画的灵魂。在 Flash 交互动画的创作中，动作和行为是两个重要的概念，ActionScript 动作脚本是构成交互的最基本元素。

1. ActionScript 动作脚本的使用

ActionScript 动作脚本是专为 Flash 设计的交互式脚本语言，是一种面向对象化的编程语言，它提供了自定义的函数及强大的数学函数、颜色、声音、XML 等对象的支持，通过它可以制作更多酷炫的动画效果。

与其他脚本语言一样，ActionScript 也有变量、函数、对象、操作符、保留关键字等语言元素，有它自己的语法规则。ActionScript 允许用户创建自己的对象和函数。ActionScript 拥有自己的句法和标点符号使用规则，这些规则规定了一些字符和关键字的含义，以及它们的书写顺序。

下面列出的是 ActionScript 的一些基本语法规则：

1）大括号

ActionScript 语句中的大括号({})成对使用，将程序一段一段地分隔开，每段分隔出的程序可以看做是一个完整的表达式。Flash 中的大括号可以嵌套使用。

2）小括号

小括号使用的位置不同作用也不同。当用做定义函数时，在小括号内可以输入参数；当用在表达式中，可以对表达式进行求值；另外，使用小括号还可以表示表达式中命令的优先级。

3）分号

ActionScript 语句用分号(;)结束，但如果省略语句结尾的分号，Flash 仍然可以成功地编译脚本。

4）点语法

在 ActionScript 中，点(.)被用来指明与某个对象或电影剪辑相关的属性和方法。它也用标识指向电影剪辑或变量的目标路径。点语法表达式由对象或电影剪辑名开始，接着是一个点，最后是要指定的属性、方法或变量。

5）注释

需要记住一个动作的作用时，可在动作面板中使用 comment(注释)语句给帧或按钮动作添加注释，注释字符“//”即可被插入脚本中。

6）关键字

ActionScript 保留一些单词，专用于本语言之中。因此，不能用这些保留字作为变量、函数或标签的名字。

7）大小写字母

在 ActionScript 中，只有关键字区分大小写。对于其余的 ActionScript，可以使用大写或小写字母。但是，遵守一致的大小写约定是一个好的习惯。这样，在阅读 ActionScript 代码时更易于区分函数和变量的名字。

常用的动作脚本有：

- Play：这个命令是激活一个动画或者影片剪辑。当这个动作被执行时，Flash 按照时间线的顺序开始播放每一帧。
- Stop：这个命令是终止正在播放的一个动画或影片剪辑的进程，经常与按钮一起用于控制动画的播放或者用来停止到动画序列的某一帧。
- gotoAndplay：从当前帧转到指定帧后继续播放。
- gotoAndStop：从当前帧转到指定帧后停止播放。
- stopAllSound：这个命令是使动画中播放的任何声音静音，但并不使声音功能永久失效。
- getURL：这个命令可以用来连接到一个标准的网页、FTP 站点、另一个 Flash 动画、一个可执行文件或者其他任何存放在 Internet 或可访问系统的信息。
- loadMovie：可在源电影播放的同时载入 SWF 文件或者 JPEG 文件。
- unloadMovie：这个命令和 loadMovie 相对，是卸载一个载入的动画。

在 Flash 中，动作脚本既可以添加在时间轴的关键帧上，也可以添加到按钮上，还可以添加到影片剪辑上。当时间轴上的播放移动到有动作脚本的关键帧上时，关键帧上的动作脚本开始执行。

2. “动作”面板

在 Flash 中，ActionScript 的操作通过“动作”面板完成。当选择帧、按钮实例或影片剪辑实例后，执行“窗口”|“动作”命令或按下 F9 功能键打开“动作”面板，即可输入与编辑代码。

“动作”面板由动作脚本窗口、脚本对象窗口和动作脚本编辑窗口三部分组成，每部分都为创建和管理 ActionScript 提供支持，如图 5-61 所示。

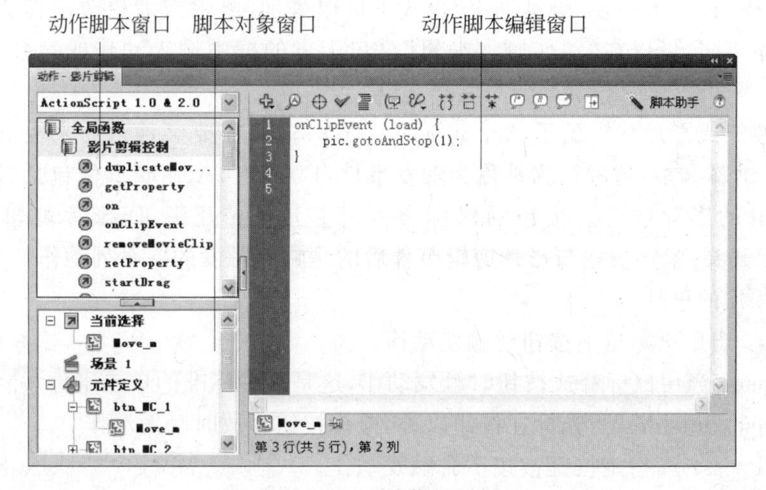

图 5-61 “动作”面板

(1) 动作脚本窗口：包含 Flash 中所使用的 ActionScript 脚本语言，在此窗口中将不同的动作脚本分类存放，需要使用什么动作命令可以直接从窗口中选择，十分方便。

(2) 脚本对象窗口：此窗口中可以显示 Flash 中所有添加动作脚本的对象，而且还可以显示当前正在编辑脚本的对象。

(3) 动作脚本编辑窗口：此窗口是编辑对象的 ActionScript 动作脚本的场所，在其中可以直接输入选择对象的 ActionScript 动作脚本，也可以通过选择“动作脚本窗口”中相应的动作脚本命令添加到此窗口中。

在 Flash CS5 中，“动作”面板有两种动作脚本编辑模式，一种就是如图 5-61 所示的普通模式下的“动作”面板，在其中可以直接输入动作脚本；另外一种则是通过“脚本助手”输入动作脚本，这是为初学者提供的一个简单、具有提示性和辅助性的友好界面，两种动作脚本编辑模式可通过单击“动作”面板右上角处的 脚本助手 按钮进行切换，如图 5-62 所示就是“脚本助手”模式下的“动作”面板。

图 5-62 “脚本助手”模式下的“动作”面板

“动作”面板的脚本助手允许通过选择动作脚本窗口中的项目来构建脚本。单击某个项目，面板右上方会显示该项目的描述；若双击某个项目，该项目就会被添加到“动作”面板的“动作脚本编辑”窗口中。在“脚本助手”模式下可以添加、删除或者更改动作脚本编辑窗口中语句的顺序，并且可以在“动作脚本编辑”窗口上方的框中输入动作的参数，完成脚本的编辑。

为一个按钮或影片剪辑赋予 ActionScript 动作脚本，需要某种行为来控制执行相应的 ActionScript 动作脚本，这种行为被称为触发事件，Flash 中 Action 事件包括按钮的鼠标事件与影片剪辑的影片事件。按钮的鼠标事件都是以 On 开头，而影片剪辑的事件是以 OnClipEvent 开头，紧随按钮与影片剪辑事件后的是响应触发的一系列动作。

下列是按钮的事件：

- Press：当用鼠标按下按钮时触发动作。
- Release：当用鼠标释放按钮时触发动作，这是一种标准的单击事件。
- Release Outside：当光标在按钮以外，鼠标按钮释放时触发动作。
- Key Press：当指定按键被按下时触发动作。
- Roll Over：当鼠标滑过按钮时触发动作。

• Roll Out：当鼠标移到按钮外时触发动作。
• Drag Over：当鼠标单击按钮后，光标移出按钮、接着又回到按钮上时触发动作。
• Drag Out：当鼠标在此按钮上按下并移出按钮时触发动作。

例如下面的一段代码：

```
on(release){
    gotoAndPlay(10);
}
```

其中，on(release)是事件，表示当鼠标按下对象并放开时；gotoAndPlay(10)是动作，表示跳到时间轴第10帧开始播放。

下面是影片剪辑的事件：

• Load：当一个电影剪辑在主场景中载入的同时触发。
• EnterFrame：当电影剪辑中每一帧运行的时候都触发。
• Unload：和Load搭配使用，在电影剪辑被此语句移除时触发。
• Mouse down：当鼠标按下的时候触发。
• Mouse up：当鼠标放开的时候触发。
• Mouse move：当鼠标移动的时候触发。
• Key down：键盘上特定键按下时触发，一般和Key对象中的getCode()函数连用。
• Key up：键盘上特定键放开时触发，类似于Key down。
• Date：当前MC接收到新数据时触发该事件，通常和loadvarible和loadmovie搭配，即数据传输完时触发。

例如下面的一段代码：

```
onClipEvent(load){
    pic.gotoAndStop(1);
}
```

其中，onClipEvent(load)是事件，表示电影剪辑在主场景中载入时；pic. gotoAndStop(1)是动作，表示跳到实例pic的时间轴第1帧，并停止播放。

3. “行为”面板

为了方便没有编程基础的初、中级用户使用ActionScript语言制作交互功能，Flash将常用的ActionScript指令整合在一个面板上，这就是“行为”面板，如图5-63所示。用户只需通过该面板进行简单的选择、设置等操作，即可完成很多原来需要编写代码的动画效果。

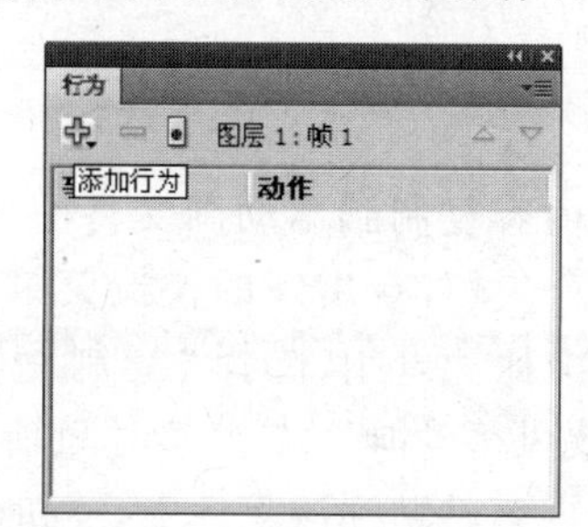

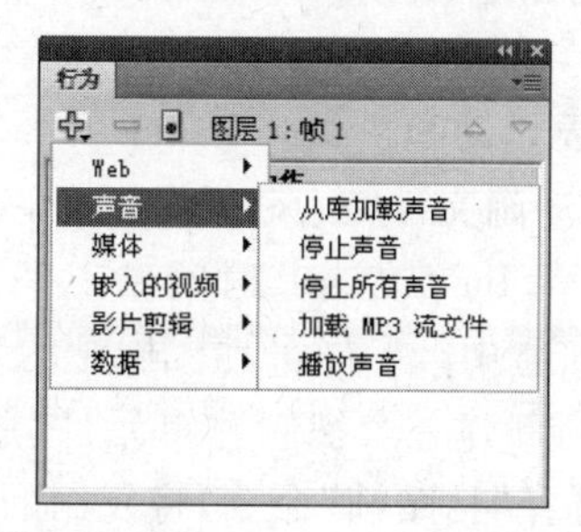

图5-63 “行为”面板

行为仅在 ActionScript 2.0 及更早版本可用，在 ActionScript 3.0 中不可用。当在基于 ActionScript 3.0 的 Flash 文件中添加行为时，Flash 将出现警告对话框，如图 5-64 所示。单击其中的“发布设置”按钮，将会打开“发布设置”对话框，可在 Flash 选项卡的“脚本”列表框中选择 ActionScript 2.0 或 ActionScript 1.0。

图 5-64　Flash 警告对话框

5.3.4　制作片头场景动画

1. 新建 Flash 文件

启动 Flash CS5，创建一个空白的 Flash 文档，设置舞台宽和高的尺寸分别为 800 像素和 600 像素，“帧频”为 24，然后将文件保存为 piantou.fla。

2. 制作背景动画

(1) 将“图层 1”命名为“背景”，然后将图像“片头背景.jpg”导入到舞台上与舞台完全重合，并将舞台上的图像转换为元件，如图 5-65 所示。

图 5-65　导入图像并转换为元件

(2) 在时间轴的 40 帧处插入关键帧。单击选中第 1 帧中的图像，在“属性”面板中设置图形的位置和大小，“宽”为 1600 像素，“高”为 1200 像素，X 的值为 0，Y 的值为 600。然后在两个关键帧之间创建补间形状，如图 5-66 所示。这样就创建了一个风筝从大到小逐渐上升的动画。

3. 制作图片显示动画

(1) 将 Flash 动画文件“放风筝.fla”中的内容复制到本动画文件的新建元件中。先打开动画文件“放风筝.fla”，右击其时间轴上任意一帧，在出现的快捷菜单中选择“选择所有帧”命令将所有帧选中，再右击，在出现的快捷菜单中选择“复制帧”命令，然后回到“piantou.fla”文件，新建一个视频剪辑元件“放风筝动画”，右击其时间轴上的第 1 帧，在出现的快捷菜单中选择“粘贴帧”命令，将复制的内容粘贴到该元件中。同时，所复制内容所涉及的图片及元件也被复制到“库”面板中。为了便于管理，单击“库”面板下方的“新建文件

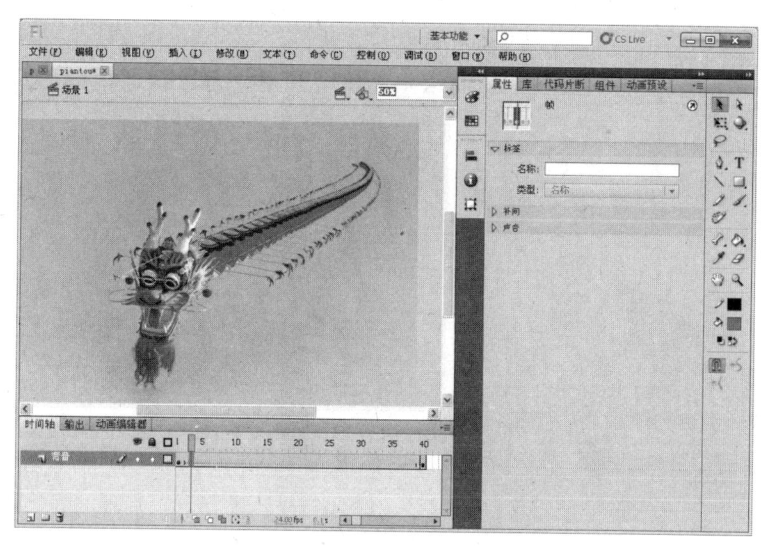

图 5-66　创建传统补间

夹”按钮▭，建立一个名为“放风筝动画元件”的文件夹，将“放风筝动画”中的图片及元件拖动到该文件夹中。

（2）回到“场景 1”，新建图层并命名为“放风筝”，在其第 40 帧插入一个关键帧，将“放风筝动画”元件拖动到舞台上，如图 5-67 所示。

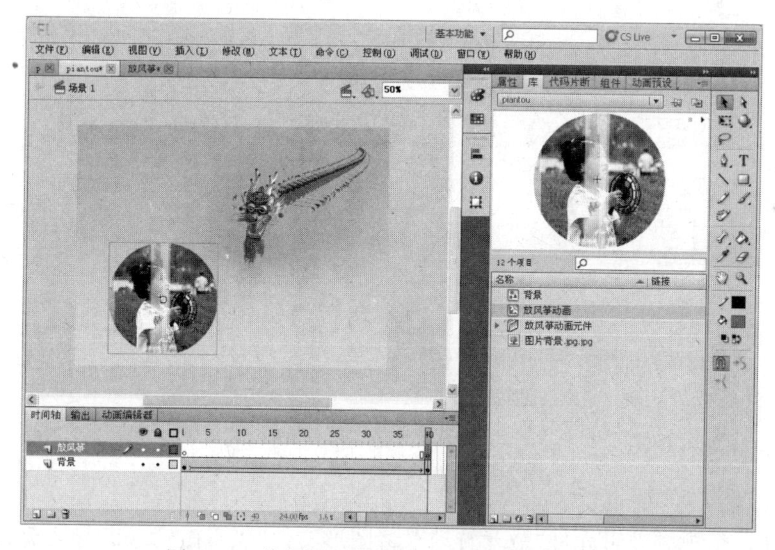

图 5-67　将“放风筝动画”元件拖动到舞台上

（3）给放风筝动画对象加边框。新建图层并命名为“边框”，在其第 40 帧插入一个关键帧，将图像文件“边框.gif”导入到舞台，转换成图片元件，并将其调整到适当位置，锁定该图层。然后将“放风筝”图层中的对象拖动到适当位置，与边框相吻合，如图 5-68 所示。

（4）导入 Gif 动画文件。新建一个视频剪辑元件“吉祥物”，将 Gif 动画文件“吉祥物.gif”导入到该元件的舞台上，在“库”中建立一个名为“吉祥物中元件”的文件夹，将“吉祥物”元件中涉及的图片拖动到该文件夹中。

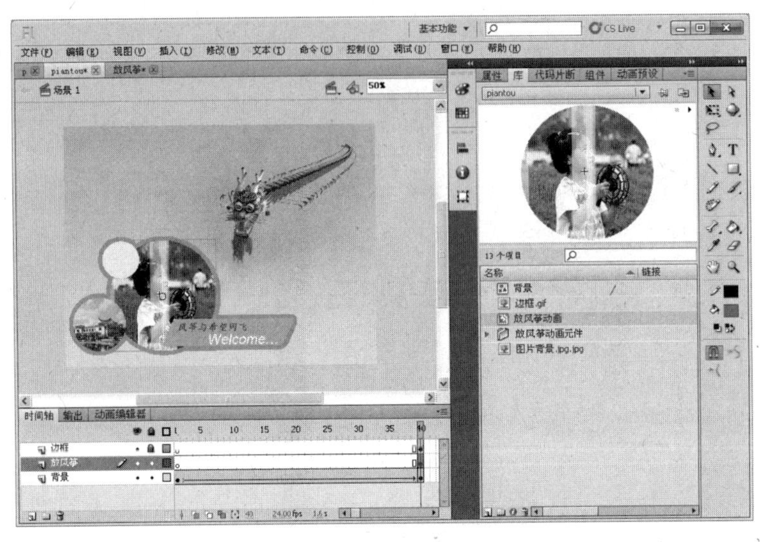

图 5-68　给“放风筝”动画加边框

(5) 返回“场景 1”，新建图层并命名为“吉祥物”，在其第 40 帧插入一个关键帧，将视频剪辑元件“吉祥物”拖动到舞台上，并调整其位置和大小，如图 5-69 所示。

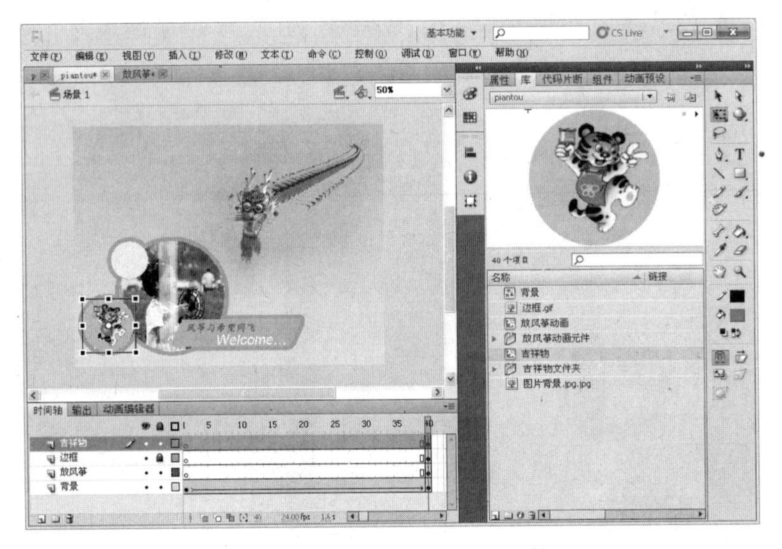

图 5-69　导入“吉祥物.gif”文件

(6) 新建一个视频剪辑元件“徽章转动”，将图形文件“风筝徽章.gif”导入到该元件的舞台上并转换成视频剪辑元件，利用“动画预设”面板中的“默认预设”将其设置为“3D 螺旋”动画。

(7) 返回“场景 1”，新建图层并命名为“风筝徽章”，在其第 40 帧插入一个关键帧，将视频剪辑元件“徽章转动”拖动到舞台上，并调整其位置和大小，如图 5-70 所示。

(8) 在时间轴“放风筝动画”图层的第 50 帧插入关键帧，然后选中第 40 帧中的对象，将“属性”面板“样式”列表中的 Alpha 的值设置为 0%，使其变为透明，再在两个关键帧之间创建传统补间，这样就建立了一个从透明到不透明的“淡入”效果。用同样的方法分别在“边框”、“吉祥物”和“风筝徽章”各图层建立这种“淡入”效果，如图 5-71 所示。

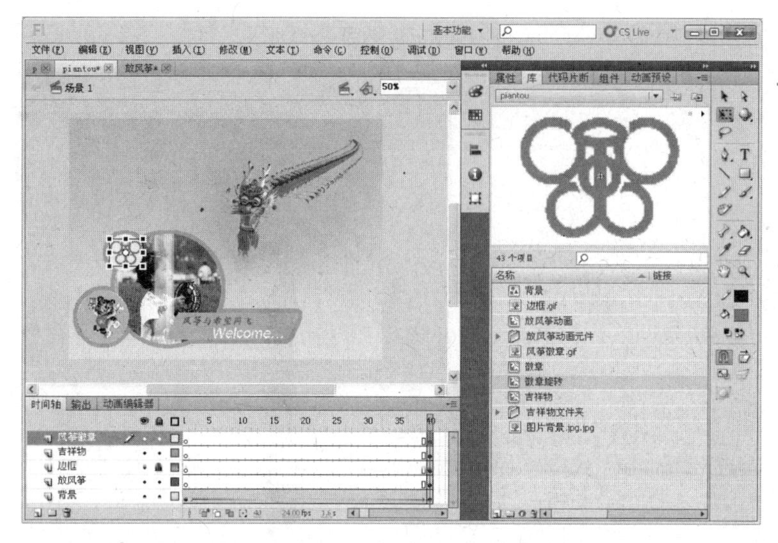

图 5-70　建立“风筝徽章”动画图层

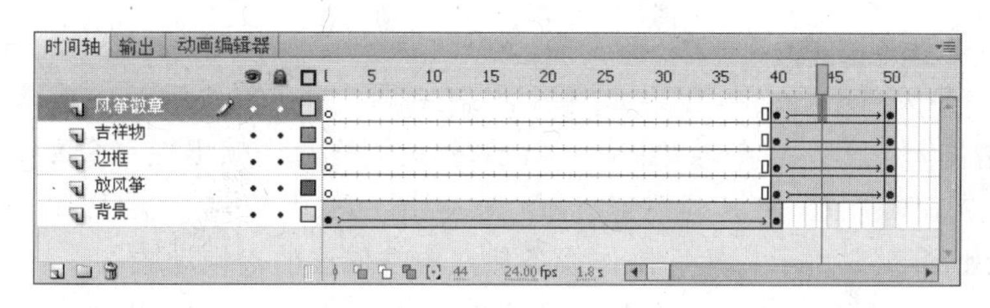

图 5-71　创建“淡入”效果

4. 制作 LOGO 动画

(1) 将图形“风筝图案. png”导入舞台，放在右下方的工作区内，并将其转换为视频剪辑元件“风筝飞入”，选中“动画预设”面板中自定义的预设“沿路径飞入”，然后单击“应用”按钮即可设置风筝图案沿路径飞入，如图 5-72 所示(在第 4 章已介绍了自定义预设的方法，若还没有定义，可用前面介绍过的制作补间动画的方法制作)。

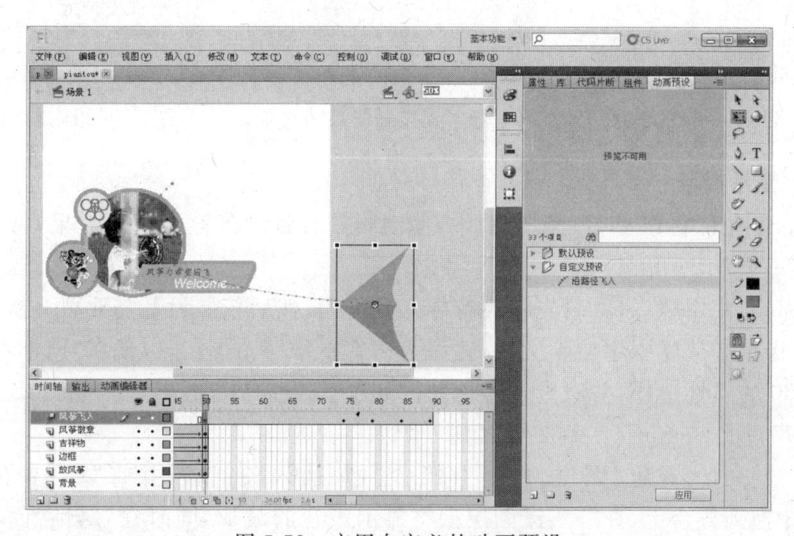

图 5-72　应用自定义的动画预设

(2) 用选择工具调整运动路径,如图 5-73 所示。

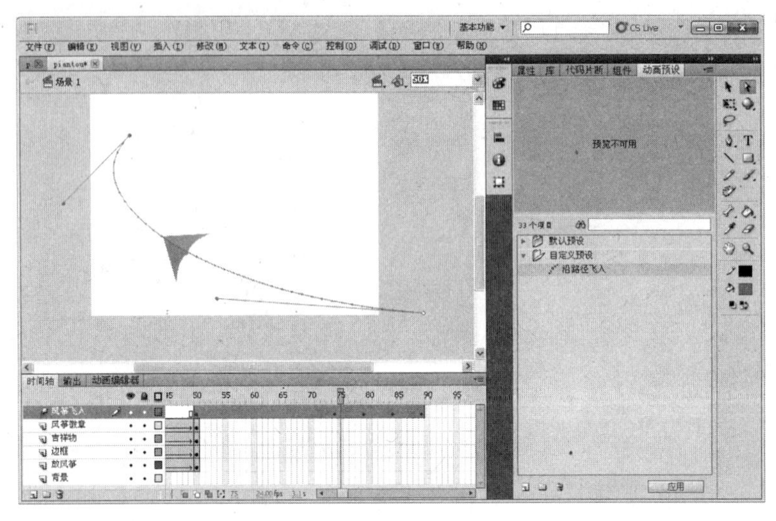

图 5-73 调整动画运动路径

(3) 新建"翔天风筝"图层,在第 90 帧插入关键帧,并在该关键帧中输入文字"翔天风筝",字体为楷体,大小为 40 点,如图 5-74 所示,然后制作每两帧出现一个文字的逐帧动画。

(4) 新建"划线"图层,将其调整到"风筝飞入"图层的下面,在该图层第 99 帧插入关键帧,绘制线条如图 5-75 所示。然后制作线条从左向右伸展的逐帧动画。

(5) 新建 www 图层,在第 110 帧插入关键帧,并在该关键帧中输入一个网址字样:www. xtkite. com,字体为楷体,大小为 30 点,如图 5-76 所示。将其转换为视频剪辑元件 www,通过"动画预设"面板的"默认预设"将其设置为"从右边飞入"动画,并调整其开始点和结束点的位置。

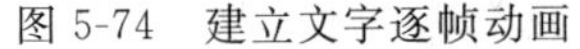

图 5-74 建立文字逐帧动画　　图 5-75 建立划线逐帧动画　　图 5-76 应用预设动画

5. 添加音乐

Flash CS5 允许将声音导入到动画中,使动画具有各种各样的声音效果,常用的声音文件格式有 WAV、MP3 等。

在 Flash 中使用声音,可以先将声音导入到库内,然后依照设计需要可多次从库中调用声音。而要将声音从库中添加到文件,建议为声音新增一个图层,以便在"属性"面板中查看和设置"声音"的属性选项,并对声音做单独的处理。

(1) 将声音文件 music1. mp3 导入到"库"中。

(2) 新建一个"音乐"图层,选择其第 50 帧,插入关键帧,并将"库"中的声音对象 music1. mp3 拖到舞台上,在"声音"图层上将显示声音的波形,同时在"属性"面板上显示声音文件的名称、效果、同步等参数以便进行设置，如图 5-77 所示。

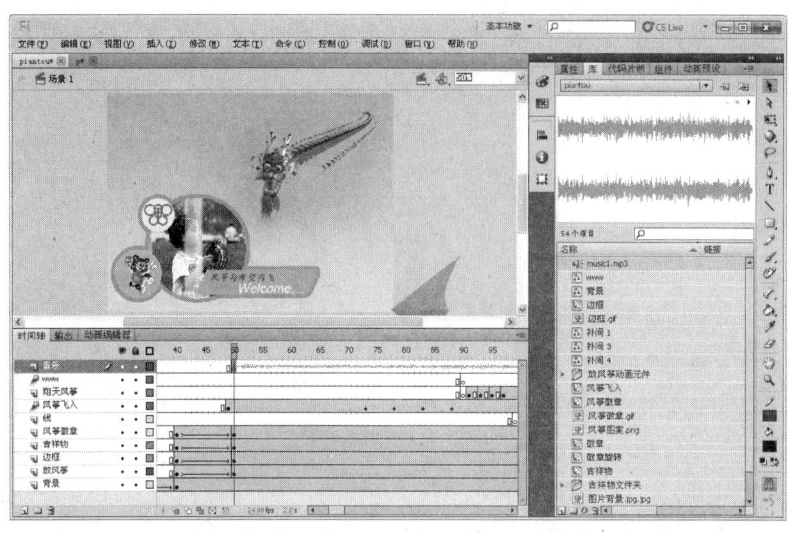

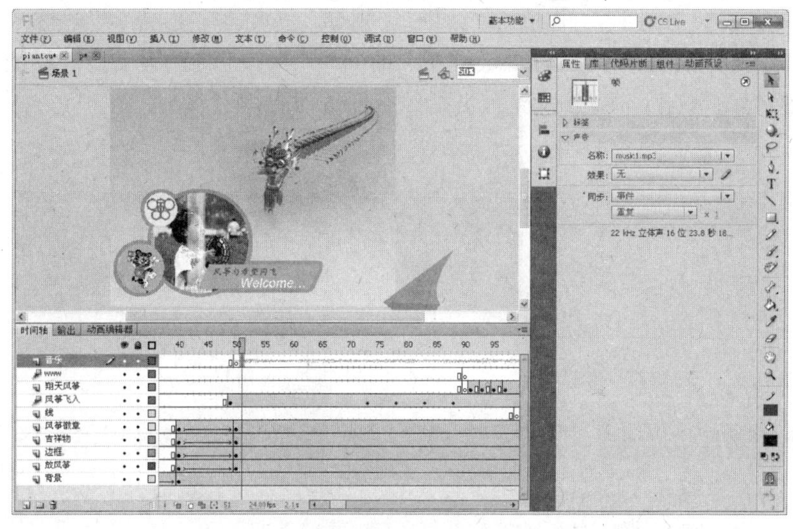

图 5-77　新建图层并添加声音文件

Flash CS5 提供了事件、开始、停止、数据流 4 种声音同步方式，可以使声音独立于时间轴连续播放，或使声音和动画同步播放，也可以使声音循环播放一定次数。

- 事件：这种同步方式要求声音必须在动画播放前完成下载，而且会持续播放直到有明确命令为止。
- 开始：这种方式与事件同步方式类似，在设定声音开始播放后，需要等到播放完毕才会停止。
- 停止：是一种设定声音停止播放的同步处理方式。
- 数据流：这种方式可以在下载了足够的数据后就开始播放声音（即一边下载声音，一边播放声音），无须等待声音全部下载完毕再进行播放。

6. 制作进入主页的按钮

(1) 新建一个按钮元件，命名为“进入”。在“弹起”帧中输入文字“进入”，将文字字体设置为“黑体”，文字大小为 30 点，如图 5-78 所示。

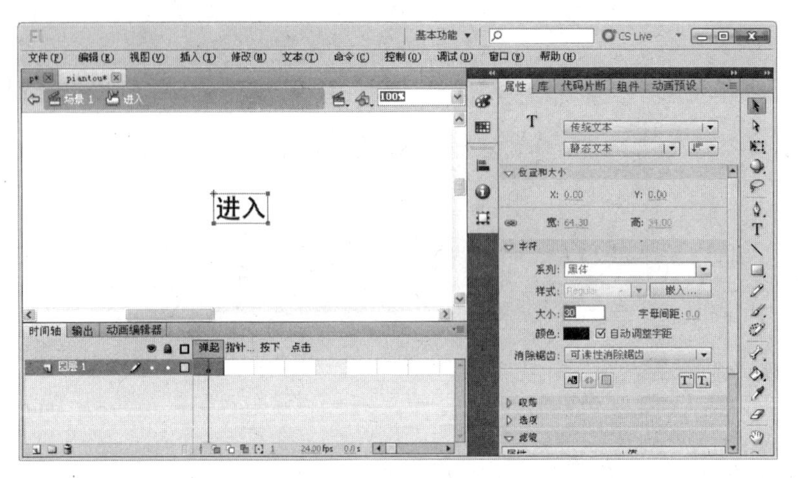

图 5-78 在按钮元件的“弹起”帧输入文字

(2) 将文字转换为图形元件，在“指针经过”帧插入关键帧，在“点击”帧插入帧，选中“弹起”帧中的对象，将“属性”面板“样式”列表中的 Alpha 的值设置为 30%，如图 5-79 所示。这样按钮在弹起的情况下颜色比较浅，当指针指向的时候颜色变深。

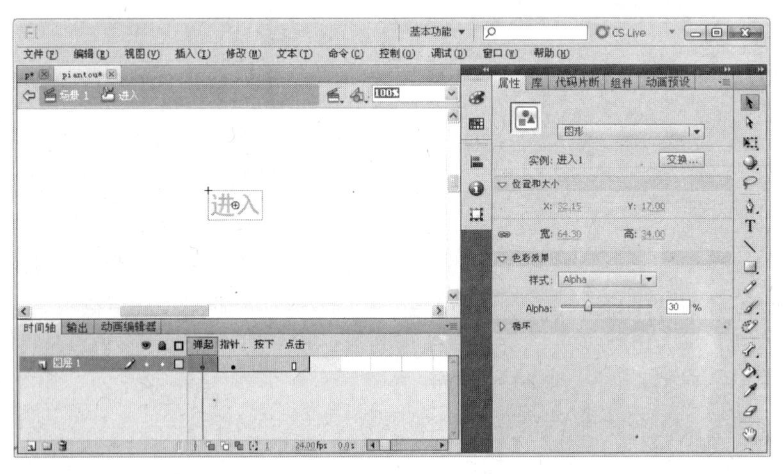

图 5-79 设置“进入”按钮各种帧的状态

(3) 返回“场景 1”中，在每个图层的第 135 帧插入帧。新建“进入”图层，在第 135 帧插入关键帧，将“进入”按钮拖动到舞台的右下角，如图 5-80 所示。

(4) 将“背景”图层的第 135 帧设置为关键帧，右击该帧，选择“动作”命令，展开“动作”面板，在其中输入动作脚本命令：

```
Stop();
```

这样，当播放到第 135 帧时，背景定格在帧中的画面，以免再从头开始播放。

7. 片头的时间轴

片头动画完整的时间轴如图 5-81 所示。

图 5-80　将“进入”按钮添加到舞台上

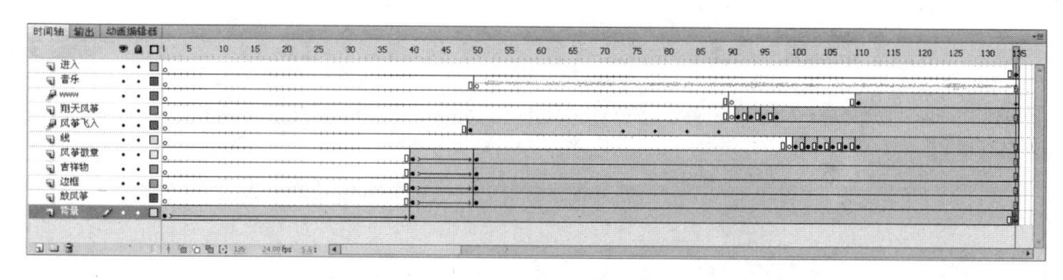

图 5-81　片头动画的时间轴

8. 播放效果

执行“控制”|“测试影片”|“测试”命令,片头的播放效果如图 5-82 所示。

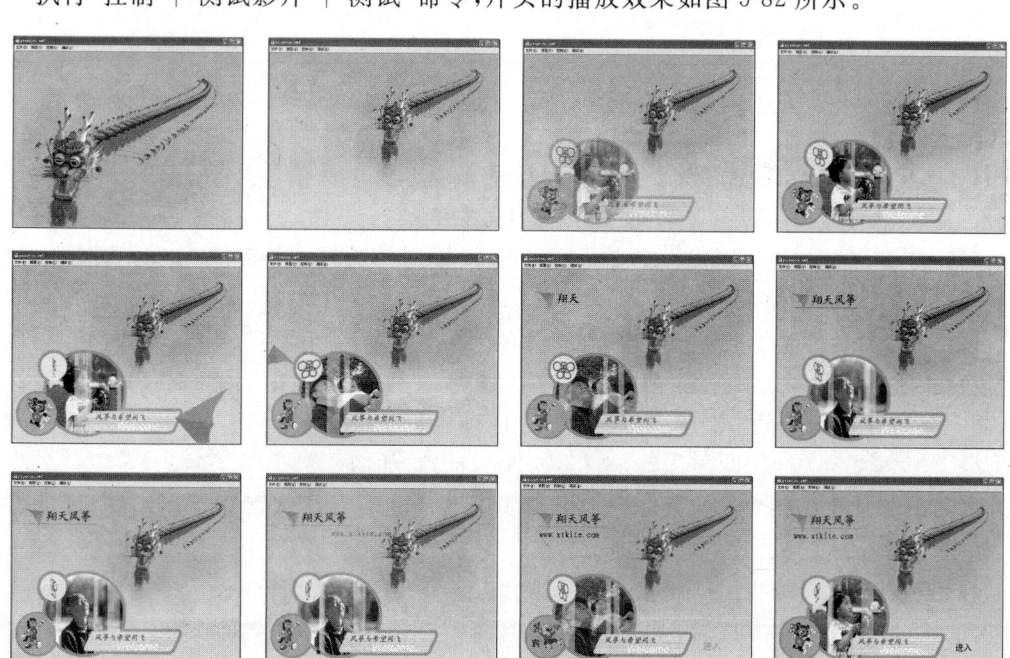

图 5-82　片头动画的播放效果

5.3.5 创建网络广告的整体框架

前面创建了 Flash 网站的片头部分，接下来就是网站制作的重要部分——网站整体框架的构建。Flash 网站中通常各个栏目内容都是通过外部调用来实现的，所以首先要把网站的整体框架搭建好，然后再制作各个栏目的内容，最后通过导航按钮设置行为，将各个栏目内容调用到搭建的框架中显示。使用这种方法制作网站对于网站管理和维护非常方便，如用户需要修改其中的栏目内容，不用再编辑整个 Flash 文件，只需要对其中制作的栏目内容进行编辑即可。下面以“翔天风筝公司广告网站”为例介绍网站整体架构的设计与制作。

“翔天风筝公司广告网站”界面的整体效果如图 5-83 所示。界面主要划分为三部分，上方为主页面的导航条，用来实现各栏目的跳转以及背景音乐的控制，左面用来放置栏目的内容，右面用来显示该栏目的相关图文信息及按钮。

图 5-83 网站界面的整体效果

1. 创建网站的界面的背景

为了便于网站架构的建立，下面先创建界面的背景。

(1) 启动 Flash CS5，创建一个 Flash 文档，设置文档的尺寸为 800×600，背景为白色，帧频为 24，并将其保存为 main.fla 文件。

(2) 将“图层 1”重命名为“背景”，在舞台的上方绘制一个 800×120 的无边框矩形，设置其颜色由上向下为由浅蓝色(颜色值为＃84CAE5)到白色(颜色值为＃FFFFFF)的线性渐变；画一条与舞台同宽的蓝色直线，在“属性”面板中设置(x,y)坐标为(0,120)；画宽 600×24 的无边框橘黄色矩形，设置(x,y)坐标为(200,121)，如图 5-84 所示。

(3) 在背景层的上方新建 logo 层，将网站标志 logo.gif 导入舞台，放置在页面的左上角，如图 5-85 所示。

(4) 分别在时间轴“背景”层和 logo 层的第 52 帧插入帧。

(5) 网站背景制作完成后，执行“文件”|“保存”命令，将 Flash 文件保存。

2. 制作 Flash 导航条的动画按钮

网站的导航是网站的灵魂，架构良好、画面精美的导航条会增加网站的互动性，将各种信息串联在一起，使网站变得精彩。按钮的制作及设置是导航条制作的主要内容。

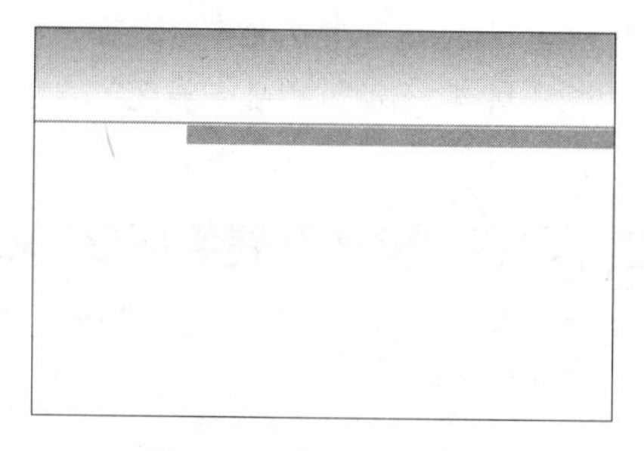

图 5-84　绘制网站背景

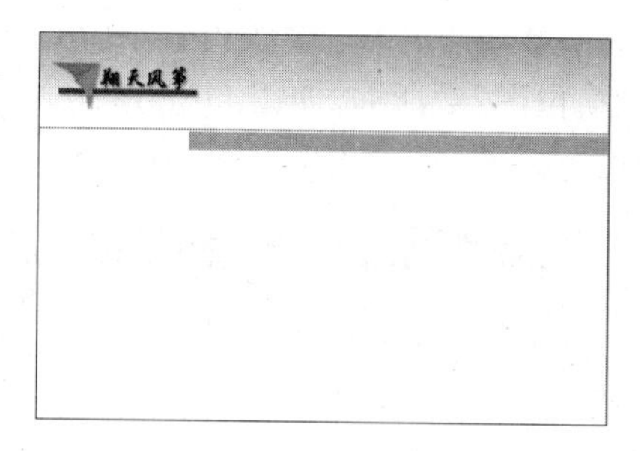

图 5-85　加入 logo

用 Photoshop 预先处理好的 4 幅尺寸为 200×200 的图片，分别为“公司简介.jpg”、“产品种类.jpg”、“视频展示.jpg”和“联系留言.jpg”，如图 5-86 所示。下面用这 4 幅图片，制作 4 个具有动画效果的按钮元件，当按钮弹起的时候，图片的色彩比较浅淡，当鼠标指针指向按钮的时候，图片稍微向上移动，同时色彩逐渐变得鲜艳。

公司简介.jpg

产品种类.jpg

视频展示.jpg

联系留言.jpg

图 5-86　用 Photoshop 预先处理的 4 幅图片

（1）打开前面制作并保存的 main.fla 文件，将图片文件“公司简介.jpg”、“产品种类.jpg”、“视频展示.jpg”和“联系留言.jpg”导入库中。

（2）创建一个名为 pics_m 的影片剪辑元件，将图片文件“公司简介.jpg”拖动到该元件的编辑窗口中，在“属性”面板中设置图片的位置：(x,y)坐标为(0,0)，大小为 80×80。

（3）将元件时间轴上的“图层 1”重命名为“按钮图片”，并分别在其第 2、3、4 帧插入关键帧，如图 5-87 所示。这时 4 个关键帧的内容相同，都是“公司简介.jpg”。

图 5-87　创建 pics_m 的影片剪辑元件

(4) 单击选中第 2 个关键帧，然后单击“属性”面板上“实例”选项后面的“交换”按钮，弹出“交换位图”对话框，如图 5-88 所示，在其中选择“产品种类.jpg”，单击“确定”按钮，第 2 帧的内容就替换为“产品种类.jpg”图片。

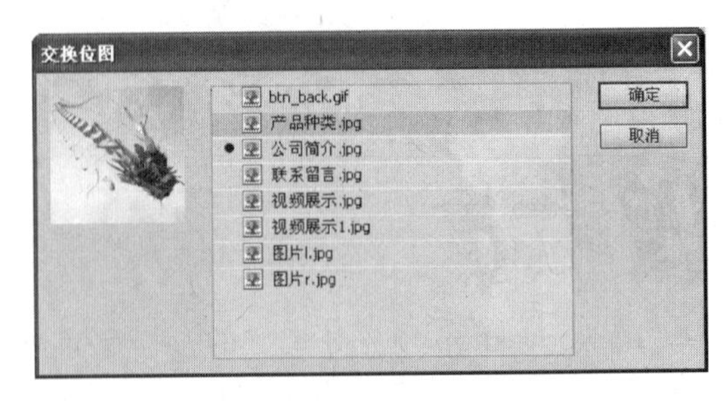

图 5-88　将第 2 帧的内容替换为“产品种类.jpg”图片

(5) 用同样的方法将第 3 帧、第 4 帧的内容分别替换为图片“视频展示.jpg”和“联系留言.jpg”。这样就建立完成了一个包含 4 幅图片的影片剪辑元件 pics_m。

(6) 创建一个名为 Move_p 的影片剪辑元件，将 pics_m 元件拖入，在“属性”面板中将实例名称命名为 pic，以便以后用 AS 进行控制。设置实例的透明度(Alpha 的值)为 35%，如图 5-89 所示。

图 5-89　设置实例的透明度为 35%

(7) 为元件添加遮罩和边框，如图 5-90 所示。元件 Move_p 透明度为 35%，比较暗淡，用来制作按钮弹起时的效果。

(8) 在“库”中右击 Move_p 元件，选择“直接复制”命令，打开“直接复制元件”对话框，将新元件的名称改为 Move_m，如图 5-91 所示。单击“确定”按钮后即生成一个与 Move_p 元件的内容完全一样的影片剪辑元件 Move_m。

(9) 双击打开 Move_m 元件对其进行编辑。在“图片”层的第 15 帧插入一个关键帧，将其中的图像实例 Alpha 的值设置为 100%，并在两个关键帧之间直接创建传统补间。

(10) 选中第 15 帧，右击选择“动作”命令，展开“动作”面板，在其中输入“Stop();”命令，设置动画到该帧停止。

(11) 分别在“遮罩”层和“边框”层的第 15 帧插入帧。这样就使元件产生了由浅淡逐渐变鲜艳的动画效果，如图 5-92 所示。元件 Move_m 用来制作“指针经过”按钮时的动画

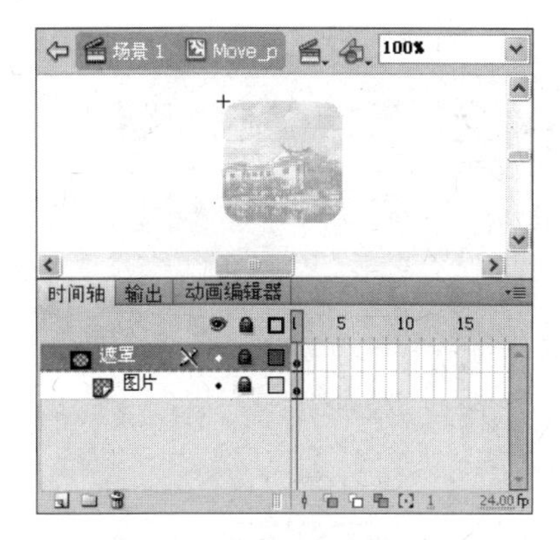

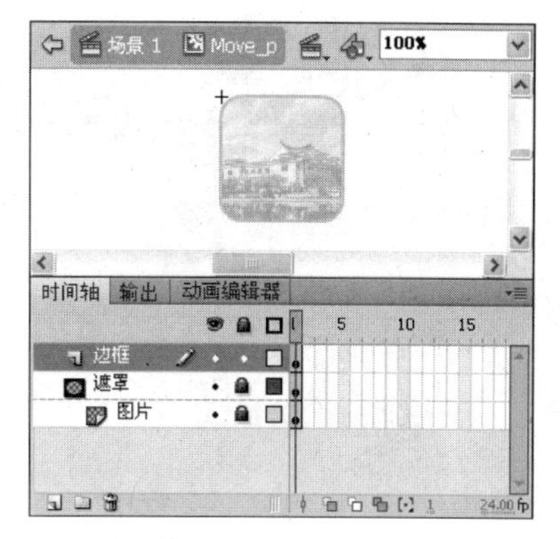

图 5-90　为元件添加遮罩和边框

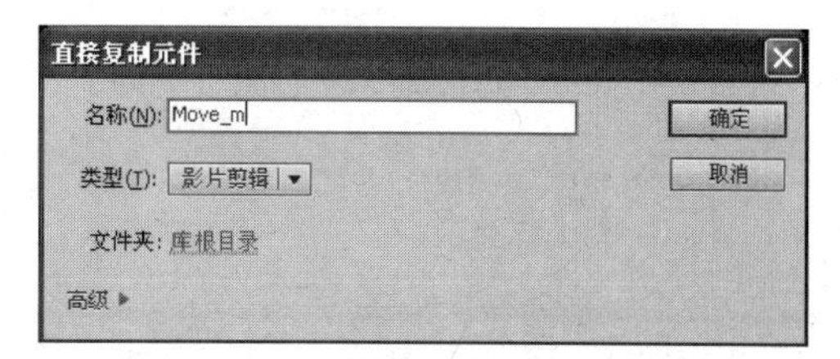

图 5-91　直接复制元件

效果。

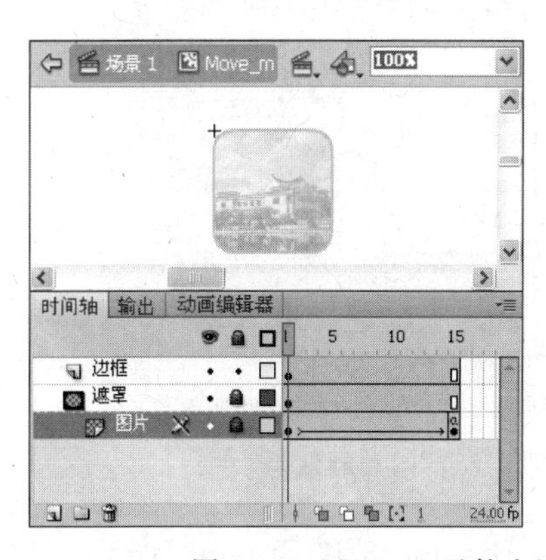

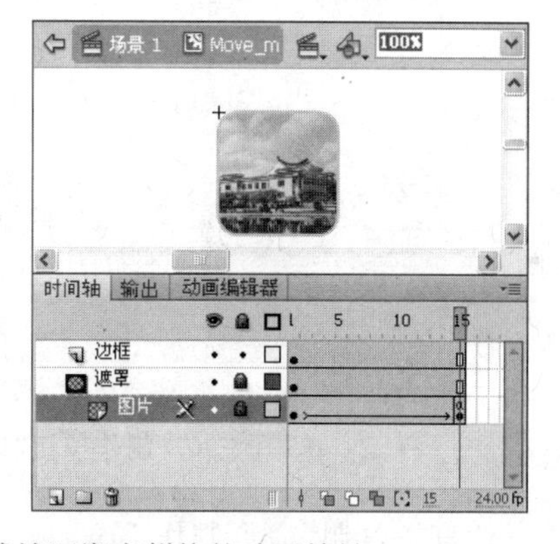

图 5-92　Move_m 元件由浅淡逐渐变鲜艳的动画效果

(12) 下面制作按钮“弹起”时的画面。先新建一个影片剪辑元件 Btn_p_1，将 Move_p 元件拖入，如图 5-93 所示，给实例添加动作脚本：

```
onClipEvent(load){
    pic.gotoAndStop(1);
}
```

(13) 执行“直接复制”命令，用 Btn_p_1 元件分别生成 Btn_p_2、Btn_p_3 和 Btn_p_4 元件，将其中的动作脚本“pic. gotoAndStop(1);”分别改为“pic. gotoAndStop(2);”、“pic. gotoAndStop(3);”和“pic. gotoAndStop(4);”即可。

(14) 用类似的方法制作按钮“指针经过”的动画效果。新建一个影片剪辑元件 Btn_

图 5-93　制作按钮的“弹起”时的画面

mc_1，将 Move_m 元件拖入，如图 5-94 所示，给实例添加动作脚本：

```
onClipEvent(load){
    pic.gotoAndStop(1);
}
```

图 5-94　制作按钮“指针经过”的动画效果

(15) 执行“直接复制”命令制作 Btn_mc_2、Btn_mc_3 和 Btn_mc_4。

(16) 开始制作按钮。新建一个按钮元件“btn_1”，将“图层 1”重命名为“图片”，选中第 1 帧，将 Btn_p_1 元件拖入，在第 2 帧处插入关键帧，用“属性”面板的“交换”按钮，将实例 Btn_p_1 替换为元件 Btn_mc_1，在第 4 帧处插入关键帧。

(17) 在“图片”层上面新建“文字”层，输入文字“公司简介”，设置字体为宋体，大小为 14 点，颜色为黑色。在第 2 帧处插入关键帧，在第 4 帧处插入帧，如图 5-95 所示。

(18) 单击选中“图片”层的第 2 帧，将其中的 Btn_mc_1 实例稍微向上移动；选中“文字”层的第 2 帧，将其中的文字颜色改为红色，如图 5-96 所示。这样就制作完成了“公司简介”的按钮。

(19) 将 btn_1 元件用“直接复制”命令制作 btn_2，打开 btn_2，将其中的 Btn_p_1 替换为 Btn_p_2，Btn_mc_1 替换为 Btn_mc_2，将文字“公司简介”改为“产品种类”，即可制作“公

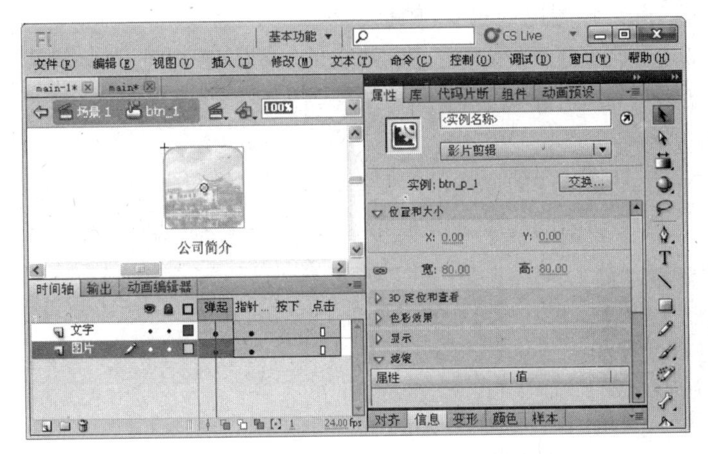

图 5-95　输入黑色的文字“公司简介”

图 5-96　将文字“公司简介”改为红色

司简介”的按钮。用同样的方法也可以制作“视频展示”按钮和“联系留言”按钮。

(20) 将 btn_1 元件用“直接复制”命令制作 btn_0，打开 btn_0，将其中“图片”层删除，将“文字”层的文字“公司简介”改为“首页”，即可制作“首页”的按钮。用同样的方法制作 SOUND ON/OFF 声音控制按钮。

3. 建立 Flash 导航条

(1) 在 main.fla 文件的“场景 1”中，新建“按钮”图层，选中第 1 帧，将按钮放置在导航条的合适位置，然后在“按钮”层的上方建立“竖线”层，在导航条上绘制 5 条黑色竖线，如图 5-97 所示。

图 5-97　在导航条上添加按钮和竖线

（2）在“时间轴”窗口各图层的第 52 帧插入帧。

（3）引用外部元件。新建“风筝”层，执行“文件”|“导入”|“打开外部库”命令，在弹出的“作为库打开”对话框中选择“放飞心情.fla”文件，打开“放飞心情.fla”文件的库，如图 5-98 所示。

（4）将“放飞心情.fla”文件的库中的“风筝动画 1”元件和“风筝动画 2”元件拖入“风筝”层，放置在第 1 帧。两个动画的实例在导航条上的位置如图 5-99 所示。

图 5-98　外部库

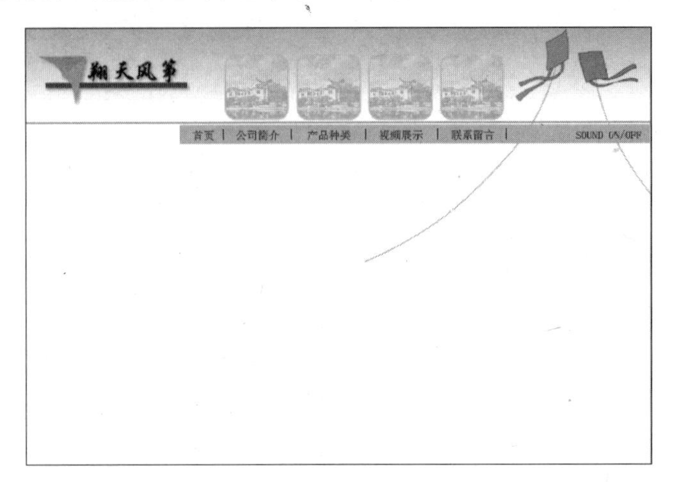

图 5-99　动画实例的位置

（5）在“风筝”层之上建立遮罩层，绘制一个矩形，为风筝添加遮罩，让其只在蓝线的上方显示。

（6）导航条制作完成，测试效果如图 5-100 所示。

图 5-100　导航条测试效果

4. 设计框架层次

制作完成背景和导航条，接下来是考虑如何将该栏目的内容置入主页面中。为了提高运行效率以及后期维护的方便，将各个栏目的内容制作为单独的文件，最后通过 Loadmovie 的方式将各栏目的内容调入到主页面，这需要在主页面中设计好各个框架文件调入的方法。

（1）在“遮罩”层上方建立“网站内容”层，在第 2 帧插入关键帧，在舞台的右下方绘制一个灰色矩形，大小为 600×455，位置为(x,y)的坐标为(200,145)。

（2）将灰色矩形转换成名为“替换影片”的影片剪辑元件，在舞台上选中该元件的实例，在“属性”面板中设置该实例的名称为 mov。各栏目内容制作的 swf 文件在载入页面时，将替换 mov 影片剪辑实例。在第 52 帧插入帧。

（3）测试影片，若无误，保存文件。

5.3.6 制作栏目内容

前面将网站框架部分制作完成，接下来制作各栏目的内容。各栏目的页面除导航条外由左右两部分组成，左面部分在 main.fla 文件中制作，作为影片剪辑元件直接放置到页面相应的位置；而右面部分的内容是通过外部载入的，所以需要将各栏目的内容制作为单独的动画文件，然后再通过相应的 ActionScript 脚本调入到主框架文件中。各栏目内容的文件尺寸需要设置为与 main.fla 文件中实例名称为 mov 的影片剪辑大小相同，这样调入的文件才能在主框架中占合适的位置。

1. 制作各栏目左面部分的内容

(1) 打开 main.fla 文件。

(2) 建立 5 个尺寸为 200×479 的影片剪辑元件：left_zhuye、left_jianjie、left_zhonglei、left_shipin 和 left_lianxi，画面如图 5-101 所示。其中 left_zhonglei 中的一组按钮是预先制作好的，放在“按钮.fla”文件中，可以通过打开外部库的方式直接使用。

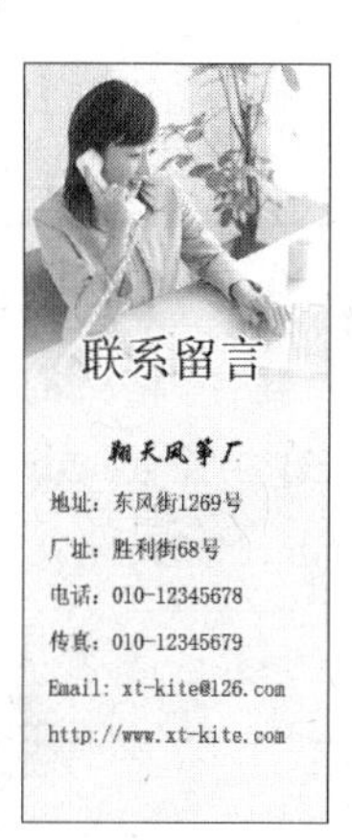

图 5-101　5 个影片剪辑元件

(3) 在“网站内容”层的第 2 帧、13 帧、22 帧、32 帧和 42 帧分别插入关键帧，再分别将影片剪辑元件：left_zhuye、left_jianjie、left_zhonglei、left_shipin 和 left_lianxi 拖入页面左侧，位置为(0,121)。

(4) 在“网站内容”层上方新建“标签帧”层，在第 2 帧插入空白关键帧，在“属性”面板中为帧标签命名为 zhuye。以同样方法为第 13 帧、22 帧、32 帧、42 帧标签命名：jianjie、zhonglei、shipin、lianxi。然后，在第 52 帧插入帧。

2. 制作“主页”栏目内容

(1) 新建一个 Flash 文件，尺寸为 600×455，并将其保存为 zhuye.fla 文件。

(2) “背景”层的图片是一只在天空飞翔的风筝，其风筝线与左面 left_zhuye 的风筝线相接，使整个画面成为一体。

(3) “文字”层是关于厂家信息的文本。

(4) “风筝动画”层文件夹中包含多个层，用来制作一组风筝向上滚动的动画效果。

(5) 制作完成，测试影片无误，保存文件。zhuye.fla 文件制作界面如图 5-102 所示。

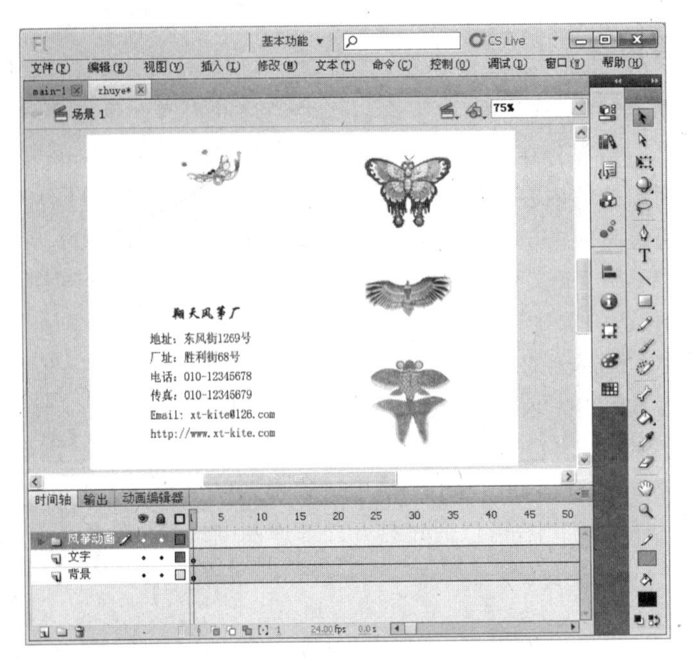

图 5-102　zhuye. fla 文件制作界面

3. 制作“格式简介”栏目内容

新建一个 Flash 文件，尺寸为 600×455，添加相应的文本，如图 5-103 所示，并将其保存为 jianjie. fla 文件。

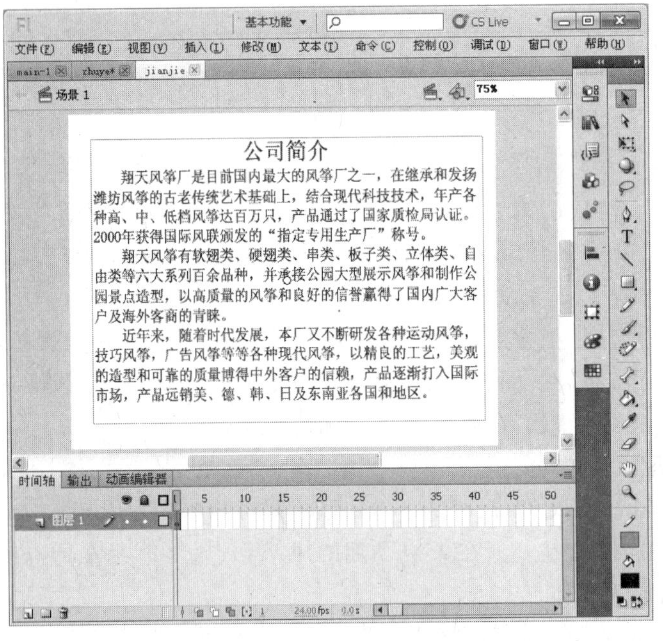

图 5-103　jianjie. fla 文件界面

4. 制作“产品种类”栏目内容

“产品种类”栏目内容由多个页面组成，需要建立多个 Flash 文件，制作方法类似，在这里只建立两个。

(1) 新建一个 Flash 文件,尺寸为 600×455,内容如图 5-104 所示,并将其保存为 zhonglei_1. fla 文件。

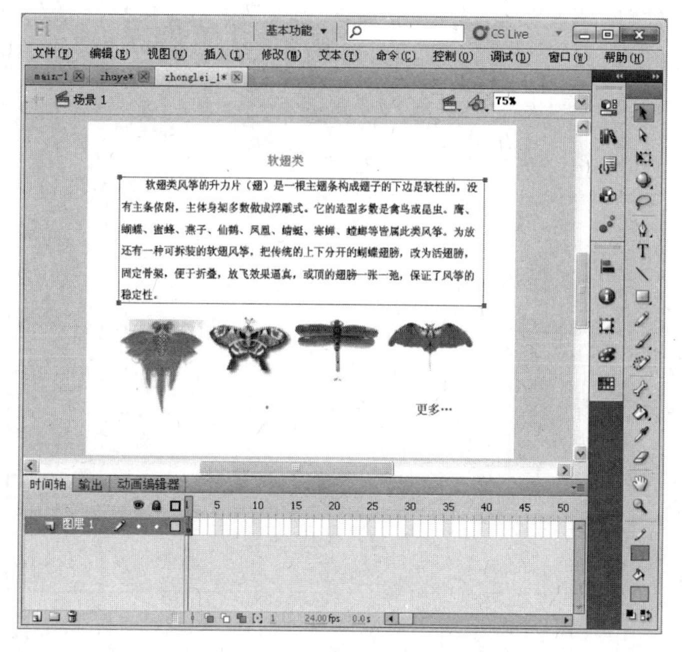

图 5-104　zhonglei_1. fla 文件

(2) 新建一个 Flash 文件,尺寸为 600×455,内容如图 5-105 所示,并将其保存为 zhonglei_2. fla 文件。

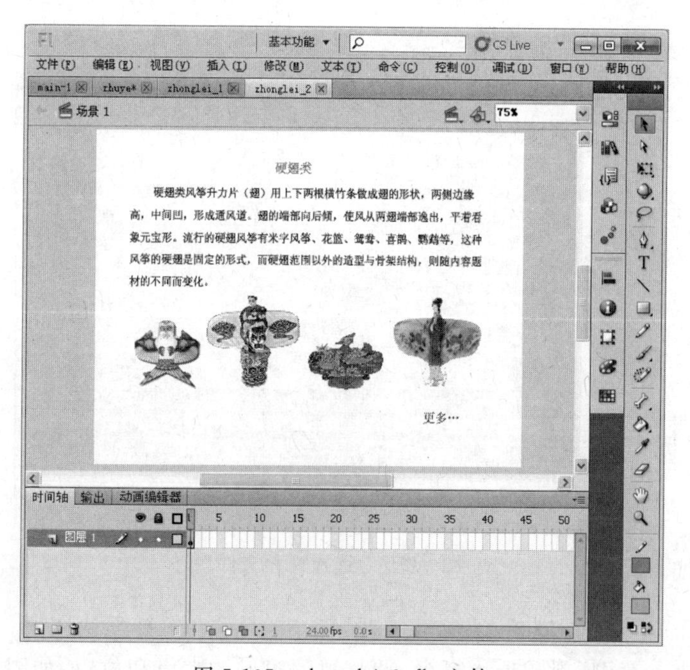

图 5-105　zhonglei_2. fla 文件

5. 制作“视频展示”栏目内容

(1) 新建一个 Flash 文件，尺寸为 600×455，在舞台上输入文字“风筝产品放飞”，并将其保存为 shipin. fla 文件。

(2) 执行“文件”|“导入”|“导入视频”命令，弹出“导入视频”对话框的第一个窗口“选择视频”，如图 5-106 所示。

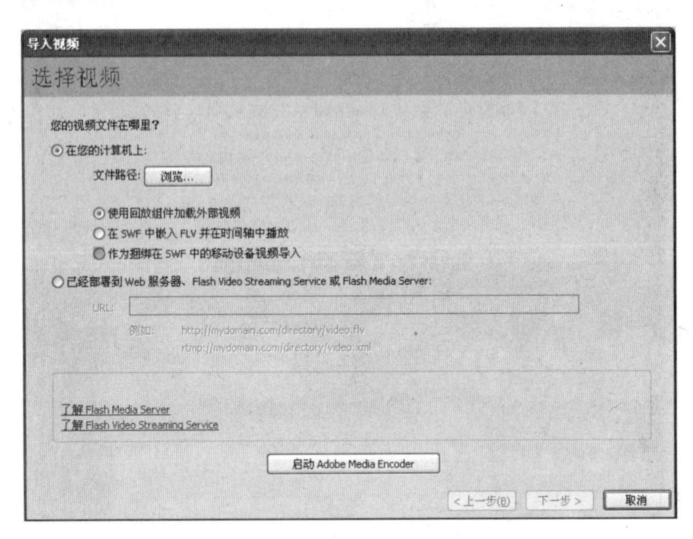

图 5-106 “导入视频”对话框的“选择视频”窗口

(3) 确认已选择“在您的计算机上”单选按钮，单击“文件路径”右边的“浏览”按钮，在“打开”对话框中选择“风筝放飞. flv”视频文件，并选择“在 SWF 中嵌入 FLV 并在时间轴中播放”单选按钮，如图 5-107 所示。

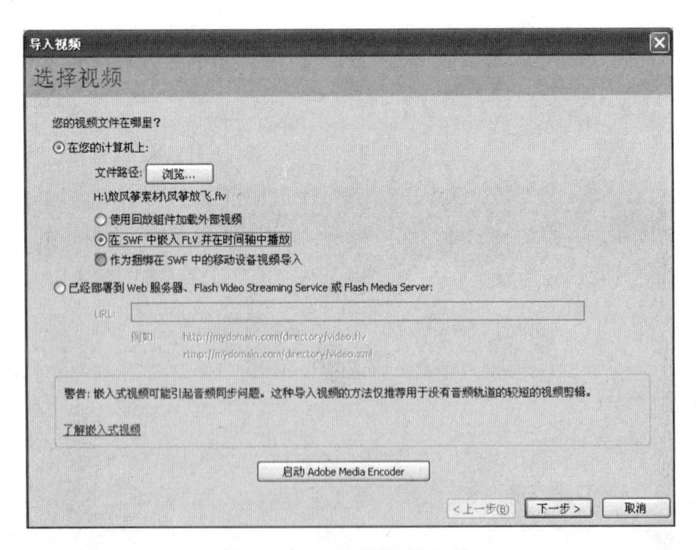

图 5-107 选择视频文件

(4) 单击“下一步”进入“嵌入”窗口，如图 5-108 所示。保持默认选项。

(5) 单击“下一步”将视频插入舞台，调整视频窗口的大小和位置，如图 5-109 所示。

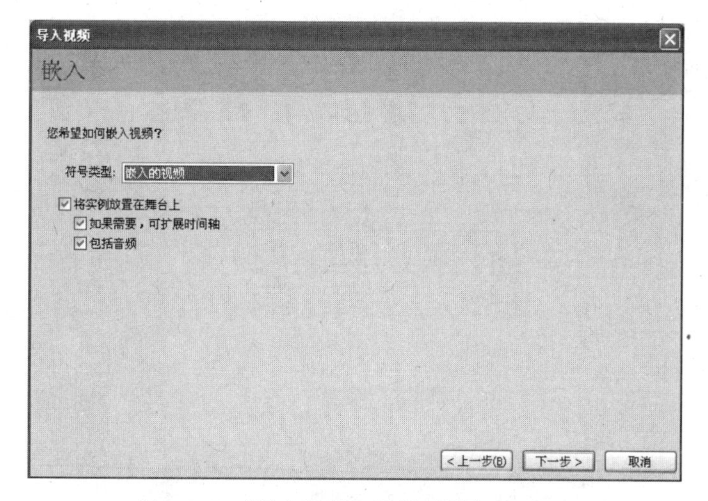

图 5-108 “导入视频”对话框的“嵌入”窗口

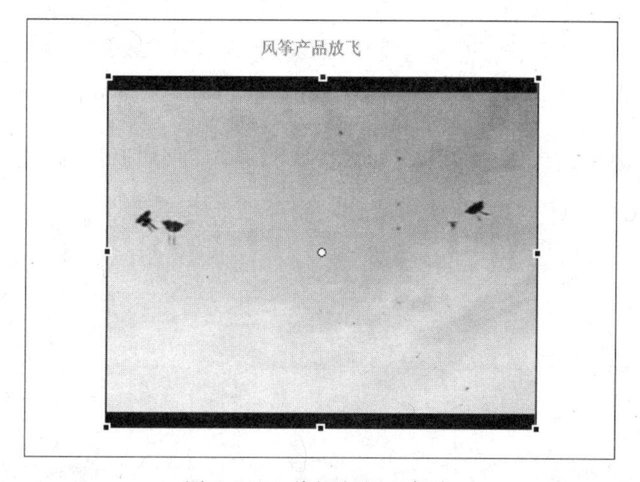

图 5-109 将视频插入舞台

(6) 测试无误后保存文件。

6. 制作“联系留言”栏目内容

“联系留言”栏目由两个页面组成，分别放在时间轴的两个关键帧上。

(1) 新建一个 Flash 文件，尺寸为 600×455，并将其保存为 lianxi.fla 文件。

(2) 在第 1 帧插入 7 个静态文本和 6 个输入文本框，以及“提交”和“重置”两个按钮，如图 5-110 所示。在“属性”面板中分别为 6 个输入文本框命名为 a1～a6。

(3) 为第 1 帧写帧脚本：

```
stop();
```

(4) 为“提交”按钮写按钮脚本如下：

```
on(release){
    gotoAndStop(nextFrame());                //单击按钮转去执行下一帧然后停止。
}
```

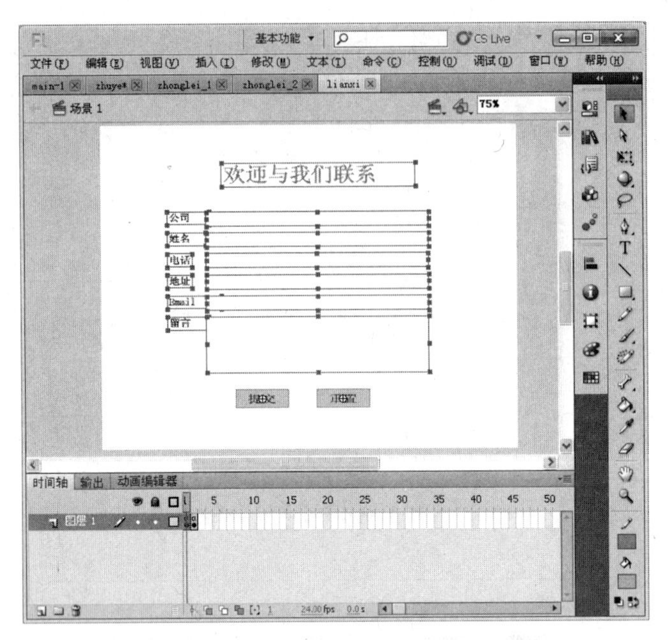

图 5-110　第 1 帧内容

(5) 第 2 个关键帧插入动态文本框，命名为 b；插入一个"返回"按钮，如图 5-111 所示。

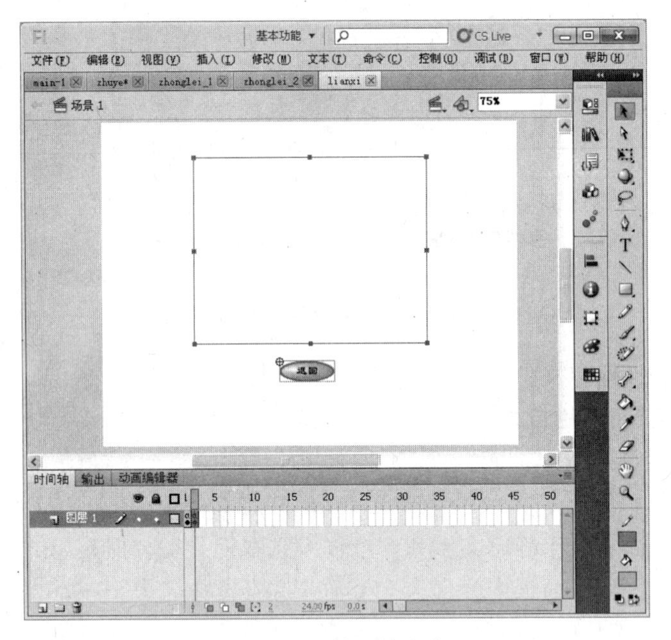

图 5-111　第 2 帧内容

(6) 为第 2 帧写帧脚本如下：

```
b="公司名称："+a1+"\r 您的姓名："+a2+"\r 您的电话："+a3;
b=b+"\r 您的地址："+a4+"\r 您的邮箱："+a5+"\r 您的留言："+a6;
```

(7) 为第 2 帧按钮写按钮脚本如下：

```
on(release){
    gotoAndStop(1);
}
```

5.3.7 整合网站栏目

全部单独的 Flash 动画制作完成后，接下来需要通过 ActionScript 动作命令将制作的内容相互连接起来。

(1) 打开 Flash 文件 main.fla，在“标签帧”层上方新建 action 层。

(2) 在 action 层第 2 帧插入空白关键帧，写帧脚本如下：

```
loadMovie("zhuye.swf","mov");      //载入影片剪辑 zhuye.swf 显示在影片剪辑 mov 处
```

(3) 在 action 层第 12 帧、24 帧、31 帧、41 帧、52 帧分别插入空白关键帧，并写入如下相同帧脚本：

```
stop();
```

添加了 action 层的时间轴如图 5-112 所示。

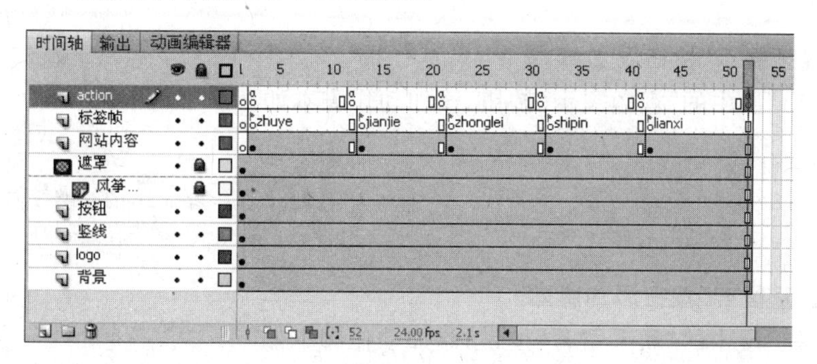

图 5-112　添加了 action 层的时间轴

下面为导航系统中的按钮添加动作脚本。

1. 为“首页”按钮添加脚本

单击“按钮”层中的“首页”按钮，添加动作脚本如下：

```
on(release){
    gotoAndPlay("zhuye");                //转到标签为 zhuye 的帧继续向下播放
    loadMovie("zhuye.swf","mov");        //将 zhuye.swf 显示在 mov 处
}
```

2. 为“公司简介”按钮添加脚本

单击“按钮”层中的“公司简介”按钮，添加动作脚本如下：

```
on(release){
    gotoAndPlay("jianjie");              //转到标签为 jianjie 的帧继续向下播放
    loadMovie("jianjie.swf","mov");      //将 jianjie.swf 显示在 mov 处
}
```

3. 为“产品种类”按钮和“产品种类”中的“软翅类”、“硬翅类”等按钮添加脚本

(1) 单击“按钮”层中的“产品种类”按钮,添加动作脚本如下:

```
on(release){
    gotoAndPlay("zhonglei");                  //转到标签为 zhanshi 的帧继续向下播放
    loadMovie("zhonglei_1.swf","mov");        //将 zhanshi_1.swf 显示在 mov 处
}
```

(2) 在“库”中双击打开影片剪辑元件 left_zhonglei,为其中的“软翅类”按钮(btn_zl_1)添加动作脚本如下:

```
on(release){
    loadMovie("zhonglei_1.swf","_root.mov");
}
```

(3) 为影片剪辑元件 left_zhonglei 中的“硬翅类”按钮(btn_zl_2)添加动作脚本如下:

```
on(release){
    loadMovie("zhonglei_2.swf","_root.mov");
}
```

4. 为“视频展示”按钮添加脚本

单击“按钮”层中的“视频展示”按钮,添加动作脚本如下:

```
on(release){
    gotoAndPlay("shipin");                    //转到标签为 shipin 的帧继续向下播放
    loadMovie("shipin.swf","mov");            //将 shipin.swf 显示在 mov 处
```

5. 为“联系留言”按钮添加脚本

单击“按钮”层中的“联系留言”按钮,添加动作脚本如下:

```
on(release){
    gotoAndPlay("lianxi");                    //转到标签为 lianxi 的帧继续向下播放
    loadMovie("lianxi.swf","mov");            //将 lianxi.swf 显示在 mov 处
```

6. 为“Sound on/off”按钮添加脚本

(1) 在“按钮”层上方新建“音乐”层,在第 5 帧插入关键帧,在“属性”面板“声音”框中选择声音文件 music. mp3,在第 52 帧插入帧。

(2) 在第 1 帧插入脚本:

```
mysong=new Sound()
mysong.attachSound("sd");
mysong.play()                        //使声音在动画开始时播放
var soundkey=1                       //定义变量 soundkey,监视声音播放情况
```

(3) 单击“按钮”层中的 Sound on/off 按钮,添加动作脚本如下:

```
on(release){
    soundkey=-soundkey                //使变量值为原值相反数
    if(soundkey==1){
```

```
    mysong.stop()
    mysong.start()
}
//如果 soundkey 值为正,则播放声音,mysong.stop()使声音停止后再播,以免声音产生叠加,
//影响效果
    if(soundkey==-1){
mysong.stop()
}
//如果 soundkey 值为负,则声音停止
}
```

添加了“音乐”层的时间轴如图 5-113 所示。至此,main.fla 制作完毕。

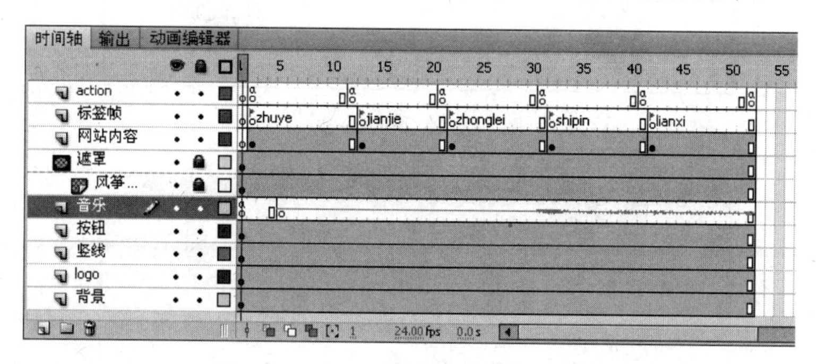

图 5-113　添加了“音乐”层的时间轴

7. 为片头的“进入”按钮添加脚本

打开 Flash 文件 piantou.fla,在“进入”层第 135 帧的“进入”按钮中添加脚本如下:

```
on(release){                          //用鼠标单击按钮后离开时执行下列动作
    stopAllSounds();                  //停止声音播放
    getURL("main.html","_self");      //调用"main.html"显示在当前窗口
}
```

5.3.8　测试与发布

多媒体作品的制作与测试是一个交互的过程,可以一边制作一边测试。在各栏目的制作过程中,已经对各栏目进行了测试,在测试时,将自动生成 SWF 文件。在整个作品制作完成后,还要对整个系统进行测试。

(1) 打开 Flash 文件 main.fla,执行“控制”|“测试影片”|“测试”命令,进入网站的主页,如图 5-114 所示。

(2) 单击“公司简介”按钮,进入“公司简介”页面,如图 5-115 所示。

(3) 单击“产品种类”按钮,进入“产品种类”页面,如图 5-116 所示。单击左侧的按钮,可以显示各个种类的风筝及介绍。

(4) 单击“视频展示”按钮,进入“视频展示”页面,如图 5-117 所示。

(5) 单击“联系留言”按钮,进入“联系留言”页面,如图 5-118 所示。

(6) 单击“首页”按钮,可返回网站的主页。

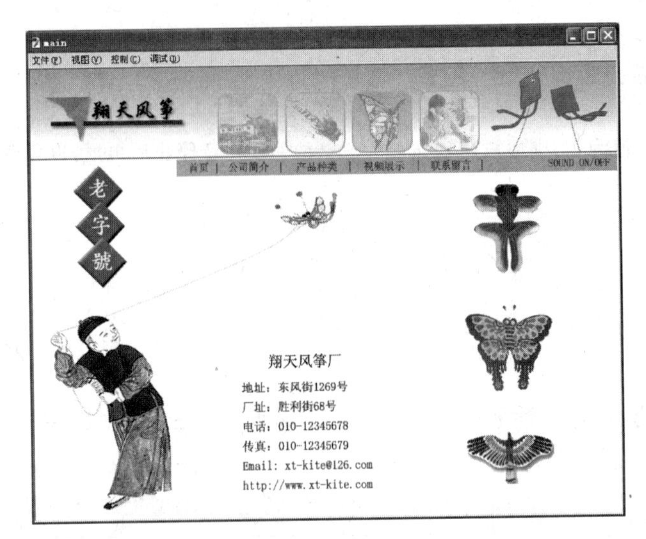

图 5-114　网站主页

图 5-115　“公司简介”页面

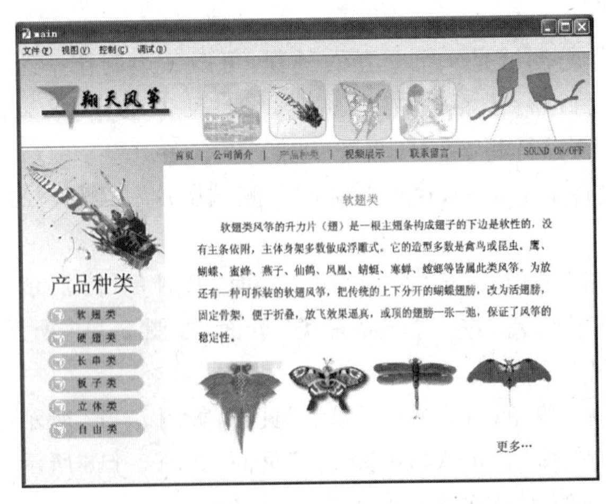

图 5-116　“产品种类”页面

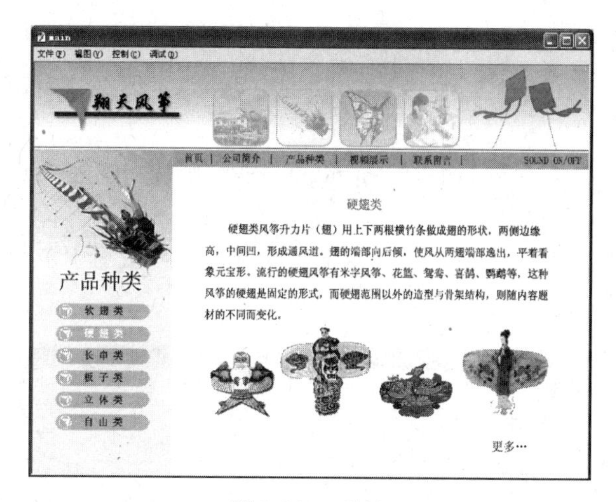

图 5-116 （续）

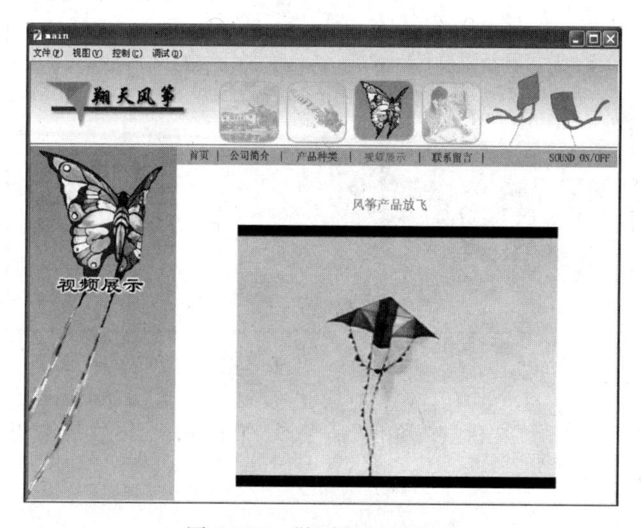

图 5-117 “视频展示”页面

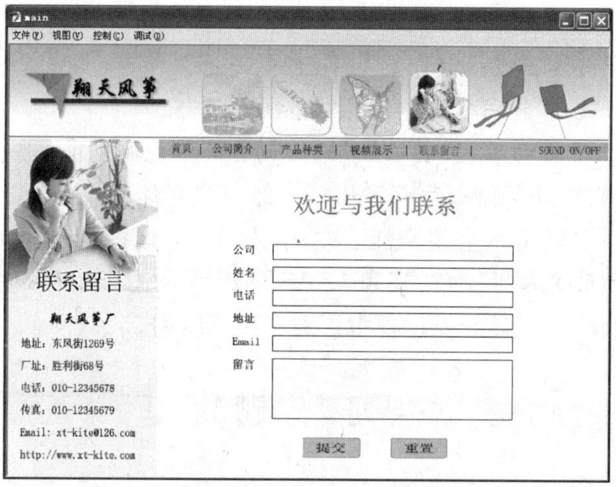

图 5-118 “联系留言”页面

(7) 单击 Sound on/off 按钮，可关闭背景音乐，再单击一次，可打开背景音乐。

(8) 执行“文件”|“发布设置”命令，打开“发布设置”对话框，保持默认的输出文件类型.swf 和.html。

(9) 执行“文件”|“发布”命令，将 main.fla 文件输出为 main.swf 和 main.html 类型。

(10) 打开 Flash 文件 piantou.fla，执行“控制”|“测试影片”|“测试”命令，出现如图 5-119 所示画面，单击“进入”按钮，可进入 main.html 页面。

图 5-119　片头界面

(11) 测试无误后，执行“文件”|“发布”命令，将 piantou.fla 文件输出为 piantou.swf 和 piantou.html 类型。

本章小结

本章介绍了多媒体作品设计制作的基本过程，并通过实例介绍了用 PowerPoint 设计制作演示文稿、用 Flash 设计开发多媒体作品的方法和技巧。

PowerPoint 是一个容易掌握、演示效果好、具有简单控制功能、被普遍使用的软件。可以把文字、图形、图像、音频、视频、动画等几乎全部的多媒体对象组合起来。使用该软件制作的多媒体演示作品主要用于会议交流、多媒体教学、汇报报告、广告宣传等领域。Flash 可嵌入声音、电影、图形等各种文件，还可与 AS 等相结合进行编程，进行交互性更强的控制。Flash 在网页制作、多媒体开发过程中得到了广泛应用。

习　题

1. 多媒体作品的应用领域有哪些？

2. 请说明多媒体作品的基本类型及特点。

3. 请说明多媒体作品制作的基本过程。

4. 多媒体作品创意设计的作用是什么？有哪些具体体现？

5. 用 PowerPoint 制作一个演示文稿，其背景自己制作，内容自定，要求能够围绕一个主题综合利用文字、图形图像、声音、视频等素材，并在其中设置相应的动画效果。

6. 用 Flash 制作一个多媒体作品，内容自定，要求能够围绕一个主题综合利用文字、图形图像、声音、视频等素材，并有合理的导航系统。

第 6 章　网络多媒体技术及应用

本章学习目标

- 掌握计算机网络以及网络多媒体的概念。
- 了解网络多媒体技术的应用领域。
- 了解最基本的标记语言 HTML 和 XML。
- 了解多媒体网站建立的基本流程。
- 掌握用 Dreamweaver CS5 制作多媒体网站的基本方法。
- 了解多媒体通信技术以及流媒体技术。
- 了解典型的网络新媒体。
- 掌握创建博客以及使用微博的基本方法。

随着多媒体技术和计算机网络通信技术的发展以及三网的融合，网络多媒体技术的应用日益广泛。网络多媒体技术突破了计算机、网络通信、多媒体技术等单一学科的界限，融合了计算机的交互性、通信网络的分布性和多媒体信息的综合性，为人们提供了一种全新的信息服务，目前已经成为世界上发展最快和最富有活力的高新技术之一。

6.1　网络多媒体基础

6.1.1　计算机网络的概念

1. 什么是网络

网络是人与人之间或设备之间进行通信的系统。从计算机科学的角度来看，网络就是通过有线或无线传输媒体把计算机和相关设备连接在一起构成的通信系统。作为整个世界通信系统的互连网络如图 6-1 所示。

(1) 因特网(Internet)：由全世界的计算机网络组成的网络，是互连网络系统的核心。

(2) 公共电话交换网(PSTN)：由电话机、电话交换机、地区线路和长途线路组成的通信网络，它作为计算机网络的接入网，没有存储功能，用以提供声音和数据通信服务。

(3) 家庭网络(Home Network)：家中的多台计算机和其他设备相互连成的局域网。

(4) 无线局域网(WLAN)：使用电磁波或其他技术收发数据的局域网，它的节点之间无须物理连接，传输距离约几十米。

(5) 移动即兴网络(Mobile Adhoc Network)：也称“自组网络”，为某种目的在未事先计划的情况下，把通信站点或计算机连接起来构成的临时性无线网络。

(6) 蜂窝接入网络(Cellular Access Network)：蜂窝网络是一种无线通信网络，它把通信区域划分成许多称为“蜂元”的小区域，每个区域中的站点通过线路或微波与交换机相连，可将终端用户直接接入到骨干网，也可与公众电话网络系统通信。骨干网是由交换点(如校园网或城市大楼)之间用高速线路连接的网络。

(7) 传感器网络(Sensor Network)：用于连接传感器和执行器的低速工业网络，没有控制功能或控制功能有限，可将多个传感器网络连接起来构成设备网络。

(8) 网关(Gateway)：连接多个物理网络的计算机，用于管理和选择数据传输的路径。例如图 6-1 中的网关用于将传统的电话网络与因特网相连接。

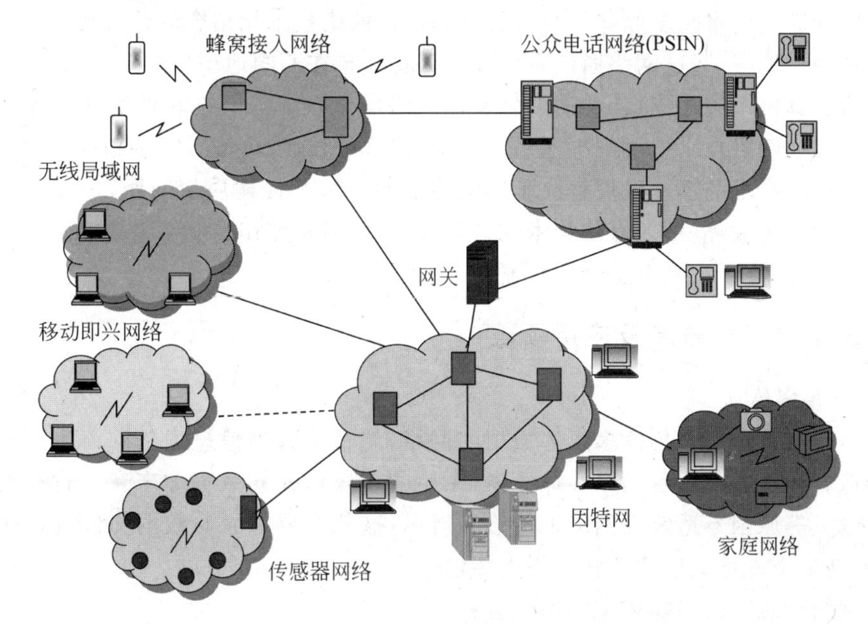

图 6-1　互连网络系统

2. 计算机网络

计算机网络(Computer Network)是通过传输媒体(有线电或无线电)把计算机和相关设备连接在一起的系统，用于在用户之间进行通信、协同工作和共享软硬件资源。

如图 6-2 所示是一个用总线连接的计算机网络，这个网络连接了多台计算机和打印机。在这个网络中，涉及本地和远程两个概念。

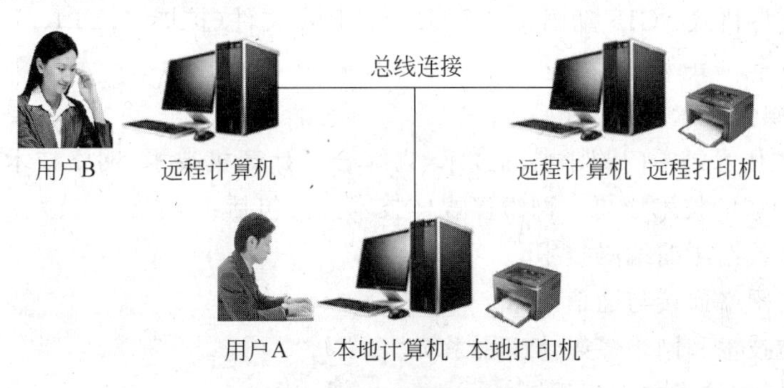

图 6-2　计算机网络示意图

(1) 本地(Local)：是指可直接访问而不通过通信线路连接的系统、程序、设备或操作。例如，用户 A 正在使用的计算机和打印机分别称为本地计算机和本地打印机，机器上的资源称为本地资源。

(2) 远程(Remote)：是指需要通过电缆或通信线路才能访问的系统、程序、设备或操作。例如，相对于用户A来说，用户B属于远程用户，除正在使用的计算机和打印机以外，网络上的其他计算机和打印机都是远程计算机和远程打印机；而对用户B来说，图中的两台打印机都是远程打印机，计算机、打印机和机器上的资源称为远程资源。

3. 多媒体计算机网络

多媒体计算机网络是多媒体计算机技术和通信网络技术相结合的综合技术。它是在网络通信协议的控制下，通过网络通信设备和线路将分布在不同地理位置，且具有独立功能的多个多媒体计算机系统相连接，并通过多媒体网络操作系统等网络软件实现资源共享的多机系统。多媒体网络技术主要解决网络吞吐量、传输可靠性、传输实时性和提高服务控制质量等问题。网络技术的迅速发展解决了网络传输的带宽及传输质量问题，为多媒体数据提供了优质的网络传输环境；多媒体技术的日渐成熟，使多媒体作品能够以更小的尺寸容纳更多的内容，也更适合于在网络上进行传输。

6.1.2 网络多媒体技术及应用领域

1. 网络多媒体

多媒体网络是指适合传输多媒体数据的网络，侧重于数据信息通信网络。而网络多媒体则是指适合在网络上展示的多媒体元素，原始的多媒体元素数据如声音、图像、视频等由于数据量过大等原因不适宜在网络上传输和展示，这就需要对原始数据文件进行转换或压缩，或开发新的文件格式以适合在网络上传输。

目前网络上流行的多媒体文件格式有：

(1) 图形图像文件格式：GIF文件(扩展名.GIF)、PNG文件(扩展名.PNG)、JPEG文件(扩展名.JPG)、TIFF文件(扩展名.TIF)等。

(2) 音频文件格式：MPEG音频文件(扩展名为.MP1、.MP2、.MP3)、RealAudio音频文件(扩展名为.RA、.RM、.RAM)、WMA(扩展名.WMA)等。

(3) 影视文件格式：AVI文件(扩展名.AVI)、MPEG文件(扩展名.MPEG、.MPG、.DAT)、MOV文件(扩展名.MOV)等。

(4) 动画文件格式：GIF动画文件(.GIF)、FLIC文件(扩展名.FLI、.FLC)、SWF文件(扩展名.SWF)等。

2. 网络多媒体技术

网络多媒体技术是一门跨学科的技术，它综合了计算机技术、网络技术、通信技术以及多种信息科学领域的技术成果。网络多媒体技术主要包括：

(1) 多媒体数据压缩编码技术。

(2) 基本的网络连接与通信技术。

(3) 流媒体技术和网络多媒体应用系统。

3. 网络多媒体技术的应用领域

(1) 商业广告：影视商业广告、公共招贴广告、大型显示屏广告、平面印刷广告等。

(2) 影视娱乐：电视/电影/卡通混编特技、演艺界MTV特技制作、三维成像模拟特技、仿真游戏等。

(3) 医疗：网络多媒体技术、网络远程诊断、网络远程操作等。

(4) 旅游：风光重现、风土人情介绍、服务项目等。

(5) 家庭：家庭生活、家庭娱乐、网络报刊，杂志等。

(6) 教育：电子教案、形象教学、模拟交互过程、网络多媒体教学、仿真工艺过程、在线学习等。

(7) 科研：人工智能模拟、生物形态模拟、生物智能模拟、人类行为智能模拟等。

6.2 多媒体网站的建立

6.2.1 多媒体网站基础

1. Web

Web是World Wide Web(WWW,3W)的简写，中文译名为“万维网”，它是把世界各地计算机上的电子文档相互链接在一起的网络。前面所说的因特网是世界上计算机互连的网络，所以万维网和因特网是两个含义不同的术语。

Web上的文档用标记语言(如HTML,XML)编写，存放在世界各地的Web服务机上，文档所在位置和路径由统一资源地址(URL)标识，用户只需按键盘上的按键或用鼠标单击带有链接的对象，就可以访问不同地理位置上的文件。

组成Web的核心技术包括：

- 超文本传输协议(HTTP)，它是Web获得巨大成功的关键技术。
- 执行HTTP的Web服务器和Web浏览器。
- 统一资源地址(URL)。
- 文档格式标准，如HTML和XML。

从Web开发和应用的角度，Web被划分为第一代(Web1)和第二代(Web2)。在Web的发展过程中，在原有的Web的基础上出现了许多新的应用，如即时通信、网志(Blog)、维基(Wiki)、商业应用、音乐和影视节目共享等。出现这些应用之前的万维网称为Web1，其后的万维网称为Web2。Web2的主要特点是便于网上交流、信息共享和协同工作。现在出现的第三代万维网(Web3)概念，通常指语义万维网(Semantic Web)，是使用人们易读和机器易处理的语言标识的网络。语义万维网被认为是想象中的未来万维网。

2. 网站、网页及其制作工具

网站是许多相关网页有机结合而形成的一个信息服务中心，由网页和网页服务器两部分组成。

网页(Web Page)是Web服务器上的基本信息单位，也称为Web网页。网页之间通过超链接发生联系。网页是一些使用不同Web技术编写的文本文件，存放在特定Web服务器的特定目录下，使用浏览器可以浏览Web页。此外，还可以通过页面上的链接，从执行文件传输协议(FTP)的站点下载文件，或用电子邮件等向其他用户发送信息。

主页(Home Page)，特指用户进入网站后所打开的第一个页面，一般将其文件保存为default或index，如default.asp，index.htm，index.aspx等。它既和一般的网页一样，是一个单独的网页，可以存放各种信息，又是网站的出发点和各网页的汇总点。当用户在浏览器的地址栏中输入网站的地址以后，浏览器会通过网络连接到这个网址所指定的网页服务器，打开一个默认的页面，作为浏览这个网站的开始，这个总是被最先打开的默认页面就称为“主页”或“首页”。

网页从最开始的纯文本静态网页发展到今天的多媒体动态网页，编辑语言也从HTML发展到ASP、JSP等动态脚本语言，功能越来越强，规则越来越复杂。网络的蓬勃发展，使得大量网页编辑工具纷纷出现。最开始，程序员通过文本编辑器手工编写一行行的HTML代码来制作网页，现在，借助Dreamweaver和FrontPage等功能强大的集成网页制作工具，使得网页编辑、制作网站变得非常容易，同时也促进了网络的进一步发展。

6.2.2 网络标记语言简介

Web文档是用标记语言编写的，最基本的标记语言是HTML和XML，许多标记语言都是在XML的基础上开发的。

1. HTML

HTML是英文Hyper Text Markup Language(超文本标记语言)的缩写，是一种用来制作超文本文档的简单标记语言。通过为普通文件中某些字句加上标记(Tag)，使文件达到预期的显示效果。HTML不像C＋＋和Java之类的程序语言有复杂的语法结构，其格式非常简单，只是由文字及标记组合而成，任何文字编辑器都可以编辑HTML文档。

生成一个HTML文档主要有以下三种途径：

(1) 使用文本编辑工具，如记事本，手工直接编写。

(2) 通过某些格式转换工具将现有的其他格式文档(如Word文档)转换成HTML文档。

(3) 由Web服务器一方实时动态地生成。

2. HTML标签格式

网页内容都是通过HTML标签来进行格式化的，标签中的字符一般都是某个格式指令或某个要添加到网页上的元素的缩写。

标签可以分为容器类标签和独立标签。

(1) 容器类标签结构

```
<TAG>"标签所影响的内容"</TAG>
```

通常还可以在前面的标签中添加一些参数来对内容进行格式化，并且参数只能加在前面的标签内才有效，如<TAG 属性1 属性2…>…</TAG>。

(2) 独立标签结构

```
<TAG>"其他内容"
```

独立标签表示在网页上放置一个元素(并不影响其后内容的显示)。

3. HTML文档结构

一个HTML文档结构如下：

```
<HTML>
```

```
  <HEAD>
    <TITLE>…</TITLE>
  </HEAD>
  <BODY>
    …
  </BODY>
</HTML>
```

由此可见，一个 HTML 文档包含头部标记<HEAD>和主体标记<BODY>两大部分，而<HEAD>和<BODY>两部分中又包含其他的标记符。

<HEAD>标记是 HTML 文档的头部标记，在<HEAD>和</HEAD>间的内容不会被浏览器显示出来。<HEAD>标记之间常使用<TITLE>、<LINK>、<STYLE>等标记。<TITLE>标记标明 HTML 文档的标题，是对网页内容的概括。在<TITLE>和</TITLE>之间的内容即是浏览器窗口的标题。

<BODY>标记是 HTML 文档的主体部分，在<BODY>和</BODY>之间的部分可以显示在浏览器窗口中。可以通过设置 BODY 标记符的属性修饰网页的主体风格。

一个 HTML 文档必须以.html 或.htm 结尾，以便浏览器识别。

【例 6-1】 HTML 文档的基本结构。

```
文件名：ex6_1.htm
    <HTML>
      <HEAD>
        <TITLE>这里显示的是 title 标记符中的文本</TITLE>        <!--标题标记-->
      </HEAD>
      <BODY bgcolor="#999999">                               <!--主体标记-->
        这里显示的是 body 标记符中的文本
      </BODY>
    </HTML>
```

运行结果如图 6-3 所示。

图 6-3 HTML 文档的基本结构实例浏览效果

4. 常用 HTML 标记简表

现在很多网页制作的工具使得人们不需要再记忆这些标签，也不用在记事本中一个一个地用这些标签来编制 HTML 文档，但是了解这些标签可以帮助人们设计出结构紧凑、更高效的页面，也可以帮助人们处理编辑工具生成的大量无用的代码，常用的 HTML 标记如表 6-1 所示。

表 6-1 常用 HTML 标记列表

类别	标签	类型	含义	功能
文档结构标签	<HTML>	★	文件声明	让浏览器知道这是 HTML 文件
	<HEAD>	★	文件头	提供文件整体资讯
	<TITLE>	★	标题	定义文件标题，将显示于浏览器顶端
	<BODY>	★	正文	设计文件格式及内容正文
排版标签	<!--注释-->	☆	注释	为文件加上说明，但不被显示
	<P>	☆	段落标记	为字、画、表格等之间留一空白行
	 	☆	换行标记	令字、画、表格等显示于下一行
	<HR>	☆	水平线	插入一条水平线
	<CENTER>	★	居中	令字、画、表格等居中显示
	<PRE>	★	预设格式	令文件按照原始码的排列方式显示
	<DIV>	★	区域标记	设定字、画、表格等的摆放位置
	<NOBR>	★	不换行	令文字不因太长而换行
	<WBR>	★	建议换行	预设换行部位
字体标记	<B>	★	粗体标记	产生字体加粗的效果
	<I>	★	斜体标记	字体出现斜体效果
	<U>	★	加上下划线	给字体加下划线效果
	<TT>	★	打字字体	Courier 字体，字母宽度相同
	<H1>～<H6>	★	6 级不同标题	将字体变粗变大加宽，程度与级数反比
	<FONT>	★	字形标记	设定字形、大小、颜色
	<BASEFONT>	☆	基准字形标记	设定所有字形、大小、颜色
	<BIG>	★	字体加大	令字体稍微加大
	<SMALL>	★	字体缩细	令字体稍微缩细
	<STRIKE>	★	画线删除	为字体加一删除线
	<CODE>	★	程式码	字体稍微加宽如<TT>
	<KBD>	★	键盘字	定义键盘文本，用来表示文本是从键盘输入的。浏览器通常用等宽字体来显示该标签中包含的文本
	<SAMP>	★	范例	字体稍微加宽如<TT>
	<VAR>	★	变量	斜体效果
	<BLOCKQUOTE>	★	引述文字区块	缩排字体
	<ADDRESS>	★	地址标记	定义一个地址（比如电子邮件地址）
	<SUB>	★	下标字	下标字
	<SUP>	★	上标字	指数（平方、立方等）

续表

类　别	标　　签	类型	含　义	功　　能
列表标记	<OL>	★	顺序清单	清单项目将以数字、字母顺序排列
	<UL>	★	无序清单	清单项目将以圆点排列
	<LI>	☆	清单项目	每一标记标示一项清单项目
	<MENU>	★	选单清单	清单项目将以圆点排列，如<up>
	<DIR>	★	目录清单	清单项目将以 4 点排列，如<ul>
	<DL>	★	定义清单	清单分两层出现
	<DT>	☆	定义条目	标示该项定义的标题
	<DD>	☆	定义内容	标示定义内容
表格标记	<TABLE>	★	表格标记	设定该表格的各项参数
	<CAPTION>	★	表格标记	做成一打通列以填入表格标题
	<TR>	★	表格列	设定该表格的列
	<TD>	★	表格栏	设定该表格的栏
	<TH>	★	表格标头	相等于<TD>，但其内的字体会变粗
表单标记	<FROM>	★	表单标记	决定单一表单的运作模式
	<TEXTAREA>	★	文字区块	提供文字多行文本输入空间，以输入较大量文字
	<INPUT>	☆	输入标记	决定输入形式
	<SELECT>	★	选择标记	建立 pop－up 滚动清单
	<OPTION>	☆	选项	每一标记标示一个选项
图形标记	<IMG>	☆	图形标记	用以插入图形及设定图形属性
链接标记	<A>	★	链接标记	加入链接
	<BASE>	☆	基准标记	可将相对 URL 转为绝对 URL 及指定链接目标
框架标记	<FRAMESET>	★	框架设定	设定框架
	<FRAME>	☆	框窗设定	设定框架窗口
	<IFRAME>	☆	页内框架	于网页中间插入框架
	<NOFRAME>	★	不支持框架	设定当浏览器不支持框架时的提示
影像地图	<MAP>	★	影像地图名称	设定影像地图名称
	<AREA>	☆	链接区域	设定各链接区域
多媒体	<BGSOUND>	☆	背景声音	于背景播放声音或音乐
	<EMBED>	☆	多媒体	加入声音、音乐或影像

续表

类　别	标　　签	类型	含　义	功　　能
其他标记	<MARQUEE>	★	走动文字	令文字左右走动
	<BLINK>	★	闪烁文字	闪烁文字
	<ISINDEX>	☆	页内寻找器	可输入关键字寻找于该页
	<META>	☆	开头定义	让浏览器知道这是 HTML 文件
	<LINK>	☆	关系定义	定义该文件与其他 URL 的关系
StyleSheet	<STYLE>	★	样式表	控制网页版面
	<SPAN>	★	自定标记	独立使用或与样式表一同使用

★表示该标记属于容器类标记;☆表示该标记属于独立类标记。

5. XML

XML(Extensible Markup Language,可扩展标记语言)是 W3C(World Wide Web Consortium 万维网联盟)制定的可扩展标记语言。与 HTML 一样,都来自 SGML(Standard Generalized Markup Language),即标准通用标记语言。它同样依赖于描述一定规则的标签和能够读懂这些标签的应用处理工具来发挥它的强大功能。

HTML 只使用 SGML 中很少的一部分标记,例如 HTML 3.2 定义了 70 种标记。为了便于在计算机上实现,HTML 规定的标记是固定的,即 HTML 语法是不可扩展的,它不需包含文档类型定义(简称 DTD)。HTML 这种固定的语法使它易学易用,在计算机上开发 HTML 的浏览器也十分容易。

近年来,随着 Web 的应用越来越广泛和深入,HTML 过于简单的语法严重地阻碍了用它来表现复杂的形式。尽管 HTML 推出了一个又一个新版本,已经有了脚本、表格、帧等表达功能,但始终满足不了不断增长的需求。另一方面,这几年来计算机技术的发展也十分迅速,已经可以实现比当初发明创造 HTML 时复杂得多的 Web 浏览器,所以开发一种新的 Web 页面语言既是必要的,也是可能的。

XML 是一个精简的 SGML,它将 SGML 的丰富功能与 HTML 的易用性结合到 Web 的应用中。XML 保留了 SGML 的可扩展功能,这使 XML 从根本上有别于 HTML。XML 要比 HTML 强大得多,它不再是固定的标记,而是允许定义数量不限的标记来描述文档中的资料,允许嵌套的信息结构。HTML 只是 Web 显示数据的通用方法,而 XML 提供了一个直接处理 Web 数据的通用方法。HTML 着重描述 Web 页面的显示格式,而 XML 着重描述的是 Web 页面的内容。

为了使 XML 易学易用,XML 精简了很多 SGML 难得用一次的功能。XML 的语法说明书只有 30 页,而 SGML 却有 500 页。XML 设计中也考虑了它的易用性,易用性来自两个方面:一方面用户编写 Web 页面方便,另一方面设计人员实现 XML 浏览器也不太困难。

总之,XML 使用一个简单而又灵活的标准格式,为基于 Web 的应用提供了一个描述数据和交换数据的有效手段。HTML 描述了显示全球数据的通用方法,而 XML 提供了直接处理全球数据的通用方法。

6.2.3 多媒体网站建立的流程

由于目前所见即所得类型的工具越来越多，使用也越来越方便，所以制作网页已经变成一件轻松的工作，而不需要像以前那样要手工编写一行行的源代码。一般初学者经过短暂的学习就可以学会制作网页，于是他们认为网页制作非常简单，就匆匆忙忙制作自己的网站，可是做出来之后与别人一比，才发现自己的网站非常粗糙。其实，建立一个网站就像盖一幢大楼一样，它是一个系统工程，有自己特定的工作流程，只有遵循这个步骤，按部就班地一步步来，才能设计出一个满意的网站。

作为一个网站设计师，一定要有清醒的头脑，要明确自己的目标是什么，为什么要这么做。在构建一个网站之前，可以从以下几个方面来考虑，并做出建站计划。

(1) 网站需求分析。

明确为什么要创建这个网站？想用这个网站完成什么任务？你能给网站用户提供什么服务？你想要用户在网站上做些什么？离开后又该做些什么？确定网站是什么类型的(公司网站？个人网站？新闻网站？……)。

(2) 确定目标用户。

明确网站的主要用户是谁？这些用户对 Internet 的了解有多少？对网页技术的了解又有多少？能否预测一般用户的联网速度、计算机的操作系统和其所使用的浏览器？期望用户多久访问一次网站？平均一次在网站上停留多久？

(3) 确定网站主题。

网站主题就是要建立的网站所包含的主要内容，一个网站必须要有一个明确的主题。特别是对于个人网站，不可能像综合网站那样做得内容大而全，包罗万象。必须要找准一个自己最感兴趣的内容，做深、做透，主题要鲜明，办出自己的特色，这样才能给用户留下深刻的印象。

(4) 规划网站。

一个网站设计得成功与否，在很大程度上决定于设计者的规划水平，规划网站就像设计师设计大楼一样，图纸设计好了，才能建成一座漂亮的楼房。网站规划包含的内容很多，如网站的结构、栏目的设置、网站的风格、颜色搭配、版面布局、文字图片的运用等。

规划站点要注意以下原则：

- 文件分类，先建立根目录，在根目录下创建不同文件夹。
- 对文件或者文件夹命名时要清晰明确，有规律，尽量不要使用中文。
- 合理分配各种类型的文件。

(5) 搜集材料。

谁负责提供最原始的网页内容？已经为网站配备了什么资源？常言道：“巧妇难为无米之炊”。要想让自己的网站有血有肉，能够吸引住用户，就要尽量搜集材料，搜集的材料越多，以后制作网站就越容易。材料既可以从图书、报纸、光盘、多媒体上得来，也可以从互联网上搜集，然后把搜集的材料去粗取精，去伪存真，作为自己制作网页的素材。

(6) 选择合适的制作工具。

尽管选择什么样的工具并不会影响设计网页的好坏，但是一款功能强大、使用简单的软件往往可以起到事半功倍的效果。网页制作涉及的工具比较多，目前大多数人选用的都是所见即所得的编辑工具，这其中的优秀者当然是 Dreamweaver 和 FrontPage 了。

(7) 制作网页。

准备好了素材，工具也选好了，下面就需要按照规划一步步地把自己的想法变成现实，这是一个复杂而细致的过程，一定要按照先大后小、先简单后复杂来进行制作。所谓先大后小，就是在制作网页时，先把大的结构设计好，然后再逐步完善小的结构设计。所谓先简单后复杂，就是先设计出简单的内容，然后再设计复杂的内容，以便出现问题时容易修改。在制作网页时要多灵活运用模板，这样可以大大提高制作效率。

(8) 上传测试。

网页制作完毕，最后要发布到 Web 服务器上，才能够让全世界的朋友观看，现在上传的工具有很多，有些网页制作工具本身就带有 FTP 功能，利用这些 FTP 工具，可以很方便地把网站发布到自己申请的主页存放服务器上。网站上传以后，要在浏览器中打开自己的网站，逐页逐个链接地进行测试，发现问题，及时修改，然后再上传测试。全部测试完毕就可以把网址告诉给朋友，让他们来浏览。

(9) 推广宣传。

网页做好之后，还要不断地进行宣传，这样才能让更多的朋友认识它，提高网站的访问率和知名度。推广的方法有很多，例如到搜索引擎上注册、与别的网站交换链接、加入广告链等。

(10) 维护更新。

网站要注意经常维护更新内容，保持内容的新鲜，不要一旦做好就放在那儿不变了，只有不断地给它补充新的内容，才能够吸引住浏览者。

6.3 用 Dreamweaver CS5 制作多媒体网站

6.3.1 Dreamweaver CS5 及其工作环境

Dreamweaver 是由 Adobe 公司推出的一款专业网页设计软件，当前最新版本是 CS5。Dreamweaver CS5 提供了功能强劲的可视化应用开发环境，使开发人员能够快捷地创建代码规范的应用程序。借助 Dreamweaver，开发者还可以使用服务器语言(例如 JSP、ASP、PHP 等)生成支持动态数据库的 Web 应用程序。另外，Dreamweaver CS5 能与 Adobe 的其他产品如 Adobe Flash CS5 Professional、Fireworks CS5、Photoshop CS5 和 Device Central CS5 软件无缝连接。

1. 启动选项设置

安装好 Dreamweaver 以后，执行“开始”|“程序”|Adobe| Adobe Dreamweaver CS5 命令，就可以启动 Dreamweaver CS5 了。通常安装好以后第一次启动会弹出如图 6-4 所示的开始页面。其中“打开最近的项目”栏中列出了最近打开的文件列表，可通过双击文件快速将其打开。“新建”栏中列出了可以创建的文件类型，如果没有找到需要创建的文件类型，可以单击下方的“更多”选项，调出更多可创建的文件类型和模板。在“主要功能”栏选择一项，如选择“实时视图”，系统会自动链接到 http://www.adobe.com/go/dw10liveview_cn。如果在启动时不想显示这个对话框，可选中下方的“不再显示”复选框，下次启动时就不会显示

该对话框了。

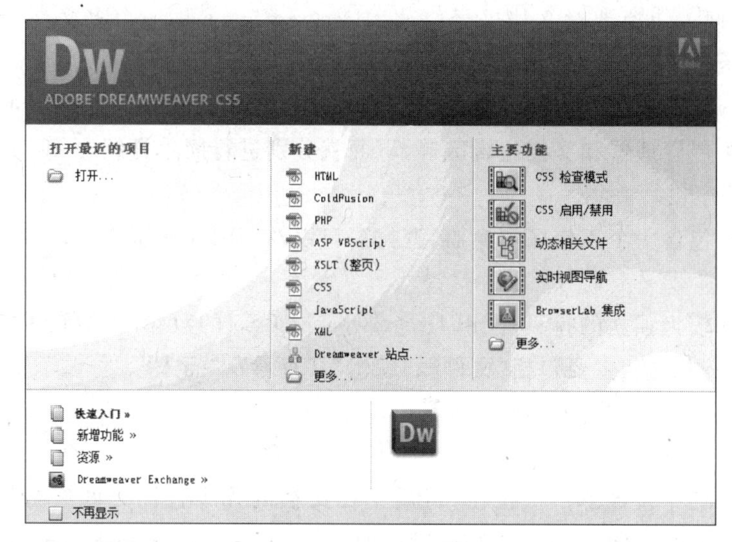

图 6-4　启动开始页面

2. 工作界面介绍

在开始页面中，单击“新建”栏下面的 HTML 选项，打开 Dreamweaver CS5 的工作界面，如图 6-5 所示。Dreamweaver CS5 的界面类似苹果操作系统的界面，操作非常简洁，在界面中可以看到更多的设计元素。另外，Dreamweaver CS5 的工作区非常灵活，用户完全可以根据自己的习惯进行定制。

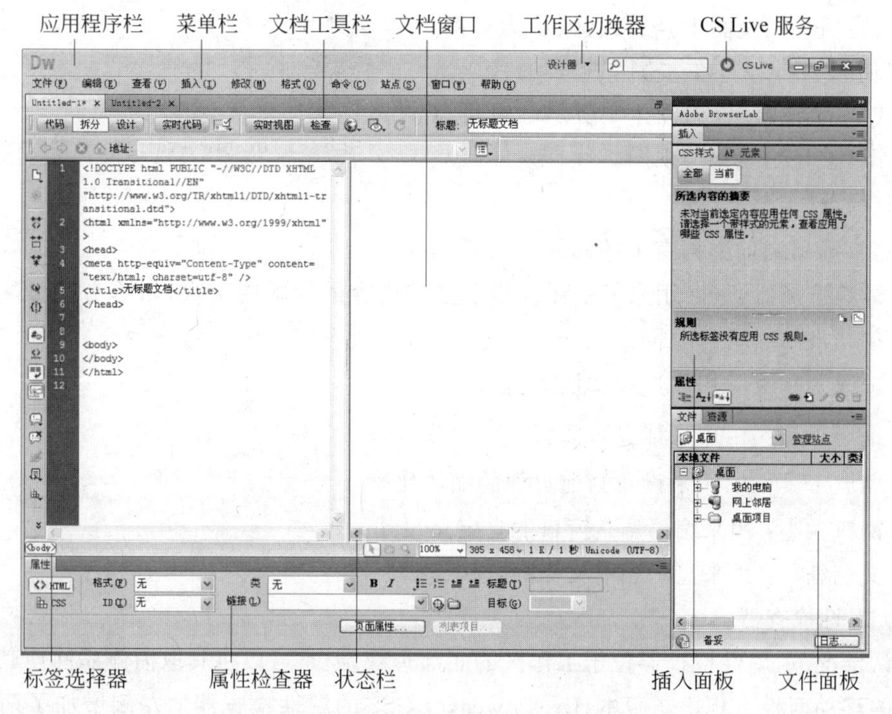

图 6-5　Dreamweaver CS5 工作界面

Dreamweaver CS5 工作界面可以查看文档和对象属性。工作区将许多常用的操作放置于工作栏中，便于快速地对文档进行修改。Dreamweaver 是一个多文档应用程序，可在一个窗口中显示多个文档，使用选项卡来标识每个文档。

Dreamweaver CS5 工作界面主要包括应用程序栏菜单栏、文档工具栏、属性检查器、状态栏、面板组、扩展管理器和文档编辑区等，下面就分别进行简单介绍。

(1) 应用程序栏。

应用程序栏包含一个工作区切换器，查找窗口以及 CS Live 服务按钮等。

(2) 菜单栏。

与之前版本较为独立的排列相比，Dreamweaver CS5 的菜单栏功能更加强大，与整个工作界面更为协调一致，主要包括"文件"、"编辑"、"查看"、"插入"、"修改"、"格式"、"命令"、"站点"、"窗口"和"帮助"等，如图 6-5 所示。

(3) 文档工具栏。

在文档工具栏中包含了一些按钮，可用于在文档的几个视图之间进行快速切换："代码"视图、"设计"视图，同时显示"代码"和"设计"视图的"拆分视图"。另外，文档工具栏中还包含"实时视图"、"标题设置"、"文件管理"、"浏览查看"、"视图选项"、"可视化助理"和"验证标记"等命令，如图 6-5 所示。

(4) 文档编辑区。

文档编辑区是用于创建或编辑网页文件的操作区。在"设计"视图中，编辑区默认为空白，切换至"代码"视图时，在左侧有竖直的代码工具箱及代码行数显示，如图 6-6 所示。也可以根据操作习惯显示"拆分"视图。

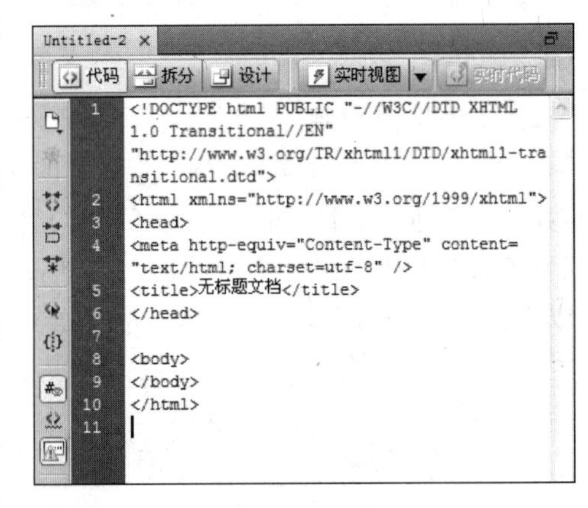

图 6-6　Dreamweaver CS5 文档编辑区

(5) 状态栏。

状态栏显示当前文档有关的其他信息，其中：

- 标签选择器<body>：用来显示环绕当前选定内容的标签的层次，如单击＜td＞显示此单元格内的所有内容。
- 选取工具：用来选取文档中的内容。
- 手形工具：用来拖曳页面。
- 缩放工具：用来设置当前页面的缩放比率。
- 窗口大小：用来编码调整窗口的自定义尺寸。
- 文档编码：用来显示当前文档的默认编码。

(6) 属性检查器。

默认情况下，属性检查器位于工作区的底部边缘，但是可以将其取消停靠并使其成为工作区中的浮动面板。相比老版本，Dreamweaver CS5 的属性检查器的左侧增加了两个按钮 HTML 和 CSS，单击可以进行相互切换，在进行切换时属性检查器会有显示上的差异，如

图 6-7 和图 6-8 所示。

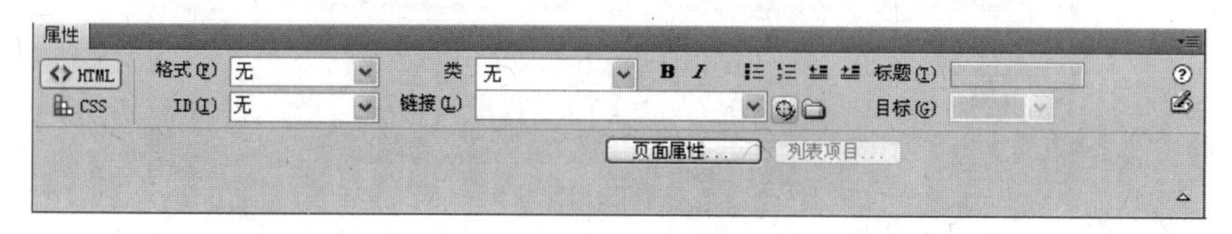

图 6-7 Dreamweaver CS5 属性检查器——HTML 方式

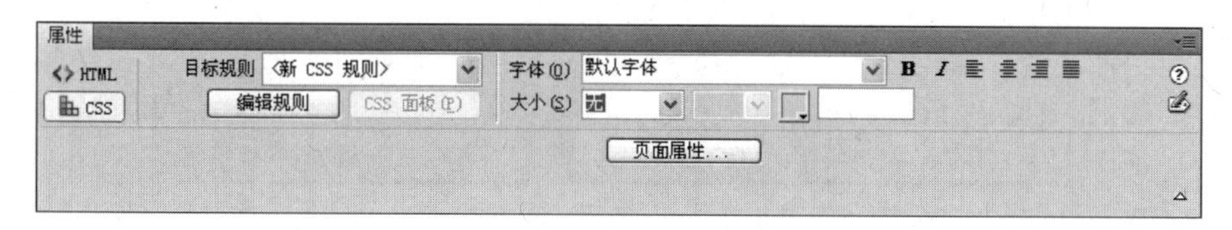

图 6-8 Dreamweaver CS5 属性检查器——CSS 方式

（7）面板组。

Dreamweaver CS5 将各种工具面板集成到面板组中，包括“插入”、“CSS 样式”、“行为”、“框架”、“文件”和“历史”等面板。可以在菜单栏中选择“窗口”命令，在弹出的下拉菜单中选择显示或隐藏某项面板，隐藏面板组可以获得更大的编辑工作区。

（8）文件面板。

文件面板用于管理文件和文件夹，无论它们是 Dreamweaver 站点的一部分还是位于远程服务器上，类似于 Windows 系统的资源管理器。

6.3.2 风筝网站设计与制作

下面将借助一个实例，练习新建一个风筝文化网站，以便对前面介绍的知识点进行巩固，进一步熟悉 Dreamweaver CS5 的工作界面和操作流程。

1. 创建本地站点

在开始制作网页前，最好先定义一个新站点。Dreamweaver 的站点是一种管理网站中所有相关联文件的工具。通过站点可以对网站的相关页面及各类素材进行统一管理，还可以使用站点来管理实现将文件上传到网页服务器，测试网站。另外，可以尽可能减少错误，如链接错误、路径错误等。

站点简单地说就是一个文件夹。在这个文件夹中包含网站中所有用到的文件。通过这个文件夹（站点），可以对网站进行管理，有次序，一目了然。例如，要创建“风筝文化”网站，根目录为“E:/风筝文化”，方法如下。

（1）执行“站点”|“新建站点”菜单命令，弹出站点定义对话框，在“站点名称”文本框中输入站点的名称“风筝文化”，单击“本地站点文件夹”右边的按钮，指定本地文件，如图 6-9 所示。

（2）单击“服务器”选项，显示是否使用服务器技术的界面，保持默认即可，如图 6-10 所示。

（3）单击“版本控制”选项，在“访问”下拉列表中选择“无”，其他项默认，如图 6-11 所示。

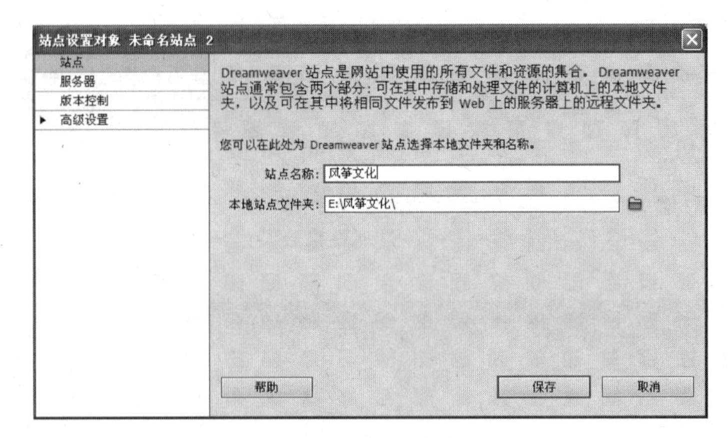

图 6-9 新建站点

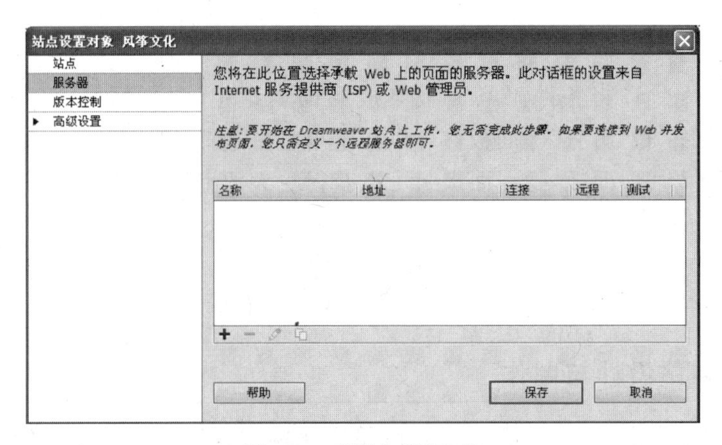

图 6-10 “服务器”选项

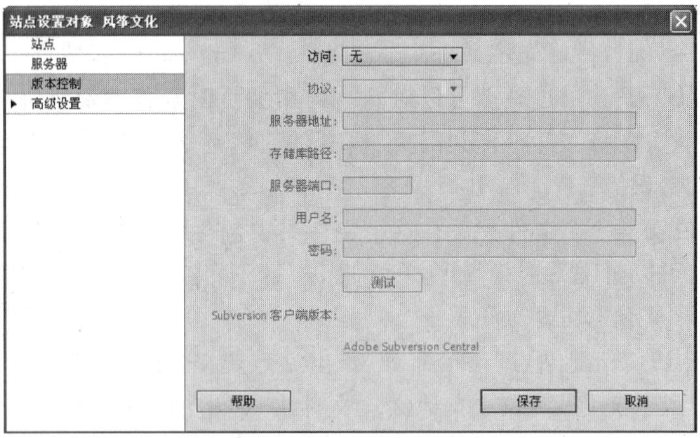

图 6-11 “版本控制”选项

（4）单击“高级设置”选项，在“本地信息”栏中单击“默认图像文件夹”右侧的按钮，指定一个文件夹，用于存放网页中的图片，如图 6-12 所示。

（5）单击“保存”按钮，本地站点创建完成。同时，在“文件”面板中的“本地文件”窗口中会显示该站点的根目录，如图 6-13 所示。

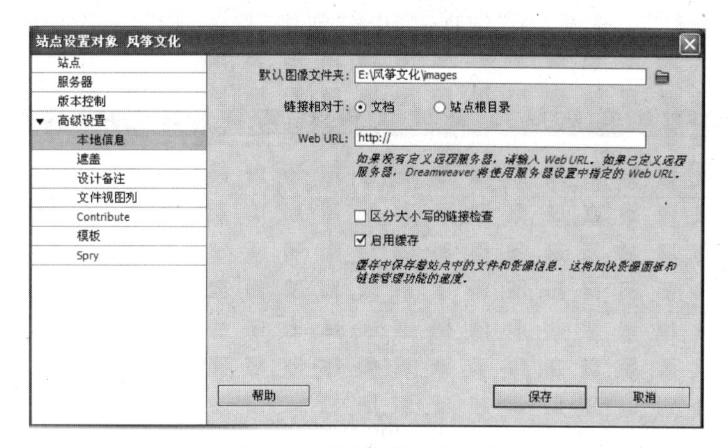

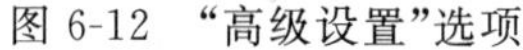

图 6-12 “高级设置”选项

图 6-13 创建本地站点步骤 5

另外，也可以使用“文件”面板中的“管理站点”链接创建本地站点，读者可尝试该方法完成站点的创建。

2. 操作站点文件及文件夹

无论是创建空白文档还是利用已有的文档创建站点，都需要对站点中的文件夹或文件进行操作。利用“文件”面板，可以对本地站点中的文件夹或文件进行创建、删除、移动和复制等操作。在本地站点中创建文件夹的具体步骤如下。

执行“窗口”|“文件”命令，打开“文件”面板，在准备新建文件夹的位置单击鼠标右键，在弹出的快捷菜单中选择“新建文件夹”命令。将新建文件夹命名为“sounds”，用于存放网页中用到的声音文件。

创建文件方法类似，打开“文件”面板，在准备新建文件夹的位置单击鼠标右键，在弹出的快捷菜单中选择“新建文件”命令。新建的文件名默认为“untitle. html”，可将其改为“index. html”，单击新建文件以外的任意位置，即可完成文件的新建和命名操作。

3. 制作网页主页

(1) 制作图像素材。

先用 Photoshop 制作三幅图，分别是：logobar. jpg(如图 6-14 所示)，图像大小为 780×80 像素；Menubar. gif(如图 6-15 所示)，780×20 像素；left_1. gif(如图 6-16 所示)，152×363 像素，并把它们存入 images 文件夹。

图 6-14 图像 logobar. jpg

首页 | 风筝种类 | 风筝文化 | 风筝流派 | 风筝制作 | 技艺概况

图 6-15 图像 Menubar. gif

(2) 新建网页文档。

新建一个网页文档步骤如下。

① 执行“文件”|“新建”命令，弹出“新建文档”对话框，如图 6-17 所示。在“页面类型”列表框中选择 HTML 项，在“布局”中选择“无”选项。单击“创建”按钮，创建一个空白文档。

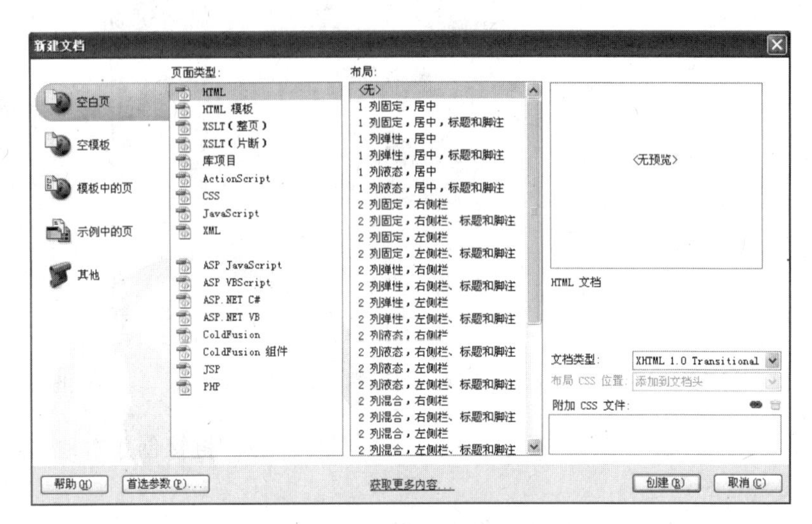

图 6-16　图像 left1_1.gif

图 6-17　“新建文档”对话框

② 在如图 6-18 所示的工作窗口中，在“标题”文本框中输入“风筝文化”。

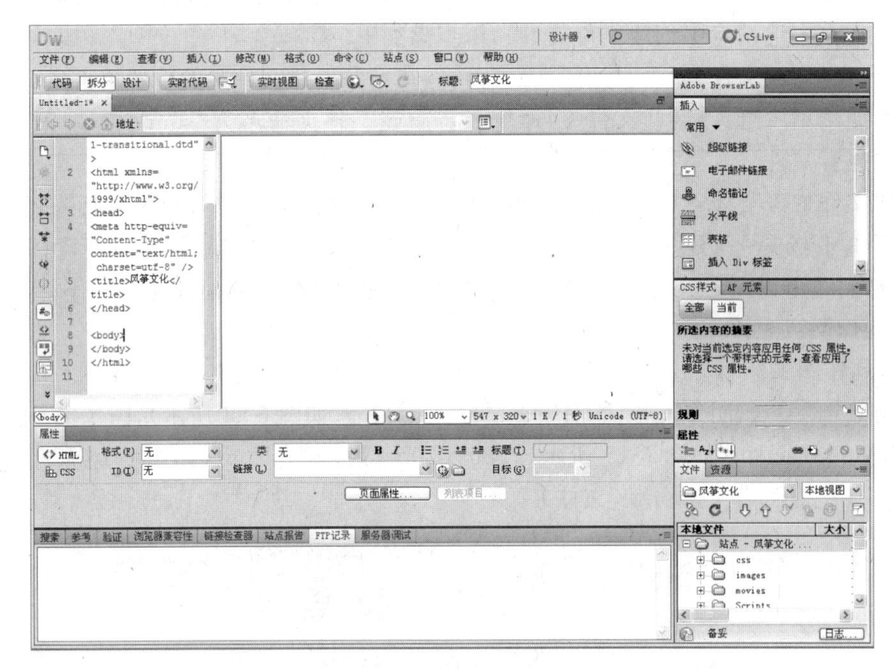

图 6-18　新建文档工作窗口

③ 执行“文件”|“另存为”命令，弹出“另存为”对话框，在“文件名”文本框中输入“index.html”，单击“保存”按钮保存文档。

(3) 使用表格控制页面布局。

表格是用于在 HTML 页上显示表格式数据以及对文本和图形进行布局的强有力的工

具。借助表格，可实现所设想的任何排版效果。也可灵活使用表格的背景、框线等做出较美观的效果。

表格由一行或多行组成，每行又由一个或多个单元格组成。虽然 HTML 代码中通常不明确指定列，但 Dreamweaver 允许操作列、行和单元格。在网页中插入表格步骤如下。

① 将光标置于文档编辑窗口中，执行“插入”|“表格”命令，弹出“表格”对话框，在该对话框中将“行数”设置为“2”，“列”设置为“1”，“表格宽度”设置为“780 像素”，“边框粗细”设为“0”，如图 6-19 所示。单击“确定”按钮，插入表格。

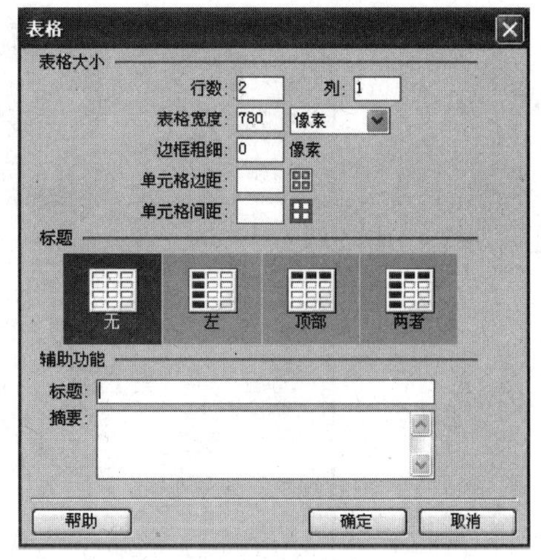

图 6-19　创建表格对话框

② 执行“修改”|“页面属性”命令，在弹出的“页面属性”对话框中，将“上边距”和“下边距”都设置为“0”，如图 6-20 所示。

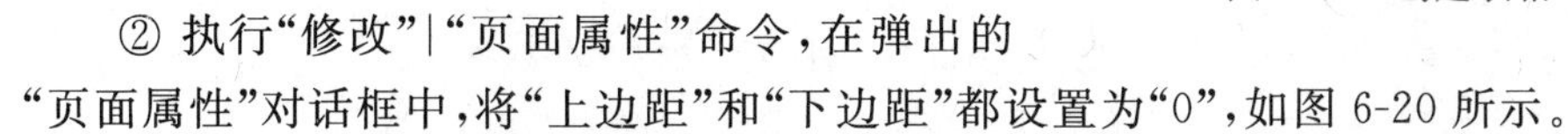

图 6-20　“页面属性”对话框

③ 将光标置于第 1 列单元格的最后，按回车键，将光标转到下一行的开始。执行“插入”|“表格”命令，弹出“表格”对话框，在该对话框中将“行数”设置为“1”，“列”设置为“2”，“表格宽度”设置为“780 像素”，“边框粗细”设为“0”，其他默认。

后面根据需要，可随时插入表格。

(4) 在主页中插入图像。

① 将光标置于第一行单元格内，执行“插入”|“图像”命令，弹出“选择图像源文件”对话框，从中选择要插入的图像文件 logobar.jpg，如图 6-21 所示。单击“确定”按钮，完成向文档中插入图像的操作。

② 用同样的方法，向第二行单元格中插入 Menubar.gif 图像文件，向第三行左边单元格中插入 left_1.gif 图像文件。

注：如果创建站点时没有指定“默认图像文件夹”，且所选图片位于当前站点的根目录下，则直接将图片插入；如果图片文件不在当前站点的根目录下，系统会出现提示对话框，询问是否希望将选定的图片复制到当前站点的根目录下，如图 6-22 所示。

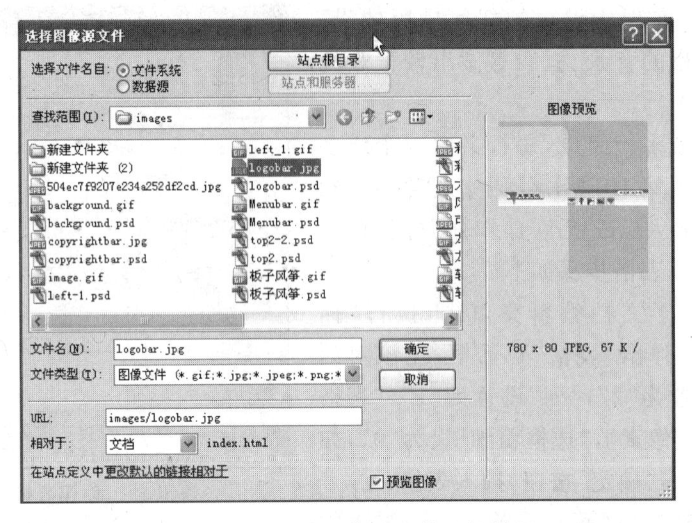

图 6-21 “选择图像源文件”对话框

③ 单击“是”按钮，系统将弹出“复制文件为”对话框，如图 6-23 所示。可通过该对话框命名所复制的图像文件，并在站点根目录中选择存放该文件的文件夹，单击“保存”按钮。如果创建站点时指定了“默认图像文件夹”，则插入的图像文件会自动存放在指定的默认图像文件夹中。

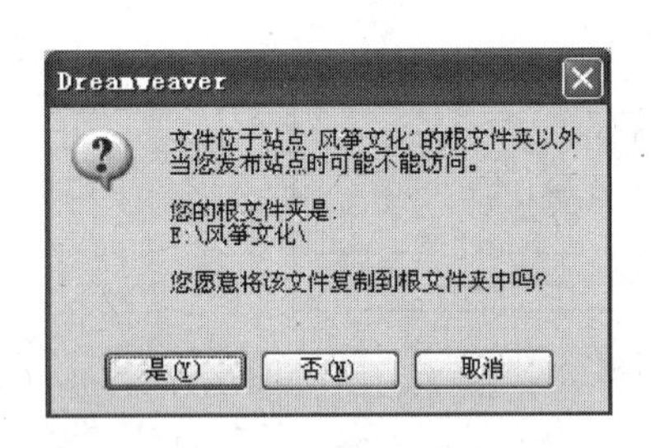

图 6-22 是否复制文件对话框

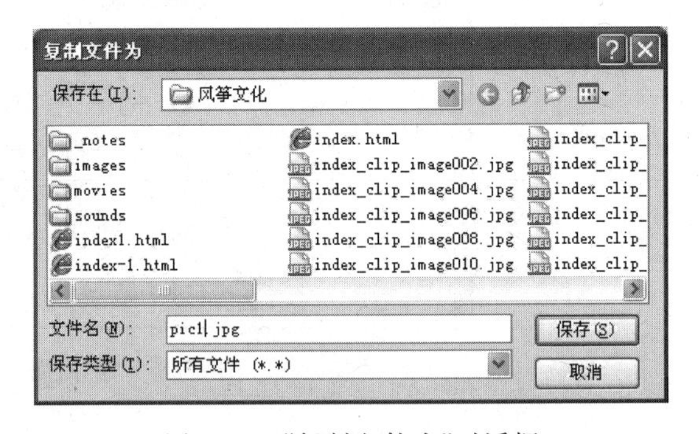

图 6-23 “复制文件为”对话框

④ 保存图片后，如果在“编辑”|“首选参数”|“辅助功能”中的“图像”复选框为选中状态，如图 6-24 所示，将会弹出图像标签辅助功能属性对话框，如图 6-25 所示。

⑤ 在该对话框中输入替换文本和详细说明，设置完毕后，单击“确定”按钮，即可将图像插入到网页文档中。如果不希望弹出此对话框，可取消图 6-25 中的“图像”复选框。单击“实时视图”按钮，预览到的网页如图 6-26 所示。

(5) 文本输入和编辑。

Dreamweaver CS5 提供了多种向文档中添加文本和设置文本格式的方法。可以插入文本、设置字体类型、大小、颜色和对齐属性，以及使用层叠样式表(CSS)样式创建和应用自己的自定义样式。

Dreamweaver 允许通过以下方式在 Web 页中添加文本：直接将文本输入页中，从其他文档复制和粘贴文本，或从其他应用程序拖放文本。Web 专业人员接受的、包含能够合并

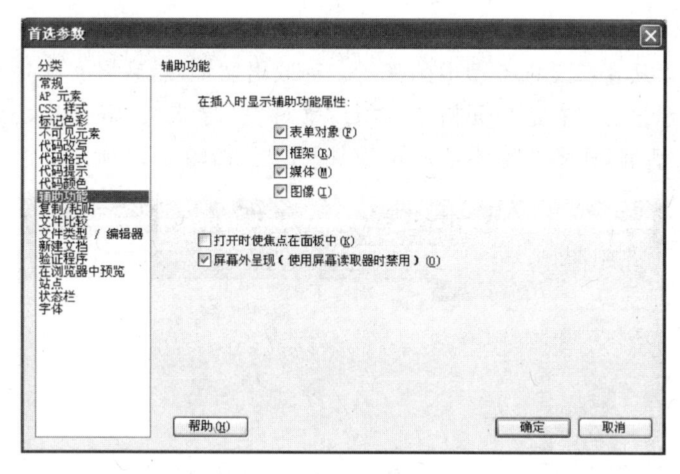

图 6-24 “首选参数”对话框

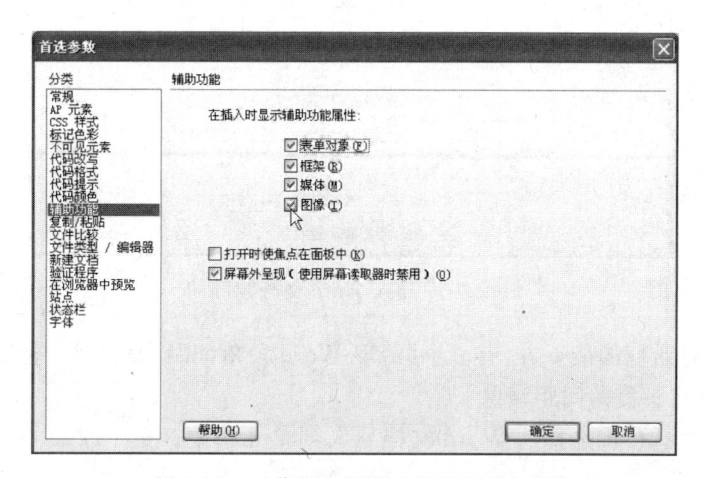

图 6-25 图像标签辅助功能属性对话框

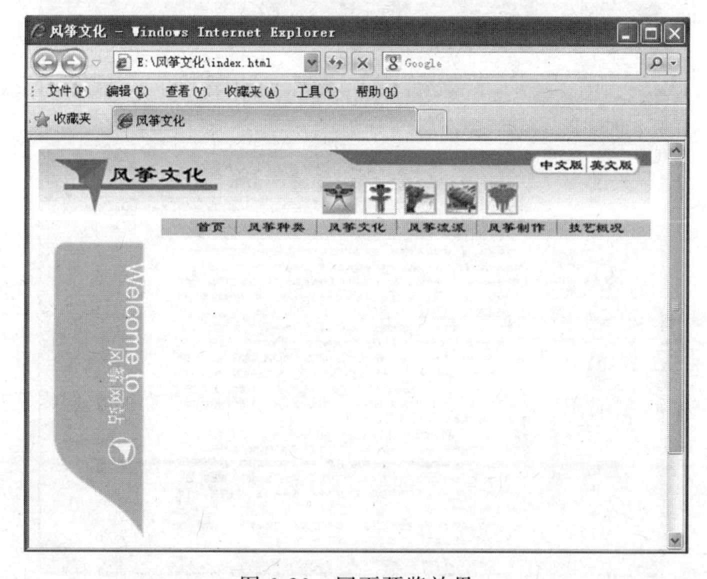

图 6-26 网页预览效果

到 Web 页的文本内容的常见文档类型有 ASCII 文本文件、RTF 文件和 MS Office 文档。Dreamweaver 可以从这些文档类型中的任何一种取出文本，然后将文本并入 Web 页中。

将光标插入到第三行右边单元格中，执行“文件”|“导入”|“Word 文档”命令，弹出“导入 Word 文档”对话框，从中选择要导入的 Word 文档，如图 6-27 所示。

图 6-27 “导入 Word 文档”对话框

注意，在该对话框的最下方，有一个“清理 Word 段落间距”复选项，导入时若选择该项，导入 Word 时会将各段落间距清除。

单击“打开”按钮，将选择的 Word 文档导入到单元格中。按 F12 键在浏览器中查看效果，如图 6-28 所示。

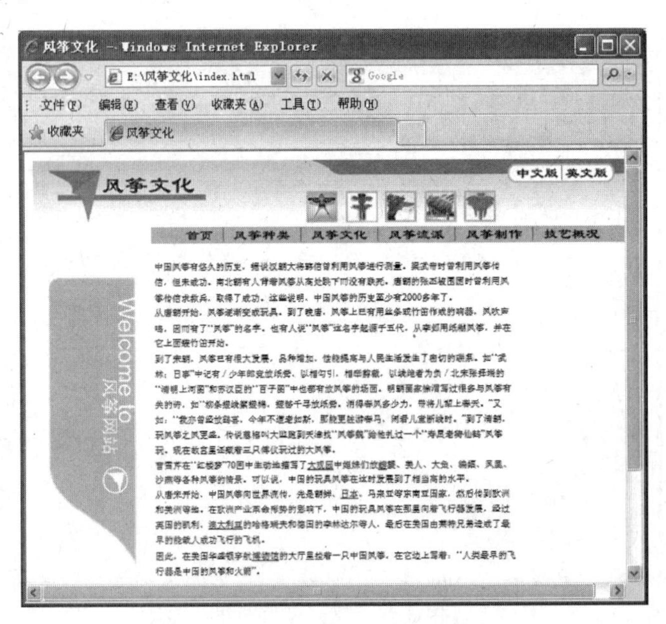

图 6-28 输入文字后的浏览结果

试着改变浏览器窗口的大小，观察效果。回到 Dreamweaver，试试编排文字，会发现在网页中插入文本非常简单，但要对其进行精确的控制，就不是那么简单了。这时可以使用“属性”面板中的选项设置或更改所选文本的字体特性。可以设置字体类型、样式（如粗体或斜体）和大小，方法如下：

选中要编辑的文字，利用“属性”面板进行文本属性编辑。

“格式”后面的下拉选框有 9 个选项，分别是“无”、“段落”、“标题 1”、“标题 2”、“标题 3”、“标题 4”、“标题 5”、“标题 6”、“预先格式化的”。预先格式化的原理是，告诉浏览器，把预格式化的内容按其在文本编辑器中的格式显示出来。但若在预格式化的内容内添加一些属性（如 B、I），Dreamweaver 会自动生成 HTML 代码，这些代码在 Dreamweaver 中不显示，实际上却要占用位置。

单击“类”右边的下拉箭头，可以将选中的文字用指定的 CSS 样式进行格式化。

CSS 是 Cascading Style Sheet 的缩写，也称为层叠样式表或级联样式表，用来控制文档中的某一区域外观的一组格式属性。CSS 样式可以一次对若干个文档的样式进行控制，当 CSS 样式更新后，所有应用了该样式的文档都会自动更新。下面以文本样式为例，说明 CSS 样式的定义和使用方法。

执行“格式”|“CSS 样式”|“新建”命令，打开“新建 CSS 规则”对话框，如图 6-29 所示。

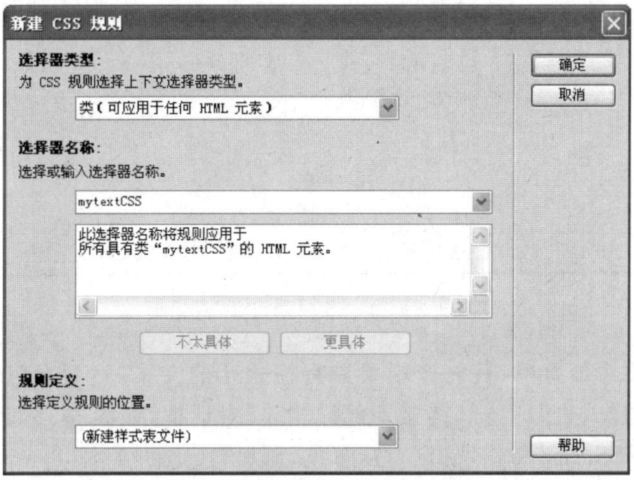

图 6-29 “新建 CSS 规则”对话框

在“选择器类型”项中选择“类（可应用于任何 HTML 元素）”，在“选择器名称”项中输入 mytextCSS，类名称必须以句点开头，如果没有输入开头的句点，系统会自动添加。在“规则定义”项中如果选择“仅限该文档”，则该 CSS 规则只对当前文档起作用，而不保存编辑的样式。这里选择“（新建样式表文件）”，单击“确定”按钮，会打开“将样式表文件另存为”对话框，如图 6-30 所示。

输入文件名 mytextCSS，并保存在 CSS 文件夹中，这样其他网页就也可以使用这个样式了。单击“保存”按钮，打开“CSS 规则定义”对话框，如图 6-31 所示。

在 Font-family 下拉列表中选择“宋体”，在 Font-size 下拉列表中选择 14px，Font-style 和 Line-height 都选择 normal，其他各项默认。单击“确定”按钮，CSS 样式定义完成。

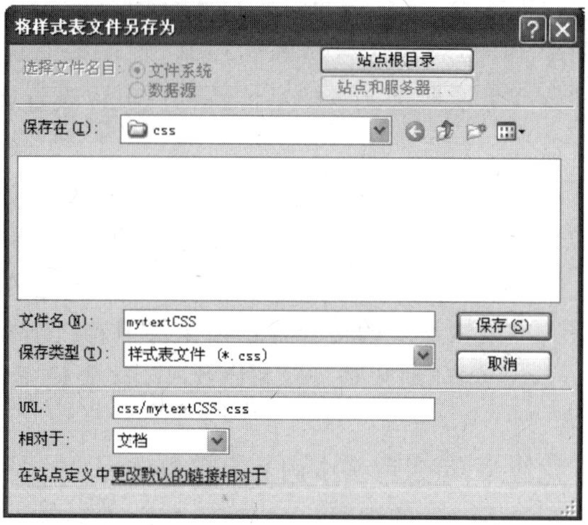

图 6-30 “将样式表文件另存为”对话框

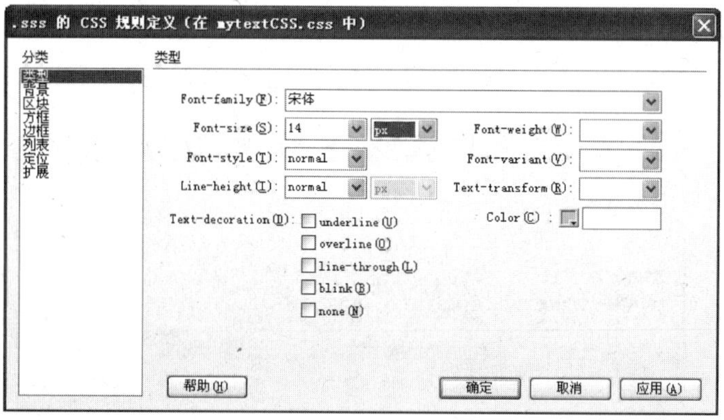

图 6-31 “CSS 规则定义”对话框

CSS 样式的使用很简单，首先选中要进行格式化的文本，然后在“属性”面板中的“类”选项中选择“附加样式表”，打开“链接外部样式表”对话框，如图 6-32 所示。选择刚定义的文本样式 mytextCSS. css，单击“确定”按钮，就可以给选定的文本以 mytextCSS. css 中定义的样式对文本进行格式化了。

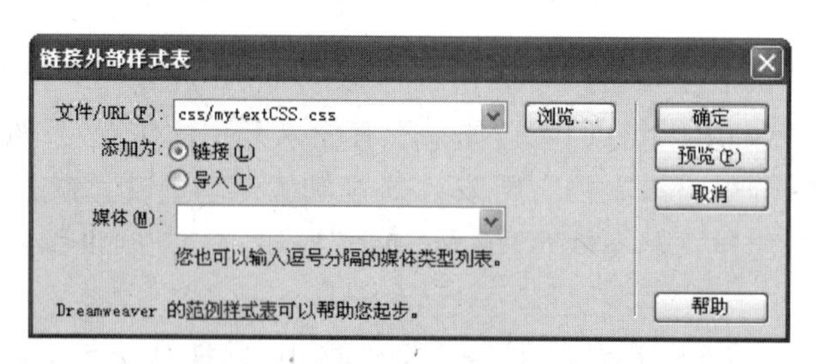

图 6-32 “链接外部样式表”对话框

“颜色选择框”用于设置文本的颜色。可输入以＃开头的十六进制 RGB 颜色，或输入特定的表示颜色的英文单词，也可使用调色板。

B 按钮是将选定的文本以粗体显示，I 按钮是将选定的文本以斜体显示。

是对齐方式，分别为“左对齐”、“居中对齐”、“右对齐”、“两端对齐”。

文本有一种格式叫列表。常用的有无序列表和有序列表两种格式。使用列表后，文本用 Enter 键换行，会自动在每行开头加上小标志或数字。“属性”面板下方的按钮为无序列表(也叫项目列表)，按钮为有序列表(也叫编号列表)。

文本还有一种格式叫块引用。单击“属性”面板右下方的按钮可添加一层块引用，单击“属性”面板右下方的按钮可退出一层块引用。使用一次块引用，则该区域首尾缩进两个汉字的位置。同一文本可使用多层块引用。

另外还可使用“插入”|HTML|“特殊字符”命令，插入各种特殊字符。

用键盘操作换行有两种方法：①用 Enter 键，换行的行距较大，HTML 标签为<P></P>；②若要对段落文字进行强制换行，可用 Shift＋Enter 组合键，HTML 标签为
。

文本空格当然用空格键，用键盘输入空格只能连续使用一次。用“插入”|HTML|“特殊字符”|“不换行空格”命令，可在同一位置插入多个空格，这与用空格键不同，其对应的 HTML 转义字符为“ ”。

根据设计要求调整网页的文字格式，可随时在浏览器中预览，如图 6-33 所示。

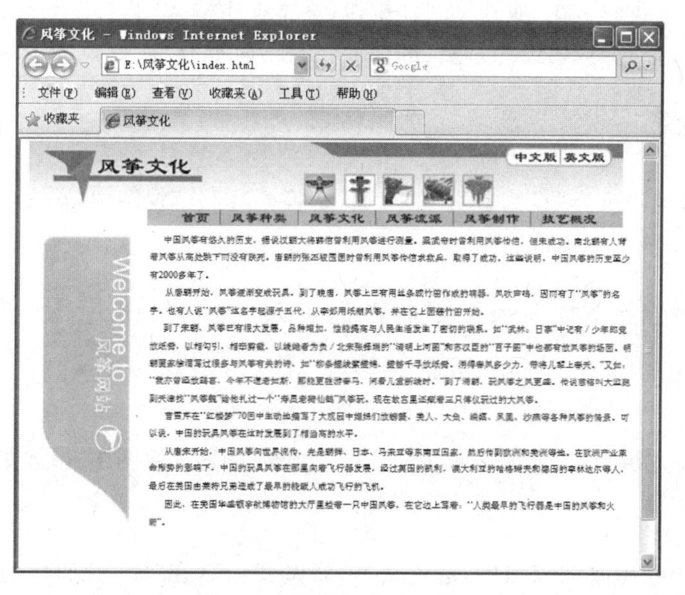

图 6-33　调整文字后的结果

保存设计的网页。

(6) 制作网站版权信息部分。

一个网站应当有版权信息，制作步骤如下：

① 将光标置于文档的最下边，执行“插入”|“表格”命令，插入一个 3 行 1 列、宽度为 780 像素的表格。在“属性”面板中，设置表格的“填充”为“0”，“间距”为“0”，“对齐”设置为“居中对齐”，“边框”设置为“0”。

② 将光标置于刚插入的第 1 行单元格内，执行“插入”|HTML|“水平线”命令，插入一

条水平线。选定插入的水平线，在“属性”面板中，设置水平线的“宽”为“780 像素”，“对齐”设置为“居中对齐”，选定“阴影”复选项，单击鼠标右键，在弹出的快捷菜单中选择“编辑标签”命令，如图 6-34 所示。在该对话框中选择“浏览器特定的”选项，在右侧设置“颜色”为“＃6699CC”，然后单击“确定”按钮。

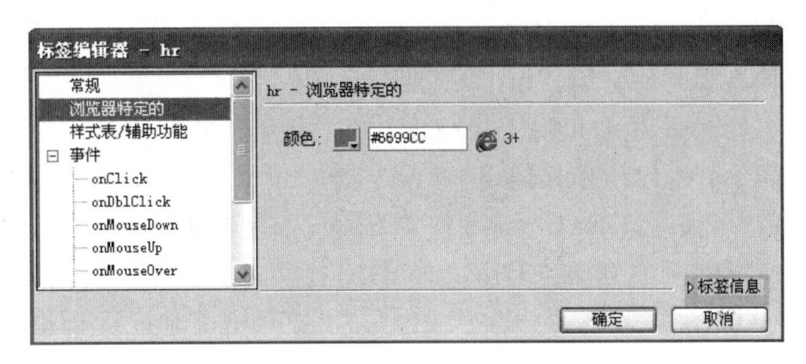

图 6-34 “标签编辑器”对话框

③ 将光标置于第 2 行单元格内，执行“插入”|“表格”命令，插入一个 1 行 4 列、宽度为 60％的表格。在“属性”面板中，将“对齐”设置为“居中对齐”。在 4 个单元格中分别输入“关于我们”、“设为首页”、“加入收藏”和“联系我们”，并在“属性”面板中设置相应属性。

④ 选定“关于我们”，在“属性”面板“链接”文本框中输入“＃”，设为空链接。

⑤ 将光标放置在文本“设为首页”的前面，切换到“拆分”视图中，输入如下代码：

```
    <a onclick="this.style.behavior='url(#default#homepage)';this.setHomePage
('http:/www.fengzhengwenhua.com/');"href="#">
```

再将光标放置在文本“设为首页”的后面，切换到“拆分”视图中，输入如下代码：

```
</a>
```

⑥ 将光标放置在文本“加入收藏”的前面，切换到“拆分”视图中，输入如下代码：

```
<a href=#onClick="this.style.behavior='url(#default#homepage)';
                   this.setHomePage('http://www.fengzhengwenhua.com');">
```

再将光标放置在文本“加入收藏”的后面，切换到“拆分”视图中，输入如下代码：

```
</a>
```

⑦ 返回到“设计”视图窗口中，选定文本“联系我们”，在“属性”面板的“链接”文本框中输入“mailto:fengzhengwenhua@163.com”，设置电子邮件链接。

⑧ 在第 3 行单元格内插入背景图像，方法是选中第 3 行单元格，切换到“拆分”视图中，在“＜TD＞”中的“D”后按空格键，会弹出如图 6-35 所示的快捷菜单，双击 background 选项，再单击 浏览... ，打开“选择文件”窗口，选中“版权条.jpg”文件。

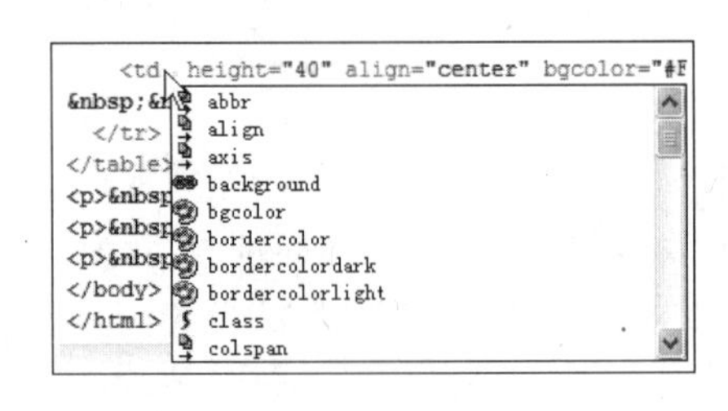

图 6-35 设置背景图像

然后在单元格中输入文本“版权所有 2010-2011 清华大学出版社”，将光标放置于“版权所有”文本的

后面，执行“插入”|HTML|“特殊字符”|“版权”命令，插入版权符号。完成后的版权信息表格显示效果如图 6-36 所示。

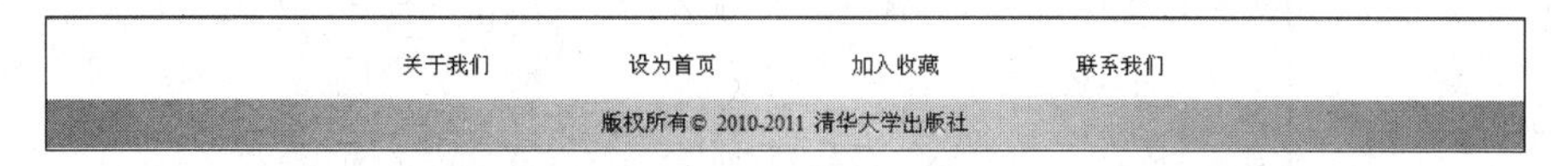

图 6-36　版权信息表格显示效果

保存文档，按 F12 键在浏览器中预览效果。

(7) 添加网页特效。

网页制作好后，添加一些网页特效，会使网站变得更加有声有色。

给网页添加背景音乐，会增加网站的趣味性和欣赏性，具体步骤如下。

① 打开刚刚创建的“index.html”文件，选择文档窗口状态栏上的标签选择器中的<body>标签，执行“窗口”|“行为”命令，在打开的“行为”面板中单击按钮，在弹出的下拉菜单中选择“^建议不再使用”|“播放声音”命令，如图 6-37 所示。

② 在弹出的“播放声音”对话框中，单击“播放声音”文本框右边的“浏览”按钮，弹出“选择文件”对话框，选择“素材\风筝文化\sounds\bgsound.mp3”，如图 6-38 所示。单击“确定”按钮，返回到“播放声音”对话框。再单击“确定”按钮，将播放声音行为添加到“行为”面板中。保存文档，按 F12 键在浏览器中预览效果。

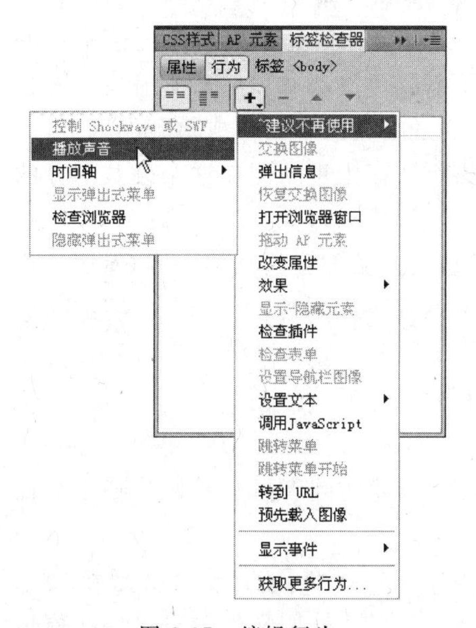

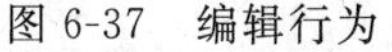

图 6-37　编辑行为

图 6-38　“选择文件”对话框

使用弹出信息，可以起到提示的作用，添加弹出信息的具体操作步骤如下。

打开刚刚创建的“index.html”文件，选定文本“关于我们”，按 Shift+F4 组合键，在打开的“行为”面板中单击按钮，在弹出的下拉菜单中选择“弹出信息”命令，在打开的“弹出信息”对话框的“消息”文本框中输入相应的文字，如图 6-39 所示。

单击“确定”按钮，将弹出信息添加到“行为”面板中。

保存文档，按 F12 键在浏览器中预览效果。

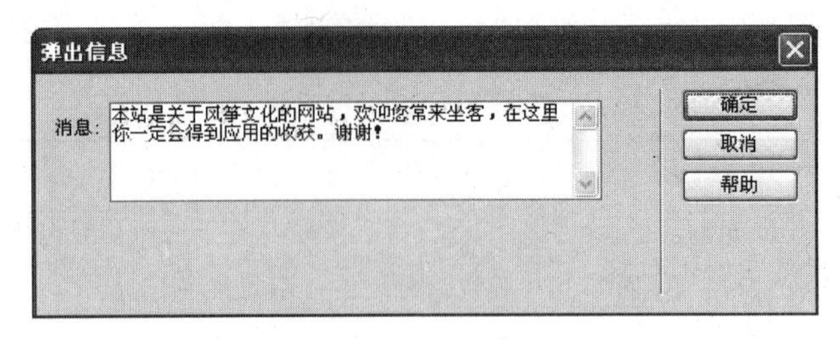

图 6-39　弹出信息对话框

4. 使用框架布局网页

框架结构提供将一个浏览器窗口划分为多个区域，每个区域都可以显示不同 HTML 文档的方法。框架结构将两个或两个以上的网页组合起来，能用同一个浏览器窗口打开，即多个页面合起来显示成一个页面的效果。

框架通常用来定义页面的导航区域和内容区域，最常见的情况是一个框架显示包含导航栏的文档，而另一个框架显示含有内容的文档。

使用框架具有以下优点：

- 访问者的浏览器不需要为每个页面重新加载与导航相关的图形。能统一风格、便于制作和修改、方便访问。
- 每个框架都具有自己的滚动条(如果内容太大，在窗口中显示不下)，因此访问者可以独立滚动这些框架。例如，当框架中的内容页面较长时，如果导航条位于不同的框架中，那么向下滚动到页面底部的访问者就不需要再滚动回顶部来使用导航条。
- 可以提高网页制作效率。可以把每人网页都用到的公共内容制作成单独的网页，作为框架网页的一个框架页面，这样就不需要在每个页面中重新制作这个公共部分的内容了。
- 可以方便更新、维护网站。在更新网站时，只需修改公共部分的框架内容，使用这个框架内容的文档就会自动更新，就能完成整个网站的更新修改。

使用框架的缺点是：

- 可能难以实现不同框架中各元素的精确图形对齐。
- 对导航进行测试可能很耗时间。
- 各个带有框架的页面的 URL 不显示在浏览器中，因此访问者可能难以将特定页面设为书签。

一个框架结构包括两方面的网页文件，一个是"框架集文件"，是设置框架结构的 HTML 文件，告诉浏览器有哪些框架文件，如何排列；另一种是"框架文件"，是将要在窗口中的分框中显示的 HTML 文件，每个页面作为总页面的一个框体。例如，一个两框的框架结构有三个文件：一个框架设置文件(框架集文件)、两个内容文件(框架文件)。

在另一个框架集之内的框架集称为套的框架集。一个框架集文件可以包含多个嵌套的框架集。大多数使用框架的 Web 页实际上都使用嵌套的框架，并且在 Dreamweaver 中大多数预定义的框架集也使用嵌套。如果在一组框架里，不同行或不同列中有不同数目的框架，则要使用嵌套的框架集。

下面以"风筝种类"网页制作为例，说明其用法。

(1) 创建预定义的框架集。

使用预定义的框架集可以轻松地选择想要创建的框架集。

① 执行“文件”|“新建”命令，弹出“新建文档”对话框，如图 6-40 所示。

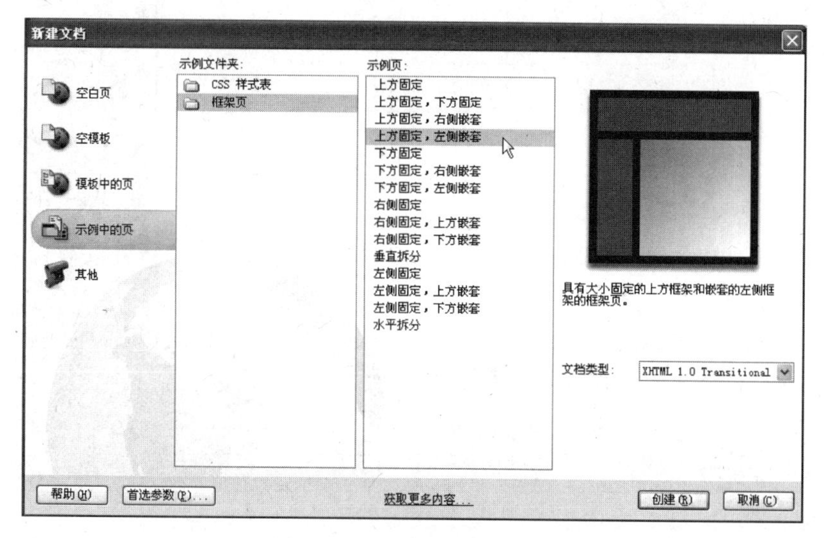

图 6-40 “新建文档”对话框

② 在“新建文档”对话框中左边栏中选择“示例中的页”，在“示例文件夹”中选择“框架页”，在“示例页”中选择“上方固定，左侧嵌套”选项，单击“创建”按钮即可创建一个框架集。

③ 当框架集出现在文档中时，如果已经在“首选参数”中激活了“框架标签辅助功能属性”对话框，会出现“框架标签辅助功能属性”对话框，如图 6-41 所示。

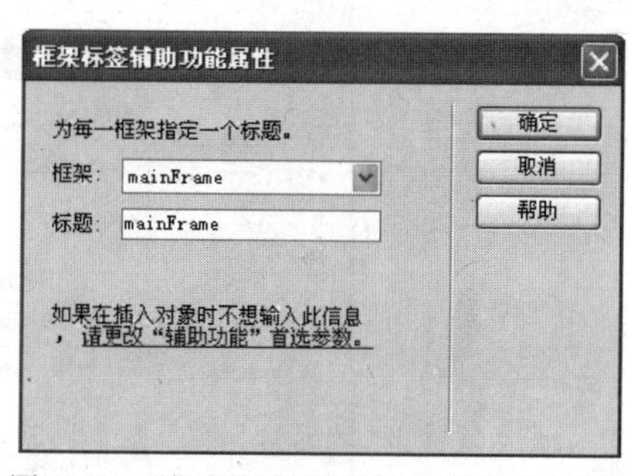

图 6-41 “框架标签辅助功能属性”对话框

④ 在对话框中为每个框架完成此对话框的设置，单击“确定”按钮即可。创建的框架集如图 6-42 所示。

接下来为框架集和每个框架命名并保存。

⑤ 将光标移到最上边的边框处单击鼠标，选中整个框架，执行“文件”|“框架集另存为”命令，在弹出的“另存为”对话框的“文件名”栏中输入 fengzhengzhonglei.html，然后单击“保存”按钮保存框架集。

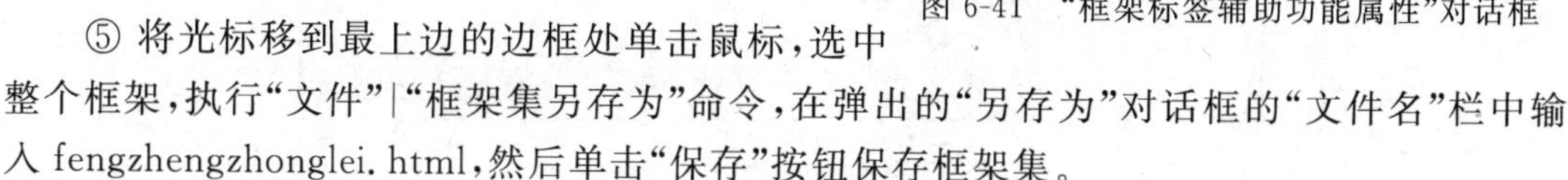

⑥ 再将光标移到上边的框架内单击鼠标，选中上边的框架，执行“文件”|“保存框架”命令，在弹出的“另存为”对话框的“文件名”栏中输入 daohang.html，然后单击“保存”按钮保存框架。

⑦ 类似地，将光标移到左边的框架内单击鼠标，执行“文件”|“保存框架”命令，在弹出的“另存为”对话框的“文件名”栏中输入 fengzhengzhonglei_left.html，然后单击“保存”按钮保存框架。

⑧ 最后将光标移到右下边的框架内单击鼠标，执行“文件”|“保存框架”命令，在弹出的“另存为”对话框的“文件名”栏中输入 fengzhengzhonglei_right.html，然后单击“保存”按钮。

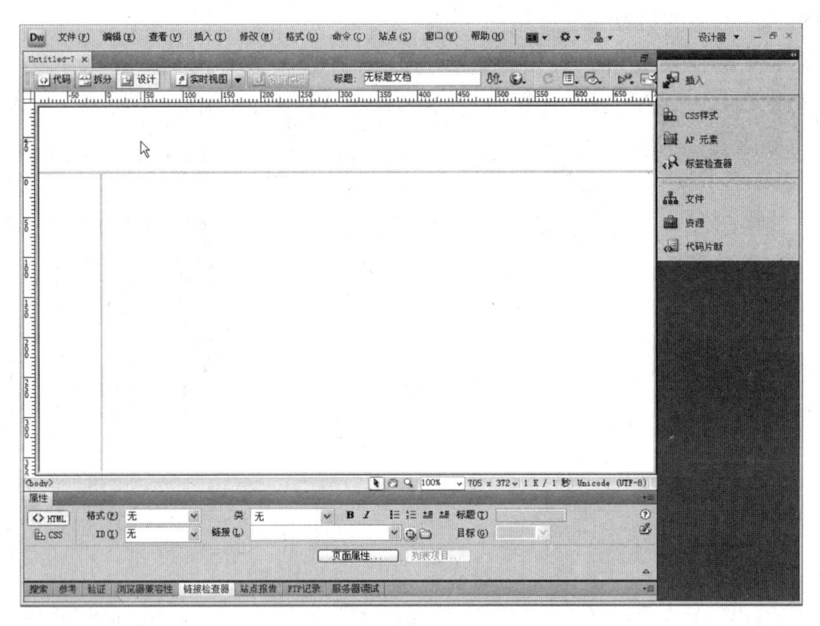

图 6-42　创建的框架集

(2) 向框架集中添加内容。

① 将光标置于顶部框架中，执行“修改”|“页面属性”命令，在弹出的“页面属性”对话框中将“左边距”、“上边距”都设置为“0px”，如图 6-43 所示。

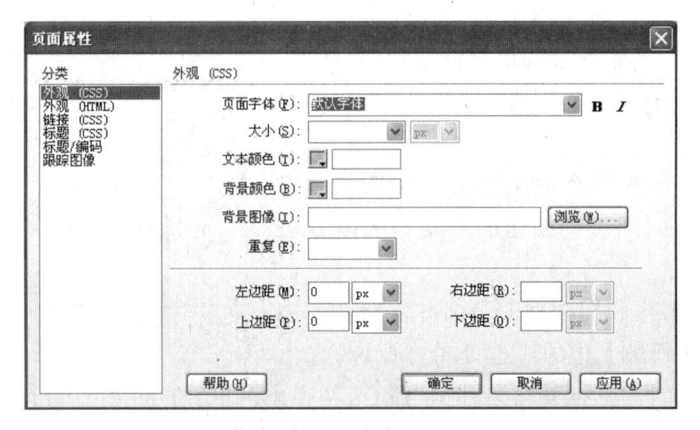

图 6-43　“页面属性”对话框

然后单击“确定”按钮完成页面属性设置。

② 执行“插入”|“表格”命令，在顶部插入两行 1 列的表格。在上面的单元格中插入图像 logobar.jpg，在下面的单元格中插入图像 Menubar.gif。

③ 将光标置于左侧框架中，执行“修改”|“页面属性”命令，在弹出的“页面属性”对话框中将“左边距”、“上边距”都设置为 0px。然后单击“确定”按钮完成页面属性设置。

④ 执行“插入”|“表格”命令，在顶部插入 6 行 1 列的表格。表格宽度为 152 像素，边框粗细为 0，在表格的属性栏中将“高度”设为 30。在 6 个单元格中分别导入事先处理好的图像文件，如图 6-44 所示。然后单击“确定”按钮完成页面属性设置。

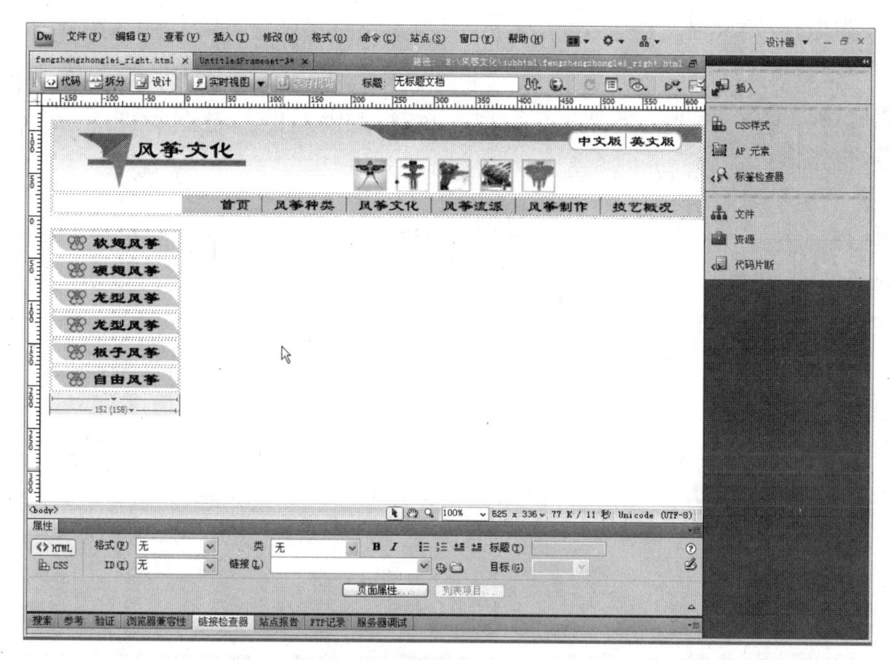

图 6-44　导入图像文件

5. 创建链接与导航

Dreamweaver CS5 提供多种创建超文本链接的方法，可创建到文档、图像、多媒体文件或可下载软件的链接。可以建立到文档内任意位置的任何文本或图像(包括标题、列表、表、层或框架中的文本或图像)的链接。

(1) 创建链接。

链接的创建与管理有几种不同的方法。有些 Web 设计者喜欢在工作时创建一些指向尚未建立的页面或文件的链接;而另一些设计者则倾向于首先创建所有的文件和页面，然后再添加相应的链接。

选中要链接的内容，在“属性”面板中的“链接”和“目标”中就可设置超级链接。

可直接在“链接”后输入要链接到的页面地址;或单击后面的图标，然后选取要链接到的页面;也可使用图标，用鼠标单击，不要松开，拖动至要链接到的“文件”面板中本地站点的文件列表中的页面文件即可;还可用鼠标把本地站点文件列表中的文件直接拖到“属性”面板上的“链接”上。若在“属性”面板中的“链接”后输入 mailto：XXX@XXX. XXX (XXX@XXX. XXX 为一具体的 E-mail 地址)，或单击“插入”面板的“常用”组中的图标后在弹出的对话框中输入 E-mail 地址，浏览者在浏览器中单击时会弹出 E-mail 发信窗口。

“目标”是用来定义超链接被单击时，链接到的页面在哪个窗口中打开。“目标”后的下拉选框可不选，这时页面就在原窗口中打开。“_blank”是在新开窗口打开，_self 是在原窗口打开。_parent 和_top 只在框架结构中有用，_parent 是在父窗口中打开，_top 是在最顶层窗口中打开。

在浏览器中用超级链接打开一个页面，如果页面较长，通常要拖动浏览器右边的滚动条来阅览页面较下面的部分。这时可以设置锚记，打开一个链接，在窗口中直接显示较长页面的中间部分或底部。首先，在被链接到的长页面中的需要指向的地方插入锚记。在“插入”

面板的“常用”组，单击“命名锚记”图标；或者单击菜单栏的“插入”|“命名锚记”命令；也可直接使用快捷键 Ctrl＋Alt＋A，会弹出一个对话框。在这个对话框里输入这个锚记的名称。要能链接到锚记，在对超级链接设置时，“链接”后输入被链接页面的 URL，紧跟一个“#”符号，再紧跟设置的锚记的名字。

(2) 客户端图像地图。

在很多时候，一个网站的不同页面都使用了同一导航条。导航条一般由几个图像构成，单击不同的图像，将链接到网站不同的页面。通过统一导航条的方法，可以实现网站风格的统一，同时也方便了访问者在不同页面间的跳转。

也可使一个图像的不同部位分别链接到不同的页面，这叫做客户端图像映射或客户端图像地图。

在图像“属性”面板扩展模式左下方有一项为“地图”，用以进行客户端图像映射。在其后可输入为这个映射起的名字，若不输入，则 Dreamweaver 会自动加上一个名字。“地图”下面有三个图标，从左到右依次为截取矩形、截取圆形和截取不规则图形，如图 6-45 所示。

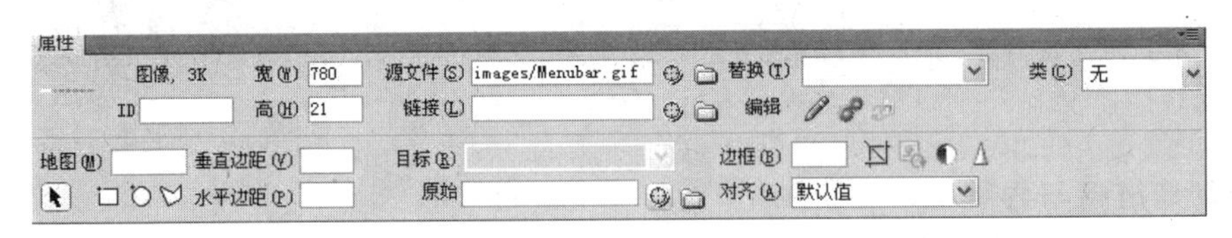

图 6-45 设置图像热点

① 打开前面建立的网页“index. htm”，单击选中表格中第二行中的图像，在“属性”面板中单击“截取矩形”图标，在图像中环绕“首页”部分画一矩形，使这个形状成为“热点”，当“热点”和目标不重合时，可使用键盘上的箭头来调节。

② 在“热点”的“属性”面板中给“热点”设置超级链接，将链接右侧的按钮手动拖到要链接的文件上即可，如图 6-46 所示。

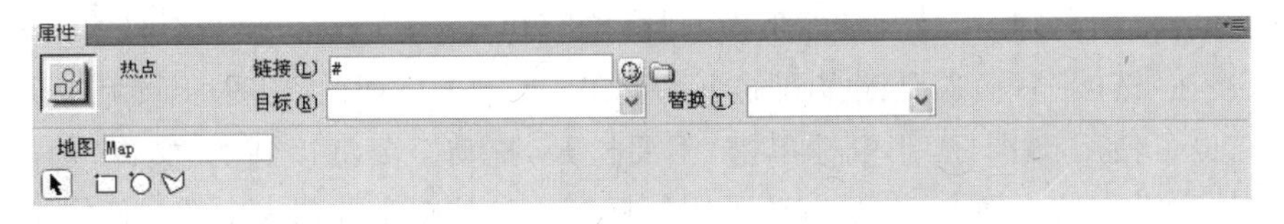

图 6-46 “热点”的“属性”面板

6. 测试网页

站点设计完成后，在将站点上传到服务器并声明其可供浏览之前，应当先在本地对其进行测试，以确保在目标浏览器中，页面如预期的那样显示和工作，而且没有断开的链接，页面下载也不占用太长时间。网站上传到服务器后，还要做进一步的在线测试，一般还会发现一些在本地测试时不能发现的问题。网页测试的内容包括：

- 确保页面在目标浏览器中能够如预期的那样工作，并确保这些页面在其他浏览器中要么工作正常，要么“明确地拒绝工作”。页面在不支持样式、层、插件或 JavaScript 的浏览器中应清晰可读且功能正常。对于在较早版本的浏览器中根本无法运行的页面，应考虑使用“检查浏览器”行为，自动将访问者重定向到其他的页面。

- 应尽可能多地在不同的浏览器和平台上预览页面。以便查看布局、颜色、字体大小和默认浏览器窗口大小等方面的区别，这些区别在目标浏览器检查中是无法预见的。
- 检查站点是否有断开的链接，并修复断开的链接。由于其他站点也在重新设计、重新组织，所链接的页面可能已被移动或删除。可以通过运行链接检查报告对链接进行测试。
- 监测页面的文件大小以及下载这些页面所占用的时间。对于由大型表格组成的页面，在某些浏览器中，在整张表完全载入之前，访问者将什么也看不到。应考虑将大型表格分为几部分；如果不可能这样做，可考虑将少量内容放在表以外的页面顶部，这样在下载表的同时，用户可以查看这些内容。
- 多次运行站点报告来测试并解决整个站点的问题。可以检查整个站点是否存在问题，例如无标题文档、空标签以及冗余的嵌套标签等。
- 检查代码中是否存在标签或语法错误。
- 在完成对大部分站点的大部分发布以后，应继续对站点进行更新和维护。站点的发布(即激活站点)可以通过多种方式完成，而且是一个持续的过程。这一过程的一个重要部分是定义并实现一个版本控制系统，既可以使用 Dreamweaver 中所包含的工具，也可以使用外部的版本控制应用程序。

网页测试的一般步骤如下：

(1) 运行站点报告，查看网站的运行情况。

① 在 Dreamweaver CS5 中选择“站点”|“报告”命令，打开“报告”对话框，如图 6-47 所示。

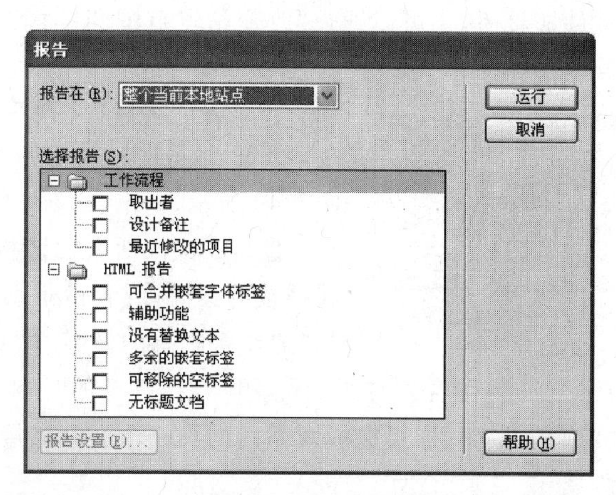

图 6-47 “报告”对话框

② 在“报告在”下拉列表框中，可以选择对当前文档还是整个当前本地站点查看报告。在“选择报告”列表框中，可以详细地设置要查看的工作流程和 HTML 报告中的具体信息。

③ 单击“运行”按钮，在“属性”面板的下方将显示出“结果”面板中的“站点报告”面板中的具体信息。

(2) 检查站点范围的链接。

有时测试时会发现网页中的图片或文件不能正常显示或找不到，出现这种情况有两种原因：一是链接文件与实际文件名的大小写不一致，因为提供主页存放服务的服务器一般采用 UNIX 操作系统，文件名的大小写是有区别的，这时需要修改链接处的文件名，并注意大小写一致；二是文件存放路径出现了问题，所以在制作网页时应尽量使用相对路径。检查站点范围的链接的操作步骤如下：

① 在 Dreamweaver CS5 中执行“站点”|“检查站点范围的链接”命令，在“属性”面板的下方将显示出“结果”面板中的“链接检查器”面板中的具体信息，如图 6-48 所示。

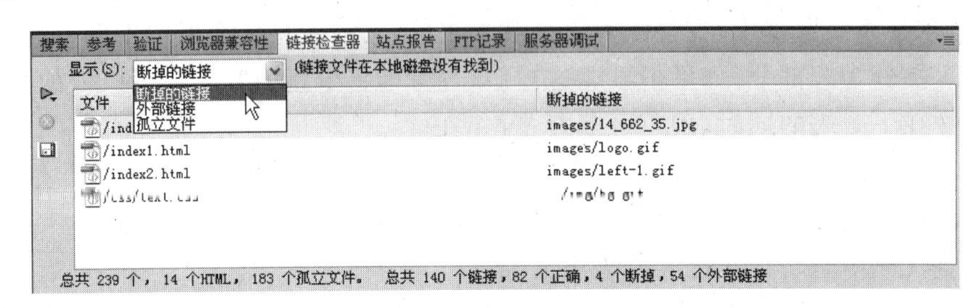

图 6-48 “链接检查器”面板

② 在“显示”下拉列表框中，可以选择要检查的链接方式，其中：

- 断掉的链接：可以检查文档中是否存在断开的链接，是默认选项。
- 外部链接：可以检查文档中的外部链接是否有效。
- 孤立文件：可以检查文档中是否存在孤立文件(没有任何链接引用的文件，该选项只有在检查整个站点链接的操作中才有效)。

(3) 改变站点范围的链接。

在设置好站内的文件链接后，还可以通过“改变站点范围的链接”命令来更改站点内某个文件的所有链接。操作步骤为：

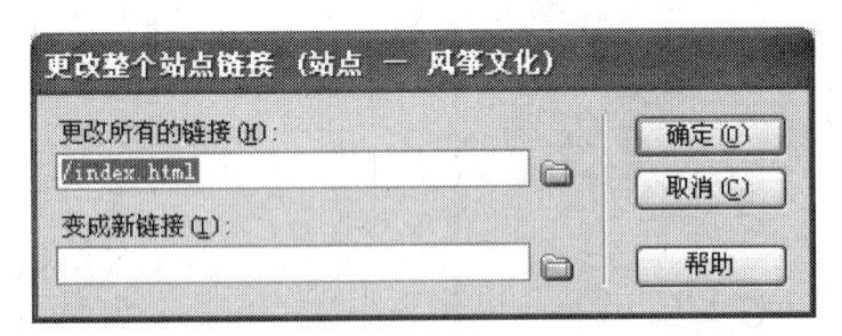

图 6-49 “更改整个站点链接”对话框

① 执行“站点”|“改变站点范围的链接”命令，打开“更改整个站点链接”对话框，如图 6-49 所示。

② 在“更改所有的链接”文本框中输入要更改链接的文件，或者单击右边的图标，在打开的“选择要修改的链接”对话框中指定要更改链接的文件。类似地，单击“变成新链接”右边的图标，在打开的“选择新链接”对话框中指定新的链接文件，单击“确定”按钮，即可完成对站内的某一个文件链接情况的改变。

(4) 清理文档。

主要是清理一些不必要的 HTML，也可清理 Word 生成的 HTML。

清理不必要的 HTML 时，先执行“命令”|“清理 XHTML”命令，打开“清理 HTML/XHTML”对话框，如图 6-50 所示。在对话框中可以设置对“空标签区块”、“多余的嵌套标签”和“Dreamweaver 特殊标记”等内容的清理，单击“确定”按钮，即可完成对页面指定的内容的清理。

清理 Word 生成的 HTML 时，先执行“命令”|“清理 Word 生成的 HTML”命令，打开“清理 Word 生成的 HTML”对话框，如图 6-51 所示。在对话框中有两个选项卡，其中“基

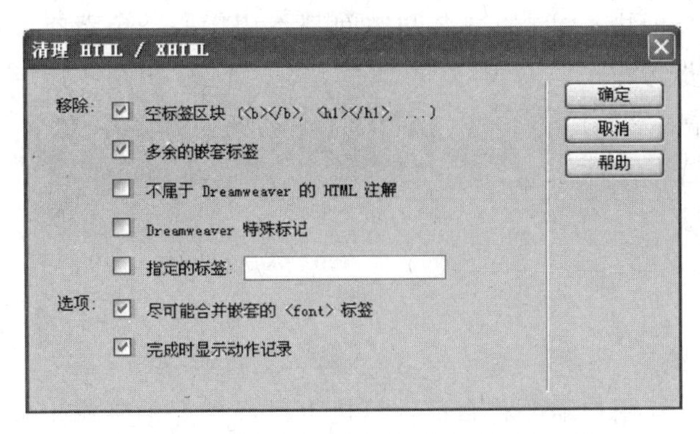

图 6-50 "清理 HTML/XHTML"对话框

本"选项卡中可以设置来自 Word 文档的特定标记、背景颜色等选项;在"详细"选项卡中,可以进一步设置要清理的 Word 文档中的特定标记以及 CSS 样式表的内容。单击"确定"按钮,即可完成对页面中由 Word 生成的内容的清理。

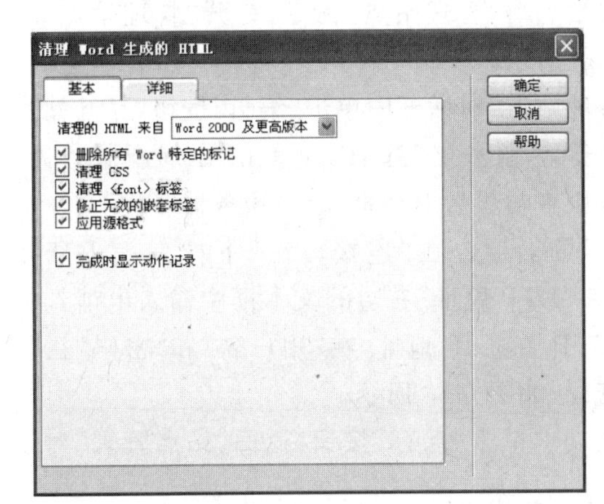

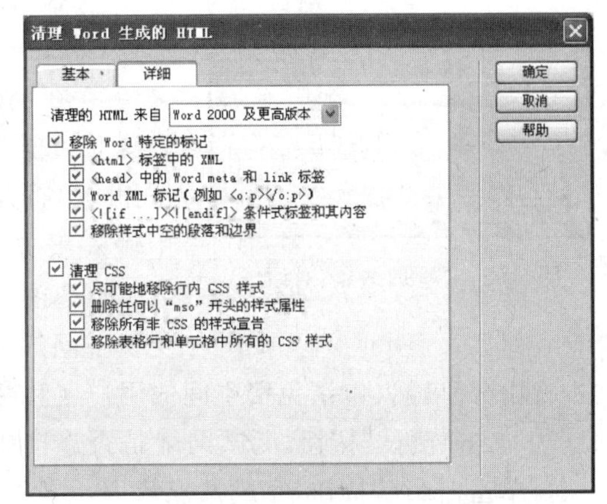

图 6-51 "清理 Word 生成的 HTML"对话框

7. 上传网页

将本地站点中的网站建好并测试完成后,接下来需要将站点上传到远端服务器上,以供 Internet 上的用户进行浏览。将网站上传到网络服务器之前,首先要在网络服务器上注册域名和申请网络空间,同时,还要对本地计算机进行相应的配置,以完成网站的上传。

(1) 注册域名。

网站建好以后,就要在网上给网站注册一个标识,即域名。有了它,只要在浏览器的地址栏中输入几个字母,世界上任何一个地方的任何一个人就能马上看到这个网站的内容。

注册域名一般需要交费,不同类型的域名交费数额不等,如在国际域名网 http://www.72ym.com 上注册英文国际域名 abc.com 是 45 元/个,英文 CN 域名 abc.cn 是 70 元/年,中文国内域名如"风筝文化.中国"是 320 元/年。

(2) 申请空间。

域名注册成功后,就需要为网站申请网站空间。网站空间有免费空间和收费空间两种,初学者一般可申请免费空间使用。免费空间只需向空间提供服务器提出申请,在得到答复后，按照说明上传主页即可，主页的域名和空间都不用操心。免费空间的申请过程大同小异，主要有以下几个步骤。

① 阅读服务条款。

② 填写注册信息。

③ 提交注册信息。

④ 即时开通。

⑤ 上传维护网站。

(3) 配置网站系统。

申请到免费空间后，用户需要将自己计算机上已经做好的网站上传到申请好的网站服务器的免费空间上去。上传网站的方法有多种，如利用 Web 页上传、通过 E-mail 上传、使用 FTP 工具上传、利用网页编辑制作软件上传等。

图 6-52 “管理站点”对话框

使用 Dreamweaver CS5，可以将本地网站文件上传到互联网的网站空间中，具体步骤如下。

① 执行“站点”|“管理站点”命令，打开“管理站点”对话框，如图 6-52 所示。

② 在“管理站点”对话框中单击“编辑”按钮，打开站点设置对话框，选择“服务器”选项卡，单击“添加新服务器”按钮 ，打开服务器设置对话框。在“服务器名称”文本框中输入服务器的名字。在“连接方法”下拉列表中选择“FTP”选项，在“FTP 地址”右边的文本框中输入申请到的免费空间的 FTP 主机 IP 地址，在“用户名”和“密码”后的文本框中分别输入申请免费空间的用户名和密码，如图 6-53 所示。

③ 单击“测试”按钮，测试网络是否连接成功。单击“保存”按钮，返回“站点管理”对话框。再单击“保存”按钮，完成站点管理。

④ 执行“窗口”|“文件”命令或按 F8 键，展开“文件”面板，如图 6-54 所示。

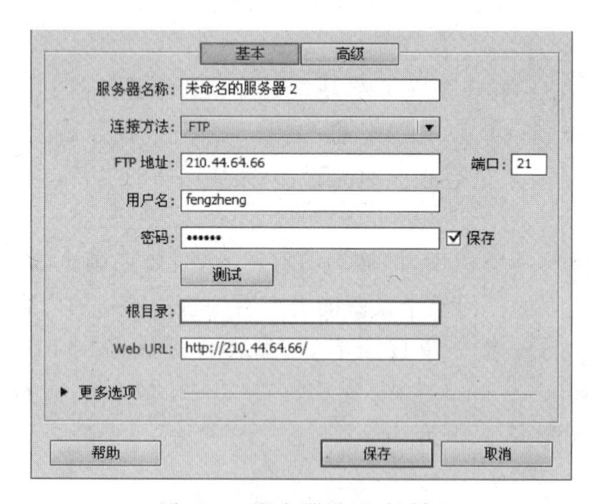

图 6-53 服务器设置对话框

图 6-54 “文件”面板

⑤ 单击“连接到远端主机”按钮，连接成功后，单击“上传文件”按钮，完成文件的上传。

在定义站点时，若选择“保存时自动将文件上传到服务器”，以后如果更新网页、模板或库，都可以自动上传到服务器。使用 Dreamweaver 的上传功能，可以使站点维护变得非常简单。

单击“文件”面板里的按钮，可以使远程站点和本地站点内容同步。

6.4　多媒体网络通信及应用

6.4.1　多媒体网络通信技术

随着网络、通信技术和多媒体技术的不断发展，人们已经采取了各种各样的新的方式进行沟通。如现在人们经常使用的 IP 电话、视频对话、语音对话、数字图书馆以及一些大规模的网络服务，如电子商务、远程教育等都是伴随着多媒体技术的发展而逐渐发展起来的。这些基于多媒体的网络服务为家庭、学校和企事业单位提供了更加丰富多彩的信息交流手段，可以说，网络、通信技术的发展离不开多媒体技术的进步，但同时，多媒体技术的实现以及它的有效利用也离不开网络技术和通信技术的支持，由此诞生了多媒体网络通信技术。

多媒体网络通信系统和其他类型的通信系统之间存在着相同之处，但多媒体数据及其应用的特殊性决定了多媒体网络通信系统应当具有如下特点：

1. 集成性

多媒体网络通信系统的集成包括多媒体信息媒体的集成及媒体处理设备和网络通信设备的集成。集成性体现为可以同时处理和显示多种媒体，支持点到点、点到多点、多点到多点等多种通信模式，具有综合业务处理能力，提高多媒体系统的应用效率和水平。

2. 资源分散性

多媒体网络通信系统的资源分散性是指系统中各种信息资源、物理资源和逻辑资源在功能上和地理上都是分散的，它们基于客户机/服务器模型，采用开放模式，网络系统中每个节点的用户都是通过高速网络共享服务器上的资源。

3. 流式传输和低时延

“流式传输”表示基于时间的媒体信息向用户计算机的连续、实时传送。用户观看多媒体内容时，不必等待整个文件全部下载完毕。也就是说，用户可以一边观看前面的部分，一边下载后面的部分，当动画、声音、视频等或其他以时间为基础的媒体在客户端播放时，文件的剩余部分将可同时在后台从服务器向客户机继续下载和缓存。

多媒体中包含一些与时间密切相关的信息，这些信息具有时间连续性和实时性特点，因此要求通信的时延很短，端到端的等待时间应当控制在一个很短的时间段内。如果传输声音时延迟超过 150 毫秒，会感到相互通信的困难。在传输视频时，为保持良好的效果，延迟应控制在 250 毫秒内。

4. 实时同步性

在多媒体网络通信中，音频和视频等时基媒体要求网络多媒体系统具有较强的实时数据传输能力。其中不同类型的媒体信息通常分别存放于各个不同的数据库中，需要通过不同的传输途径和传输媒体，把所有的信息从不同的数据库中提取出来，形成一个同步的总体信息通过多媒体通信终端提供给用户。同步性要求通信网络不仅要实时地传输多媒体数据，而且要在传输过程中保持多媒体数据之间在时序上的同步约束关系，如多媒体中的同步问题，就是指必须严格保持音频和视频的同步，这种同步性的问题是多媒体通信中的关键问题之一。

5. 交互性

交互性是指在网络系统中实时交互式发送、传播和接收各种多媒体信息，用户由“被动”的接收转为“主动”的获取，用户可以通过终端对通信和全过程具有完全的交互控制能力，任意地选择不同服务器的各种多媒体资源并进行组合。

6. 信道对称性和不对称性

在端到端的传输系统中，传输信道是双向的，分为上行信道和下行信道。上行信道是指源端到目的端的通信信道，下行信道是指目的端到源端的通信通道。多媒体网络通信中，上行信道和下行信道的通信量可能是对称的，也可能是不对称的。例如，交互式电视系统就是一种典型的不对称信息传输系统，下行信道用来传输视频流，而上行信道用来传输少量的控制信息，因此下行信道通信量远大于上行信道的通信量。而视频会议系统却是一种典型的对称信息传输系统，由于每个与会者都参与会议讨论，所产生的数据流是对称的。

6.4.2 多媒体通信网络

现在是数字信息汇聚的网络时代，数字信息汇聚产生了多媒体，多媒体与通信网络结合产生了交叉的技术领域——多媒体通信网络。

具有代表性的现有通信网络包括：

(1) 公众电话交换网(PSTN)。

(2) 分组交换远程网(Packet Switch)。

(3) 以太网(Ethernet)。

(4) 光纤分布式数据接口(FDDI)。

(5) 综合业务数字网(ISDN)。

(6) 宽带综合业务数字网(B-ISDN)。

(7) 异步转移模式(ATM)和同步数字序列(SDH)。

以上众多的信息传递方式和网络在多媒体通信网络内将合为一体。

多媒体数据的分布性、结构性以及计算机支持的协同工作等应用领域都要求在计算机网络上传送声音、图像数据，在传输的过程中就要保证传输的速度和质量。而多媒体通信是通信技术和多媒体技术结合的产物，它并蓄兼收了计算机的交互性、多媒体的复合性、通信的分布性以及电视的真实性等优点。在协同工作中，由于要用到摄像机、监视器、话筒等多媒体设备进行发送和接收信息，这就对同时在网络上传输多路双向声音和图像的要求非常高。现有局域网是基于每个节点可共享网络宽带的思想设计的，它假设各节点间传送的数据在时间上是相互独立的，因此可知，局域网技术不能满足多媒体通信的传输连续性的要求。除此之外，相关数据类型的同步、可变视频数据流的处理、信道分配以及网络传输过程中的高性能、可靠性等仍是多媒体技术对网络通信技术提出的要求。

国际电信联盟的标准部门 ITU-T 成立了视听多媒体业务联合协调组(JCG/AVMMS)，已提出了在公用电信网上视听多媒体业务的标准框架草案。这一草案包括多媒体业务的定义、系统和终端、基础结构以及呼叫控制、一致性和互操作测试等。H.320终端已用来提供会议电视系统的音频和视频压缩信号，它是多媒体通信的一种终端。

6.4.3 流媒体技术

1. 流媒体技术概述

流媒体技术又称流式媒体技术，就是把连续的影像和声音信息经过压缩处理后放到网站服务器，这样用户能一边下载一边观看和收听，而不需要将整个压缩文件下载到自己的计算机上才能观看的网络传输技术。

流媒体技术先在用户端的计算机上创建一个缓冲区，在播放前预先下载一段数据放到缓冲区中。在实际网速小于播放所耗的速度时，播放程序就会取用一小段缓冲区内的数据，这样可以避免播放的中断，也使得播放流畅，品质得以保证。

2. 流媒体系统组成

流媒体系统包括以下几个方面的内容。

(1) 编码工具：用于创建、捕捉和编辑多媒体数据，形成流媒体格式的制作工具。

(2) 服务器：提供某一类型的流媒体服务需要安装相应的流媒体服务器，该服务器提供了存放流媒体数据的仓库，同时提供了强大和有效的手段来控制流媒体的发送。

(3) 播放器：供客户端浏览流媒体文件的客户端软件。

这三个部分中，服务器是网站所需要，而播放器则用于客户端，不同公司的解决方案会在某些方面有所不同。

3. 流媒体解决方案

流媒体技术不是一种单一的技术，它是网络技术与音/视频技术的有机结合。实现流媒体技术需要解决流媒体的制作、发布、传输及播放等方面的问题，而这些问题则需要利用音视频技术及网络技术来解决，具体如下：

(1) 流媒体文件的制作。

在网上进行流媒体传输，首先要将所传输的音视频文件制作成适合流媒体传输的流媒体格式。因为通常格式存储的多媒体文件容量都很大，在现有的窄带网络上传输需要花费很长的时间，若遇网络繁忙，还将造成传输中断。更重要的是，通常格式的多媒体文件不能按流媒体传输协议进行传输。因此，必须将传输的多媒体文件进行预处理，即将多媒体文件压缩生成流媒体格式文件。这里应注意两点：一是选用适当的压缩算法进行压缩，这样生成的文件容量较小；二是需要向文件中添加流式信息。

(2) 流媒体的传输。

流媒体的传输需要合适的传输协议。目前在Internet上的文件传输大部分都是建立在TCP的基础上，也有一些是以FTP的方式进行传输，但采用这些传输协议都不能实现实时方式的流媒体传输。目前比较成熟的流媒体传输一般都是采用建立在UDP上的RTP/RTSP。

为何要用UDP而不用TCP进行流媒体数据的传输呢？这是因为UDP和TCP在实现数据传输时有很大的区别。TCP中包含了专门的数据传送校验机制，当数据接收方收到数据后，将自动向发送方发出确认信息，发送方在接收到确认信息后才继续传送数据，否则将一直处于等待状态。而 UDP 则不同，UDP 本身并不做任何校验。TCP 注重传输质量，而 UDP 则注重传输速度。因此，对于对传输质量要求不是很高，而对传输速度则有很高要求的音视频流媒体文件来说，采用 UDP 则更合适。

(3) 缓存对流媒体的支持。

流媒体实际指的是一种新的媒体传送方式，而非一种新的媒体。因为 Internet 是以数据包为单位进行异步传输的，因此多媒体数据在传输中要被分解成许多包，由于网络传输的不稳定性，各个包选择的路由不同，所以这些包到达客户端的时间次序可能发生改变，甚至产生丢包的现象。为此，必须采用缓存技术来纠正由于数据到达次序发生改变而产生的混乱状况，利用缓存对接收的数据包进行正确排序，从而使视音频数据能连续正确地播放。缓存中存储的是某一段时间内的数据，数据在缓存中存放的时间是暂时的，缓存中的数据也是动态的，不断更新的。流媒体在播放时不断读取缓存中的数据进行播放，播放完后该数据便被立即清除，新的数据将存入缓存中。因此，在播放流媒体文件时并不需占用太大的缓存空间。

(4) 流媒体的播放。

流媒体播放需要浏览器的支持。通常情况下，浏览器是采用 MIME 来识别各种不同的简单文件格式，所有的 Web 浏览器都是基于 HTTP，而 HTTP 都内建有 MIME。所以 Web 浏览器能够通过 HTTP 中内建的 MIME 来标记 Web 上众多的多媒体文件格式，包括各种流媒体格式。

用户选择某一流媒体服务后，Web 浏览器与 Web 服务器之间使用 HTTP/TCP 交换控制信息，以便把需要传输的实时数据从原始信息中检索出来；然后客户机上的 Web 浏览器启动 A/V Helper 程序，使用 HTTP 从 Web 服务器检索相关参数对 Helper 程序初始化。这些参数可能包括目录信息、A/V 数据的编码类型或与 A/V 检索相关的服务器地址。

A/V Helper 程序及 A/V 服务器运行实时流控制协议(RTSP)，以交换 A/V 传输所需的控制信息。与 CD 播放机或 VCRS 所提供的功能相似，RTSP 提供了操纵播放、快进、快倒、暂停及录制等命令的方法。A/V 服务器使用 RTP/UDP 将 A/V 数据传输给 A/V 客户程序，一旦 A/V 数据抵达客户端，A/V 客户程序即可播放输出。

需要说明的是，在流式传输中，使用 RTP/UDP 和 RTSP/TCP 两种不同的通信协议与 A/V 服务器建立联系，是为了能够把服务器的输出重定向到一个不同于运行 A/V Helper 程序所在客户机的目的地址，实现流式传输一般都需要专用服务器和播放器。

4. 流媒体制作的常用工具

到目前为止，Internet 上使用较多的流媒体制作工具主要有 RealNetworks 公司的 RealSystem Producer，Microsoft 公司的 Windows Media Encoder 和 Apple 公司的 QuickTime Pro。

(1) 使用 RealSystem Producer。

RealSystem Producer 是由 RealNetworks 公司推出的制作 Real 格式(Real Audio/Video，音频、视频)的文件制作工具，可将 DAT、MOV、AVI、AU、MPEG 文件压制成 Real 影音文件(RA、RM、RAM)，以利于在网络上的传送与播放。

(2) 使用 Windows Media Encoder。

Windows Media Encoder 是由微软推出的一套容易使用，而且功能强大的软件。它提供了自行录制影像的功能，可以从影像捕捉设备或桌面画面录制。它可以将 AVI、WAV、MP3 等多媒体文件转换成 ASF 流媒体文件，并且可以通过 Windows Media Encoder 进行实时广播。主要的特色为：易于操作的使用界面和向导，更容易设定与制作影片，用来提供网络现场播放或需求播放，并支持多重来源，可以立即切换来源，并可监视编码程序运行时的资料，如影像大小、资料流量等。由于 Windows Media 使用了先进的编码器，因此输出质量相当不错。

（3）使用 QuickTime Pro。

QuickTime Pro 专业版是 Apple 公司推出的一款功能强大的媒体制作软件。QuickTime Pro 可以将 AVI、WAV、MP3、AU、AIFF、BMP、JPG、GIF 等流行的图形文件、音频文件和视频文件转换成 MOV 流媒体文件，并且提供了强大的影片编辑功能，可以将众多不同的媒体类型综合到一个影视文件中。

6.4.4 多媒体通信应用系统

1. 多媒体会议系统

多媒体会议系统通过计算机远程地参加会议或交流，以可视化的、实时的、交互的形式实现了在不同地理位置上人们的多媒体资源共享和信息的相互交流。

在多媒体会议中，利用计算机控制和管理多媒体会议系统，利用音、视频设备进行全面的信息交流，与会者不仅可以听到他人的说话声，而且可以看到对方的手势和面部表情，还可以在与会者之间传递媒体数据。多媒体会议系统还支持用户应用程序共享，提供描绘讨论要点的电子白板和文字交流程序。这种为两个或多个地点的用户之间提供语音和视频图像画面的实现双向实时传输的会议系统，在军事、政府、商贸和医疗等部门都有广泛的应用。

根据通信节点数量和会议的规模，多媒体会议系统可分为桌面视频会议系统和会议室会议系统。

桌面视频会议系统利用用户现有的计算机和音视频设备，网络通信接口组成的点对点桌面会议系统，通过网络通信设备和远地另一台具有相同或兼容设备的桌面会议系统进行通信，由于终端就在桌面上，所以可以随时与其他人讨论问题，或在家里就可以参加一个远程会议。桌面会议设备价格相对便宜，但这种系统仅限于两个用户或两个小组用户使用。

在会议室会议系统中，与会者集中在一间专用会议室，室内配置专用的计算机硬件和软件系统，以及大屏幕监视器、高质量摄像机和音响系统，使用专用的控制设备和宽带网络通信设备，为与会者提供接近广播级的视频通信质量。这个会议室作为视频会议的一个收发中心，与远地的另外一套类似的会议室进行交互通信，完成两地间的视频会议功能，会议室会议系统一般是多点视频会议系统，允许三个或三个以上不同地点的参加者同时参与会议。

2. 多媒体交互电视系统

信息服务已经从过去的报纸杂志发展到了今天的广播和有线、无线电视服务，成为人们获取信息的重要工具。但是在这些服务系统中，除了频道选择权之外，用户只能被动地接受视频和声音，没有任何交互式操作的控制权。

随着科学技术的发展，一种以电视技术、计算机技术，通信网技术为基础，为用户提供不受时空限制地浏览和播放多媒体信息的人机交互应用系统，即多媒体交互电视系统 ITV（Interactive TV）应运而生。多媒体交互电视系统也是网络多媒体技术的重要应用之一，有着较好的经济效益、社会效益和广阔的应用前景。多媒体交互电视系统的用户可以坐在家里的电视机前，使用遥控器和菜单，在可能的条件下选择所喜欢的电影、电视和新闻。多媒体交互电视系统还可以提供交互式远程教育、交互广告、电视采购、视频游戏以及方便的电视、电话和数据信息服务。

多媒体交互电视系统和其他信息通信系统相比，具有以下一些特点：

(1) 用户具有交互式操作的控制权，可以不受任何时间限制，按照自己的意愿查询信息和获取各种网络服务，在整个交互过程中，用户一直处于主动地位。

(2) 为用户提供不对称的双向传输服务，对于大多数双向通信系统来说，信息通路两个方向上的信息流量是对称的，系统要为通信的双方提供同等的通信能力，而多媒体交互电视系统信息有两个方向的通路：节目通路和返回通路。节目通路又称下行通路，大量多媒体信息由信息提供者传送，用户要求这条通路是高带宽的。返回通路又称上行通路，把用户点播节目的少量控制信息送到视频服务提供商那里，两个方向上的信息流量是不对称的。

(3) 用户点播信息的时间分布也是不均匀的，可能集中于节假日或是一天中的某些时段。这种点播信息内容和点播时间的集中性，造成了信息流量的突发性特点。对于点播系统的广大用户来讲，在某段时间内他们对感兴趣的内容往往是相当集中的，点播的信息内容将集中在信息集合中的很小一部分，如热门体育、新闻节目、新上映的电影、电视剧等。据统计，以一个视频点播 VOD 系统为例，其节目库中 15%的热门节目能提供 90%的点播率。

(4) 交互式多媒体信息点播系统和其他信息检索系统相比，其信息发送与重现的实时性与同步性要求都较高，特别是对视音频信息的点播必须保证视频媒体与音频媒体内部的同步，以及视音频媒体间的同步，这对系统的延时及抖动特性均提出了较高要求。

在目前，多媒体交互电视系统的主要应用是音视频点播 VOD。视频点播基于一个网络环境，但并没有规定网络的种类和规模，也没有规定视频服务器安放的位置。一般由各地区的网络服务商提供 VOD，将节目存储在视频服务器中，分布在不同地理位置上的用户可以访问视频服务器上提供的视频节目，服务器随时响应用户的需求，通过传输网络将节目传送到用户的家中，然后由用户多媒体终端将压缩的视音频信号解码后输出至显示设备，用户即可欣赏自己需要的节目。

视频点播系统 VOD 由视频信息源、传送网络和用户终端三大部分组成。视频服务提供商提供视频信息源，将节目存储在视频服务器中。视频服务器随时根据用户的需求，向用户提供丰富的视频服务。传送网络是连接视频服务提供商与远地用户住宅的通信系统。通过传输网络传送视频信号并回送用户的选择和命令。用户通过简便易用的用户终端(机顶盘)将压缩的视音频信号解码后输出至显示设备。

6.5 网络新媒体及应用

新媒体是相对于传统媒体而言的媒体及各种应用形式，目前主要有互联网媒体、掌上媒体、数字互动媒体、车载移动媒体、户外媒体及新媒体艺术等。新媒体是一个不断变化的概念，在今天的网络基础上又有延伸，跟计算机相关的媒体形态，都可以认为是新媒体。

传统媒体把世界划分为生产者和消费者两大阵营，人们不是作者就是读者，不是广播者就是收看者，不是表演者就是欣赏者，这是一种一对多的传播。而新媒体是一种多对多的传播，它使每个人不仅有听的机会，而且有说的条件。网络新媒体还拥有一些传统媒体所无法比拟的优势，包括信息的海量存储、立体化呈现和个性化服务等。新媒体区别于传统媒体的最重要的特征，是由一点对多点变为多点对多点，实现了前所未有的互动性。互动性是新媒体的根本特点。

新媒体能对大众同时提供个性化的内容，是传播者和接受者融会成对等的交流者、而无数的交流者相互间可以同时进行个性化交流的媒体。美国《连线》杂志对新媒体的定义为："所有人对所有人的传播"。

6.5.1 典型的新媒体技术

目前，世界上典型的新媒体技术有：

1. 搜索引擎(Search Engine)

搜索引擎是指根据一定的策略、运用特定的计算机程序从互联网上搜集信息，在对信息进行组织和处理后，为用户提供检索服务，将用户检索相关的信息展示给用户的系统。搜索引擎是一种需要受众参与的媒介形式，并且整个商业模式以受众参与为基础进行展开。

在计算机科学中，"搜索(Search)"是查找指定文件或指定数据的过程，其方法是使用程序通过比较或计算，以判断是否匹配或满足给定的搜索条件；"引擎(Engine)"是执行基本而又高度重复功能的专用软件。搜索引擎是专门的计算机程序，用于搜索网页、分析网页、列出网页上的所有词汇、编索引、存储索引，并为用户提供查询服务。因此搜索引擎也被称做"网上机器人"，并被当成一种信息系统来看待。

在搜索引擎的定义中，有三个关键的术语：

(1) 编索引(Index)，是指记录文章标题、摘要主要内容、标明出处和页码的行为，并按某种次序排列以供查阅。

(2) 网上机器人(Robot)，可在几乎没有人工干预下收集网上信息并建立相应索引的程序。网上机器人尤其适合执行那些重复性很强或耗时很多的任务。

(3) 信息系统(Information System)，是由数据库、手工操作和机器操作规程、应用程序和数据处理程序构成的计算机系统，用于创建、接收、发送、存储、分析、显示和处理信息等。

搜索引擎对于新媒体而言，是一种古老的形式，在第一代互联网门户诞生之时，它就存在了，雅虎和搜狐都是以搜索引擎形式面世的。随着 Web2 的蓬勃发展，大量的接受者变成了传播者，互联网上的内容真正呈现出"百花齐放"的态势，信息海洋得到几何级数的扩大，搜索引擎更加有了用武之地，从而造就了 Google、百度等搜索引擎的辉煌。

2. BBS

和搜索引擎一样，BBS 也是一种很古老的新媒体，新浪这个门户网站在诞生之初就是一个体育 BBS。

BBS 的英文全称是 Bulletin Board System，翻译为中文就是"电子公告板"。早期的 BBS 与一般街头和校园内的公告板性质相同，只不过是通过计算机来传播或获得消息而已。一直到个人计算机开始普及之后，有些人尝试将苹果计算机上的 BBS 转移到个人计算机上，BBS 才开始渐渐普及开来。目前，通过 BBS 可随时取得国际最新的软件及信息，也可以通过 BBS 来和别人讨论有关计算机以及各种有趣的话题，更可以利用 BBS 来刊登一些"征友"、"公司产品"等启事。

起初的 BBS 是报文处理系统，系统的唯一目的是在用户之间提供电子报文。随着时间的推移，BBS 的功能有了扩充，增加了文件共享功能。目前的 BBS 用户还可以相互之间交换各种文件，只需简单地把文件置于 BBS，其他用户就可以极其方便地下载这些文件。

BBS 后来被定义为社区，在国内一般称为网络论坛，在管理方面，一般由站长（创始人，超级管理员，Administrator）创建，并设立各级管理人员对论坛进行管理，包括论坛管理员（Administrator）、超级版主（Super Moderator，有的称“总版主”）、版主（Moderator，俗称“斑猪”、“斑竹”）。超级版主是低于站长的第二权限（站长本身也是超级版主），一般来说超级版主可以管理所有的论坛版块，普通版主只能管理特定的版块。

在 Web1 时代，论坛社区基本满足网民信息生活的需求，而 Web2 时代，论坛社区呈现出巨大的商业价值。伴随着 Web2 时代的到来，BBS 将朝着以下两个方面发展：

(1) BBS 将朝着即时性方面发展。现在动态网站出现一门新技术 Ajax。在 Ajax 之前，页面的部分数据需要更新时必须刷新整个页面。而使用 Ajax 技术的网站，不需要刷新页面就可以更新数据，这就使 Web 站点看起来是即时响应的。将 Ajax 技术运用到 BBS 当中，论坛成员在不用刷新页面时就可以看到别人刚刚发的帖子。

(2) BBS 也将朝着图形化方向发展。图形虚拟社区可以非常具体和形象化地模拟整个现实社区的生活，并且具备无限的可扩充性。在论坛中可以通过外形的不同来区分不同社区的朋友，可以通过外形的不同来猜测对方的性格，甚至可以找到和现实生活完全对应的建筑，这些都是传统虚拟社区所不具备的特点。

3. Tag

Tag（标签）是一种更为灵活、有趣的分类方式，可以为每篇日志、每个帖子或者每张图片等添加一个或多个 Tag，当浏览者单击其中任何一个 Tag 时，他都可以看到这篇日志。同时，可以看到网站上所有跟自己使用了相同 Tag 的内容，由此和他人产生更多的联系。Tag 体现了群体的力量，使得内容之间的相关性和用户之间的交互性大大增强。

Tag 不同于一般的目录结构的分类方法：

(1) 分类是在写日志之前就定好的，而 Tag 是在写完日志之后再添加的。

(2) 可以同时为一篇日志贴上好几个 Tag，方便自己随时查找，而原先一篇日志只能有一个分类。

(3) 当积累了一定数量的 Tag 之后，可以查看自己在博客中最经常写的是哪些话题。

(4) 可以看到有哪些人和自己使用了一样的 Tag，进而找到志趣相投的 Blogger。

Tag 也可以说是一种关键词标记，利于搜索查找。但 Tag 不同于一般的关键词，用关键词进行搜索时，只能搜索到文章里面提到了的关键词，但 Tag 却可以将文章中根本没有的关键词作为 Tag 来标记。另外，一个机器就没有办法提取一张照片的关键字，但人可以给它设定一个或多个 Tag。Tag 的意义体现在分享：通过相同的 Tag 可以找到想要的博客，网摘，图片，文件等。

随着 Web2.0、3.0 的应用（CSS＋DIV＋Ajax），Tag 得到了广泛的应用，现在很多网站都使用了 Tag 模式，目的是为了更好地显示和突出搜寻的重点关键词或者词条，以便更好地索引和指导用户浏览和索引。

对于 Tag 需要说明的是：

(1) 每篇日志最多添加 5 个 Tag，每个 Tag 的最大长度为 100 个字符。

(2) 多个 Tag 之间用空格分开，如果使用英文词组作为 Tag，不能使用空格来分隔，而应该在单词之间使用减号(—)或者下划线(_)分隔。

(3) Tag 在首页中显示 Tag 的字体、字号有大有小，字体越大、越粗说明这个 Tag 的使用频率越高。

(4) 当下方说明文字中使用某 Tag 的日志篇数与实际日志篇数不一致时，说明有些使用该 Tag 的日志被加密，无法显示在 Tag 页面。

(5) 在使用 Tag 时，原先的分类将全部自动转换为 Tag。

4. 电子邮件(E-mail)

电子邮件(Electronic mail，E-mail，标志为@)又称电子信箱，是一种通过网络实现相互传送和接收信息的现代化通信方式。它是 Internet 应用最广的服务：通过网络的电子邮件系统，用户可以享用免费的服务，以非常快速的方式，与世界上任何一个角落的网络用户联系，这些电子邮件可以是文字、图像、声音等各种方式。

电子邮件地址(E-mail Address)是用来标识用户和邮件所在位置的字符串，使邮件服务器能够识别邮件来自何方和发往何处。电子邮件地址的格式为：

(用户名)@(域名/邮件服务器名)

电子邮件地址格式由三部分组成，其中第一部分"用户名"代表用户信箱的账号，对于同一个邮件接收服务器来说，这个账号必须是唯一的；第二部分"@"是分隔符；第三部分是用户信箱的邮件接收服务器域名，用以标志其所在的位置。

由于电子邮件使用简易、投递迅速、无须收费、易于保存、全球畅通无阻，使得电子邮件被广泛地应用，它使人们的交流方式得到了极大的改变。另外，电子邮件还可以进行一对多的邮件传递，同一邮件可以一次发送给许多人。最重要的是，电子邮件是整个网间网以至所有其他网络系统中直接面向人与人之间信息交流的系统，它的数据发送方和接收方都是人，极大地满足了人与人通信的需求。

电子邮件服务是由专门的服务器提供的，如 Gmail、Hotmail、网易邮箱、新浪邮箱等。在选择电子邮件服务商之前要明白使用电子邮件的目的是什么，根据自己不同的目的有针对性地去选择。如果是经常和国外的朋友联系，建议使用国外的电子邮箱。比如 Gmail、Hotmail、MSN mail、Yahoo mail 等；如果是想当作网络硬盘使用，经常存放一些图片资料等，那么就应该选择存储量大的邮箱，比如 Gmail、Yahoo mail、网易 163 mail、126 mail、yeah mail、TOM mail、21CN mail 等；如果经常需要收发一些大的附件，Gmail、Yahoo mail、Hotmail、MSN mail、网易 163 mail、126 mail、Yeah mail 等都能很好地满足要求；如果想在第一时间知道自己的新邮件，那么推荐使用中国移动通信的移动梦网随心邮，当有邮件到达的时候会有手机短信通知，中国联通用户可以选择如意邮箱；如果只是在国内使用，那么 QQ 邮箱也是很好的选择，拥有 QQ 号码的邮箱地址能让你的朋友通过 QQ 和你发送即时消息。

5. P2P 技术

P2P 是英文 Peer-to-Peer(对等)的简称，对等技术是一种网络新技术，依赖网络中参与者的计算能力和带宽，而不是把依赖都聚集在较少的几台服务器上。P2P 还是英文 Point to Point(点对点)的简称，它是下载术语，意思是在自己下载的同时，自己的计算机还要继续作为主机上传，这种下载方式的优点是，人越多速度越快，但缺点是对内存占用较多，影响整机速度。

P2P 就是人可以直接连接到其他用户的计算机交换文件，而不是像过去那样连接到服务器去浏览与下载。P2P 另一个重要特点是改变互联网现在的以大网站为中心的状态、重返“非中心化”，并把权力交还给用户。简单地说，P2P 直接将人们联系起来，让人们通过互联网直接交互。P2P 使得网络上的沟通变得容易、更直接共享和交互，真正地消除了中间环节。

说到 P2P，就不能不提到 BT，这个被人戏称为“变态”的词几乎在大多数人感觉中与 P2P 成了对等的一组概念，而它也将 P2P 技术发展到了近乎完美的地步。实际上，BT 是 BitTorrent 的简称，中文全称为比特流，是指一个多点下载的 P2P 软件。它不像 FTP 那样只有一个发送源，而是有多个发送点，在下载时，同时也在上传，使大家都处在同步传送的状态。应该说，BT 是当今 P2P 最为成功的一个应用。有一句话可以作为 BT 最为形象的解释，就是：“我为人人，人人为我”。基于此，P2P 解释成为 Person-to-Person 也十分合适。

6. 博客(Blog)

博客最初的名称是 Weblog，由 Web 和 log 两个单词组成，按字面意思就是网络日记，后来喜欢新名词的人把这个词的发音故意改了一下，读成 We Blog，由此，Blog 这个词被创造出来。中文意思即网志或网络日志。在国内往往也将 Blog 本身和 Blogger(即博客作者)均音译为“博客”。

一个 Blog 其实就是一个网页，它上面的文章通常根据张贴时间，以倒序方式由新到旧排列。许多博客专注在特定的课题上提供评论或新闻，其他则被作为比较个人的日记。一个典型的博客结合了文字、图像、其他博客或网站的链接，以及其他与主题相关的媒体。能够让读者以互动的方式留下意见，是许多博客的重要要素。大部分的博客内容以文字为主，也有一些博客专注于艺术、摄影、视频、音乐、播客等各种主题。

要真正了解博客，最佳的方式就是自己去实践一下，找一个博客托管网站，申请一个自己的博客账号。

7. 微博(MicroBlog)

微博，即微博客的简称，是一个基于用户关系的信息分享、传播以及获取平台，用户可以通过 Web、WAP(无线应用协议)以及各种客户端组建个人社区，以 140 个字以内的文字更新信息，并实现即时分享。

微博客是继博客之后全新的信息平台。相对于强调版面布置的博客来说，微博的内容只是由简单的只言片语组成，从这个角度来说，对用户的技术要求门槛很低，而且在语言的编排组织上，没有博客要求那么高；另外，微博用户可以通过手机、网络等方式来即时更新自己的个人信息。

博客用户的关注属于一种“被动”的关注状态，写出来的内容其传播受众并不确定；而微博的关注则更为主动，只要添加“关注”，就表示愿意接受某用户的即时更新信息，从这个角度上来说，对于商业推广、明星效应的传播更有价值。同时，对于普通人来说，微博的关注友人大多来自事实的生活圈子，用户的一言一行可以起到发泄感情、记录思想的作用。

相对于博客需要组织语言陈述事实或者采取修辞手法来表达心情，微博只言片语“语录体”的即时表述更加符合现代人的生活节奏和习惯；而新技术的运用则使得用户（作者）也更加容易对访问者的留言进行回复，从而形成良好的互动关系。

全球使用最多的微博客的两家提供商分别为美国的Twitter和新浪微博。新浪微博是由新浪网推出的微博服务，它采用了与新浪博客一样的推广策略，即邀请明星和名人加入开设微型博客，并对他们进行实名认证，认证后的用户在用户名后会加上一个字母“V”，以示与普通用户的区别，同时也可避免冒充名人微博的行为，但微博功能和普通用户是相同的。

8. 手机媒体

手机报、手机广播、手机电视等手机媒体的问世，成为人们现代生活中一道新的风景线，多种宽带无线技术并存将是必由之路，无线通信已经渗透到人们日常生活以及社会的方方面面，提供无处不在的最佳服务。手机媒体作为互联网与无线通信融合的产物，它是以手机为视听终端、手机上网为平台的个性化信息传播载体，它是以分众为传播目标，以定向为传播效果，以互动为传播应用的大众传播媒介。

手机媒体的基本特征是数字化，最大的优势是携带和使用方便。手机媒体作为网络媒体的延伸，具有网络媒体互动性强、信息获取快、传播快、更新快、跨地域传播等特性。手机媒体还具有高度的移动性与便携性，信息传播的即时性、互动性，受众资源极其丰富，多媒体传播，私密性、整合性、同步和异步传播有机统一，传播者和受众高度融合等优势。

由于手机媒体具有便携性、即时性的优势，集个性化和互动化于一身，已成为重要的人际传播方式，被公认为继报刊、广播、电视、互联网之后的“第五媒体”。

9. IPTV

IPTV即交互式网络电视，是一种利用宽带有线电视网，集互联网、多媒体、通信等多种技术于一体，向用户提供包括数字电视在内的多种交互式服务的崭新技术。用户可以有两种方式享受IPTV服务：

(1) 计算机。

(2) 网络机顶盒＋普通电视机。

IPTV是利用计算机或机顶盒＋电视完成接收视频点播节目、视频广播及网上冲浪等功能的。它采用高效的视频压缩技术，使视频流传输带宽在800kb/s时可以有接近DVD的收视效果（通常DVD的视频流传输带宽需要3Mb/s），对今后开展视频类业务如因特网上视频直播、远距离视频点播、节目源制作等来讲，有很强的优势，是一个全新的技术概念。

IPTV既不同于传统的模拟式有线电视，也不同于经典的数字电视。因为，传统的和经典的数字电视都具有频分制、定时、单向广播等特点，尽管经典的数字电视相对于模拟电视有许多技术革新，但只是信号形式的改变，而没有触及媒体内容的传播方式。

IPTV的基本技术形态可以概括为：视频数字化、传输IP化和播放流媒体化。IPTV的主要特点是交互及因特网内业务的扩充。它还可以非常容易地将电视服务和互联网浏览、电子邮件，以及多种在线信息咨询、娱乐、教育及商务功能结合在一起，在未来的竞争中处于优势地位。从信息产业发展角度看，IPTV还是三网合一的最大切入点，是未来的家庭娱乐中心。

10. 即时通信

即时通信(Instant Messaging,IM)是指能够即时发送和接收互联网消息等的业务。即时通信产品最早的创始人是三个以色列青年,是他们在 1996 年做出来的,取名叫 ICQ。1998 年,当 ICQ 注册用户数达到 1200 万时,被 AOL 看中,以 2.87 亿美元的天价买走。目前 ICQ 有 1 亿多用户,主要市场在美洲和欧洲,已成为世界上最大的即时通信系统。

自面世以来,特别是近几年的迅速发展,即时通信的功能日益丰富,逐渐集成了电子邮件、博客、音乐、电视、游戏和搜索等多种功能。即时通信不再是一个单纯的聊天工具,它已经发展成集交流、资讯、娱乐、搜索、电子商务、办公协作和企业客户服务等为一体的综合化信息平台。

现在国内的即时通信工具按照使用对象分为两类:一类是个人 IM,如 QQ、百度 Hi、网易泡泡、盛大圈圈、淘宝旺旺等。QQ 的前身 OICQ,在 1999 年 2 月第一次推出,目前几乎接近垄断中国在线即时通信软件市场。另一类是企业用 IM,简称 EIM,如 E 话通、UC、EC 企业即时通信软件、UcSTAR、商务通等。

即时通信最初是由 AOL、微软、雅虎、腾讯等独立于电信运营商的即时通信服务商提供的。但随着其功能日益丰富、应用日益广泛,特别是即时通信增强软件的某些功能如 IP 电话等,已经在分流和替代传统的电信业务,使得电信运营商不得不采取措施应对这种挑战。2006 年 6 月,中国移动已经推出了自己的即时通信工具——飞信(Fetion)。

6.5.2 博客的创建方法

下面以新浪网的博客为例,介绍博客创建的方法。

1. 注册新浪博客

(1) 打开新浪(http://www.sina.com.cn/)门户网站,单击导航条的"博客"栏目,如图 6-55 所示,打开新浪博客的首页,其导航条如图 6-56 所示。

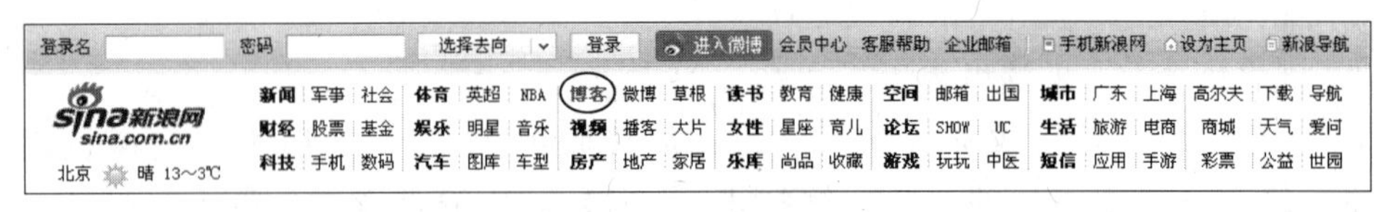

图 6-55 新浪网导航条

图 6-56 新浪博客导航条

(2) 单击"开通新博客"按钮 开通新博客,打开注册新浪博客的页面,如图 6-57 所示。在"邮箱地址"文本框中输入邮箱名,如果还没有邮箱,可以在文本框中输入一个新的邮箱名,顺便申请一个邮箱。然后在相关的文本框中输入登录密码、博客昵称等信息,然后输入页面提供的验证码。

(3) 单击"注册"按钮,即可开通新浪博客。成功开通新浪博客的页面如图 6-58 所示。

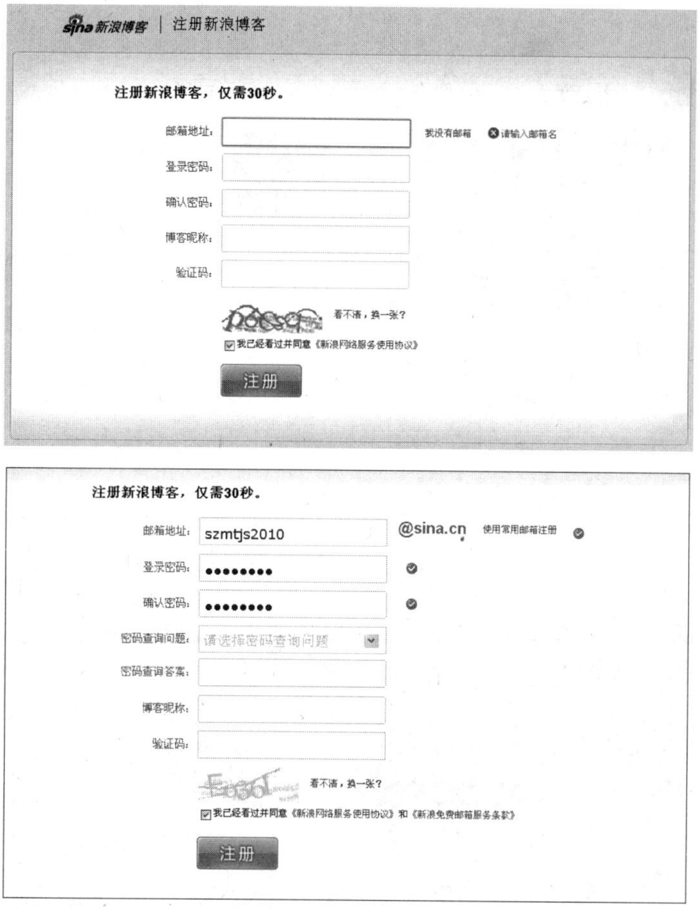

sina新浪博客 | 注册新浪博客

注册新浪博客，仅需30秒。

邮箱地址： 我没有邮箱 请输入邮箱名

登录密码：

确认密码：

博客昵称：

验证码：

看不清，换一张？

我已经看过并同意《新浪网络服务使用协议》

注册

注册新浪博客，仅需30秒。

邮箱地址：szmtjs2010 @sina.cn 使用常用邮箱注册

登录密码：••••••••

确认密码：••••••••

密码查询问题：请选择密码查询问题

密码查询答案：

博客昵称：

验证码：

看不清，换一张？

我已经看过并同意《新浪网络服务使用协议》和《新浪免费邮箱服务条款》

注册

图 6-57　注册新浪博客的页面

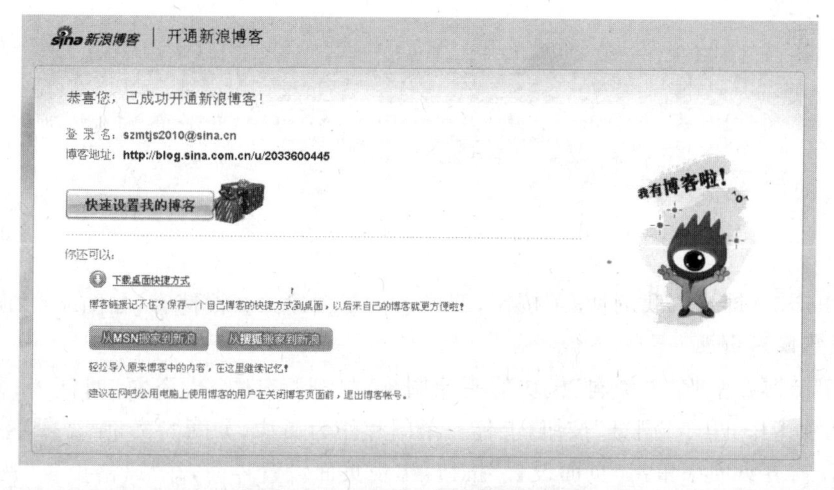

图 6-58　成功开通新浪博客的页面

(4) 单击“快速设置我的博客”按钮，进入“整体装扮”页面，如图 6-59 所示，开始对博客进行初步的设置。选择一个整体风格，对博客进行整体装扮。

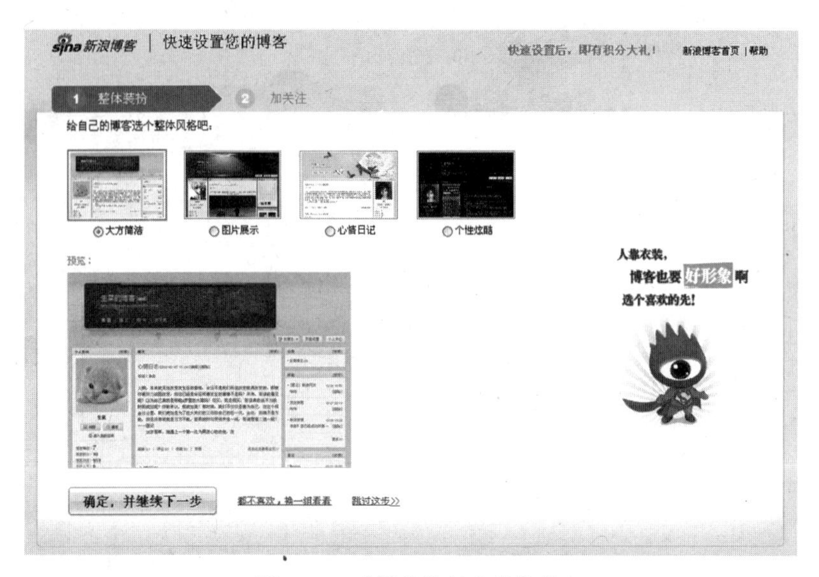

图 6-59　对博客进行整体装扮

(5) 单击“确定，并继续下一步”按钮，进入“加关注”页面，如图 6-60 所示。在此直接单击“完成”按钮，出现设置完成界面，如图 6-61 所示。

图 6-60　“加关注”页面

(6) 单击“立即进入我的博客”按钮，即可进入新创建的新浪博客，如图 6-62 所示。

2. 设置博客页面

(1) 单击博客中“个人资料”模块的头像图标，打开“修改个人资料”对话框，在其中“头像昵称”选项卡中，单击“浏览”按钮，上传一个图片作为头像，如图 6-63 所示。

(2) 在博客页面中单击“页面设置”按钮，出现页面设置界面，在“风格设置”选项卡中选择一种风格，如“雨荷”，如图 6-64 所示。

(3) 在“自定义风格”选项卡的“配色方案”项目中，可以选择一种“纯色”或“炫色”的配色方案，如图 6-65 所示。

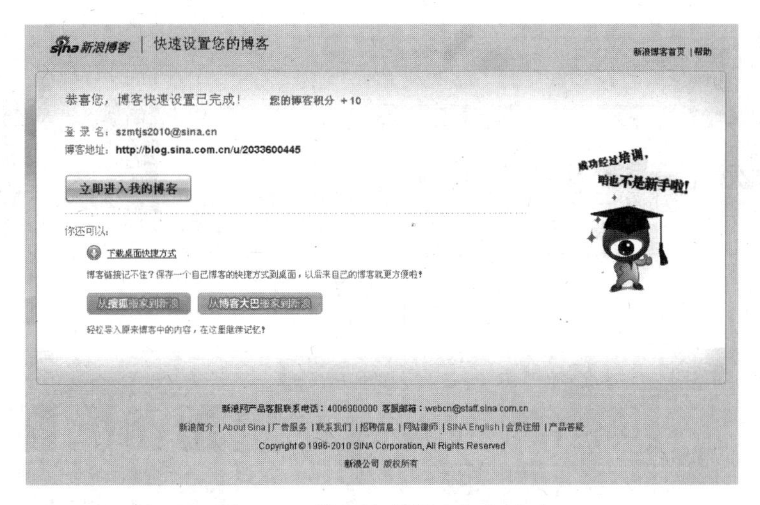

图 6 61　博客快速设置完成界面

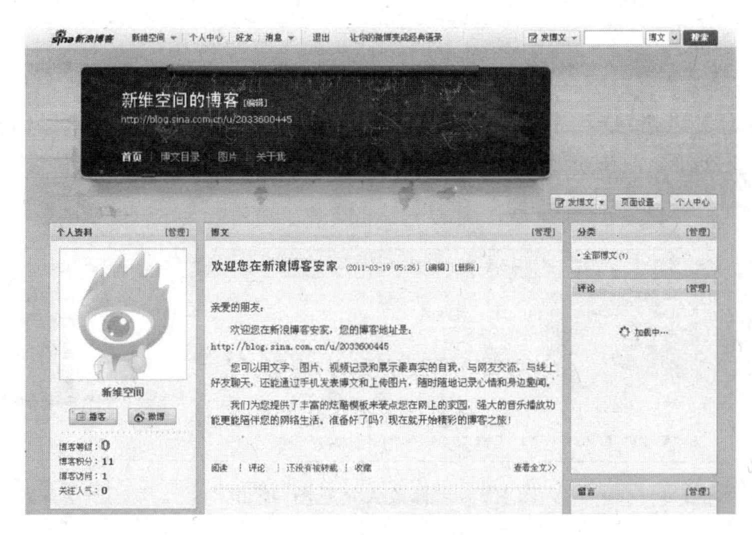

图 6-62　新创建的新浪博客

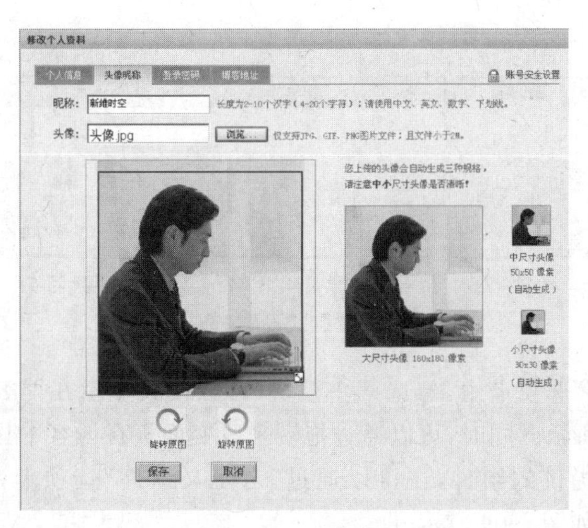

图 6-63　上传头像

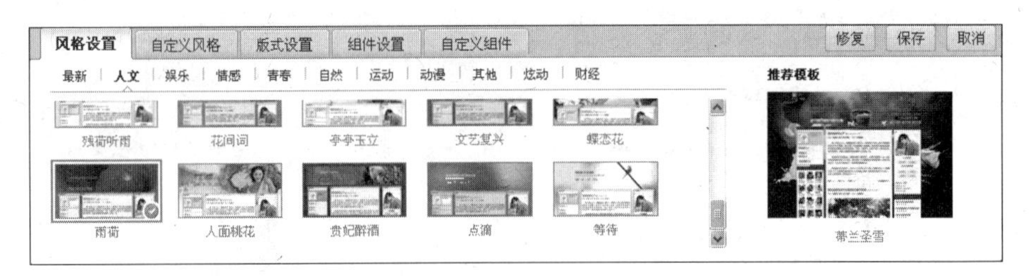

图 6-64 “风格设置”选项卡

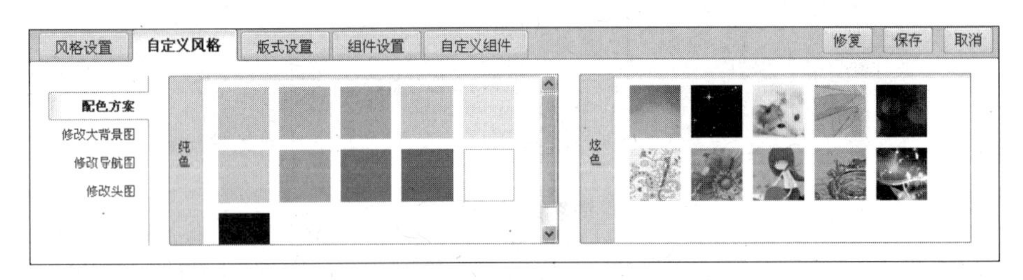

图 6-65 设置配色方案

（4）在“自定义风格”选项卡的“修改大背景图”项目中，可以上传一张自己制作的图片，作为博客的背景，如图 6-66 所示。另外，还可以通过“自定义风格”选项卡修改导航图和修改头像。

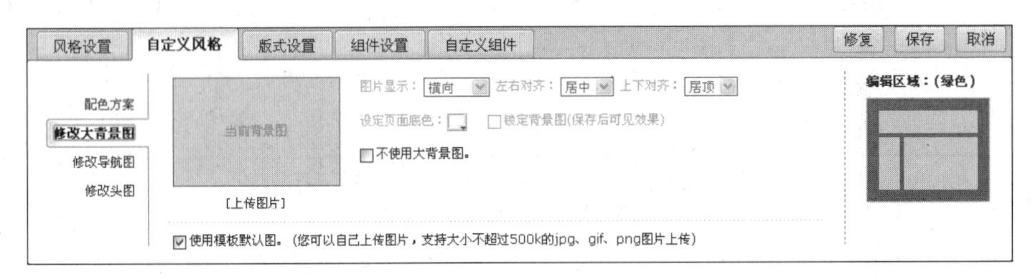

图 6-66 “修改大背景图”项目

（5）在“版式设置”选项卡中，可以选择一个自己喜欢的版式。“版式设置”选项卡如图 6-67 所示。

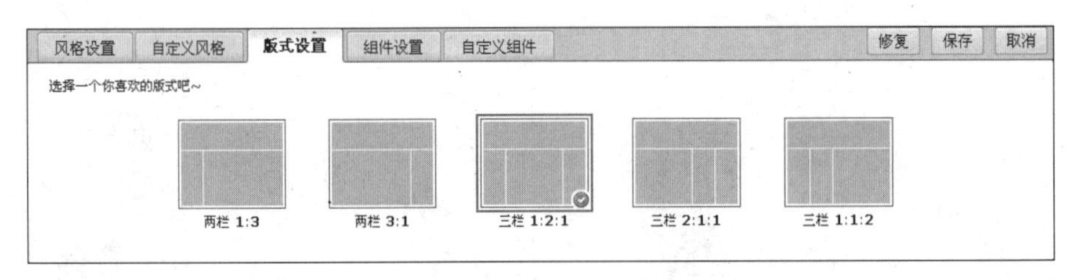

图 6-67 “版式设置”选项卡

（6）在“组件设置”选项卡中，勾选某一模块，可以使其显示在博客的主页中。“组件设置”选项卡如图 6-68 所示。同时，可以通过拖动来改变面板在博客中显示的位置。

（7）除了博客中提供的组件，还可以通过“自定义组件”选项卡，添加自定义的组件。“自定义组件”选项卡如图 6-69 所示。

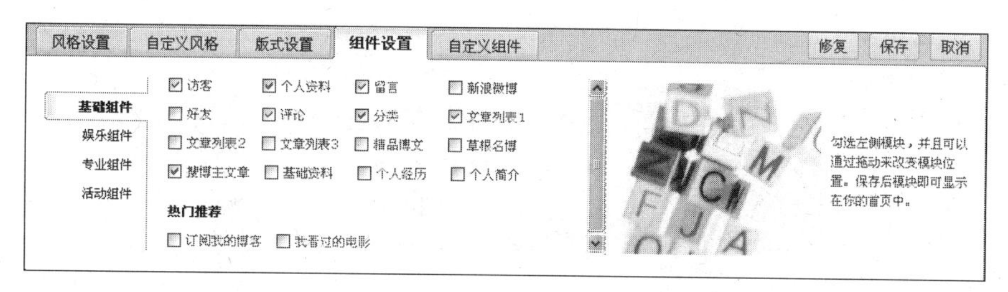

图 6-68 “组件设置”选项卡

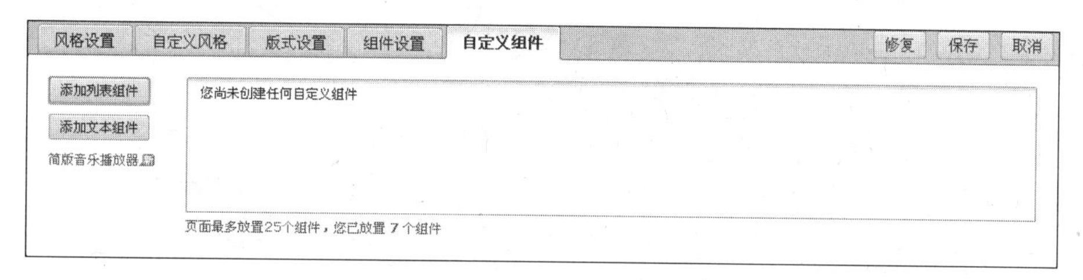

图 6-69 “自定义组件”选项卡

(8) 页面设置完毕后，单击“保存”按钮，返回博客首页，设置效果如图 6-70 所示。

图 6-70 页面设置效果

3. 书写博客

(1) 单击博客页面上的“发博文”图标或按钮，打开“发博文”对话框，如图 6-71 所示，输入标题、正文，插入图片，并加入标签。标签是一种由自己定义的、可以概括文章主要内容的关键词。读者可以通过文章标签更快地找到自己感兴趣的文章。

(2) 单击对话框下方的“发博文”按钮，即可将文章发到博客中，如图 6-72 所示。

4. 上传图片

(1) 单击博客页面上的“发图片”图标，或单击“发博文”按钮右侧的小三角形，在出现的

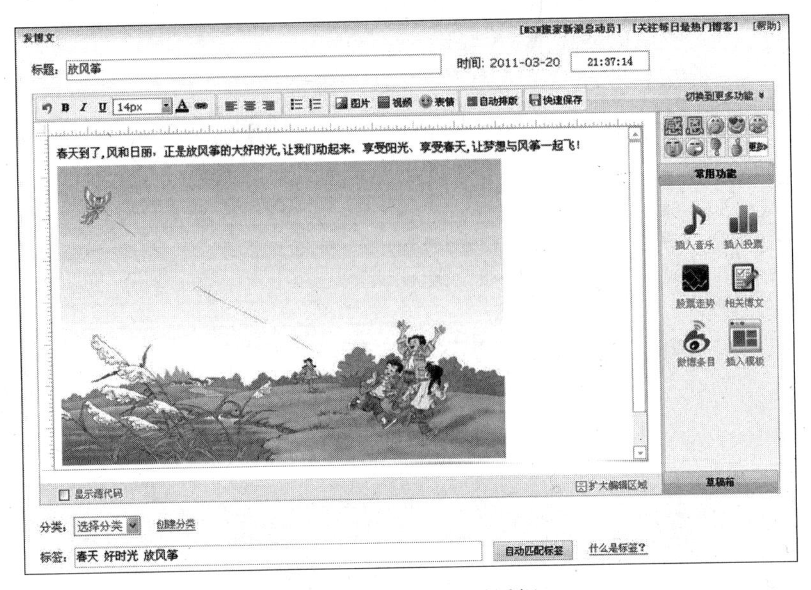

图 6-71 “发博文”对话框

图 6-72 将文章发到博客中

下拉列表中选择“发图片”，打开上传图片对话框，如图 6-73 所示。

(2) 单击“①选择图片”项，弹出“选择要上载的文件”对话框，如图 6-74 所示，在其中选择三幅图片，然后单击“打开”按钮。

(3) 新建专辑“风筝的故乡”，添加标签“风筝”，然后单击“②开始上传”项，开始上传图片，直至提示“上传完成”，如图 6-75 所示。

(4) 单击“添加描述和标签”项，在相关的文本框中添加标签及描述，如图 6-76 所示。

(5) 单击上传图片页面下方的“保存”按钮，进入图片相册，如图 6-77 所示。

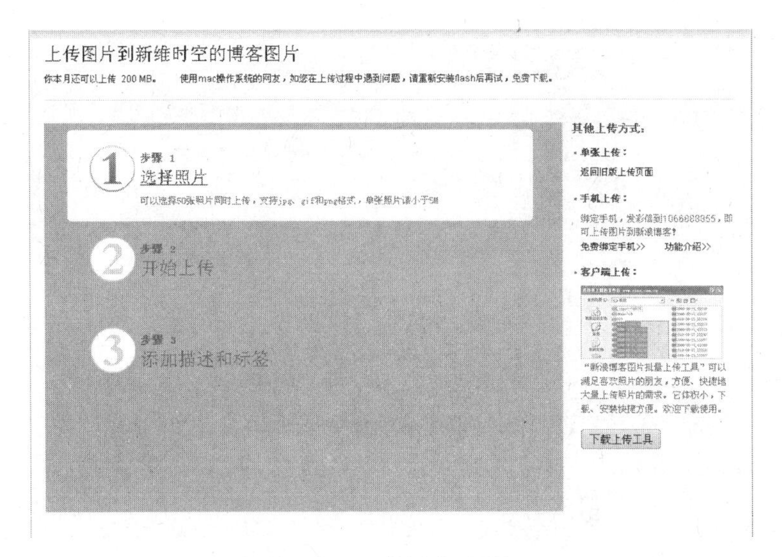

图 6-73 上传图片对话框

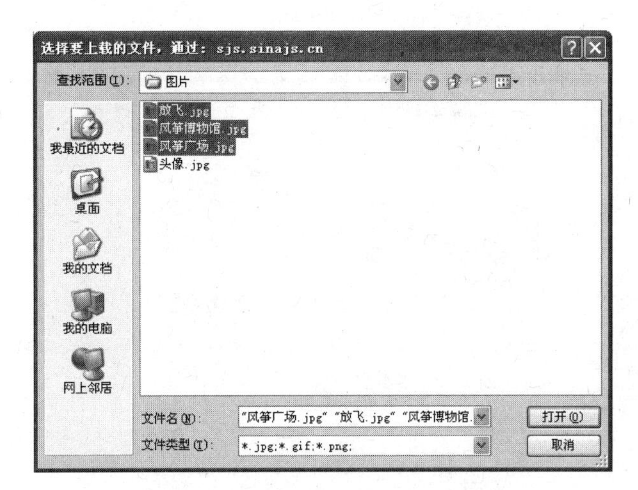

图 6-74 “选择要上载的文件”对话框

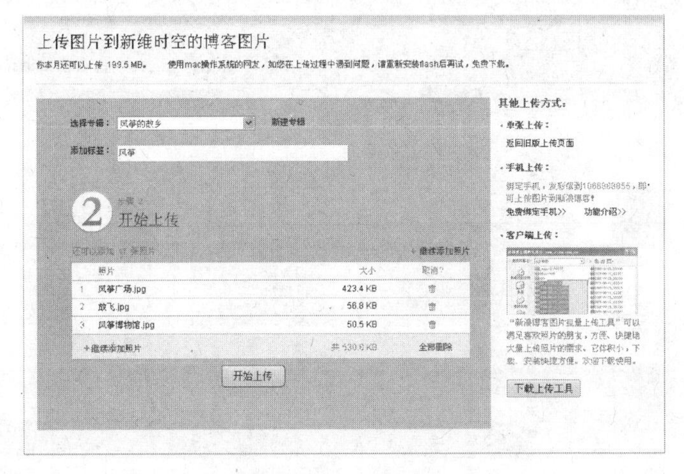

图 6-75 上传图片

图 6-75 （续）

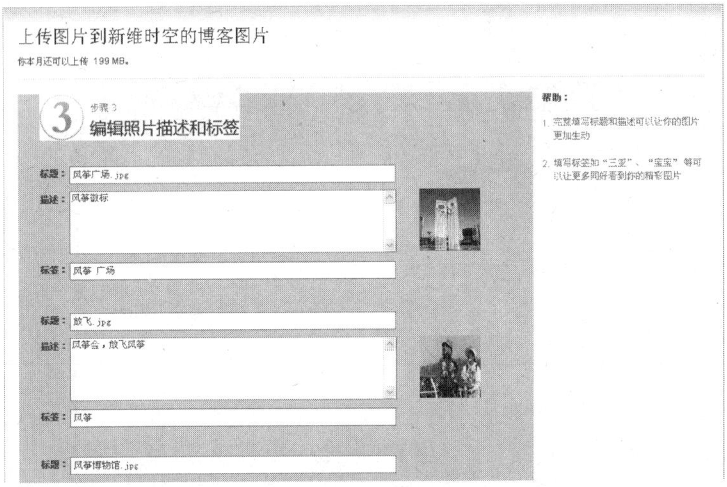

图 6-76 添加标签和描述

图 6-77 博客的相册

此时，一个新的博客已创建完成，并进行了简单的设置以及上传了文章的图片，返回首页后，完整的博客页面如图 6-78 所示。如果继续对博客进行精细的设置和修饰，博客会变得更加漂亮。

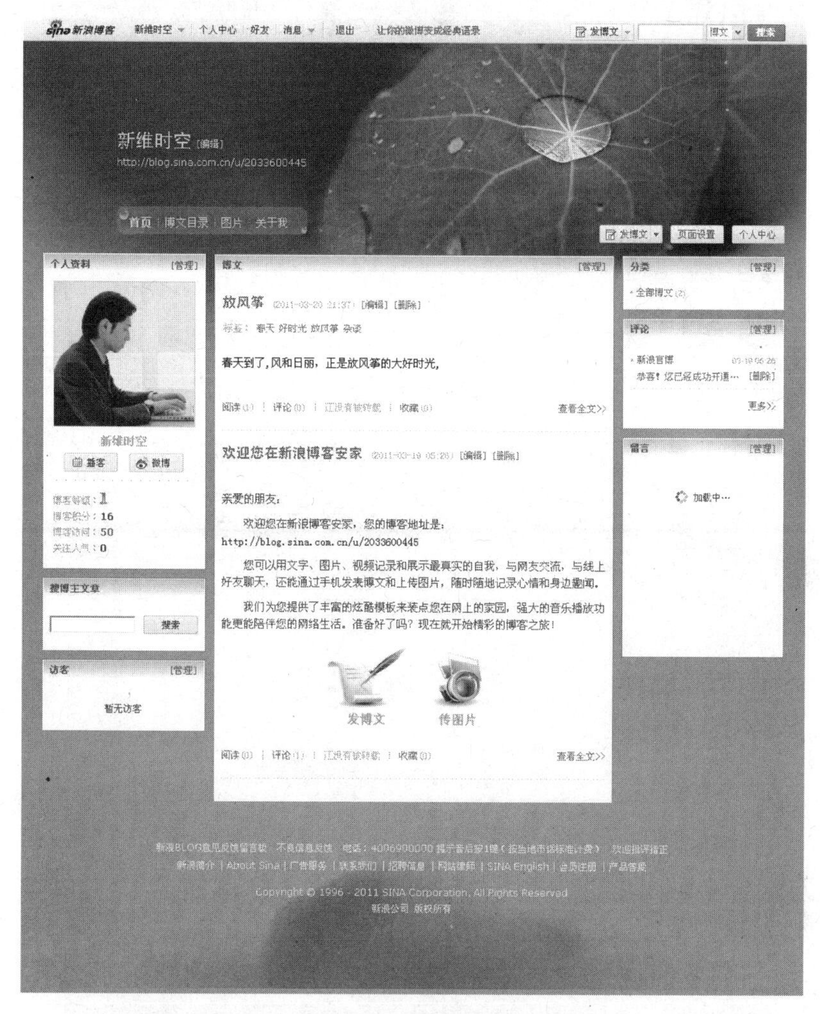

图 6-78　所创建博客的完整界面

6.5.3　微博的使用技巧

目前，在世界范围内，上至国家元首，下至一般民众，微博得到了最为广泛的应用。微博的开通并不难，但在使用上有着很多技巧。下面以新浪微博为例，介绍微博使用的基本方法和技巧。

1. 开通微博

(1) 打开新浪微博首页(http://t.sina.com.cn/)，如图 6-79 所示。

(2) 单击“立即注册微博”按钮，开始注册微博账号，输入电子邮箱等信息后，单击“立即注册”按钮，系统将新浪微博的“登录新浪通行证”发到所提供的电子邮箱中，并提醒“马上激活邮件，完成注册”，如图 6-80 所示。

图 6-79　新浪微博首页

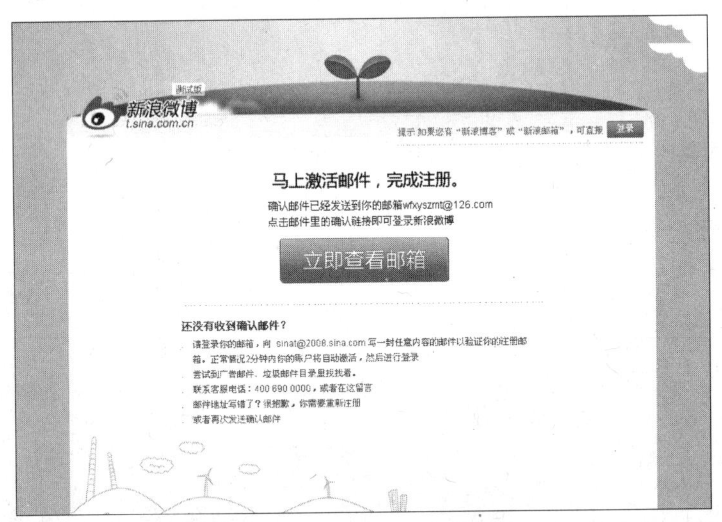

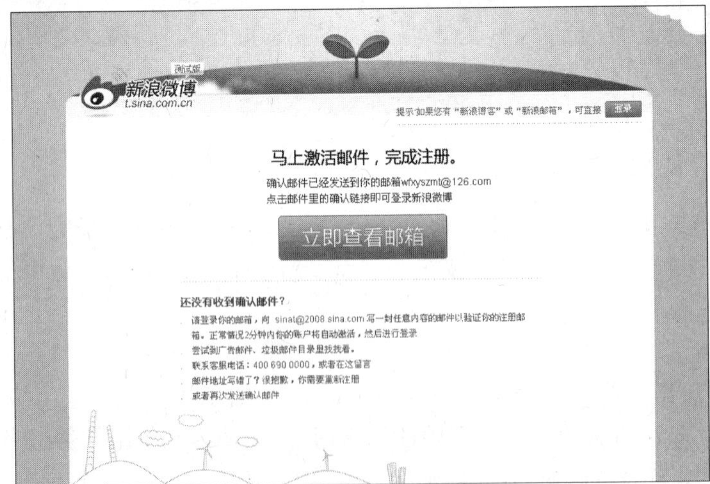

图 6-80　注册新浪微博

(3) 单击“立即查看邮箱”按钮，进入邮箱，打开收到邮件的“登录新浪通行证”邮件，如图 6-81 所示。单击“登录新浪通行证”中的注册确认链接，即可按照步骤激活新浪微博账号。

图 6-81 “登录新浪通行证”邮件

(4) 步骤一是“填写基本信息”，可按照提示填写昵称等信息资料，如图 6-82 所示。

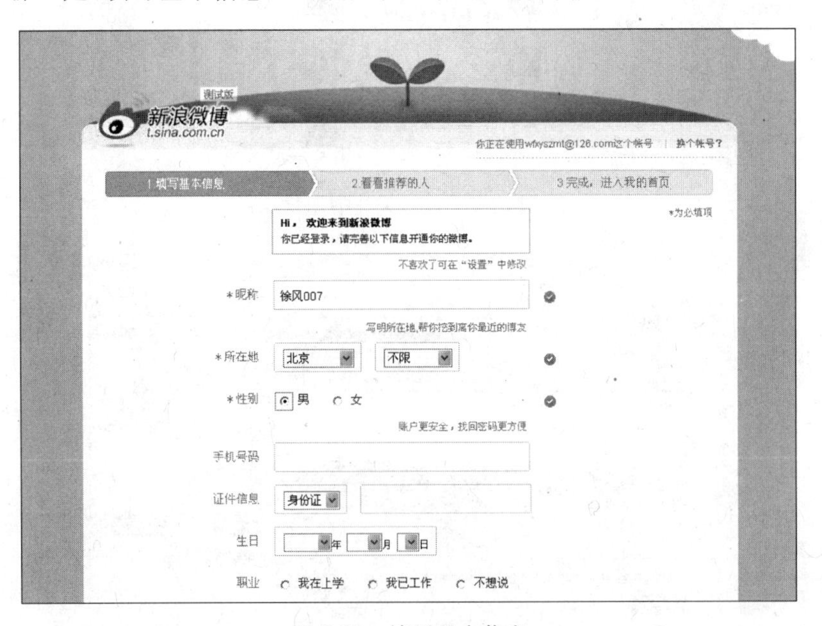

图 6-82 填写基本信息

(5) 步骤二是“查看推荐的人”，可从中选择关注的用户，如图 6-83 所示。选择所关注的用户后，单击步骤三“完成，进入我的首页”，激活完成博客的注册。

开通的微博首页如图 6-84 所示。

图 6-83　选择关注的用户

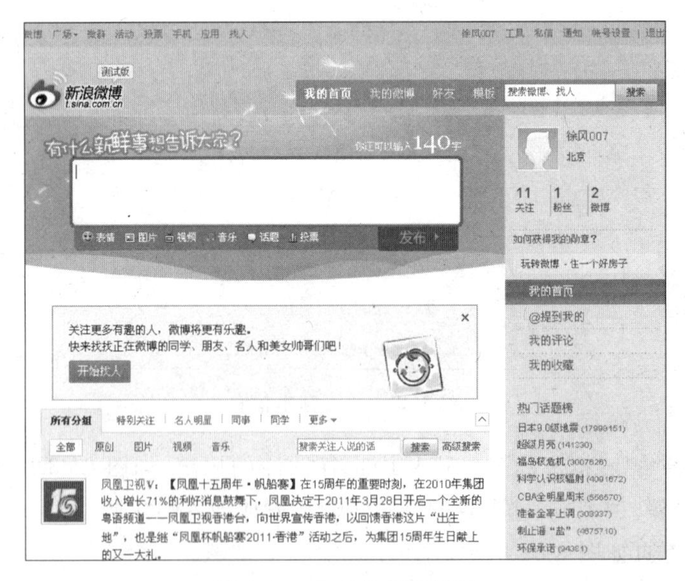

图 6-84　开通的微博首页

2. 关注感兴趣的人

微博开通后，将微博地址发给朋友，让他们成为你的粉丝，让他们“关注”你，这样你发的每条微博将同时出现在他们的微博首页里。同时，要“关注”你的朋友，成为他们的粉丝，这样他们发的每条微博将出现在你的微博首页里。

(1) 通过搜索找人，加关注。在“搜索”输入框中输入要搜索人的名字，如“姚晨”，在弹出框中选择“名为姚晨的人”，如图 6-85 所示。在找人搜索结果页中，选择“姚晨 V”，带 V 标识说明是名人本人，如图 6-86 所示。找到人以后，单击头像旁边的“＋加关注”按钮，即可关注该人，成为该人的粉丝。

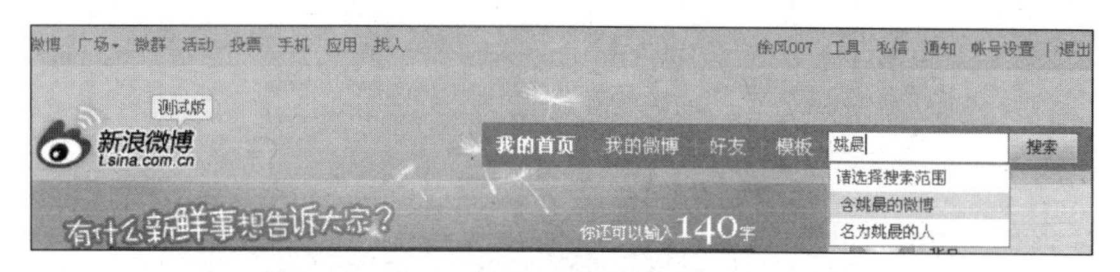

图 6-85　通过搜索找人

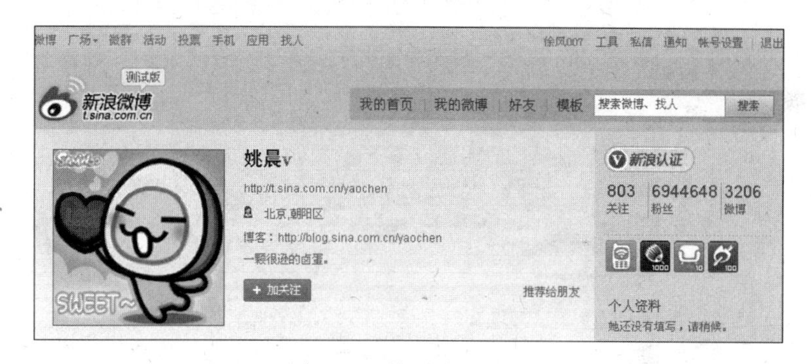

图 6-86　找到关注的人

(2) 通过名人堂找人，加关注。单击页面最上方导航中的“广场”，弹出下拉列表，如图 6-87 所示。在其中选择“名人堂”，即可按分类查找各领域的名人用户，并对其加关注，如图 6-88 所示。

图 6-87　“广场”下拉列表

3. 发布微博或图片

单击“我的首页”，在发布器中即可输入微博或分享您的图片，如图 6-89 所示。

4. 私信功能

只要对方是你的粉丝，你就可以发私信给他(或者她)。在“我的首页”右侧的列表中可以查看往来私信。

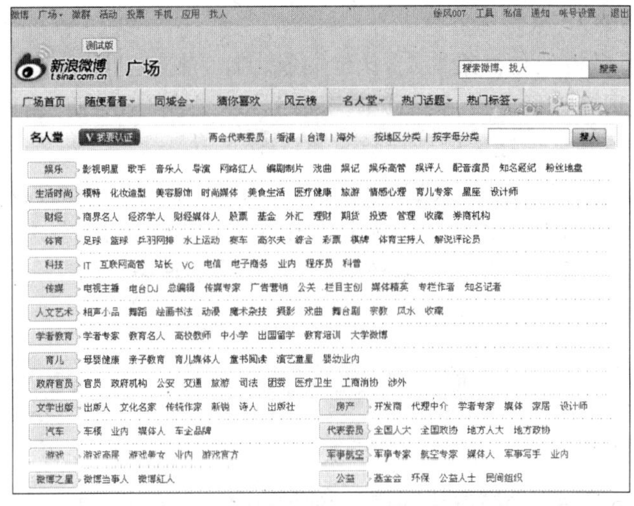

图 6-88　通过名人堂找人并加关注

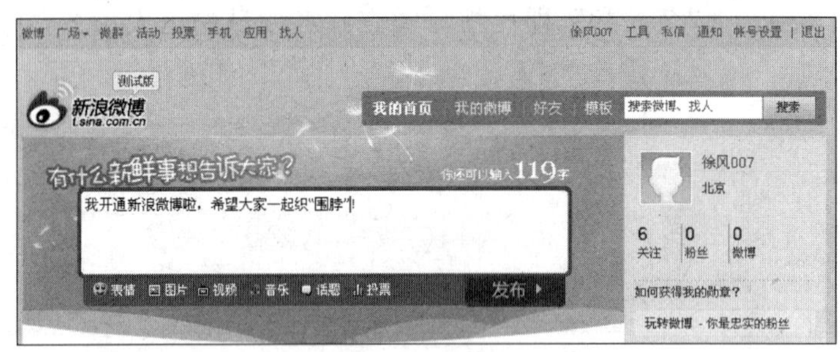

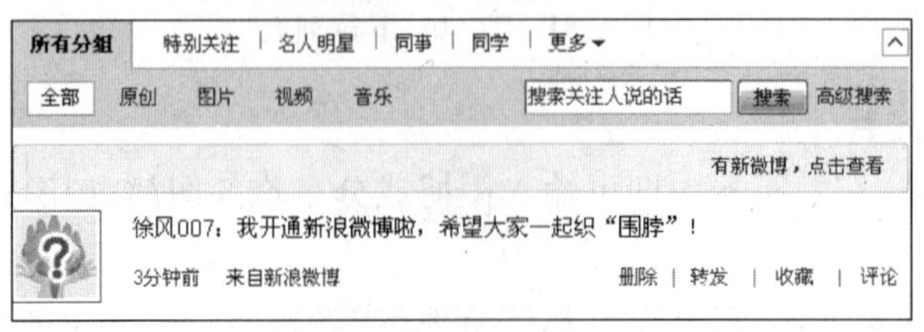

图 6-89　发布微博

5. @功能

当发布“@昵称”的信息时，意思是“向某某人说”，对方能看到你说的话，并能够回复，实现一对一的沟通；发布“@昵称”信息后，可以直接单击到这个人的页面，方便认识更多朋友。

如图 6-90 所示为向“中国国际救援队”发送一条信息：“注意安全！”要注意“@昵称”后一定要加一个空格，否则系统会把后面的话认为也是昵称的一部分。

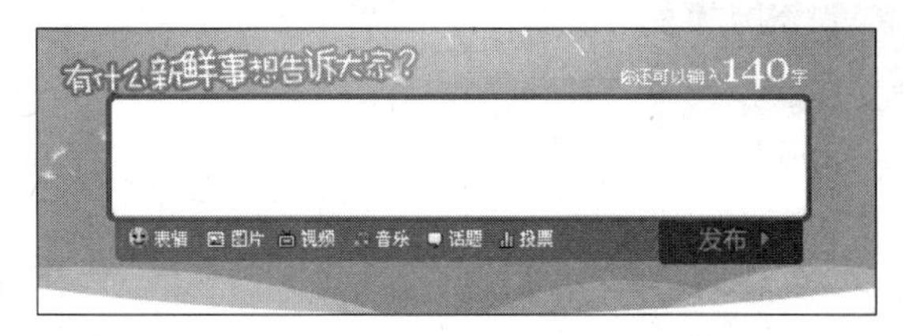

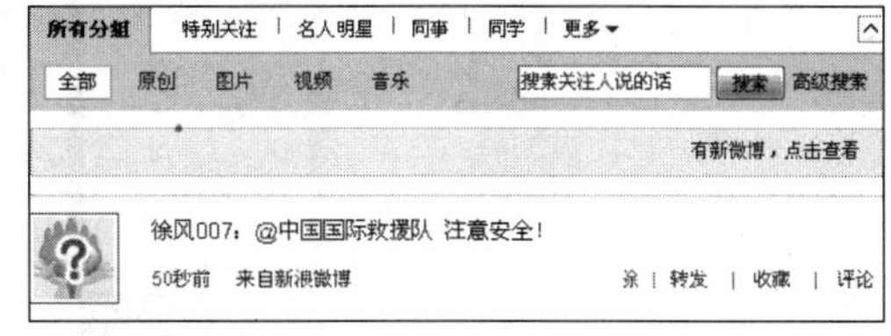

图 6-90 发布“@昵称”信息

在“我的首页”的列表中，通过“@提到我的”可以查看谁@我了，如图 6-91 所示。

6. 插入＃话题＃

“话题”就是搜索微博时使用的关键字，相当于某条微博贴的一个标签，方便它与其他提到该关键字的内容相互关联起来。发布微博时插入＃话题＃，可以定义微博内容的主题，能更明确地告诉别人你正在说什么事，也更有利于其他人更精确地找到感兴趣的内容。“＃话题＃”带有超链接，单击后跳转到包含该关键字的微博的搜索结果页面。

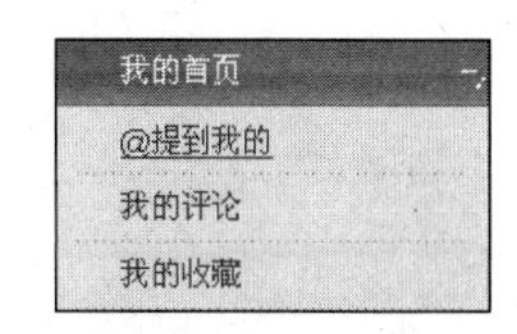

图 6-91 “我的首页”列表

例如，在发布器中输入：“＃新手上路＃请多多指教”并插入表情符，然后发布，如图 6-92 所示。

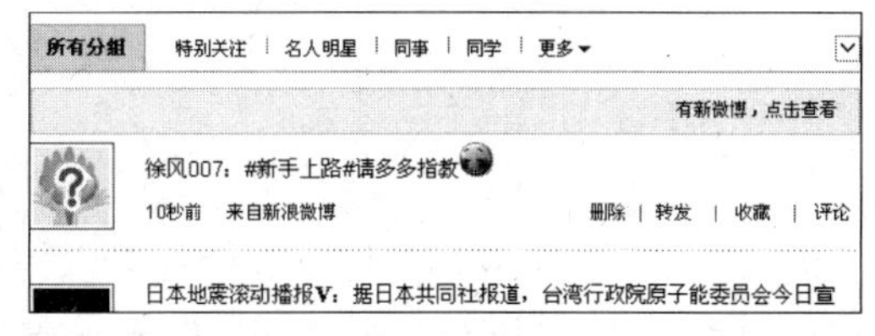

图 6-92 发布微博时插入＃话题＃

7. 开通手机发布

开通手机发布，即绑定手机，可以随时用手机发微博、看微博。单击页面最上方导航中的“手机”，在“手机”的“短/彩信版”页面中填写手机号码，并根据提示使用手机发送验证码到指定号码。微博短信通知已成功绑定手机，在微博的首页也可看到。绑定手机的流程如图 6-93 所示。

8. 绑定 MSN

选择页面最上方导航中的“工具”，开始绑定 MSN。进入“聊天机器人”页面，如图 6-94 所示。单击 MSN 图标，出现 MSN 设置页面，如图 6-95 所示，在其中的输入框里输入 MSN 账号，并按需要选择接收选项，最后单击“确定”按钮。当完成以上操作后，MSN 在登录状态下，会弹出增加新联系人窗口，给新浪微博小助手选择一个组，然后单击“确定”按钮。复制

图 6-93　绑定手机的流程

下面的验证码，在 MSN 上发送给新浪微博小助手。当新浪微博小助手返回消息“验证成功！输入/help 可以查看帮助”时，即表示 MSN 账户已成功绑定。可根据自身需求，选择微博小助手的接收内容。

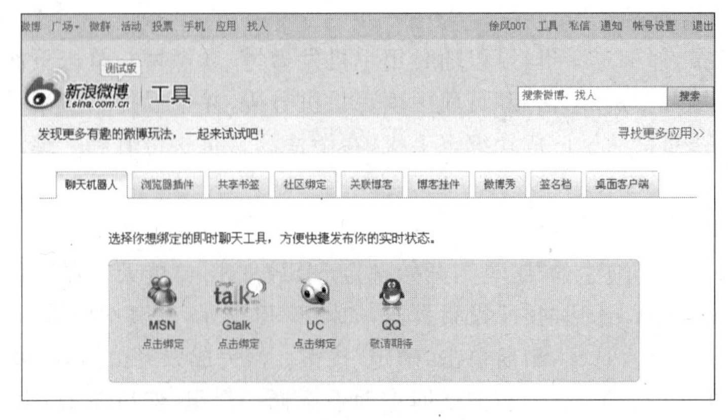

图 6-94　“聊天机器人”页面

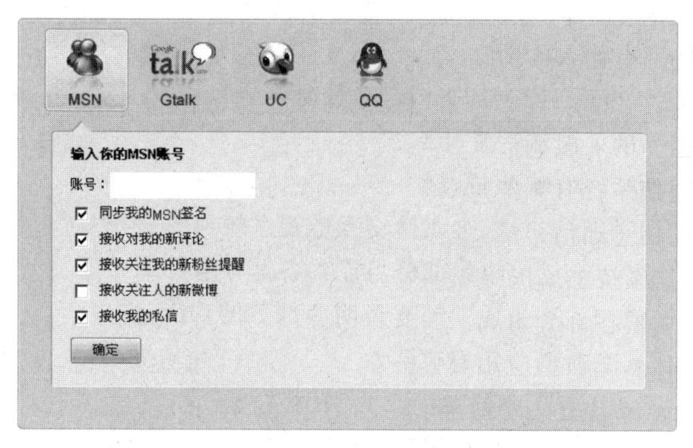

图 6-95　MSN 设置页面

9. 微博使用技巧

在使用微博时为了得到更多的关注，获得更多粉丝，形成良好的交流和沟通环境，要在遵守《互联网新闻信息服务管理规定》的基础上，做一个有思想有特色的微博用户。尽量做到：

(1) 在开通微博后首先要确定微博的个性，个性及风格应保持与媒体的统一。

(2) 设定微博的个性化头像，设置精彩的、有个性的个人介绍和标签。如果微博昵称使用实名，头像使用真实照片，会具有更高的信任度，更能够被关注。

(3) 每天安排好发布信息的内容，多发精彩的原创段子，信息的发布需要用简短的文字，互动性的信息发布更能吸引网友的参与讨论。

(4) 有选择地去关注一些人，积极评论和转发别人的微博，对粉丝要坦诚相待，好东西要积极与他人分享，利用各种渠道积极宣传自己的微博。

本章小结

本章介绍了网络多媒体技术、多媒体网络通信、网络新媒体及其应用，并通过实例介绍了用 Dreamweaver CS5 制作多媒体网站的方法，以及博客的创建方法和微博的使用技巧。

Web 文档是用标记语言编写的，最基本的标记语言是 HTML 和 XML，借助 Dreamweaver 等功能强大的集成网页制作工具，使得网页编辑、制作网站变得非常容易，同时也促进了网络的进一步发展。

新媒体区别于传统媒体的最重要的特征，是由一点对多点变为多点对多点，实现了前所未有的互动性。新媒体涉及的领域非常广泛，其中目前流行的博客及微博是新媒体最典型的应用。

习　题

1. 什么是多媒体计算机网络？它要解决的问题有哪些？

2. 主要的网络多媒体技术有哪些？

3. 网络多媒体技术有哪些应用领域?
4. 万维网和因特网有什么区别?
5. 什么是 HTML? 生成 HTML 文档的途径有哪些?
6. 多媒体网站建立的一般流程是什么?
7. 多媒体网络通信系统有哪些特点?
8. 相对于传统的信息通信系统,多媒体交互电视系统有哪些特点?
9. VOD 视频点播系统主要由哪些部分组成? 各部分有什么功能?
10. 流媒体系统由哪些部分组成? 简要说明各部分的功能。
11. 什么是新媒体? 其典型应用有哪些?
12. 用 Dreamweaver 建立一个简单的个人网站。
13. 创建一个自己的博客,对其进行适当的设置,并在其中发布一篇图文并茂的博文。
14. 熟悉微博的设置和应用。

参 考 文 献

[1] 林福宗. 多媒体文化基础. 北京：清华大学出版社，2010.

[2] 杨青，郑世珏. 多媒体技术与应用教程. 北京：清华大学出版社，2008.

[3] 康卓，熊素萍，张华. 多媒体技术与应用. 北京：机械工业出版社，2008.

[4] 赵子江. 多媒体技术应用教程. 北京：机械工业出版社，2008.

[5] 雷云发，田惠英. 多媒体技术与应用教程. 北京：清华大学出版社，2008.

[6] 宗绪锋，韩殿元等. 多媒体制作技术及应用(第二版). 北京：中国水利水电出版社，2008.

[7] 刘甘娜，翟华伟. 多媒体应用技术基础. 北京：中国水利水电出版社，2006.

[8] 郭丽丽，张强华. 多媒体技术应用教程. 北京：清华大学出版社，2008.

[9] 陈明. 多媒体技术与应用. 北京：清华大学出版社，2004.

[10] 张晓乡，俞会新等. 多媒体计算机技术. 北京：中国水利电力出版社，2004.

[11] 陈文华. 多媒体技术. 北京：机械工业出版社，2006.

[12] 冯博琴，赵英良，崔舒宁. 多媒体技术及应用. 北京：清华大学出版社，2005.

[13] 高文胜. 计算机图形图像制作. 北京：清华大学出版社，2010.

[14] 雷波. Photoshop CS5 中文版标准教程. 北京：中国青年出版社，2010.

[15] 李东博. Illustrator CS4 标准教程. 北京：中国电力出版社，2009.

[16] 陈伟，阿馨娜尔，江洪波，高雅楠. Premiere Pro 2.0 影视编辑完全攻略. 北京：中国电力出版社，2006.

[17] 王智强，张桂敏. Dreamweaver 8、Flash 8、Fireworks 8 网页设计完全攻略. 北京：中国电力出版社，2007.

[18] 智丰工作室. Flash CS5 入门与提高. 北京：北京希望电子出版社，2011.

[19] 李维杰. 中文版 3ds max 7 三维造型与动画制作简明教程. 北京：清华大学出版社，2006.

[20] 王俊伟，张华斌. 3ds max 8 三维造型与动画制作. 北京：清华大学出版社，2006.

[21] 李绍勇，王玉，李乐乐. 3ds max 9 中文版 三维动画制作范例导航. 北京：清华大学出版社，2007.

[22] 李瑞芳，肖登涛. 多媒体电子书开发详解. 北京：科学出版社，2004.

[23] 龙马工作室. Dreamweaver cs3 精彩网站制作. 北京：人民邮电出版社，2008.